Realoptionen in der Unternehmenspraxis

Springer
Berlin
Heidelberg
New York
Barcelona
Hongkong
London
Mailand
Paris
Singapur
Tokio

Ulrich Hommel · Martin Scholich
Robert Vollrath (Hrsg.)

Realoptionen in der Unternehmenspraxis

Wert schaffen durch Flexibilität

Mit 107 Abbildungen und 6 Tabellen

Springer

PwC Deutsche Revision
PRICEWATERHOUSECOOPERS

Ulrich Hommel, Ph. D.
Robert Vollrath
European Business School
Stiftungslehrstuhl
Investitions- und Risikomanagement
Schloß Reichartshausen
65375 Oestrich-Winkel
Deutschland
E-mail: ulrich.hommel@ebs.de
robert.vollrath@ebs.de

Martin Scholich
PwC Deutsche Revision AG
Corporate Finance
Marie-Curie-Straße 24–28
60439 Frankfurt am Main
Deutschland
E-mail: martin.scholich@de.pwcglobal.com

ISBN 3-540-41783-4 Springer-Verlag Berlin Heidelberg New York

Die Deutsche Bibliothek – CIP-Einheitsaufnahme
Realoptionen in der Unternehmenspraxis: Wert schaffen durch Flexibilität / Hrsg.: Ulrich Hommel ... – Berlin; Heidelberg; New York; Barcelona; Hongkong; London; Mailand; Paris; Singapur; Tokio: Springer, 2001
ISBN 3-540-41783-4

Springer-Verlag Berlin Heidelberg New York
ein Unternehmen der BertelsmannSpringer Science+Business Media GmbH

http://www.springer.de

Printed in Germany

SPIN 10832768 42/2202-5 4 3 2 1 0 – Gedruckt auf säurefreiem Papier

Vorwort

Liberalisierungen, neue Technologien und konvergierende Märkte zwingen Unternehmen, sich den veränderten Rahmenbedingungen anzupassen und den Wert ihrer strategischen Handlungsalternativen zu überdenken. Bei der existierenden Vielfalt von Positionierungsmöglichkeiten gestaltet sich die Beantwortung der Frage nach der unter Wertgesichtspunkten optimalen strategischen Ausrichtung zunehmend schwieriger. Die Unsicherheit über die weitere Entwicklung einzelner Unternehmen und ganzer Branchen hat ein enormes Interesse an innovativen Methoden zur Identifikation und Bewertung von realen Handlungsalternativen – Realoptionen – in Theorie und Praxis geschaffen. Die EUROPEAN BUSINESS SCHOOL und PricewaterhouseCoopers haben mit dem 1. Deutschen Realoptions-Symposium vielfältige Lösungsmöglichkeiten angeboten. Diese Veranstaltung hat Theorie und Praxis ein Forum eröffnet für den Austausch über die Grundlagen der Realoptionsbewertung und deren Umsetzung in der Praxis. Das vorliegende Sammelwerk basiert im Wesentlichen auf den Vorträgen der einzelnen Referenten des Symposiums.

Der Titel des Buches „Realoptionen in der Unternehmenspraxis – Wert schaffen durch Flexibilität" zeigt die Schwerpunkte der verschiedenen Beiträge auf. Der erste Abschnitt des Buches ist der Bedeutung des Realoptionsansatzes für das wertorientierte Management gewidmet. Im zweiten Abschnitt werden Anwendungsbeispiele des Realoptionsansatzes in der Bewertungspraxis dargestellt.

Der erste Beitrag von *Adam Borison* („Real Option Valuation™ - Der neue Standard für die Bewertung, die Auswahl und das Management von strategischen Investitionen") betrachtet die Schwächen traditioneller Bewertungsmethoden bei Analyse und Bewertung von Unternehmen der New Economy. Er präsentiert mit Real Option Valuation™ eine auf den Grundlagen der Entscheidungs- und Optionspreistheorie basierende Methode, mit der Realoptionen marktorientiert bewertet und Entscheidungsregeln für deren unternehmenswertmaximierende Ausübung abgeleitet werden können. *Jürgen Weber* und *Gunnar Pritsch* („Die Bedeutung des Realoptionsansatzes aus Controlling-Sicht") untersuchen die Eignung des Realoptionsansatzes als Controllinginstrument. Sie gehen insbesondere auf die theoretischen Möglichkeiten des Ansatzes und Fragen der praktischen Umsetzbarkeit ein. Hervorgehoben wird der besondere Nutzen in der Bereitstellung eines neuen „mentalen Modells". *Robert Vollrath* („Die Berücksichtigung von Handlungsflexibilität bei Investitionsentscheidungen – Eine empirische Untersuchung") präsentiert die Ergebnisse der ersten für den deutschen Raum erstellten empirischen Studie, die die Bedeutung des Realoptionsansatzes und die Berücksichtigung von Handlungsflexibilitäten im unternehmerischen Kapitalbudgetierungsprozess untersucht. Der Beitrag von *Ulrich Koch* („Finanzielle Bewertung von Lizenzprojekten in der Pharmaindustrie: NPV-Modelle oder Realoptionsansatz?") beschließt den ersten Abschnitt des Buches. Koch stellt die gegenwärtige Vorgehensweise bei der finanziellen Bewertung von Lizenzprojekten in der Pharmaindustrie dar. Er untersucht die überwiegend verwendete Kapitalwertmethode und analysiert, wie der Realoptionsansatz für die Verbesserung der Bewertungspraxis genutzt werden kann. Der Aufsatz von *Christian Dahlheim* und *Aglaia Wieland* („Unternehmerische Finanzierungspolitik unter Berücksichtigung von Realoptionen") geht auf die Verbindung zwischen den operativen Handlungsflexibilitäten und unternehmerischen Finanzierungsentscheidungen ein. Der Schwerpunkt der Untersuchung liegt auf der Finanzierung von Wachstumsunternehmen, da hier die Vorteile der Optionssichtweise besonders deutlich werden.

Im zweiten Abschnitt des Buches werden die Möglichkeiten und Grenzen der praktischen Anwendung des Realoptionsansatzes dargestellt. *Ulrich Hommel* und *Hanna Lehmann* („Die Bewertung von Investitionsprojekten mit dem Realoptionsansatz – Ein Methodenüberblick") zeigen auf, welche Bandbreite von Optionspreismodellen für die Quantifizierung von Realoptionen herangezogen werden kann. Aus der Perspektive des Investment-Banking beleuchten *Stephan Leithner* und *Hans Liebler* („Die Bedeutung von Realoptionen im M&A-Geschäft") die Einsatzmöglichkeiten des Realoptionsansatzes. Zwei Beiträge befassen sich mit der Anwendung der Methodik in der Energiewirtschaft. *Andreas Rams* („Die Bewertung von Kraftwerksinvestitionen als Realoption") interpretiert Kraftwerksinvestitionen als Call-Option auf Strom und schlägt einen in der Praxis leicht operationalisierbaren Bewertungsansatz vor. *Frank Amend* („Flexibilität und Hedging: Realoptionen in der Elektrizitätswirtschaft") untersucht, inwieweit Stromproduzenten die sich aus der Liberalisierung der Energiemärkte ergebenden Preisrisiken durch den Aufbau interner Flexibilitäten und realwirtschaftlicher Arbitrage absichern können.

Arnd Huchzermeier diskutiert in seinem Beitrag („Bewertung von Realoptionen in globalen Produktions- und Logistiknetzwerken") Ansätze, wie globale Unternehmensnetzwerke zur Risikobegrenzung und Shareholder-Value-Steigerung eingesetzt werden können. Das wertsteigernde Management von Flexibilitäten beschränkt sich nicht nur auf operative Handlungsmöglichkeiten, wie z. B. die Optimierung der Supply Chain, sondern beinhaltet auch die Berücksichtigung von Wechselkurs-, Preis- und Nachfragerisiken und das Management reaktiver Kapazitäten. Um den Unternehmenswert langfristig zu steigern, müssen diese Flexibilitäten bewertet und in den Strategieauswahlprozess integriert werden. Der Aufsatz von *Eberhard Stickel* („Einsatz der Optionspreistheorie zur Bewertung von Softwareentwicklungsprojekten") geht sowohl auf die Möglichkeiten als auch auf die Grenzen der Anwendung des Realoptionsansatzes bei der Bewertung und Priorisierung von Softwareentwicklungsprojekten ein. Er stellt in diesem Zusammenhang auf ein besonderes Problem für die Anwendung quantitativer Bewertungsmethoden zur Beurteilung von Softwareentwicklungsprojekten ab - die Einmaligkeit der Fragestellung und die Schwierigkeit, zukünftige Zahlungsströme abzuschätzen.

Henry Schäfer und *Bernd Schässburger* („Bewertung eines Biotech-Start-ups mit dem Realoptionsansatz") untersuchen die Anwendung des Realoptionsansatzes auf F&E-Projekte im Pharmasektor. Am Beispiel eines Biotech-Start-ups wird gezeigt, wie die Realoptionsbewertung bei innovativen und wachstumsstarken

Unternehmen angewendet und für die Abbildung komplexer Wertschöpfungsprozesse eingesetzt werden kann. *Sigrid Krolle* und *Ulrich Oßwald* („Real Option Valuation™: Snythese von Strategie und Wert. Anwendungsbeispiel für ein Internet Portal“) stellen mit Real Option Valuation™ ein Verfahren vor, bei dem die wertorientierte Strategiefindung im Mittelpunkt steht. Es verbindet die bewertungstheoretischen Möglichkeiten mit der Transparenz der Entscheidungsbaumanalyse. Den Abschluss des zweiten Abschnittes bildet der Beitrag von *Jürgen Müller* („Bewertung von Markteintrittsbarrieren unter Berücksichtigung des Wettbewerbs – dargestellt am Beispiel des polnischen Retail-Banking Markts“). Er betrachtet insbesondere die Anwendbarkeit des Realoptionsansatzes auf Dienstleistungsindustrien. Von besonderer Bedeutung ist in diesem Zusammenhang die explizite Berücksichtigung von Erweiterungs-, Abbruch- und Warteoptionen, die die strategischen Möglichkeiten bei unsicheren Umweltbedingungen realitätsgerechter wiedergeben als die Kapitalwertmethode.

Die Herausgeber möchten abschließend allen an diesem Buch Beteiligten herzlich für ihren Einsatz und ihren Beitrag bedanken. In erster Linie geht der Dank natürlich an die Autoren dieses Buches, die mit ihren Aufsätzen helfen, diesem Thema in der öffentlichen Diskussion einen höheren Stellenwert zu verschaffen. Wesentlich zum Erfolg des Symposiums haben *Isabel Benayas* und *Hugo Rautert* vom Fachverlag Moderne Wirtschaft durch ihre Organisation und Unterstützung beigetragen. Unermüdlich Korrektur gelesen haben *Gudrun Fehler, Vera Körschgen, Hanna Lehmann* und *Jörg Welter. Delia Giommi* und *Ellen Schleifer* gebührt besonderer Dank für ihre editorische Unterstützung bei der Erstellung des Manuskripts. Den Mitarbeitern des Springer-Verlages, allen voran Dr. *Martina Bihn*, danken die Herausgeber für die Betreuung bei Drucklegung und Veröffentlichung.

Oestrich-Winkel/Frankfurt am Main, im Februar 2001

Ulrich Hommel, Martin Scholich und *Robert Vollrath*

Inhaltsverzeichnis

ABSCHNITT II: Anwendung des Realoptionsansatzes in der Bewertungspraxis

ABSCHNITT I

Die Bedeutung des Realoptionsansatzes für das wertorientierte Management

Real Option Valuation™

Der neue Standard für die Bewertung, die Auswahl und das Management von strategischen Investitionen

Adam Borison[1], Ph.D.

Global Partner ROV™ bei PricewaterhouseCoopers und Leiter Applied Decision Analysis LLP, Menlo Park, USA

Zusammenfassung: Der Beitrag beleuchtet die Rahmenbedingungen der „New Economy", stellt die traditionellen Erfolgsfaktoren in diesem Umfeld vor, zeigt die Grenzen traditioneller Techniken auf und erläutert die Vorzüge und Einsatzmöglichkeiten des Real Option Valuation™ (ROV™)-Verfahrens.

Schlüsselworte: Realoptionen, Real Option Valuation™, ROV™, Entscheidungstheorie, Entscheidungsbaum, strategische Entscheidungsanalyse, Strategieberatung, Strategische Beratung, „New Economy"

1 Die „New" Economy

Die heutige Wirtschaft wird häufig als „neu" bezeichnet. In der einen oder anderen Weise ist sie das auch. Wert wird heute zunehmend durch die Fähigkeit geschaffen, Wissen generieren und nutzen zu können, und nicht mehr allein durch die Entwicklung physischer Assets. Aus diesem Grund hat die Geschwindigkeit der Veränderung des Unternehmensumfeldes und damit der Grad an Unsicherheit über künftige Wirtschaftsbedingungen zugenommen.

In einem primär von Ideen getriebenen Geschäftsumfeld können Werte mit erstaunlicher Geschwindigkeit generiert werden. Die umseitig angeführte Abbildung 1 verdeutlicht, wie lange repräsentative Unternehmen aus verschiedenen Sektoren benötigen, um eine Marktkapitalisierung von US $ 10 Mrd. zu erreichen.

---

1 Übersetzung durch die Applied Decision Analysis-Gruppe bei Pricewaterhouse-Coopers in Frankfurt am Main.

Repräsentative Jahre vom IPO bis zu einer Marktkapitalisierung von US$10 Mrd.

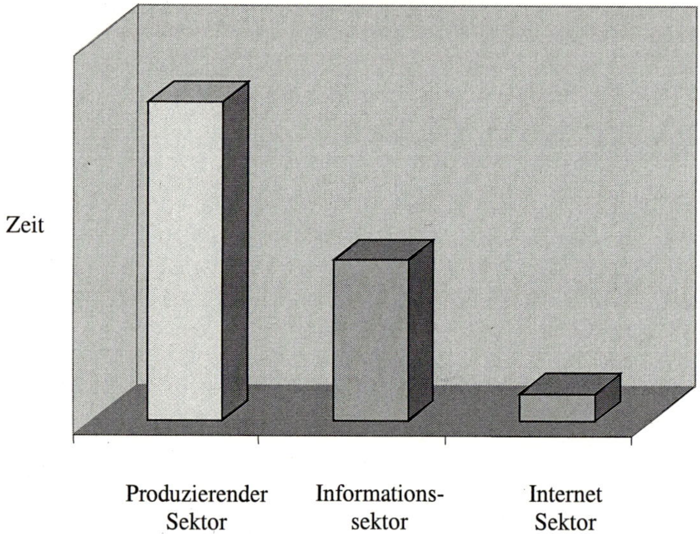

Abbildung 1: Entwicklungsgeschwindigkeit der verschiedenen Sektoren

Unglücklicherweise ist mit der schnellen Generierung von Unternehmenswert häufig auch eine ebenso rasante Vernichtung von Werten verbunden. Eine vielversprechende Idee kann sich, insbesondere wenn sie schlecht umgesetzt wird, schnell wieder in Luft auflösen und somit Marktwert vernichten. Diese Möglichkeit wird in der folgenden Abbildung anhand der Entwicklung der Marktkapitalisierung eines repräsentativen „New Economy“-Unternehmens in dramatischer Weise verdeutlicht.

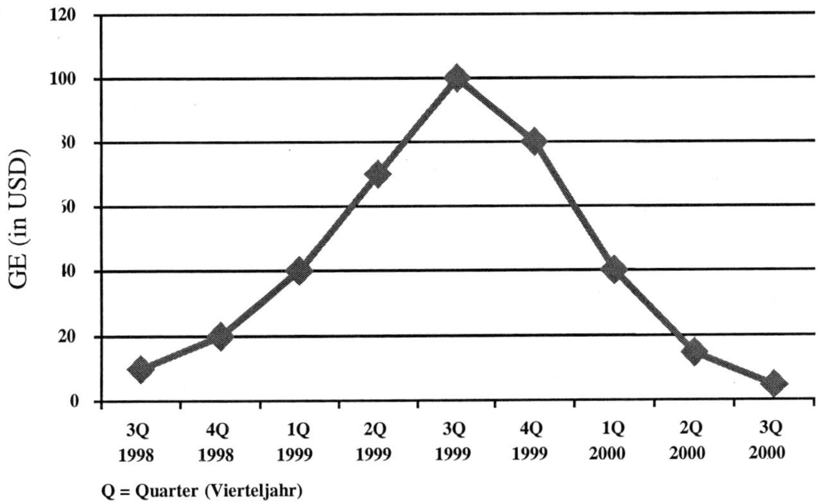

Abbildung 2: Entwicklung der Marktkapitalisierung eines repräsentativen Unternehmens der „New Economy"

Die „New Economy" ist in ihrer Entwicklung nicht nur dynamischer, sie ist aus Sicht des einzelnen Unternehmens zugleich auch wesentlich schwerer vorhersehbar und steuerbar geworden. Eine Kennziffer hierfür ist der Grad an Volatilität bedeutender Firmen an den Kapitalmärkten. Die folgende Abbildung veranschaulicht die Volatilität am Beispiel der monatlichen Standardabweichung eines repräsentativen führenden Unternehmens während der letzten 30 Jahre. Relativ gesehen hat sich dessen Volatilität verdoppelt.

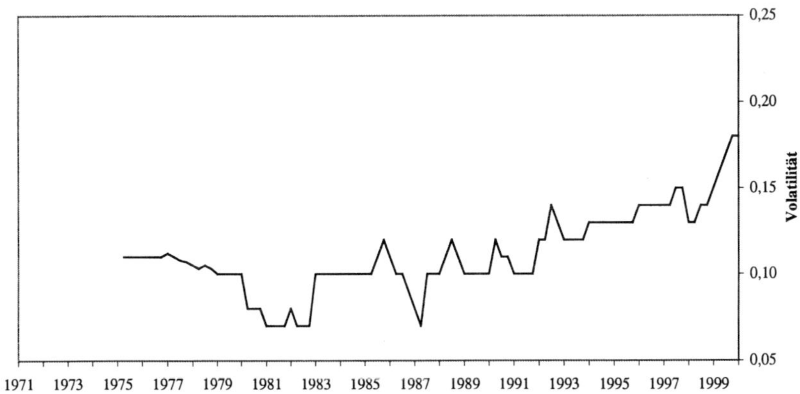

Abbildung 3: Volatilität eines großen, repräsentativen Unternehmens

Vereinfachend kann festgehalten werden, dass sich das Umfeld, dem das Top-Management sich stellen muss, schneller verändert und sich doppelt so unsicher darstellt wie noch vor einer Generation.

2 „Traditioneller" Erfolg in der „New" Economy

Die Geschwindigkeit und die Unvorhersehbarkeit wirtschaftlicher Prozesse haben sich verändert, die fundamentale Definition von Erfolg eines Unternehmens jedoch nicht. Erfolgreiche Unternehmen sind immer noch diejenigen, die ihren Investoren nachhaltig höhere Renditen bieten können als der Marktdurchschnitt. Diese Aussage gilt für das am stärksten veraltete produzierende Unternehmen genauso wie für das Internet-Start-up-Unternehmen mit der höchstentwickelten Technologie.

Ebenso haben sich die Mittel zur Erreichung dieser Ziele nicht verändert. Unternehmen erreichen hohe Renditen nach wie vor durch die Durchführung und Steuerung von strategischen Investitionen. Sie finden Wege, wie sie aus dem Geld ihrer Investoren noch mehr Geld machen können.

Obwohl sich durch die New Economy nicht die fundamentale Definition und die Mittel zur Erzielung von Erfolg verändert haben, ist der Weg zum Ziel doch komplexer geworden. Investitionen können nicht schlicht aufgrund eines offensichtlichen Einkommens- oder Ertragsstroms getätigt werden. Stattdessen müssen sie getätigt werden, weil sie eine Chance – eine Option – auf künftige Einkommens- oder Ertragsströme bieten, unter der Voraussetzung, dass die Unternehmensleitung die Gelegenheit angemessen ergreift. Im Kern sind diejenigen Unternehmen in dieser „neuen" Welt erfolgreich, die ihre Fähigkeit, den Optionswert ihrer potenziellen strategischen Investitionen identifizieren und steuern zu können, unter Beweis gestellt haben. Unternehmen, denen dies gelingt, werden unabhängig von Alter und Marktsegment von den Kapitalmärkten belohnt.

Abbildung 4 veranschaulicht die Bedeutung des Optionswerts in der Telekommunikationsbranche. Sie zeigt das Verhältnis von Preis zu operativem Ergebnis (EBIT) für einige Unternehmen der Branche. Höhere Quotienten kennzeichnen Unternehmen, die der Markt mit vergleichsweise hohen Bewertungen belohnt.

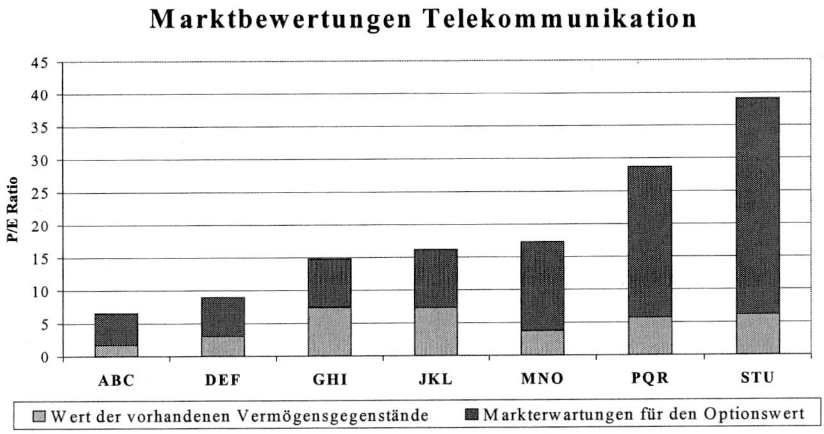

Abbildung 4: Marktkapitalisierung einiger Unternehmen der Telekommunikationsbranche

Die Marktkapitalisierung der Unternehmen wurde in zwei Bestandteile gegliedert. Eine der Komponenten erklärt sich aus dem „Wert der vorhandenen Vermögensgegenstände"; ein weiterer Teil umfasst den Wert sämtlicher Handlungsoptionen. Wie aus der Abbildung ersichtlich, unterscheiden sich die Wertanteile der vorhandenen Vermögensgegenstände der verschiedenen Firmen bemerkenswerterweise kaum. Dabei wird jedoch nicht zwischen niedrig und hoch bewerteten Firmen unterschieden. Hingegen weisen die betrachteten Unternehmen zum Teil stark unterschiedliche Optionswerte auf. Hoch bewertete Unternehmen weisen auch vergleichsweise große Quoten an Handlungsflexibilität auf. In dieser wie auch in anderen Branchen werden Unternehmen, die die Fähigkeit besitzen, strategische Investitionen als Optionen auf künftige Werte zu identifizieren und entsprechend auszuüben, auch vergleichsweise höher vom Markt bewertet.

3 Grenzen traditioneller Bewertungsverfahren

Der hohe Stellenwert der Optionswerte in der „New Economy" gibt Anlass zu der Frage, wie brauchbar die von Unternehmen zur Bewertung und Auswahl strategischer Investitionen genutzten traditionellen Verfahren sind. Unglücklicherweise gestaltet sich die Antwort auf diese Frage mit „nicht besonders" brauchbar keineswegs positiv. In Anbetracht des durch beschleunigte Veränderungen und erhöhte Unsicherheit gekennzeichneten Unternehmensumfelds werden die traditionellen Verfahren zunehmend als nicht mehr zeitgemäß angesehen. Die meisten traditionellen Verfahren, insbesondere das häufig eingesetzte Discounted Cashflow-Verfahren (DCF), wurden für Fälle mit geringer Flexibilität und Unsicherheit konzipiert. Sie unterstellen, ähnlich vereinfachend wie die folgende Abbildung, einen einzigen schicksalhaften Weg des Unternehmens in die Zukunft.

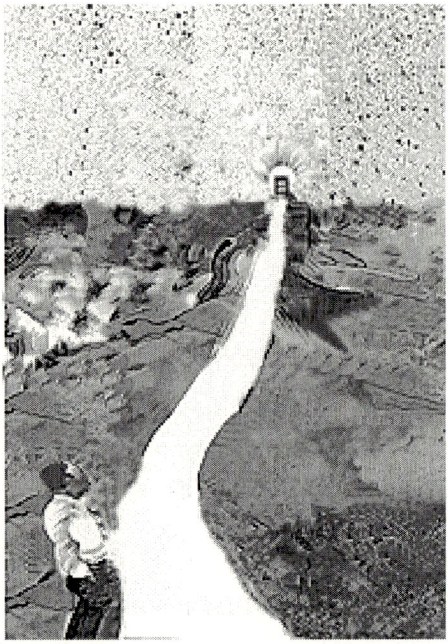

Abbildung 5: Sichtweise der Zukunft in einem DCF-Verfahren

Darüber hinaus werden diese Verfahren häufig in einer Art und Weise eingesetzt, die nur unzureichend das Risiko der Anteilseigner berücksichtigt. In Konsequenz können diese Verfahren zu fehlerhaften Werteinschätzungen, falschen Indikationen zur Bestimmung der strategischen Marschrichtung und zu lediglich begrenzt relevanten Aussagen über die zu überwachenden kritischen Erfolgsfaktoren führen. Das gleiche gilt für Handlungen, nach der Veränderung der ökonomischen Rahmenbedingungen geboten sind.

Gegenwärtig erkennen dies viele Firmen und nehmen daher einige heuristische Anpassungen ihrer bestehenden Techniken vor. Sie führen beispielsweise hohe Mindestrenditen ein, die das nicht näher spezifizierte Risiko widerspiegeln soll. Des weiteren werden Synergieprämien für ebenfalls nicht näher spezifizierte Chancen addiert. Diese Heuristiken beruhen häufig zum großen Teil auf Erfahrungen der Vergangenheit. Ein vorzuziehender Ansatz betrachtet explizit strategische Investitionen als das, was sie sind – Optionen – und übt diese in einer, aus Sicht des Investors, vorteilhaften Art und Weise aus. Dieser Ansatz wird Real Option Valuation™, kurz ROV™, genannt.

4 Vorteile von Real Option Valuation™ (ROV™)

Real Option Valuation oder ROV™ entwickelt sich immer mehr zum neuen Standard für Bewertung, Auswahl und Steuerung von strategischen Investitionen in der „New Economy". ROV™ berücksichtigt dabei explizit das unsichere und dynamische Unternehmensumfeld sowie die Tatsache, dass die größten Wertpotenziale durch die Identifikation und Ausübung der Handlungsflexibilität, eben der „realen Optionen", geschaffen werden können. Wie die folgende Darstellung zeigt, wird dabei eine realitätsnähere Betrachtung mit einer Vielzahl von Pfaden zum Ziel vorgenommen.

Abbildung 6: Sichtweise der Zukunft bei ROV™

Ausgehend von einer Welt voll Unsicherheit und schnellen Veränderungen, kann am Anfang die gesamte Wegstrecke bis zum Ziel, der gesamte optimale Pfad, noch nicht festgelegt werden. Vielmehr muss man in die richtige Richtung losmarschieren und darauf vorbereitet sein, im Falle eintretender Umweltveränderungen, dem Erreichen der anvisierten Ziele dienend, Richtungswechsel vorzunehmen.

Während die der ROV™ zugrunde liegenden Basiskonzepte leicht verständlich sind, ist die Theorie und das technische Konzept hinter ROV™ sehr ausgefeilt. Wie aus der folgenden Abbildung ersichtlich, stellt ROV™ den Höhepunkt jahrzehntelangen Fortschritts in der volkswirtschaftlichen, finanzwirtschaftlichen und entscheidungstheoretischer Forschung dar.

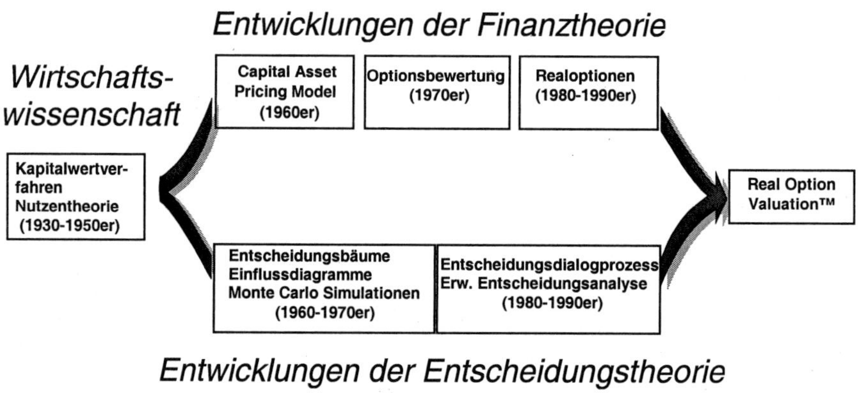

Abbildung 7: Entwicklungsgeschichte von ROV™

Welche Vorteile besitzt nun ROV™ gegenüber den traditionellen Verfahren? Zunächst bietet ROV™ eine bessere Möglichkeit für die Einschätzung des Wertes einer strategischen Investition und eine geeignetere Alternative, die grundlegenden Werttreiber zu kommunizieren. In den meisten traditionellen Bewertungsverfahren für Investitionen wird zunächst ein Basis-DCF-Wert berechnet. Anschließend wird dieser Wert heuristisch angepasst, um eine Vielzahl kritischer Phänomene miteinzubeziehen. Letztendlich kann dann der erwartete Gesamtwert stärker von den „Anpassungen“ als vom „Basiswert“ beeinflusst sein. Mit ROV™ wird der gesamte Wert der Investition in umfassender Weise berücksichtigt. Konzeptionell beinhaltet dies sowohl den „Basiswert“, der durch gewöhnliches passives Management der Investition entsteht, sowie die Optionsprämie, die ihrerseits durch aktives Management der Investition und sachgemäße Ausübung der Optionen erzielt werden kann. Dieser Zusammenhang wird anhand des unten dargestellten Beispiels aus dem F&E-Bereich nochmals veranschaulicht.

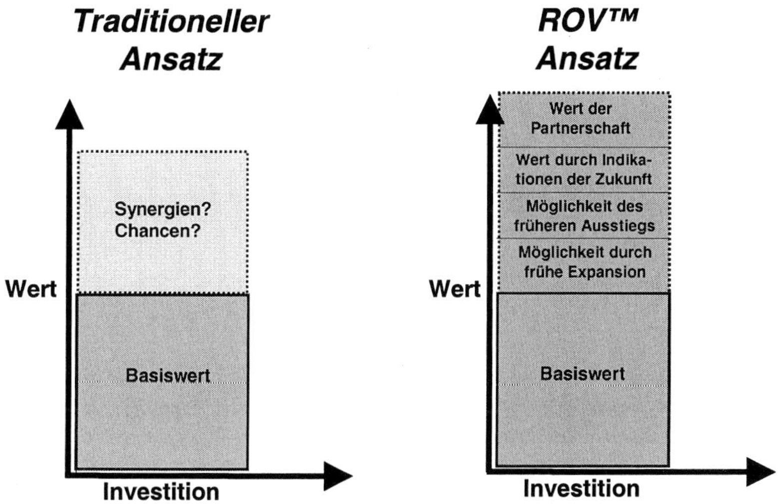

Abbildung 8: Ansatz von ROV™

Die Abbildung verdeutlicht, dass ein großer Wertanteil durch eine schnelle Produkteinführung erzielt werden kann, wenn die ersten Testergebnisse günstig ausfallen. Dieser Wertanteil ähnelt dem Zahlungsprofil einer Finanzoption (Call). Die Darstellung zeigt auch, dass ein großer Wertbeitrag durch die Möglichkeit eines frühzeitigen Ausstiegs bei gleichzeitiger Lizenzvergabe erzielt werden kann, falls die ersten Testergebnisse ungünstig ausfallen sollten. Dies entspricht einer finanzwirtschaftlichen Verkaufsoption (Put). Das Ergebnis kann dabei eine exaktere Einschätzung des für den Anteilseigner durch die Investition entstandenen Wertes und ein umfassenderes Verständnis der wertbeeinflussenden Faktoren beinhalten.

Daneben bietet ROV™ einen genauen „Reiseführer", die sog. „roadmap", zur Erreichung des maximalen Unternehmenswertes. Die meisten traditionellen Investitionsbewertungsverfahren liefern einen einzigen Wert, der unter eine Reihe von Annahmen errechnet wurde. Die genauen Schritte und die notwendigen Handlungen zur Erreichung dieses Wertes werden dabei jedoch nicht aufgezeigt. ROV™ hingegen errechnet den Wert unter expliziter Berücksichtigung der Handlungsmöglichkeiten des Managements. Im Ergebnis liefert ROV™ genaue Hinweise, welche Ereignisse wichtig, welche Meilensteine im Auge zu behalten und welche Reaktionen zur Erreichung des Maximalwertes geboten sind.

5 Anwendbarkeit von ROV

ROV™ wird typischerweise in einem dreistufigen Prozess angewandt. Die erste Prozessphase umfasst das multidisziplinäre, kreative **OpenFraming™**. Ziel ist es, die den Wert beeinflussenden Chancen und Risiken der Investition möglichst vollständig zu erfassen und die verschiedenen Handlungsmöglichkeiten zur Wertsteigerung zu analysieren. Im ersten Schritt wird damit ein umfassendes Verständnis der potenziellen Investition inklusive der mit ihr verbundenen Optionen erreicht. Die zweite Prozessphase ist die formale quantitative **Analyse**. In dieser Phase werden die kritischen Parameter bestimmt, Modelle unter Berücksichtigung der Abfolge von Ereignissen entwickelt, möglicherweise zu treffende Entscheidungen auf definierte Ereignisse untersucht und der Einfluss dieser Ereignisse und Entscheidungen auf den Wert analysiert. Die kritischen Informationen werden sowohl durch Experteneinschätzungen gewonnen als auch vom Kapitalmarkt abgeleitet. Die dritte Prozessphase umfasst die **Interpretation**. Ziel ist es, die analytischen Ergebnisse auf direkt nutzbare und verständliche Weise zu verarbeiten und zu kommunizieren. Im Ergebnis mündet der Prozess in einen Konsens über den Wert der Investition, die strategische Ausrichtung und den Aktionsplan zur Erreichung des maximalen Wertes.

Immer mehr Unternehmen erkennen die Vorteile von ROV und setzen die Methode ein. ROV wird daher in den unterschiedlichsten Branchen und Anwendungsfeldern angewandt. Sie reichen von M&A-Transaktionen im Energie-Sektor bis zu pharmazeutischen F&E und E-Business-Unternehmen. Führende Strategie- und Bewertungsexperten erkennen mittlerweile ebenfalls die Vorzüge des Realoptionsansatzes.

" ... a business strategy is much more like a series of options than a series of static Cashflows. Advances in both computing power and our understanding of option pricing

... make it feasible now to begin analyzing business strategies as chains of real options."

Timothy Luehrman (Harvard Business School)

"The breakneck pace of change and elevated uncertainty demand new ways of strategic thinking and new tools for financial analysis. Real options are at the core of such a strategic and financial framework...[and] will become an increasingly important tool in security analysis."

Michael Mauboussin (Credit Suisse First Boston)

Die Bedeutung des Realoptionsansatzes aus Controlling-Sicht

Dr. Gunnar Pritsch und Prof. Dr. Jürgen Weber

Dr. Gunnar Pritsch, M.B.A., McKinsey & Company, 55 East 52 Street, New York, NY 10055, USA

Prof. Dr. Jürgen Weber, Inhaber des Lehrstuhls für Controlling und Telekommunikation, Stiftungslehrstuhl der Deutschen Telekom AG, WHU – Otto-Beisheim-Hochschule, Burgplatz 2, 56179 Vallendar

Zusammenfassung: Controlling bedeutet Rationalitätssicherung der Führung in Willensbildung, Willensdurchsetzung und Kontrolle. Dieser Sichtweise liegt eine akteursbezogene Perspektive der Führung zugrunde. Der Realoptionsansatz eignet sich potenziell als Controlling-Instrument vor allem zur Rationalitätssicherung in der Willensbildung. Einige wichtige Fragen müssen jedoch beantwortet werden: (a) Wann ist der Realoptionsansatz alternativen Willensbildungsverfahren wirklich überlegen („theoretisches Potenzial" des Ansatzes)? (b) Lässt sich der Realoptionsansatz für die Belange der Praxis hinreichend operationalisieren? (c) Ist von einer schnellen Adoption auszugehen und kann der Adoptionsprozess im Unternehmen positiv beeinflusst werden? (d) (Wie) kann eine rationale und sachgerechte Anwendung des Ansatzes sichergestellt werden? Der besondere Nutzen des Realoptionsansatzes liegt viel weniger, als die bisherige Diskussion vermuten lässt, in der Entwicklung einer neuen „pricing routine", als vielmehr in der Bereitstellung eines neuen „mentalen Modells". Für die Implementierung wird es von entscheidender Bedeutung sein, die Fähigkeiten und Interessen der handelnden Akteure zu berücksichtigen und ggf. zu verändern. Beispiel: Die spezifischen Bedingungen zur Vermeidung von Opportunismus, die in Kapitalmärkten für Finanzoptionen gelten, liegen in Unternehmen für Realoptionen nicht vor.

Schlüsselworte: Controlling, Controlling-Instrument, Rationalitätssicherung, Willensbildung, Willensdurchsetzung, Kontrolle, Begrenzung von Opportunismus, mentale Modelle, instrumentelle und konzeptionelle Nutzung, Volatilitätsparameter, Adoption und Diffusion, Anwendungsrisiken

1 Einleitung

Aufgabe des Controlling ist die Sicherstellung der Rationalität im Unternehmen.[1] Rationalität wird durch Engpässe in der Führung begrenzt. Engpässe entstehen entlang der Phasen des Führungszyklusses – Willensbildung, Willensdurchsetzung und Kontrolle – durch Begrenzungen der Fähigkeiten der handelnden Personen oder durch deren individuelles Wollen, sofern dieses von der Zielsetzung des Unternehmens abweicht.[2] Eine Möglichkeit (von mehreren) zur Reduzierung derartiger Engpässe besteht in der Auswahl, Bereitstellung und Nutzung von betriebswirtschaftlichen Methoden.

Realoptionen lassen sich als Instrument zur Bewertung von Handlungsflexibilität und als Managementansatz zur proaktiven Berücksichtigung von umwelt- und wettbewerbsbedingten Unsicherheiten einordnen. Auf diesem Feld heben sie Beschränkungen der traditionellen Kapitalwertmethode auf und liefern einen erheblichen Fortschritt, dem angesichts gestiegener, signifikanter Unsicherheiten eine hohe Bedeutung zukommt.[3]

---

1 Vgl. Weber/Schäffer (1998a,b und 1999a,b,c).

2 Vgl. Bach/Brettel/Grothe/Schäffer/Weber (1998) für eine detailliertere Beschäftigung mit Führungshandlungen und handelnden Personen („Akteure"). Zum Führungszyklus und dessen Stellung im Rahmen der Rationalitätssicherung vgl. Weber/Schäffer (1998a,b). Zum Führungsbegriff vgl. Weber (1997).

3 Zur Bewertung und Steuerung von Investitionsvorhaben wird in der Praxis eine Vielzahl verschiedener Investitionsrechenverfahren benutzt, wobei sich vor allem die Kapitalwertmethode („Discounted Cash-Flow"-(DCF)-Methode bzw. „Net Present Value"-(NPV)-Regel) durchgesetzt hat. Vgl. u.a. Brealey/Myers (1996), Copeland et. al. (2000), Drukarczyk (1998). Bereits Anfang der 80er Jahre wurde festgestellt, dass diese traditionellen Verfahren den strategischen Wert einer Investition oftmals systematisch unterbewerten (vgl. u. a. Hayes/Abernathy 1980, Hayes/Garwin 1982). Dies hängt ursächlich damit zusammen, dass das Management häufig über ausreichende Entscheidungsflexibilität verfügt, um die unternehmerische Handlungsstrategie nach dem Eintritt unvorhergesehener Umweltzustände anzupassen. Negative Einflüsse auf den Wert eines Projekts können damit abgefedert und sich neu bietende Gewinnpotenziale besser ausgeschöpft werden. Derartige Entscheidungsflexibilitäten stellen Optionsrechte für das Management dar, die prinzipiell analog zu Finanzoptionen zu bewerten sind. Aus dieser Erkenntnis entwickelte sich in der Literatur der Realoptionsansatz als neues Verfahren zur Bewertung von Investitionsprojekten. Grundlegende Arbeiten entstanden in der zweiten Hälfte der 80er Jahre und etablierten zunächst die Bedeutung realer Optionen. Dabei entwickelte sich eine eigene Sprache, die Realoptionen nach ihren zugrundeliegenden Flexibilitäten einteilte: McDonald/Siegel (1986) und Paddock/Siegel/Smith (1988) untersuchen die *„option to wait"* in der Erdölindustrie. Trigeorgis/Mason (1987) sowie Pindyck (1988) betrachten die *„option to expand/contract"* im Zusammenhang mit der Kapazität einer Fabrik. McDonald/Siegel (1985) und Brennan/Schwartz (1985, 1993) analysieren die „option to shut down (and restart)" in Rohstoffindustrien. Myers/Majd (1990) betrachten die „option to abandon". Kulatilaka/Trigeorgis (1994) bewerten die „option to switch use". Die „option to stage

Realoptionen setzen sich in der Theorie immer mehr durch. Die Grundprobleme methodischer Art sind adressiert und werden prinzipiell als überwindbar bzw. als akzeptabel angesehen.[4]

Aus Controlling-Sicht ist die Beschäftigung mit dem Realoptionsansatz notwendig, weil dieser eine bessere Willensbildung in durch Unsicherheit und Flexibilität gekennzeichneten Situationen verspricht. Das Controlling muss daher dieses Instrument im Hinblick auf sein Potenzial zur Sicherstellung der Rationalität bewerten und gegebenenfalls Handlungsempfehlungen zur Erreichung und Nutzung dieses Potenzials erarbeiten.

Die ***Frage nach dem tatsächlichen Rationalitätssicherungsbeitrag*** des Realoptionsansatzes ist für die Praxis von hoher Relevanz. Zunächst ist festzuhalten, dass die Modellannahmen der Realoptionsmodelle in vielen Fällen nicht erfüllt sind, so dass unklar ist, in welchem Maße sich der Anwender dieser Modelle auf die Aussagen dieses Instruments verlassen darf.[5] Hinzu kommt, dass aufgrund der inhärenten Unwägbarkeiten realer Investitionsvorhaben mit erheblichen Datenunschärfen zu rechnen ist, so dass sich die Frage stellt, welchen Wert überhaupt die Anwendung der präzisen Mathematik der Optionsforschung auf derart unpräzise Problemstellungen hat.[6] Darüber hinaus sind die meisten Realoptionen viel komplexer als Finanzoptionen. In der Folge drohen sich die für das Management ohnehin schwer verständlichen mathematischen Strukturen weiter zu verkomplizieren, und es ist unklar, ob sich in der Summe eine Verbesserung der Rationalität erreichen lässt oder nur eine ***Scheinrationalität*** vorgetäuscht wird. Selbst wenn die Antwort auf diese Fragen positiv ausfällt, setzt eine Verbesserung der Rationalität durch den Realoptionsansatz voraus, dass das Unternehmen das neue Verfahren adoptiert. Empirische Studien deuten jedoch darauf hin, dass sich dieser Ansatz in der Praxis bisher nur vereinzelt durchgesetzt hat, wenngleich eine zunehmende Anzahl von Unternehmen prinzipiell an der Adoption der neuen Methode interessiert ist.[7] Schließlich erfordert eine

---

investment“ ist Gegenstand der Untersuchung bei Majd/Pindyck (1987) und Carr (1988). „Growth options“ werden von Myers (1977), Kester (1984), Trigeorgis/Mason (1987), Pindyck (1988) sowie Chung/Charoewong (1991) diskutiert. Ein guter Gesamtüberblick findet sich bei Kilka (1995) und Trigeorgis (1995, 1996).

4 Vgl. Ausführungen bei Trigeorgis (1996); Diskussion bei Pritsch (2000), S. 173 ff.

5 Vgl. Lander/Pinches (1998).

6 Vgl. auch folgendes Zitat von Merton (1998), S. 343: „The mathematics of financial models can be applied precisely, but models are not at all precise in their application to the complex real world. Their accuracy as a useful approximation to that world varies significantly across time and place. The models should be applied in practice only tentatively, with careful assessment of their limitations in each application."

7 Vgl. u.a. Kolbe et. al. (1991) und Grenadier/Weiss (1997) hinsichtlich der Relevanz des Realoptionsansatzes. Busby/Pitts (1997) diskutieren Probleme bei der Umsetzung in der Bewertungspraxis. Das steigende Interesse der Praxis an dem Realoptionsansatz

Verbesserung der Rationalität, dass das Unternehmen lernt, mit dem neuen Verfahren richtig umzugehen. Angesichts des niedrigen Wissensstandes über Realoptionen in der Praxis bestehen erhebliche Anwendungsrisiken durch Falschanwendung, Fehlinterpretation der Ergebnisse oder gar Manipulation. Zusammenfassend stellt sich die Frage, ob der Praxis angesichts der erreichten methodischen Reife des Ansatzes empfohlen werden soll, das Instrument der Realoptionen in breiter Form einzuführen und einzusetzen. Die Antwort hängt vor obigem Hintergrund von folgenden Teilfragen ab, deren Beantwortung Ziel dieses Beitrags ist:

1. Wann ist der Realoptionsansatz alternativen Willensbildungsverfahren wirklich überlegen („theoretisches Potenzial" des Ansatzes)?
2. Lässt sich der Realoptionsansatz für die Belange der Praxis hinreichend operationalisieren?
3. Ist von einer schnellen Adoption auszugehen und kann der Adoptionsprozess im Unternehmen positiv beeinflusst werden?
4. (Wie) kann eine rationale und sachgerechte Anwendung des Ansatzes sichergestellt werden?

Der Beitrag baut dazu zum einen auf der Realoptionsforschung, zum anderen auf einem Theoriezweig des Controlling auf, der dieses als Rationalitätssicherungsfunktion der Führung versteht. Der Aufsatz ist wie folgt strukturiert. Im ersten Schritt werden die Grundlagen dieses Ansatzes ausgeführt, speziell das zugrundeliegende Modell ökonomischer Akteure und ihrer Eigenschaften vorgestellt. Diese Eigenschaften, kognitive Fähigkeiten und individuelles Wollen, bilden die Struktur für die Ableitung der Wirkungen von Modellen auf die Willensbildung, -abstimmung und -durchsetzung im Managementhandeln. Das Potenzial zur Rationalitätssicherung wird der Realoptionsansatz dann haben, wenn Könnens- und Wollenskomponenten positiv beeinflusst werden können. Die Erschließung dieses Potenzials setzt eine positive Beantwortung der oben gestellten Fragen nach Operationalisierung, Adoption und Diffusion sowie der Anwendungssicherung voraus. Ein Resümee fasst die Ergebnisse der Betrachtung abschließend zusammen.

---

wurde u.a. durch das Interesse der Unternehmen an dem diesem Buch zugrundeliegenden Realoptions-Symposium deutlich.

2 Controlling-Instrumente als Verfahren zur Sicherung rationaler Führung

2.1 Controlling als Rationalitätssicherung der Führung

Basis der zugrunde gelegten Sichtweise des Controlling ist eine spezifische Führungsperspektive: Führung wird durch eigenständige Ziele verfolgende Menschen (insbesondere Manager) vollzogen, die hierfür kognitive Fähigkeiten besitzen. Diese Fähigkeiten sind individuell begrenzt. Ein unerfahrener Manager wird bspw. eine Budgetrunde und ihre latenten Konflikte weniger umfassend wahrnehmen und die Marktchancen eines neuen Produkts wegen noch fehlender Intuition schlechter abschätzen können als ein „alter Hase", der wiederum weniger bewandert in der Kenntnis und Anwendung z.B. von Realoptionsmodellen ist. Neben diesen fachspezifischen Einschränkungen sind auch diverse allgemeine kognitive Begrenzungen zu beobachten (z.B. zu starke Bindung an „bewährte Erfahrung").[8] Schließlich kommt eine weitere Gruppe von Begrenzungen hinzu, wenn man das Entscheidungsverhalten von Menschen in Gruppen betrachtet. Gruppen haben oftmals eine Tendenz zur Einmütigkeit („groupthink"[9]) und können zu übersteigertem Risikoverhalten neigen.[10]

Der Umfang der kognitiven Begrenzungen ist individuell unterschiedlich. Messlatte hierfür bildet eine Art „Soll-Fähigkeit". Derartige Sollvorstellungen bestehen auf praktisch allen Feldern des Managerhandelns. Sie werden aus Erfahrung der Märkte ebenso generiert („laws of the marketplace") wie durch die Wissenschaft und durch einschlägige Gruppen von Fachleuten (etwa Wirtschaftsprüfer). Sie unterliegen einer ständigen Überprüfung durch Diskurs und empirischen Überprüfung und entwickeln sich mit neuen Erkenntnissen fort. Gemäß dieser Soll-Fähigkeiten zu handeln heißt mit anderen Worten, sich rational zu verhalten.[11] Abweichungen vom Soll bedeuten ***Rationalitätsverluste***.

Solche Abweichungen können darüber hinaus nicht nur durch ***mangelndes Können*** der Manager, sondern auch durch ***mangelndes Wollen*** entstehen. Wird von einem Vorstand einer Aktiengesellschaft z.B. Handeln zum Wohle des Unternehmens erwartet, ist dieser aber nur auf eine Vergrösserung seines

---

8 Vgl. allgemein Simon (1957); bezogen auf den Controlling-Kontext Herzog (1999), S. 176-202.

9 Vgl. Janis (1982).

10 Vgl. Schäffer (1996), S. 128-130.

11 Allgemeine kognitive Begrenzungen des Menschen ("Grenzen der Erkenntnis") bedeuten somit zu einem bestimmten Zeitpunkt keine Begrenzung der Rationalität – oder mit anderen Worten: das, was rational ist, verändert sich mit dem Wissensfortschritt. Vgl. zu dieser Ablehnung absoluter Rationalität und zum Rationalitätskonzept insgesamt Weber/Schäffer/Langenbach (1999).

Einflussbereichs aus, so kann eine überoptimistische Aufsichtsratsvorlage aus einer falschen Anwendung einer Investitionsrechnung wider besseren Wissens resultieren. Soll-Vorstellungen bestehen folglich nicht nur hinsichtlich des Könnens, sondern auch des Wollens.

Rationalitätsverluste führen im Kontext ökonomischen Handelns zu Ergebniseinbußen. Sind diese erheblich, ist es effizient, eine Begrenzung zu versuchen. Maßnahmen zur Rationalitätssicherung sind dann zu ergreifen, wenn der Nutzen einer verringerten Abweichung von der Rationalität die Kosten der Rationalitätsicherung überschreitet.

Objekte und Träger der Rationalitätssicherung (z.B. Controller, Aufsichtsräte, Wirtschaftsprüfer, Berater, andere Manager) können sehr unterschiedlich sein. Gleiches gilt auch für die Ausprägung des Sicherungsprozesses:

- Rationalitätssicherung kann heißen, die ***begrenzten kognitiven Fähigkeiten des Managements zu ergänzen***, z.B. durch die Versorgung der Manager mit Ergebnisinformationen.
- Rationalitätssicherung kann sich weiter darin vollziehen, Vorhaben und Entscheidungen eines Managers einer ***kritischen Herausforderung*** durch Prüfung der Investitionsvorlage auf Prämissengültigkeit, Konsistenz, Kongruenz mit übergreifenden Unternehmenszielen sowie Prüfung der Modellwahl und –anwendung zu unterziehen.
- Schließlich bedeutet Rationalitätssicherung zuweilen auch, den ***Willen von Managern zu begrenzen***. Im Fall bestehender Weisungsbeziehungen vollzieht sich dies standardmäßig zwischen Managern unterschiedlicher Hierarchieebenen: Der Vorschlag eines Untergebenen ist von seinem Vorgesetzten zu genehmigen; diese Genehmigung kann auch abgelehnt werden. Beim Fehlen von Durchsetzungsmacht kann versucht werden, der Kraft des besseren Arguments durch wiederholte Kommunikation letztliche Geltung zu verschaffen.[12]

Es gilt festzuhalten: Ähnlich wie die Qualitätserzeugung einer Qualitätssicherung bedarf, ist auch der ***Rationalitätsgenerierung*** eine ***Rationalitätssicherung*** an die Seite zu stellen. Diese Funktion sei im Folgenden als ***Controlling*** bezeichnet. ***Sicherstellung bedeutet dabei Subsidiarität***: Umfang und Ausprägung des Controlling werden von Umfang und Ausprägung von Rationalitätsdefiziten der Führung bestimmt. Rationalitätsdefizite werden nur soweit verringert, wie der

---

12 Hierfür stehen ganz unterschiedliche Verhaltensweisen zur Verfügung. So ist z.B. aus Controllerkreisen bekannt, dass eine Resistenz gegen dringende Controllereinwände in den meisten Fällen erfolgreich mit der Andeutung einer gesonderten Behandlung in kommenden Ressorcenallokationen (z.B. der nächstjährigen Budgetplanung) vermieden werden kann.

damit erzielte zusätzliche Nutzen die Kosten der Rationalitätssicherung übersteigt. Controlling steigert damit die Effizienz und Effektivität der Führung.[13]

2.2 Rationalitätssicherung von und durch Instrumente

Die Betriebswirtschaftslehre hat ein breites Spektrum von Instrumenten entwickelt, zu dem nun aktuell auch Realoptionen hinzukommen. Vor dem Hintergrund der Rationalitätssicherung gilt es zu hinterfragen, wie ein Instrument auf die Handlungen von Akteuren einwirkt. Betriebswirtschaftliche Methoden und Verfahren können die Rationalität des Akteurs erhöhen, indem sie die Perzeptions-, Prognose- und Bewertungsfähigkeit oder die Kongruenz zwischen individuellem Wollen und Unternehmenszielen erhöhen. Zur leichteren Nachvollziehbarkeit sei dies am Beispiel der Kostenrechnung illustriert.

- ***Perzeptionsfähigkeit***: Sie besteht darin, relevante Aspekte der Umwelt des Akteurs und seiner selbst wahrzunehmen und damit einer weitergehenden Verarbeitung zur Verfügung zu stellen. Nur das, was wahrgenommen wird, kann Handlungen auslösen. Das Instrument „Kostenrechnung" steuert die Wahrnehmung von Managern und Mitarbeitern. Die dem System zugrunde liegenden Merkmale (z.B. Periodenbezug, Kostenspaltung, Zurechnungsprinzip) führen dazu, anstehende Entscheidungsprobleme entsprechend einzuordnen. Rationalitätssichernd gilt es zu hinterfragen, ob die Perzeptionsrichtung den zu bewältigenden Managementaufgaben adäquat ist (z.B. Ersatz des Periodenerfolgskonzepts durch einen kapitalwertorientierten Ansatz).
- ***Prognosefähigkeit***: Hiermit sei die Fähigkeit bezeichnet, Erwartungen mit guter Aussicht auf Erfolg (hoher Eintrittswahrscheinlichkeit) zu bilden. Auch diese Fähigkeit wird von der Kostenrechnung beeinflusst. Wurde z.B. ein System implementiert, das eine Trennung von fixen und variablen Kosten vornimmt, so erhöht sich die Prognosefähigkeit bezüglich kurzfristiger Entscheidungsprobleme gegenüber einer Vollkostenrechnung erheblich. Umgekehrt besteht die Gefahr, die Fixkosten auch bei solchen Entscheidungen zu vernachlässigen, die Auswirkungen über den kurzfristigen Zeitraum hinaus haben.
- ***Bewertungsfähigkeit***: Hierunter sei die Fähigkeit verstanden, relevante Zustände im Handlungsraum („Entscheidungsalternativen") miteinander wertend zu vergleichen. Die Kostenrechnung bietet hier eine Vielzahl von Kalkülen an, die je nach Rechnungszweck unterschiedliche Kostengrößen in die Entscheidung einbeziehen. Rationalitätssichernd ist zu prüfen, ob das richtige ausgewählt wurde (z.B. Vermeidung eines „Herauskalkulieren aus dem Markt").

---

[13] Zum empirischen Beleg Weber/Schäffer/Bauer (2000).

- Schließlich nimmt ein Instrument auch Einfluss auf die von einem Akteur gewünschten Zustände (*individuelles Wollen*). Hat man einem Ingenieur über Jahre hinweg als Ökonom klar gemacht, dass der kurzfristige Erfolg des Geschäfts in Kosten oder Erlös-Kosten-Differenzen zu messen ist, so wird die Zielgröße Kosten einen zentralen Einfluss auf die Aktionen des Ingenieurs nehmen und andere Zielperspektiven und -größen verdrängen („what gets measured that gets done"). Rationalitätssichernd ist z.B. zu hinterfragen, ob ein mehrdimensionales Ziel, wie es etwa die Balanced Scorecard postuliert, besser zur operativen Führung in einem bestimmten Kontext geeignet ist.

Löst man den Blick vom einzelnen Akteur, so kommen zusätzliche Aspekte der Rationalitätsbeurteilung von Instrumenten dazu. Fasst man die drei oben genannten Fähigkeiten unter „Willensbildung" zusammen, führen hierarchische Beziehungen zwischen Akteuren zu den weiteren Führungsphasen Willensdurchsetzung und Kontrolle. Wird der Wille mittels eines Instruments gebildet, ist zu fragen, ob dieses Instrument auch bestimmend für die Willensdurchsetzung und Kontrolle sein soll. Für das Beispiel Kostenrechnung kann die Kostenminimierung für das Gesamtunternehmen etwa zu Kostenvorgaben und Kontrollen für Kostenstellenleiter führen. Kernaspekt der Rationalitätssicherung ist dann das Hinterfragen der Rekonstruierbarkeit des gebildeten Willens beim den Willen Ausführenden („ausreichendes Kostenrechnungsverständnis"). Weichen die Instrumente der Willensbildung von denen der -durchsetzung und Kontrolle ab, bedarf es Rationalitätssicherung dahingehend, ob die entsprechenden „Übersetzungen" tatsächlich „gelungen sind".

Löst man sich von einer einzelnen hierarchischen Beziehung zwischen zwei Akteuren und betrachtet allgemein das Zusammenspiel zwischen vielen Akteuren, so gilt es schließlich auch die dabei wirksamen Wechselwirkungen zu betrachten. Gelingt es, ein Instrument als gemeinsames geteiltes Modell aller Akteure zu verankern, so erhöht man damit die gegenseitige Kommunikationsfähigkeit; bleibt das Instrument auf wenige Akteure beschränkt („Spezialistenwissen"), schaffen diese Könnensdifferenzen schnell Platz für Wollendifferenzen: Wer das komplexe System der Riebel´schen Einzelkostenrechnung verstanden hat, kann einem „Nicht-Wissenden" praktisch alle Kosten als relevant klar machen, auch wenn sie nur für die eigene Karriere relevant sein mögen. Hohe Könnensunterschiede bezüglich eines Instruments sind damit Indikatoren für einen erheblichen Rationalitätssicherungsbedarf. Diesen Aspekten wird bei der Betrachtung des Realoptionsansatzes eine besondere Bedeutung zukommen.

2.3 Rationalitätssicherung durch Realoptionen?

Bezieht man die grundsätzlichen Ausführungen in den Abschnitten 2.1 und 2.2 auf die anfangs gestellten Teilfragen, so lassen sich für diese folgende forschungsleitende Aussagen formulieren:

- Die ***Frage der Überlegenheit des Realoptionsansatzes*** für die Phase der Willensbildung lässt sich differenzieren in die Fragen nach verbesserter Perzeptions-, Prognose- und Bewertungsfähigkeit. Nachfolgend wird gezeigt, unter welchen Bedingungen diese Fähigkeiten durch den Realoptionsansatz beeinflusst werden. Darüber hinaus wird argumentiert, dass der Realoptionsansatz als mentales Modell und als Sprachmodell fungieren kann, welches die Willensbildung in Organisationen ebenso wie die in Unternehmen notwendige Willensdurchsetzung und Kontrolle erleichtert.

- Die ***Frage nach der Operationalisierung*** geht weit über eine reine Methodendiskussion („Liegen die benötigten Informationen zur Anwendung des Modells vor?") hinaus. Operationalisierung muss sich wesentlich auch auf das Verständnis der Methode bei den Entscheidungsträgern im Rahmen der Willensbildung sowie der die Entscheidung Ausführenden im Rahmen der Willensdurchsetzung beziehen.

- Sieht man das Realoptionsmodell im Kontext realer Führungsprozesse, so wird die Problembreite und -tiefe der ***Modelladoption*** sichtbar. Die Methodik der Realoptionen muss sowohl in den individuellen internen Modellen der Entscheidungsträger verankert werden als auch Eingang in das kollektive interne Modell des Unternehmens finden (z.B. adäquate Einbindung in die strategische und taktische Planung).

- Die Betonung der ***Wollenskomponente*** macht auf einen potenziell signifikanten Begrenzungsfaktor der Tragfähigkeit der Analogie Finanzoptionen – Realoptionen aufmerksam: Während der Kapitalmarkt quasi immanent sehr effizient in der Lage ist, Opportunismus einzelner Marktteilnehmer zu begrenzen, muss dieser Aspekt bei Realoptionen gesondert gestaltet werden.

Schon an dieser Stelle wird deutlich, dass die folgenden Ausführungen zu einer im Vergleich zu vorliegenden Publikationen deutlich differenzierteren – und wohl auch skeptischeren – Einschätzung des Realoptionsansatzes kommen werden, zumindest in seiner Funktion als Instrument zur Rationalitätssicherung.

3 (Wann) ist der Realoptionsansatz alternativen Willensbildungsverfahren wirklich überlegen?[14]

Zum Verständnis des potenziellen Nutzen des Realoptionsansatzes bietet es sich an, zunächst zwischen der instrumentellen und konzeptionellen Nutzung zu unterscheiden.[15] Im Folgenden sei unter der ***instrumentellen Anwendung*** des

---

14 Nachfolgende Ausführungen basieren auf Pritsch (2000).

15 Diese Unterscheidung geht auf Menon/Varadarajan (1992) zurück.

Realoptionsansatzes dessen direkte Anwendung zur Identifikation, Bewertung und Steuerung realer Optionen verstanden. Die instrumentelle Anwendung kann sowohl quantitativ im Rahmen einer formellen Bewertung als auch qualitativ erfolgen. Im Gegensatz dazu sei die ***konzeptionelle Anwendung*** als die indirekte Nutzung des Ansatzes verstanden, die dadurch entsteht, dass der Realoptionsansatz ein Teil der mentalen Modelle der Akteure wird, „which can enter into managers' orientations toward priorities, the manner in which they formulate problems, the range of solutions they convey, and the criteria of choice they apply".[16]

Eine Verbesserung der Rationalität in der Willensbildung durch die instrumentelle Anwendung entsteht zunächst dadurch, dass die Bewertungsfähigkeit der Akteure in solchen Situationen verbessert wird, in denen alternative Bewertungsverfahren versagen. Die Finanzforschung hat die verschiedenen Verfahren – vor allem die NPV-Methode, die stochastische dynamische Programmierung (bzw. Entscheidungsbaumverfahren als deren einfachste Variante) und die Optionspreismethode – miteinander verglichen, so dass hier verkürzend auf die Literatur verwiesen werden kann.[17] Zwei Grundannahmen stellen das wesentliche Problem traditioneller Methoden dar: Die Annahme einer ***gegebenen Wahrscheinlichkeitsverteilung der Cash-Flows*** und die Annahme der ***Konstanz des Diskontsatzes***.[18] Vereinfacht dargestellt hängt die theoretische Überlegenheit der Optionspreismethode in Situationen mit Unsicherheit und Handlungsflexibilitäten von zwei Faktoren ab:

- ***Bedeutung des inneren Wertes der Option:*** Je stärker die Option „out of the money" ist (d.h. je größer der Ausübungspreis X im Vergleich zum Basiswert V ist), desto größer ist der Bewertungsfehler der Kapitalwertmethode sowie der Verfahren der stochastischen dynamischen Optimierung.
- ***Bedeutung der Risikostruktur:*** Kernproblem der Verfahren der stochastischen dynamischen Programmierung ist die korrekte Bestimmung der Diskontrate. Je stärker die Projektwertunsicherheit durch solche Unsicherheiten beeinflusst wird, die auf den Finanzmärkten eine Risikoprämie tragen, desto größer ist der Bewertungsfehler, sofern die Diskontrate konstant gehalten und gleich der Rendite eines vergleichbaren entwickelten Projekts nach dem CAPM gesetzt wird.

Mit anderen Worten: NPV ist dann eine gute Näherung, wenn das Projekt sehr weit „im Geld" ist (in diesem Falle führen alle Investitionsmethoden zur gleichen Aussage „investiere sofort"). Ist dies nicht der Fall und bestehen signifikante Unsicherheiten und Handlungsflexibilitäten, so können Entscheidungsbaum-

---

16 Menon/Varadarajan (1992), S. 56.

17 Vgl. ausführlicher Überblick bei Pritsch (2000), S. 144ff. Des weiteren Kilka (1995), Meise (1998), Hommel/Pritsch (1999a, 1999b).

18 Vgl. auch Einführung bei Brennan/Trigeorgis (1999).

verfahren oder einfache Simulationen benutzt werden. Diese sind aber nur dann eine gute Näherung, wenn die Quelle der zugrunde liegenden Unsicherheit privater Natur sind (d.h., das Risiko ist diversifizierbar und auf den Kapitalmärkten nicht mit Risikoprämien versehen).

Die vollständigen Möglichkeiten des Realoptionsansatzes erkennt man jedoch erst, wenn man das Verfahren nicht nur als finanztheoretische „pricing routine", sondern als neue Denkweise, als eine neue Form, Ansichten über ein Projekt zu generieren und zu kommunizieren, den Prozess der Entscheidungsfindung zu strukturieren und zu objektivieren, versteht. Die ***konzeptionelle Nutzung des Realoptionsansatzes*** dient der Entwicklung eines Verständnisses der Bedeutung von Optionalitäten und verändert die ***mentalen Modelle*** der Akteure. Dies kann insbesondere dazu führen, dass eine differenziertere Einstellung gegenüber Unsicherheiten, der Bedeutung ihrer konkreten Ausprägung, dem Prozess ihrer Auflösung und ihrer Beeinflussbarkeit eingenommen wird. Darüber hinaus hat der Realoptionsansatz nicht nur eine Bedeutung für die Bewertung von Optionen, sondern ebenso für die Identifikation wichtiger Projekteigenschaften und für das wertorientierte Management des Optionsportfolios.

Traditionelle Bewertungsverfahren wurden häufig dafür kritisiert, dass sie den strategischen Wert eines Investitionsprojektes nicht erfassen und Empfehlungen entgegen der Intuition des Managements abgeben.[19] Negative NPV-Analysen werden durch intuitive Begründungen des „strategischen Projektwertes" kompensiert. Sofern diese bislang ignorierten Wertkomponenten aus der Interaktion von Flexibilitäten und Unsicherheiten resultieren, steht nun mit dem Realoptionsansatz ein Instrument zur Verfügung, mit dessen Hilfe diese Intuition auch artikuliert, formell erfasst und in Konsistenz mit den Auffassungen anderer Manager gebracht werden kann.[20] Die Anwendung des Modells zwingt zur offenen Diskussion der intuitiven Gründe, warum ein Projekt vorteilhaft erscheint und welches jeweils die kritischen Annahmen sind.[21] Diese Diskussion ist

---

19 Vgl. z.B. Kester (1984), S. 153: „On an ordinary net present value basis … make the project unattractive … Proponents pointed out the project's long-term strategic benefits…"; des weiteren Trigeorgis (1988), S. 145f.; Trigeorgis (1990), S. 153; Kester (1991), S. 188f.; Slater/Reddy/Zwirlein (1998), S. 450.

20 Vgl. auch folgendes Zitat von Smith/ McCardle (1999), S. 5: „In practice, managers often took flexibilities into account informally and intuitively and incorporating flexibility would make a project more or less attractive depending on how the results of the analysis compared to these intuitive evaluations … In general, these kinds of options are difficult to value intuitively, and one benefit of modeling flexibilities is that it improves the accuracy of these valuations and makes them more consistent across different managers".

21 Vgl. ähnlich Roberts (1995), S. 509: „In the financial analysis of a licensing project many assumptions are made and it is important to be aware of these limitations; however, it is very useful to perform this analysis as it focuses the mind and often adds perspective to strategic planning." Dies gilt selbst dann, wenn der Ansatz nur in seiner konzeptionellen Weise genutzt wird, vgl. Boer (1998), S. 52: „The options

Voraussetzung dafür, dass das Controlling seine Rationalitätssicherungsfunktion optimal wahrnehmen und helfen kann, unbewusste Fehler ebenso wie opportunistisches Verhalten zu vermeiden.[22] Diese Kommunikationsfunktion von Finanzmodellen ist oftmals wichtiger als ihre Rechenarithmetik und wurde bereits im Zusammenhang mit NPV erkannt: „Remember, DCF is a way of *talking about* [Hervorhebung im Original] projects, that is, a framework for assembling information and debating projects' prospects."[23] Die Neuartigkeit des Realoptionsansatzes ermöglicht es ferner, als „***Change Agent***" zu fungieren und unter aktualisiertem Namen die Verfeinerung der Analyse von Unsicherheiten, Flexibilitäten und deren Interaktion voranzutreiben.[24]

Darüber hinaus trägt die konzeptionelle Nutzung des Realoptionsansatzes zur Mustererkennung und damit zu einer Verbesserung der Perzeptionsfähigkeit bei. In Situationen mit hohen Wissensdefiziten hilft Intuition in Form der unbewussten Mustererkennung durch Nutzung impliziter, mentaler Modelle. Während reflexive Modelle immer nur ein vereinfachtes Bild der Realität darstellen können, vermögen mentale Modelle auch kompliziertere Zusammenhänge zu erkennen, selbst wenn diese auf unklaren Informationen aufbauen. Allerdings können reflexive Methoden diese Mustererkennung unterstützen. Hierin liegt auch der Wert vieler betriebswirtschaftlicher Modelluntersuchungen, wie sie sich vielfach in der Literatur finden. Beispielsweise ist eine spieltheoretische Figur wie das Cournot-Spiel kein genaues Abbild der Realität. Dennoch lassen sich aus dem Modell wichtige Erkenntnisse gewinnen, die in das Erfahrungswissen des Managers Einzug finden und somit Grundlage für zukünftige intuitive Entscheidungen in Wettbewerbssituationen bilden. Die Nutzung des Realoptions-

---

approach to valuing R&D has been subject of seminal thinking, and while possibly too complex for quantitative decision-making, may be extremely useful in creating robust technical strategies."

22 Die Möglichkeit von Modellen, diese Aufgabe zu leisten, wurde jüngst auch durch Warren/Von Dijk/Jobing/Seeley/Macri (1998) im Zusammenhang mit einem Simulationstool herausgearbeitet, vgl. S. 94: „As has been described ... decision makers often use implicit (mental) models of how their organization works for their own decision making. Because these models are not necessarily written down or explicitly articulated, they are difficult to examine. This inhibits building consensus amongst a management team about what is the appropriate model of the organization and what assumptions can be made. The simulation environment can serve to render an observable model of the organization. Irrespective of the accuracy of this model, it can serve as an objective basis for understanding and debate, where particular points can be changed to suit the perceived reality of the organization."

23 Myers (1996), S. 100.

24 Eine ähnliche Meinung vertritt auch Faulkner (1998), S. 20: „The real problem with DCF is the ‚mindset' that has developed around it and that mindset is now sustained by an infrastructure of NPV calculation tools. Attempts to modify the DCF approach will create confusion and will be difficult to implement. A better way to break out the DCF paradigm is to adopt an obviously new approach; one that is overtly derived from options pricing theory."

ansatzes ermöglicht es, über den Hayek'schen Prozess der Mustererkennung zu einem besseren Verständnis der Entscheidungssituation und bestimmter Wirkungszusammenhänge zu gelangen, wodurch die intuitive Kapazität vergrößert wird.[25] Diese Mustererkennung kommt dadurch zustande, dass ein Projekt im Hinblick auf seine Optionalität strukturiert durchdacht und Wirkungszusammenhänge quantitativ erforscht werden. Beispielsweise führt die konsequente Anwendung der Options"denke" zu einer differenzierteren Bewertung des Faktors Unsicherheit: Unsicherheit ist nicht grundsätzlich schlecht. Sofern diese Unsicherheiten neben einem Downside auch ein Upside haben und das Management sich durch Handlungsflexibilitäten vor dem Downside schützen kann, ist Unsicherheit ceteris paribus eine den Projektwert steigernde Projekteigenschaft.[26] Allerdings setzt die Mustererkennung voraus, dass der Anwender eine offene, fragende Haltung gegenüber der Erkennung neuer Wirkungszusammenhänge einnimmt und bereit ist, seine mentalen Modelle gegebenenfalls anzupassen.

4 Lässt sich der Realoptionsansatz für die Belange der Praxis hinreichend operationalisieren?

Eingangs wurde die Frage aufgeworfen, ob sich der Realoptionsansatz hinreichend operationalisieren lässt, d.h. ob er für die (industrie-) jeweilige Problemstellung spezifiziert und für die Anwendung soweit vereinfacht werden kann, dass er in der Praxis genutzt werden kann. Um der Praxis einen Ansatzpunkt zur Optionsanalyse zu bieten, wird im Folgenden – durch Bezüge auf die Situation von Pharmaunternehmen veranschaulicht – auf einen dreistufigen Zyklus bestehend aus Identifikation, Bewertung und dem Management von Realoptionen zurückgegriffen (vgl. auch Abbildung 1).

---

25 Dieser Aspekt wurde sehr prägnant in der Hayek'schen Theorie (Vgl. Von Hayek 1972, S. 9f.) komplexer Phänomene herausgearbeitet: „Viele ... Regelmäßigkeiten der Natur werden durch unsere Sinne intuitiv erkannt ... Wie wunderbar unsere intuitive Fähigkeit zum Erkennen von Mustern auch ist, sie ist dennoch begrenzt ... Viele Muster in der Natur können wir erst erkennen, *nachdem* wir sie gedanklich konstruiert haben. Systematische Konstruktion solcher neuer Muster ist Aufgabe der Mathematik ... Wo wir es jedoch mit Mustern zu tun haben, deren Erfassung zu lernen in unserer Entwicklung keine biologische Notwendigkeit bestand, müssen wir das Muster erst erfinden, ehe wir in den Phänomenen dessen Vorhandensein erkennen können."

26 Unternehmen, die den Optionsansatz nutzen, haben dies erkannt. Judy Lewent, CFO von Merck kommentiert: „The route to success is to put more money at risk, not less". Vgl. Nichols (1994), S. 90. Ähnlich Faulkner (1996), S. 153: "...the larger the amount of uncertainty, the greater the opportunity for value creation."

- ***Identifikation (und Priorisierung) von Realoptionen:*** Die gezielte Steigerung des Unternehmenswertes durch die Nutzung realwirtschaftlicher Flexibilität setzt voraus, dass projektinhärente Realoptionen bzw. die Möglichkeit zu deren Schaffung tatsächlich erkannt werden. Andernfalls handelt es sich um sogenannte „***Schattenoptionen***“, die, da sie nicht bewusst genutzt und gesteuert werden, nur einen Bruchteil ihres möglichen Wertes entfalten.[27] Daher besteht eine Rationalitätssicherungsaufgabe darin, einen systematischen Prozess zu implementieren und das entsprechende Wissen zu kultivieren, um ein genaues Verständnis der relevanten Unsicherheiten, Flexibilitäten und ihrer Interaktion zu erarbeiten und dadurch Schattenoptionen in Realoptionen umzuwandeln. In der Literatur wurden verschiedene Frameworks entworfen, die zur Klassifikation und damit zur Identifikation von Optionen herangezogen werden können.[28] Am Beispiel der pharmazeutischen Forschung und Entwicklung wurde darüber hinaus gezeigt, dass sich diese Frameworks für industriespezifische Problemstellungen spezifizieren lassen, so dass hier eine grundsätzliche Operationalisierbarkeit unterstellt werden kann.[29]

- ***Bewertung von Realoptionen:*** Wird im ersten Schritt die ökonomische Bedeutung der Realoptionen und des Entscheidungsproblems insgesamt als hoch angesehen, so kann anschließend die quantitative Bewertung des Projektes erfolgen. Aufgabe der Rationalitätssicherungsfunktion ist es, auf angemessene Modellwahl und sinnvolle Parameterbestimmung zu achten. Kernfrage aus Sicht der Praxis ist, ob sich die komplexen Modelle der Forschung soweit vereinfachen lassen, dass sie vom Management verstanden werden und im Unternehmen Akzeptanz finden, ohne aber gleichzeitig das Modell soweit zu vereinfachen, dass es intuitiv der Struktur des Entscheidungsproblems widerspricht. Diese Frage lässt sich schwer allgemein beantworten. Allerdings finden sich in der Literatur vielfache Hinweise, dass diese Aufgabe durchaus bewältigt werden kann.[30] Die Modellwahl bei der Bewertung von Realoptionen ist der Komplexität und der Unschärfe der Problemstellung anzupassen. Es gilt, die Transparenz der Bewertung und damit das zugrunde liegende ökonomische Verständnis für das Problem aufrecht zu erhalten. Für die Optionsbewertung wird häufig die Nutzung von ***Lattice- und Monte Carlo Verfahren*** empfohlen, weil diese Methoden nicht nur die komplexen Problemstrukturen abbilden können, sondern auch größtmögliche Transparenz sicherstellen und die geringsten Anforderungen an Umsetzungstechnologie und Anwenderwissen haben.[31] Der Nutzen analytischer Verfahren wie z.B. Black-Scholes ist oft begrenzt, weil die

---

27 Vgl. Bowman/Hurry (1993).

28 Vgl. Hommel/Pritsch (1999a).

29 Vgl. Pritsch (2000), Kapitel 5.

30 Vgl. z.B. Hommel/Pritsch (1999b), Pritsch (2000), Kapitel 5.

31 Vgl. hierzu Hommel/Pritsch (1999a,b) sowie ausführlich Pritsch (2000), Kapitel 5.

jeweilige Modellstruktur nur in Ausnahmefällen der Struktur des jeweiligen Entscheidungsproblems entspricht.

- ***Management von Realoptionen:*** Die Unternehmensleitung hat direkten Einfluss auf die Eigenschaften des unternehmenseigenen Realoptionsportfolios und kann diese im Rahmen eines aktiven Shareholder-Value-Managements zielgerichtet ausnutzen. Das Management von Realoptionen umfasst damit im Gegensatz zu Finanzoptionen nicht nur das ***reaktive Ausüben von Optionsrechten*** als Antwort auf den Eintritt bestimmter Umweltzustände, sondern ebenso ein ***proaktives*** Management der Realoptionen. Bereits bei der Akquisition der Realoptionen gilt es zu berücksichtigen, inwieweit die Optionswertentwicklung durch das proaktive Management der einzelnen Werttreiber gesteuert werden kann.

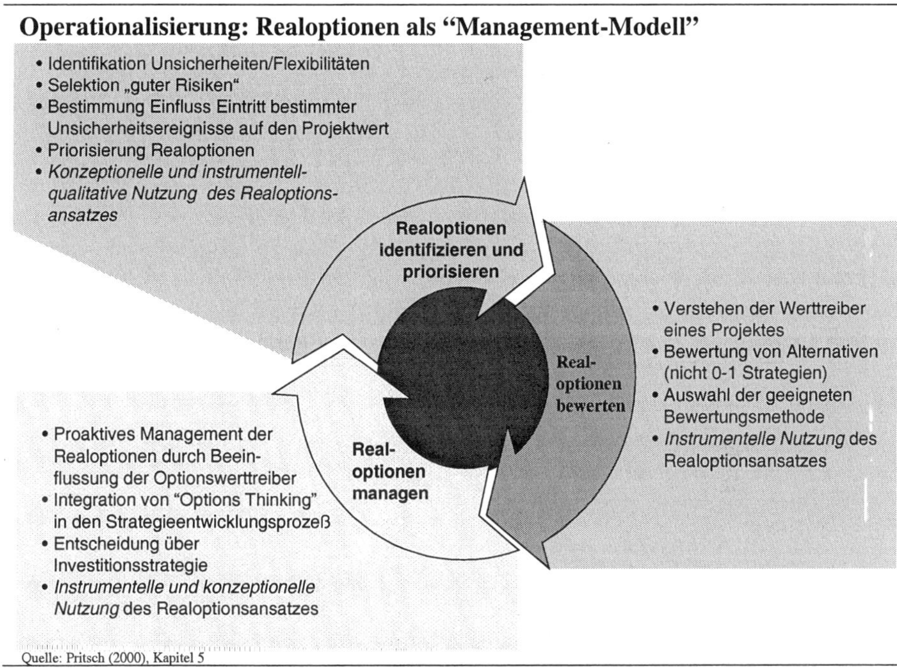

Abbildung 1: Realoptionen - Managementzyklus

Aus Sicht der Rationalitätssicherung ist es von großer Bedeutung, dass nicht nur Klarheit über das Potenzial, sondern auch die Limitationen des Realoptionsansatzes besteht.[32] Hervorzuheben ist hier die für alle Modelle, sofern im instrumentell-quantitativen Sinn benutzt, geltende Beschränkung durch die erreichbare Datenqualität. Vorhandene ***Datenunschärfen*** führen zu großen ***Einschränkungen der Aussagekraft der instrumentell-quantitativen Bewertung.*** Selbst wenn eine exakte Modellstruktur entwickelt werden kann, ist das Ergebnis der Bewertung angesichts bestehender Metaunsicherheiten immer nur eine Approximation des tatsächlichen Projektwertes. Damit wird neben dem Verfahrensproblem das Datenproblem zur kritischen Größe für die Qualität der Bewertung. In den meisten Optionsmodellen stellen die die ***Projektwert-unsicherheit*** beschreibenden Parameter die kritischste Größe dar, weil bereits geringe Variationen den Projektwert erheblich verändern. Das Datenproblem wird daher im Folgenden anhand des Volatilitätsparameters illustriert.

Zur Bestimmung der Projektwertvolatilität bieten sich verschiedene Schätzverfahren an, die sich danach unterscheiden lassen, ob sie auf Finanzmarktdaten beruhen und ob vergleichbare Projektwerte betrachtet werden. Im Fall von Projekten zur Gewinnung von Rohstoffen kann zumeist im direkten Analogieschluss (z.B. ist der Wert einer Ölquelle eine Funktion des Ölpreises) auf Finanzmarktdaten (z.B. die Volatilität des Ölpreises) zurückgegriffen werden. Ganz anders der Fall etwa bei der Bewertung eines F&E-Projektes in der Pharmaindustrie: Vergleichbare Projekte werden auf den Kapitalmärkten im Regelfall nicht gehandelt. Ein möglicher Ausweg ist die Schätzung auf der Basis von „Comparables", indem die Volatilitäten der Aktien von auf Finanzmärkten gehandelten Pharmaunternehmen betrachtet werden. Limitiert wird die Analogie zunächst dadurch, dass die historischen Volatilitäten existierender Unternehmen nicht immer ein guter Vergleichspunkt für neuartige Produkte sind, für die häufig noch nicht einmal ein Markt existiert. Das zweite Problem ist, dass die so beobachteten Werte nicht die Projektwertvolatilität, sondern die Volatilität der Renditen des Eigenkapitals wiedergeben. Diese Werte können unterschiedlich sein, weil die Volatilität der Eigenkapitalrendite im Vergleich zur Projektwertvolatilität (a) durch den finanziellen Leverage erhöht, (b) durch Diversifikationseffekte innerhalb des Produktportfolios reduziert und (c) durch die in Vergleichswerten enthaltenen Wachstumsoptionen und technischen Risiken erhöht wird.[33] Der Leverage-Effekt kann durch $\sigma_{\text{Asset}}=EK/(EK+FK)\times\sigma_{\text{Equity}}$ bereinigt werden. Der Ausschluss eventueller Diversifikationseffekte ist in der Praxis kaum erreichbar, weil die Cash-Flow Daten der Produkte der Wettbewerber nicht im Detail verfügbar sind. Abbildung 2 fasst diese Problematik zusammen.

---

32 Vgl. Lander/Pinches (1998) sowie Hommel/Lehmann (2001) für eine Diskussion der Limitationen.

33 Beispielsweise wird die Volatilität des Aktienkurses eines Biotech-Unternehmens mit geringen Umsätzen erheblich davon beeinflusst, ob sich die Erwartungen bezüglich der Realisierungswahrscheinlichkeit eines F&E-Projektes verändern. Da das Basisinstrument aber den Wert eines *entwickelten* Projektes modellieren muss, führen derartige Effekte zu einer Überbewertung der Volatilität.

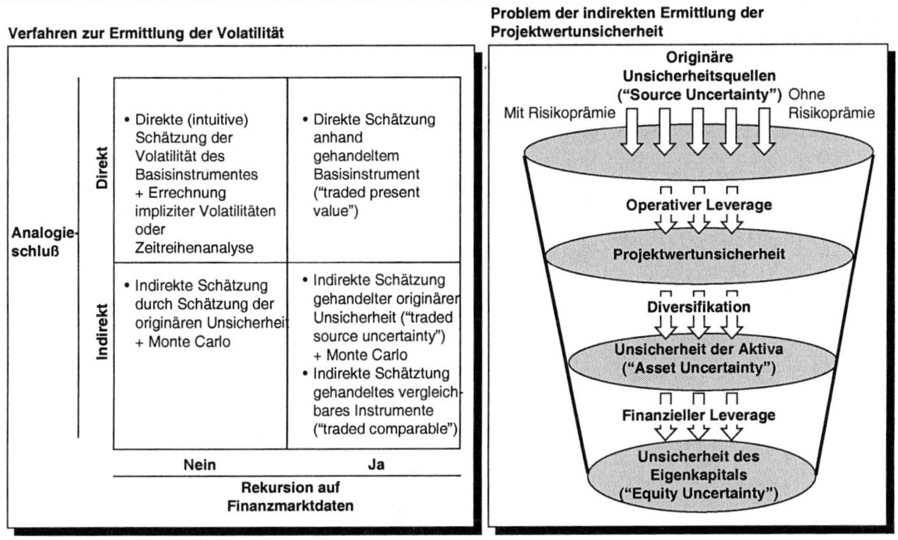

Quelle: Pritsch (2000)

Abbildung 2: Schätzung des Volatilitätsparameters

Vergleicht man die Volatilitätswerte verschiedener Pharmaaktien und -indizes im Zeitablauf, so stellt man fest, dass diese Werte sowohl in Abhängigkeit des jeweils betrachteten Zeitraumes als auch des Benchmarks stark variieren.[34] Welcher Wert ist aber für die Bewertung eines einzelnen Projektes anzusetzen? Im Ergebnis wird die quantitative Bewertung realer Projekte in den meisten Fällen – auch bei Nutzung des Realoptionsansatzes – weiterhin eine Approximation des „richtigen" Projektwertes bleiben. Zwar gibt es prinzipiell Verfahren, um Inputdaten wie den Volatilitätsparameter rational zu schätzen. Allerdings haben die so ermittelten Daten aufgrund der mangelnden Nähe typischer realer Projekte zu den Finanzmärkten und der imperfekten Analogie der Risikostruktur der beobachtbaren Proxy-Variablen nicht die Stellung unanfechtbarer Größen. Sie dienen eher der ***Eingrenzung eines Plausibilitätsbereichs***.

---

[34] Vgl. im Detail Pritsch (2000), S. 261.

5 Ist von einer schnellen Adoption auszugehen und kann der Adoptionsprozess im Unternehmen positiv beeinflusst werden?

Die rationalitätssichernde Wirkung des Realoptionsansatzes kann sich nur entfalten, wenn dieser von der Organisation adoptiert wird. Zur Bewertung des Rationalitätssicherungspotenzials dieses Verfahrens muss daher analysiert werden, in welcher zeitlichen Dimension Adoption und innerbetriebliche Diffusion des Instrumentes zu erwarten sind und in welchem Umfang dieser Prozess beeinflusst werden kann.

Im Folgenden wird versucht, unter Benutzung der Erkenntnisse der Innovation Diffusion Theory Schlussfolgerungen in Bezug auf die mutmaßlichen Hürden der Implementierung des Realoptionsansatzes in der Praxis, ihre Bedeutung und ihre Beeinflussbarkeit abzuleiten.[35] Nach Rogers stehen für die Prognose der Adoptionsrate und der Diffusion verschiedene Verfahren zur Verfügung:[36]

- ***Untersuchung der Ausprägung der Determinanten der Adoption und Diffusion***, insbesondere der Charakteristika der Innovation. Die Diffusionsforschung unterscheidet eine Reihe von Einflussfaktoren, von denen die wichtigsten der relative Vorteil, die Kompatibilität, die Komplexität und die Kommunizierbarkeit des Verfahrens sind.[37] Legt man eine explorative empirische Untersuchung bei 40 Managern der Pharmaindustrie zugrunde, so dürfte aufgrund der Ausprägung der relevanten Faktoren (etwa die Komplexität des Realoptionsansatzes) lediglich eine langsame Diffusion der Methode im instrumentellen Sinn zu erwarten sein. Deutlich positiver ist das Bild im Hinblick auf die konzeptionelle Verwendung des Instruments.[38]
- ***Extrapolation des historischen Diffusionsverlaufs ähnlicher Innovationen***. Das Net Present Value Verfahren kann als Vorläufer des Realoptionsansatz gesehen werden. Abbildung 3 analysiert den Diffusionsverlauf der NPV-Methode anhand der Ergebnisse einiger empirischer Studien. Das Ergebnis: Es hat knapp 30 Jahre gedauert, bis sich die NPV-Methode in der Unternehmenspraxis voll durchgesetzt hat. Folgt man Stegemüller, so lässt sich die lange Dauer bis zur Diffusion durch Kuhns Theorie des Paradigmenwechsels erklären - die Zeit bis zur Durchsetzung einer neuen

[35] Für einen Überblick zur Innovation Diffusion Theory vgl. Wolfe (1994) oder ausführlich Rogers (1995).

[36] Vgl. Rogers (1995), S. 211.

[37] Vgl. z.B. Premkumar/Roberts (1999).

[38] Vgl. Pritsch (2000), S. 364 ff.

Denkweise entspricht der Zeit, bis eine neue Manager-Generation die Entscheidungen fällt.[39]

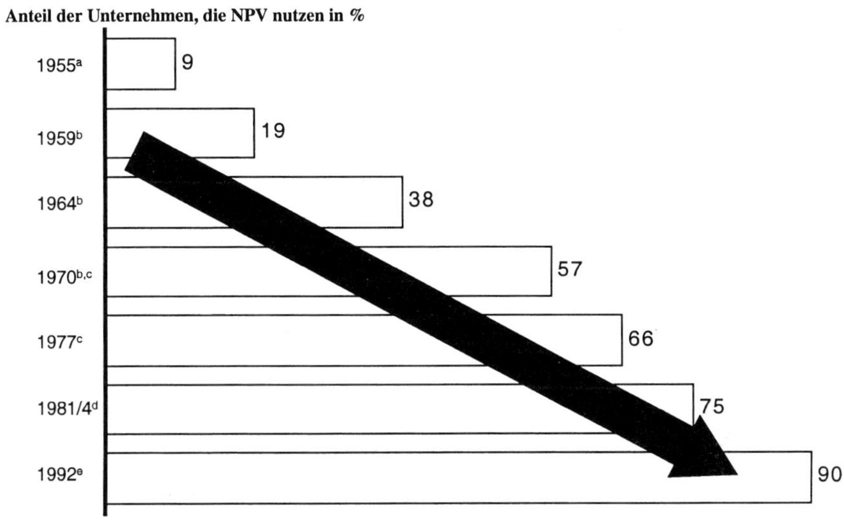

a Klammer/Walker (1984)
b Klammer (1972)
c Gitman/Forrester (1977)
d Klammer/Walker (1984), ähnlich Hendricks (1983) für 1981
e Reichert/Moore/Byler (1993)
Vgl. auch Rosenblatt/Jucker (1979), Petry (1975); Sengelod (1998a,b)

Quelle: Pritsch (2000)

Abbildung 3: Diffusion der NPV-Methode

Die empirische Capital Budgeting Literatur hat versucht, die Gründe für die langsame Diffusion und die Katalysatoren der Adoption herauszufinden. Das

[39] Vgl. Stegmüller 1987, S. 300f.: „Die größere Rationalität steht nicht auf der Seite der Verfechter des neuen Paradigmas, sondern auf der Seite der Verteidiger des alten. Es verhält sich ja nicht so, dass die neue Theorie die Probleme der alten beseitigte und selbst vorläufig noch mit keinen Problemen konfrontiert wäre. Vielmehr sind die Schwierigkeiten, welche sich für die neue Theorie auftürmen, zu Beginn immer noch viel viel größer als die Summe der ungelösten Probleme des in eine Krise geratenen übernommenen Paradigmas .... Wodurch wird trotzdem auch dieser Widerstand gebrochen? Die Antwort ist höchst einfach. Die Hilfestellung kommt diesmal von der Natur. Dies hat bereits einmal M. Planck in einer resignierenden Feststellung gesagt: Neue wissenschaftliche Erkenntnisse pflegen sich nicht in der Weise durchzusetzen, dass die Gegner überzeugt werden, sondern dadurch, dass die Gegner allmählich aussterben." Des weiteren vgl. Kuhn (1977, 1992, 1993).

Interessante bei dieser Analyse ist, dass die Lücke zwischen Theorie und Praxis genauso wie die Gründe für die Nichteinführung seinerzeit moderner Investitionsrechenverfahren erstaunliche Ähnlichkeit mit der aktuellen Diskussion des Realoptionsansatzes aufweisen. Klammer/Walker sehen in dem ***mangelnden Methodenverständnis*** der Manager eine wesentliche Hürde.[40] Neuhauser/Viscione finden, dass Manager Angst haben, dass dem neuen Finanzmodell aus der akademischen Forschung so viel Glauben geschenkt wird, dass ihrer ***Intuition*** im Vergleich der (Schein-)Präzision der Zahlen keine angemessene Bedeutung mehr beigemessen wird und somit aufgrund der bestehenden Datenunschärfen und fehlender Erfahrung in der Nutzung des neuen Instruments die Gefahr der ***Scheinrationalität*** besteht.[41] Insofern stellt sich die Frage, ob es wiederum eine Manager-Generation dauern wird, bis sich die Methode in den Unternehmen durchsetzt.

Die Diffusionsforschung gibt allerdings auch Hinweise darauf, wie die innerbetriebliche Adoption vorangetrieben werden kann. Die intra-organisationale Diffusion des Realoptionsansatzes kann als ***organisationaler Lernprozess*** aufgefasst werden. Daher ist dessen Rationalitätssicherungspotenzial eine dynamische Größe und der im Zeitablauf jeweils erreichbare Nutzen hängt von der Qualität des Managements des Lernprozesses ab. Dieser Prozess kann durch ein stringentes Implementierungsmanagement positiv beeinflusst werden. Die in der Literatur beschriebenen, beeinflussbaren Faktoren lassen sich auf drei Grundmuster reduzieren: Wissen/Ressourcen, Projektunterstützung und Unternehmenskultur.[42] Das Controlling muss diese drei Faktoren zunächst im Sinne einer Bestandsaufnahme bewerten und anschließend auf ihre Beeinflussbarkeit im Unternehmen hin untersuchen:

- ***Erfahrung mit der Nutzung finanztheoretischer Methoden und Lernfähigkeit des Unternehmens***: Die Adoptionsforschung hat gezeigt, dass eine technische Neuerung um so eher aufgenommen wird, je mehr technische Expertise der potenzielle Adopter besitzt.[43] Analog kann argumentiert werden, dass gegenwärtig vorhandenes finanztheoretisches Wissen und die ökonomische Ausbildung der an der Projektbewertung beteiligten Personen positiv mit der Adoptionswahrscheinlichkeit korreliert sind.
- ***Sicherstellbarkeit von ausreichendem Projekt-Support:*** Die ***Unterstützung*** der Innovation durch das ***Top Management*** und die Existenz eines ***Champion*** wird in fast allen Adoptionsstudien als besonders wichtig charakterisiert. Bereits die Evaluierung von Innovationen und spätestens deren Einführung setzt erhebliche Ressourcen voraus, die durch das Top Management genehmigt

40 Vgl. Klammer/Walker (1984).
41 Vgl. Neuhauser/Viscione (1973), S. 20.
42 Vgl. detailliert Pritsch (2000), S. 370.
43 Vgl. McGowan/Madey (1998), S. 120, sowie die dort diskutierte Literatur.

werden müssen.[44] Angesichts der Voraussetzungen im Zusammenhang mit der Strukturbildung ist diese Erkenntnis auf die Einführung des Realoptionsansatzes direkt übertragbar. Beispielsweise setzt die Beschäftigung guter Unternehmensberater allein schon aufgrund der damit verbundenen Kosten regelmäßig die Zustimmung des Top-Managements voraus. Zudem muss eine Instanz, die intern als Experten bekannt ist, als Fachpromotor die Einführung des neuen Verfahrens befürworten. Im Gegensatz zum existierenden Wissenstand und zur Lernfähigkeit ist dieser Faktor vergleichsweise leicht zu beeinflussen.

- ***Unternehmenskultur:*** Unternehmen mit einer hohen Lernbereitschaft, Offenheit gegenüber Veränderungen und einer Offenheit zum Experimentieren mit neuen Ideen sowie einer guten Kommunikationskultur (z.B. Zugang junger Nachwuchskräfte, die im Umgang mit Realoptionen während des Studiums ausgebildet wurden, zu den Entscheidungsträgern) werden den Realoptionsansatz eher adoptieren. Die Frage der unmittelbaren Beeinflussbarkeit der Unternehmenskultur kann insgesamt als schwierig bezeichnet werden.

6 (Wie) kann eine rationale und sachgerechte Anwendung des Ansatzes sichergestellt werden?

Selbst wenn der Realoptionsansatz Einzug in das Unternehmen gefunden hat, setzt die Erschließung des Rationalitätssicherungspotenzials die sachgerechte Nutzung des Verfahrens voraus. Die ***Sicherung der Rationalität*** bei Anwendung des Realoptionsansatzes besteht im Wesentlichen im Management potenzieller ***Anwendungsrisiken***. Zum einen sind solche Risiken zu bewältigen, die bei Anwendung des Realoptionsansatzes zur Willensbildung ***innerhalb eines Projektes*** auftreten. Potenzielle Gefahren gibt es viele: Mangelnde Methodenkenntnis birgt die Gefahr der Fehlinterpretation von Ergebnissen, mangelnde Nutzungserfahrungen erschweren die Interpretation wichtiger Parameter (z.B. Volatilität) und öffnen zudem manipulativen Versuchen durch Projektsponsoren Tür und Tor. Zum anderen bestehen bestimmte ***projektübergreifende Rationalitätsrisiken***, sofern der Realoptionsansatz nicht sofort unternehmensweit eingeführt wird. Die Rationalitätssicherungsfunktion konzentriert sich auf folgende Aufgabenbereiche:

- ***Sicherung der Nutzungsform:*** Neben der ausgewogenen Anwendung der konzeptionellen und instrumentellen Nutzungsweise muss die Sicherstellung einer sinnvollen instrumentellen Nutzung erfolgen. Beispielsweise macht es

---

44 Vgl. Übersichtsartikel Prescott/Conger (1995).

wenig Sinn, eine neue Technologie in einer sehr frühen Entwicklungsphase mit einer „Punktschätzung" („das Projekt ist US-$ 722,7 Millionen wert...") zu bewerten.

- ***Sicherung der Modellstruktur***: Sofern der Realoptionsansatz in seiner instrumentellen Form genutzt wird, sind Richtigkeit und Adäquanz des Bewertungsmodells sicherzustellen. Wie bei jedem Finanzmodell besteht ein „***Modell-Risiko***". Einfache Net Present Value Rechnungen können von einem breiten Personenkreis verstanden und entsprechend kritisch geprüft werden. Anders die Situation im Fall des Realoptionsansatzes: Hier gibt es heute in den Unternehmen nur sehr wenige Personen, die Optionspreismethoden wirklich beherrschen. Eine mögliche Lösung dieses Problems besteht in der Adoption entsprechender Maßnahmen des Risiko-Controlling in Banken, wo das Problem des Modell-Risikos wohlbekannt ist.[45] Typische Maßnahmen umfassen hier die genaue Dokumentation des Modells, die personelle Trennung der Verantwortlichkeiten für Modellentwicklung und Modellvalidierung, die Etablierung klarer Richtlinien für die Anpassung von Modellen und Plausibilisierung des Modells für einen Datensatz, für den eine Lösung bekannt ist.

- ***Sicherstellung einer angemessenen Modellkomplexität***: Der grundsätzliche Versuch der perfekten Modellierung ist ebenso wenig anzustreben wie die ständige Benutzung eines Black-Scholes Modells. Werden alle Unsicherheiten und Handlungsflexibilitäten explizit abgebildet, so kann eine relativ genaue Abbildung der (erwarteten) Realität erfolgen. Jedoch entsteht schnell ein mathematisch sehr komplexes Modell mit hohem Akzeptanz- und Modell-Risiko. Zudem droht die ökonomische Intuition in einem Black-Box Modell zu verschwinden.[46] Ein Ansatz zur Lösung dieses Problems wurde von Phillips durch seine „***Theory of Requisite Decision Models***" entwickelt.[47] Ziel ist nicht die Bildung eines „perfekten" Modells, sondern eines „angemessenen" Modells.[48] Angemessen ist ein Modell dann, wenn eine weitere Verfeinerung nicht zu wesentlichen Erkenntnisgewinnen führen würde.[49] Der Weg zur

---

45 Vgl. Derman (1996); Figlewski/Green (1999).

46 Vgl. ähnlich Phillips (1982), S. 303: „Those attempting to apply analysis soon discover the difficulty in constructing an optimal model of the decision process...real decision making is seen to be labile, a feature that defeats any attempt to build an optimal model..."

47 Vgl. Phillips (1982, 1984).

48 Vgl. Phillips (1982), S. 310: „Perhaps the most important point ... is that decision analysis was not used so much as an optimal model that prescribes the `correct´ course of action, but rather as a framework for thinking about the problem..." und S. 303: „...real decision making is seen to be labile, a feature that defeats any attempt to build an optimal model of a reasonably stable process."

49 Phillips (1984), S. 35. Ein solches Modell ist durch drei Eigenschaften gekennzeichnet: „...(1) elements of the social reality that are not expected to contribute significantly to solving the problem are *omitted* from the model, (2)

Bildung eines angemessenen Modells ist ein ***iterativer Prozess***, in dem Modellierer und Entscheidungsträger sehr eng zusammenarbeiten müssen.[50] Idealerweise repräsentieren die betroffenen Entscheidungsträger unterschiedliche Standpunkte. In einem iterativen Prozess, der durch einen geschulten Moderator moderiert werden kann, werden die wichtigsten abzubildenden Charakteristika des Problems ermittelt. Sensitivitätsanalysen unterstützen dabei, indem sie aufzeigen, welche Differenzen über Datenannahmen oder Modellstruktur für die Entscheidungsfindung tatsächlich relevant sind.

- ***Sicherung der Datenqualität:*** Selbst wenn die formale Modellstruktur richtig ist, so hängt die Qualität des Ergebnisses entscheidend von der Qualität der benutzten Inputparameter ab („***garbage in, garbage out***"). Eine weitere wesentliche Aufgabe besteht daher in der Sicherung der notwendigen Datenqualität. Darüber hinaus ist eine hinreichende ***Annahmenkonsistenz*** sicherzustellen, damit verschiedene Projekte mit gleichen Maßstäben bewertet werden.[51] Bezüglich der Möglichkeiten der rationalen Parameterbestimmung kann auf die Ausführungen im fünften Abschnitt verwiesen werden. Sharpe/ Keelin schlagen darüber hinaus einen zweistufigen Prozess der Prämissenprüfung vor, indem zuerst ein Peer-Review und anschliessend ein Management-Review stattfinden.[52]

- ***Sicherung des Ergebnisverständnisses***. Robert Merton hob anlässlich seiner Nobelpreisverleihung die Notwendigkeit der vorsichtigen Ergebnisinterpretation hervor: „The mathematics of financial models can be applied precisely, but models are not at all precise in their application to the complex real world. Their accuracy as a useful approximation to that world varies significantly across time and place. The models should be applied in practice

---

complex relationships among elements of the social reality are *approximated* in the model, and (3) distinctions in either form or content at the level of social reality may be blurred in the model..."

50 Vgl. Phillips (1982), S. 304: „The process of building the model is iterative and consultative..." und S. 310: „Note, too, that if the Managing Director had not been part of the iterative development of the decision tree, a crucial event would have been left out. This could have endangered acceptance of the model if the event had come to light in the Board meeting."

51 Die Notwendigkeit dieser Aufgabe wurde auch in einem Experteninterview deutlich, in dem der Gesprächspartner eines nordamerikanischen Pharmakonzerns sagte: „Internal and external projects are evaluated very differently. With external projects we don't know about the problems yet so we typically overestimate the likelihood of success." Vgl. auch Sharpe/Keelin (1998), S. 54: „As the company's CFO for pharmaceuticals put it, 'inconsistent valuations are worse than none.' "

52 Vgl. Sharpe/Keelin (1998), S. 54: „[A] peer-review meeting was held to make sure that all the participants had a chance to question and understand the results ... the peer-review was followed by a senior management review that provided an opportunity to challenge, modify, and agree on the underlying assumptions driving the valuations."

only tentatively, with careful assessment of their limitations in each application."[53] Dieses Risiko verliert in dem Maße an Bedeutung, wie die Akteure lernen, mit dem neuen Verfahren richtig umzugehen. Ein weiterer wichtiger Aspekt betrifft das ***Risiko der Scheinrationalität***. Datenunschärfen und Modellvereinfachungen implizieren, dass jede numerische Lösung, zumindest in der Forschung sowie frühen Phasen der Entwicklung, eher als Vehikel zum besseren Problemverständnis verstanden werden sollte denn als genaue Antwort auf die Frage nach dem Projektwert. Sofern beim Management die Erwartung besteht, dass mit dem Realoptionsansatz endlich das „Wundermodell" entwickelt wurde, welches präzise Bewertungen auch in Situationen mit hohen Ambiguitäten liefert, muss das Controlling daher insbesondere in der Anfangszeit auf eine angemessene Interpretation der Ergebnisse achten.

- ***Sicherstellung der angemessenen Kombination von Intuition und Reflexion***: Die (nicht erfüllbare) Hoffnung, mit dem Realoptionsansatz das „Wundermodell" zur exakten Lösung aller Entscheidungsprobleme gefunden zu haben, hat nicht nur Auswirkungen auf die Interpretation der Ergebnisse. Es besteht auch die Gefahr, dass das hohe finanztheoretische Niveau der Realoptionsmodelle dazu verleitet, dass der instrumentellen Bewertung mehr Glauben geschenkt wird als der eigenen Intuition. Ähnliche Probleme bestanden bereits bei der Einführung des Net Present Value Verfahrens in den Unternehmen.[54] Rothkopf äußert sich in Bezug auf Modelle im Allgemeinen: „I believe that it is dangerous to treat them [the models] merely as embodiments of thought rather than as aids to further thought. While it can be a helpful aid, arithmetic is a poor substitute for judgment."[55] Die Notwendigkeit der Kongruenz von Intuition und Reflexion sowie der Prozess der Annäherung sind wichtige Bestandteile des iterativen „requisite modeling": „A key feature is that the modeling process uses the sense of unease among the problem owners about the results of the current model as a signal that further modeling may be needed, or that intuition may be wrong."[56] Das Controlling muss darauf achten, dass die Annäherung rational erfolgt und die Richtung des Annäherungsprozesses nicht etwa lediglich das Ergebnis von Dysfunktionalitäten ist. Zum einen besteht das Risiko, dass die neue Methode überschätzt wird und die Annäherung zu stark in Richtung der Reflexion erfolgt. Zum anderen kann das Unverständnis bezüglich des neuen Verfahrens zur starken Ignoranz der Reflexion führen.

Neben diesen Anwendungsrisiken im Zusammenhang mit der Willensbildung in einem Projekt gibt es bestimmte ***projekt- und bereichsübergreifende***

---

53 Merton (1998), S. 343.

54 Neuhauser/Viscione (1973), S. 20.

55 Rothkopf (1996), S. 64.

56 Phillips (1984), S. 37.

Koordinationsrisiken: Diese Risiken entstehen, wenn die Einführung des Realoptionsansatzes nicht unternehmensweit, sondern zunächst nur in einzelnen Bereichen erfolgt. Die Berücksichtigung des Wertes von Handlungsflexibilitäten führt unter Unsicherheit ceteris paribus zu einem höheren Projektwert. Wenn Investitionsprojekte anderer Unternehmensbereiche (z.B. Produktion) mit traditionellen Verfahren bewertet werden, obwohl auch sie erhebliche Realoptionen besitzen, so besteht die Gefahr der ungerechtfertigten Bevorzugung der mit dem Realoptionsansatz bewerteten Projekte im Budgetierungsprozess. Das Controlling kann während des Diffusionsprozesses Rationalitätsdefizite nur insofern eindämmen, als dass es dieses Problem den Entscheidungsträgern bewusst macht.

Insgesamt scheint es sinnvoll zu sein, vorab mit dem neuen Instrument zu experimentieren und es neben den vorhandenen Instrumenten zu benutzen. So kann das Unternehmen lernen, mit Realoptionen umzugehen und verstehen, in welchen Situationen andere Handlungsempfehlungen gegeben werden und warum. Es empfiehlt sich, mit der Einführung dort zu beginnen, wo der Bedarf an „Optionsdenke" am größten ist – in einem Pharmakonzern also z.B. im Licensing/F&E–Bereich anstelle in der Produktion.

7 Zusammenfassung

Insgesamt präsentieren sich Realoptions-Modelle aus der Sicht des Controlling als Rationalitätssicherung somit in einer nicht unbeträchtlichen Ambiguität: Sie passen von ihrer Modellstruktur deutlich besser auf eine zunehmende Zahl von Entscheidungen in einem volatilen Umfeld. Sie heben Begrenzungen traditioneller Bewertungsverfahren auf und ermöglichen damit eine exaktere Problemwahrnehmung und –lösung. Wichtigste Erkenntnis der Untersuchung ist, dass das Verfahren mehr ist als eine reine finanztheoretische „pricing routine". Die konzeptionelle Nutzung des Realoptionsansatzes dient der Entwicklung eines Verständnisses der Bedeutung von Optionalitäten und verändert die mentalen Modelle der Akteure. Dies kann insbesondere dazu führen, daß eine differenziertere Einstellung gegenüber Unsicherheiten, der Bedeutung ihrer konkreten Ausprägung, dem Prozess ihrer Auflösung und ihrer Beeinflussbarkeit eingenommen wird. Der besondere Wert besteht damit in der neuen Denkweise und in der Fähigkeit, ein bereichsübergreifendes mentales Modell in den Unternehmen zu etablieren, welches besser ermöglicht, Ansichten über ein Projekt zu generieren und zu kommunizieren, den Prozess der Entscheidungsfindung zu strukturieren und zu objektivieren.

Allerdings trifft die hohe Komplexität der unterschiedlichen Spielarten des Realoptionsmodells – vor allem in seiner instrumentell-quantitativen Form – derzeit auf ein Kenntnisdefizit der Manager, die sich an die Nutzung traditioneller

Verfahren wie des NPV gewöhnt haben. Fähigkeitendefizite aber lassen den potenziellen Rationalitätsfortschritt der neuen Methode schnell in einen – durchaus gefährlichen – Rückschritt umschlagen. Rationalitätsdefekte sind zum einen durch die falsche Anwendung der Modelle zu erwarten. Diese können nicht nur bei den den Willen bildenden Managern liegen, sondern sich auch in der Kommunikation zu anderen Führungskräften im Rahmen von Willensdurchsetzung und Kontrolle zeigen. Daneben schafft die Komplexität des Modells und die starke Abhängigkeit des Ergebnisses von den gesetzten Prämissen und gewählten Inputdaten den Anreiz für opportunistisches Verhalten („jedes Ergebnis wird rechenbar“).

„Unter dem Strich“ verbleibt also noch viel zu tun, will man dem Instrument der Realoptionen den Platz in der betrieblichen Praxis eröffnen, den es sich in der (Modell-)Theorie längst erobert hat. Vor der Erwartung kurzfristiger Implementierungserfolge sei eindringlich gewarnt. Wer schnell implementiert, ist Geburtshelfer wie Totengräber des neuen Verfahrens zugleich. Es bedarf des behutsamen Aufbaus von Know-how über Möglichkeiten und Grenzen der Methodik ebenso wie eines Gefühls über die einzuhaltende Güte der Ausgangsdaten. Nur dann ist es realistisch zu erwarten, dass die breiten Opportunismuspotenziale im Managementalltag hinreichend beherrscht werden können.

Literaturverzeichnis

Achleitner, A.-K.; Thoma, G.F. (o.D.): Handbuch Corporate Finance, Köln

Aggarwal, R. (1991): Capital Budgeting Under Uncertainty, New Jersey

Bach, S.; Brettel, M.; Grothe, M.; Schäffer, U.; Weber, J. (1998): Grundmodell einer dynamischen Theorie ökonomischer Akteure, Forschungspapier, WHU Koblenz

Boer, P. (1998): Traps, Pitfalls and Snares in the Valuation of Technology, *Research Technology Management*, Vol. 41, Nr. 5, S. 45-54

Bowman, E. H.; Hurry, D. (1993): Strategy Through the Option Lens: An Integrated View of Resource Investments and the Incremental Choice Process, *Academy of Management Review*, Vol. 18, Nr. 4, S. 760-782

Brealey, R.; Myers, S. C. (1996): Principles of Corporate Finance, 5. Aufl., New York

Brennan, M.; Schwartz, E. (1985): Evaluating Natural Ressource Investments, *Journal of Business*, Vol. 58, Nr. 2, S. 135-157

Brennan, M.; Schwartz, E. (1993): A New Approach to Evaluating Natural Resource Investments, in: Chew, D. H. (Hrsg.): The New Corporate Finance, S. 98-107

Brennan, M.; Trigeorgis, L. (1999): Project Flexibility, Agency, and Competition, Oxford

Busby, J. S.; Pitts, C. G. (1997): Real Options and Capital Investment Decisions, *Management Accounting*, Vol. 75, Nr. 10, S. 38-39

Carr, P. (1988): The Valuation of Sequential Exchange Opportunities, *Journal of Finance*, Vol. 43, Nr. 5, S. 1235-1256

Chung, K. H.; Charoenwong, C. (1991): Investment Options, Assets in Place, and the Risk of Stocks, *Financial Management*, Vol. 20, Nr. 3, S. 21-33

Copeland T.; Koller, T.; Murrin, J. (2000): Valuation: Measuring and Managing the Value of Companies, 3. Aufl., New York

Derman, E. (1996): Model Risk, Risk Management Series, Goldman Sachs

Drukarczyk, J. (1998): Unternehmensbewertung, 2.Aufl., München

Faulkner, T. W. (1996): Applying 'Options Thinking' to R&D Valuation, *Research Technology Management*, Vol. 39, Nr. 3, S. 50-56

Faulkner, T. W. (1998): Strategic Thinking: A Foundation for Strategy Formulation Derived from Options Pricing Theory, Increasing Returns Economics, and Complexity Theory, Working Paper, Kodak

Figlewski, S.; Green, C. T. (1999): Market Risk and Model Risk for a Financial Institution Writing Options, *Journal of Finance*, Vol. 54, Nr. 4, S. 1465-1499

Gitman, L.J.; Forrester, J. R. (1977): A Survey of Capital Budgeting Techniques Used by Major U.S. Firms, *Financial Management*, Vol. 6, Nr. 3 Fall, S. 66-71

Grenadier, S. R.; Weiss, A. M. (1997): Investment in Technological Innovations: An Option Pricing Approach, *Journal of Financial Economics*, Vol. 44, Nr. 3, S. 397-416

Hayes, R.; Abernathy, W. (1980): Managing Our Way to Economic Decline, *Harvard Business Review*, Vol. 60, Nr. 3, S. 71-79

Hayes, R.; Garvin, D. (1982): Managing as if Tomorrow Mattered, *Harvard Business Review*, Vol. 60, Nr. 3, S. 71-79

Hendricks, J. A. (1983): Capital Budgeting Practices Including Inflation Adjustments: A Survey, *Managerial Planning*, Vol. 31, Nr. 4, S. 22-28

Herzog, A. (1999): Gestaltung von Controllership. Die Zuordnung von Aufgaben zu Controllern, Wiesbaden

Hommel, U.; Lehmann, H. (2001): Einsatzmöglichkeiten des Realoptionsansatzes in der New Economy aus Controlling-Sicht, *Controlling*, Vol. 13, Nr. 1, S. 15-21

Hommel, U.; Pritsch, G. (1999a): Marktorientierte Investitionsbewertung mit dem Realoptionsansatz: Ein Implementierungsleitfaden für die Praxis, *Finanzmarkt und Portfolio Management*, Vol. 13, Nr. 2, S. 121-144

Hommel, U.; Pritsch, G. (1999b): Investitionsbewertung und Unternehmensführung mit dem Realoptionsansatz, Ergänzungslieferung 4/1999, in: Achleitner, A.-K.; Thoma, G.F. (Hrsg.): Handbuch Corporate Finance, Köln

Janis, I.L. (1982): Groupthink: Psychological Studies of Policy Decisions and Fiascos, New York

Kester, C. W. (1984): Today's Options for Tomorrow's Growth, *Harvard Business Review*, Vol. 62, Nr.2, S.153-160

Kester, C. W. (1991): Turning Growth Options into Real Assets, in: Aggarwal, Raj (Hrsg.): Capital Budgeting under Uncertainty, S. 187-207

Kilka, M. (1995): Realoptionen: Optionspreistheoretische Ansätze bei Investitionsentscheidungen unter Unsicherheit, Frankfurt a.M.

Klammer, T. P. (1972): Empirical Evidence of the Adoption of Sophisticated Budgeting Techniques, *Journal of Business*, Vol. 45, Nr. 3, S. 66-71

Klammer, T. P.; Walker, M. C. (1984): The Continuing Increase in the Use of Sophisticated Capital Budgeting Techniques, *California Management Review*,. Vol. 27, Nr. 1, S. 137-148

Kolbe, A.L.; Morris, P. A.; Teisberg, E.O. (1991): When Choosing R & D Projects, Go with Long Shots, in: *Research-Technology Management*, January-February

Kuhn, T. S. (1977): Second Throughts on Paradigms, in: Suppe, Frederick (Hrsg.): The Structure of Scientific Theories, S. 459-482

Kuhn, T. S. (1992): Die Entstehung des Neuen. Studien zur Struktur der Wissenschaftsgeschichte, 4. Aufl., Frankfurt a.M.

Kuhn, T. S. (1993): Die Struktur der wissenschaftlichen Revolution, Frankfurt a.M.

Kulatilaka, N.; Trigeorgis, L. (1994): The General Flexibility to Switch: Real Options Revisited, *International Journal of Finance*, Vol. 6, Nr. 2, S. 778-798

Lander, D. M.; Pinches, G. E. (1998): Challenges to the Practical Implementation of Modeling and Valuing Real Options, *The Quarterly Review of Economics and Finance*, Vol. 38, Special Issue, Real Options: Developments and Concepts, S. 537-567

Larsen, T. J.; MacGuire, E. (1998): Information Systems and Diffusion, Hershey

Majd, S.; Pindyck, R. S. (1987): Time to Build, Option Value, and Investment Decisions, *Journal of Financial Economics*, Vol. 18, Nr. 1, S. 7-27

McDonald, R.; Siegel, D. (1985): Investment and the Valuation of Firms When There Is an Option to Shut Down, *International Economic Review*, Vol. 26, Nr. 2, S. 331-349

McDonald, R.; Siegel, D. (1986): The Value of Waiting to Invest, Quarterly *Journal of Economics*, Vol. 101, Nr. 4, S. 707-727

McGowan, M. K.; Madey, G. R. (1998): Adoption and Implementation of Electronic Data Interchange, in: Larsen, T.J.; McGuire, E.G. (Hrsg.): Information Systems and Diffusion, S. 116-140

Meise, F. (1998): Realoptionen als Investitionskalkül, München/Wien

Menon, A.; Varadarajan, R. (1992): A Model of Marketing Knowledge Use within Firms, *Journal of Marketing*, Vol. 56, Nr. 4, S. 53-71

Merton, R. C. (1998): Applications of Option-Pricing Theory: Twenty-Five Years Later, *American Economic Review*, Vol. 88, Nr. 3, S. 343-349

Myers, S. C. (1977): Determinants of Corporate Borrowing, *Journal of Financial Economics*, Vol. 5, Nr. 2, S. 147-175

Myers, S.C.; Majd, S. (1990): Abandonement Value and Project Life, *Advances in Futures and Options Research*, Vol. 4, S. 1-21

Myers, S. C. (1996): Fischer Black's Contribution to Corporate Finance, *Financial Management*, Vol. 25, Nr. 4, S. 95-103

Neuhauser, J. J.; Viscione, J. A. (1973): How Managers Feel about Advanced Capital Budgeting Methods, *Management Review*, Vol. 62, Nr. 11, S. 16-22

Nichols, N. A. (1994): Scientific Management at Merck, *Harvard Business Review*, Vol. 72, Nr. 1, S. 89-99

Paddock, J.; Siegel, D.; Smith, J. (1988): Option Valuation of Claims on Real Assets: The Case of Offshore Petroleum Leases, *The Quarterly Journal of Economics*, Vol. 53, Nr. 3, S. 479-508

Petry, G. H. (1975): Effective Use of Capital Budgeting Tools, *Business Horizons*, Vol. 19, Nr. 5, S. 57-65

Phillips, L. D. (1982): Requisite Decision Modelling, *Journal of the Operational Research Society*, Vol. 33, Nr. 4, S. 303-312

Phillips, L. D. (1984): A Theory of Requisite Decision Models, *Acta Psychologica*, Vol. 56, S. 29-48

Pindyck, R. S. (1988): Irreversible Investment, Capacity Choice, and the Value of the Firm, *American Economic Review*, Vol. 78, Nr. 5, S. 969-985

Premkumar, G.; Roberts, M. (1999): Adoption of New Information Technologies in Rural Small Business, OMEGA, Vol. 27, Nr. 4, S. 467-484

Prescott, M. B.; Conger, S. A. (1995): Information Technology Innovations: A Classification by IT Locus of Impact and Research Approach, *The DATABASE for Advances in Information Systems*, Vol. 26, Nr. 2/3, Special Double Issue, Diffusion of Technological Innovation, S. 20-41

Pritsch, G. (2000): Realoptionen als Controlling-Instrument. Das Beispiel pharmazeutischer Forschung und Entwicklung, Wiesbaden

Reichert, A. K.; Moore, J. S.; Byler, E. (1993): Financial Analysis among large U.S. Corporations: Recent Trends and the Impact of the Personal Computer Industry, *Journal of Business*, Vol. 15, Nr. 4, S. 469-485

Roberts, I. (1995): Financial Analysis of Licensing Opportunities, *Drug News & Perspectives*, Vol. 8, Nr. 8, S. 509-513

Rogers, E. M. (1995): Diffusion of Innovations, New York

Rosenblatt, M. J.; Jucker, J. V. (1979): Capital Expenditure Decision Making: Some Tools and Trends, *Interfaces*, Vol. 9, Nr. 2, S. 63-69

Rothkopf, M. (1996): Editorial: Modeling as Aids to Thought, *Interfaces*, Vol. 26, Nr. 6, S. 64-67

Schäffer, U. (1996): Controlling für selbstabstimmende Gruppen, Wiesbaden

Segelod, E. (1998a): Capital Budgeting in a Fast-Changing World, *Long Range Planning*, Vol. 31, Nr. 4, S. 529-541

Segelod, E. (1998b): A Note on the Survey of Project Evaluation Techniques in Major Corporations, *International Journal of Production Economics*, Vol. 54, Nr. 2, S. 207-213

Sharpe, P.; Keelin, T. (1998): How Smithkline Beecham Makes Better Resource-Allocation Decisions, *Harvard Business Review*, Vol. 76, Nr. 2, S. 45-57

Simon (1957), Administrative Behavior, 2. Aufl., New York

Smith, J.; McCardle, K. (1999): Options in the Real World: Lessons Learned in Evaluating Oil and Gas Investments, *Operations Research*, Vol. 47, Nr. 1, S. 1-15

Slater, S.; Reddy, V.; Zwirlein, T. (1998): Evaluating Strategic Investments, *Industrial Marketing Management*, Vol. 27, Nr. 5, S. 447-458

Stegmüller, W. (1987): Hauptströmungen der Gegenwartsphilosophie, Band 3, 8. Aufl., Stuttgart,

Trigeorgis, L. (1995): Real Options in Capital Investment: Models, Strategies, and Applications, Westport

Trigeorgis, L. (1996): Real Options: Managerial Flexibility in Resource Allocation, Cambridge, Massachusetts

Trigeorgis, L. (1988): A Conceptual Options Framework For Capital Budgeting, *Advances in Futures and Options Research*, Vol. 3, S. 145-167

Trigeorgis, L. (1990): A Real Options Application in Natural Resource Investments, *Advances in Futures and Options Research*, Vol. 4, S. 153-164

Trigeorgis, L.; Mason, S. P. (1987): Valuing Managerial Flexibility, *Midland Corporate Finance Journal*, Vol. 5, Nr. 1, S. 14-21

Von Hayek, F. A. (1972): Die Theorie komplexer Systeme, Tübingen

Warren, J. R.; Van Dijk, J.; Jobing, M.; Seeley, D.; Macri, R. (1998): The SIMView Graphical Simulator for Participatory Decision Support: Evoking Systems Wisdom, in: Larsen, T. J., McGuire, E. G. (Hrsg.): Information Systems and Diffusion, S. 88-113

Weber, J. (1997): Zur Abgrenzung von Führung und Controlling, Forschungspapier, Nr. 45, WHU Koblenz

Weber, J.; Schäffer, U. (1998a): Sicherstellung der Rationalität von Führung als Controlleraufgabe?, Forschungspapier, Nr. 49, veröffentlicht als Weber, J.; Schäffer, U.: Sicherstellung der Rationalität von Führung als Aufgabe des Controlling?, in: *DBW*, 59. Jg. (1999), S. 731-747

Weber, J.; Schäffer, U. (1998b): Sicherung der Rationalität in der Willensbildung durch die Nutzung des fruchtbaren Spannungsverhältnisses von Reflexion und Intuition,

Forschungspapier, Nr. 51, Mai, WHU Koblenz, veröffentlicht als Weber, J.; Schäffer, U.: Sicherung der Rationalität in der Willensbildung durch Nutzung des fruchtbaren Spannungsverhältnisses von Reflexion und Intuition, in: *ZP*, Vol. 10, Nr. 2, S. 205-224

Weber, J.; Schäffer, U. (1999a): Re-Inventing Controlling, Advanced Controlling, Nr. 9

Weber, J.; Schäffer, U. (1999b): Sicherstellung der Rationalität in der Willensbildung durch die Nutzung des fruchtbaren Spannungsverhältnisses von Reflexion und Intuition, *Zeitschrift für Planung*, Vol. 10, Nr. 2, S. 205-224

Weber, J.; Schäffer, U. (1999c): Controlling - der rote Faden, WHU Signale Nr. 1, S. 5-10

Weber, J.; Schäffer, U.; Bauer, M. (2000): Controller & Manager im Team, Reihe Advanced Controlling, Vallendar

Weber, J.; Schäffer, U.; Langenbach, W. (1999): Gedanken zur Rationalitätskonzeption des Controlling, Forschungspapier, Nr. 70, WHU Koblenz

Wolfe, R. A. (1994): Organizational Innovation: Review. Critique, and Suggested Research Directions, *Journal of Management Studies*, Vol. 31, Nr. 3, S. 405-431

Die Berücksichtigung von Handlungsflexibilität bei Investitionsentscheidungen – Eine empirische Untersuchung[1]

Robert Vollrath

Stiftungslehrstuhl Investitions- und Risikomanagement, EUROPEAN BUSINESS SCHOOL Schloß Reichartshausen, 65375 Oestrich-Winkel

Zusammenfassung: Mit traditionellen Investitionsbewertungsverfahren kann der Wert von Handlungsflexibilität nur unzureichend erfasst werden. Der konkurrierende und theoretisch überlegene Realoptionsansatz leidet demgegenüber unter seiner hohen Komplexität. Vor diesem Hintergrund wurde das Budgetierungsverhalten deutscher Unternehmen empirisch untersucht. Dabei wurde deutlich, dass Handlungsspielräume intuitiv berücksichtigt und positiv bewertet werden; Ansätze zur Optionsbewertung kommen wegen ihrer Komplexität jedoch nicht zum Einsatz. Negativ bewertete Investitionen werden aus strategischen Erwägungen dennoch durchgeführt. Die Einflussfaktoren auf Realoptionsrechte können allerdings nur unzureichend eingeschätzt werden.

Schlüsselworte: Handlungsflexibilität, Realoptionen, Kapitalbudgetierung, Investitionsentscheidungen

1 Einleitung

Wesentlicher Bestandteil des Kapitalbudgetierungsprozesses sind Projektion und Bewertung zukünftiger Zahlungsflüsse, um über die Vorteilhaftigkeit einzelner Investitionen zu entscheiden. Allerdings ist es nur in den seltensten Fällen möglich, zweifelsfrei Aussagen über Höhe und Zeitpunkt der zu erwartenden Cash-Flows zu treffen. Üblicherweise werden diese sowohl durch Änderungen allgemeiner Umweltbedingungen als auch durch zukünftige Konkurrenzaktivitäten beeinflusst. Das Management wird jedoch beim Eintreffen solch exogener Ein-

1 Ich danke der PwC Deutsche Revision AG für die finanzielle Förderung der Umfragedurchführung sowie Prof. Dr. Gunter Dufey, University of Michigan, für die gewährte technische Unterstützung bei der Auswertung der Untersuchung.

flüsse das Projekt nach Möglichkeit an die geänderten Rahmenbedingungen anpassen.[2]

Diese mit einer Investition verbundene Flexibilität sollte durch das bei der Kapitalbudgetierung eingesetzte Bewertungsverfahren berücksichtigt werden, da sie die Auszahlungsstruktur positiv beeinflusst.[3] Traditionelle Verfahren, wie z.B. die Ermittlung von Rückzahlungsperioden oder die Berechnung von Kapitalwerten, sind dazu nur eingeschränkt in der Lage.[4] Mit der Realoptionstheorie ist eine neue, konkurrierende Vorgehensweise zur Investitionsbewertung entwickelt worden, die den Wert der Flexibilität in einer unsicheren Umgebung explizit berücksichtigt: „Opportunities are *options* – rights but not obligations to take some action in the future. Capital investments, then, are essentially about options."[5]

Die Realoptionstheorie, als die theoretisch überlegene Methodik, leidet jedoch an ihrer Komplexität, die sie im Unternehmensalltag relativ schwer implementierbar erscheinen lässt. Dieser Beitrag stellt eine empirische Untersuchung dar, deren Ziel es war, zu ermitteln, in welchem Umfang Unternehmen dennoch die Unzulänglichkeiten traditioneller Verfahren erkannt haben und diese entweder um aus der Realoptionstheorie abgeleitete Komponenten erweitert oder – unabhängig von den akademischen Erkenntnissen – Heuristiken entwickelt haben, um intuitiv den Wert von Flexibilität zu erfassen und in die Investitionsbewertung mit einzubeziehen.

Im folgenden Abschnitt werden bisherige Forschungsergebnisse zur Kapitalbudgetierung und der Rolle von Realoptionen kurz zusammengefasst. Im Anschluss an einen Überblick über die durchgeführte Studie folgt im vierten Abschnitt eine detaillierte Darstellung der empirischen Ergebnisse. Eine zusammenfassende Betrachtung rundet den Beitrag ab.

2 Bisherige Forschungsergebnisse

Eine Vielzahl von empirischen Erhebungen hat sich in der Vergangenheit mit der Kapitalbudgetierungspraxis von Unternehmen befasst. In der Mehrzahl wurden deskriptiv die eingesetzten Bewertungsverfahren ermittelt; ein weiterer Schwerpunkt der Studien lag regelmäßig auf der Behandlung von Unsicherheit. Die Ergebnisse dieser Untersuchungen werden im anschließenden Abschnitt diskutiert.

---

[2] Vgl. Lander/Pinches (1998), S. 538.

[3] Vgl. bspw. Kester (1984), Kasanen (1993) und Laux (1993), S. 933.

[4] Vgl. Kester (1984), S. 155, Hodder/Riggs (1985), S. 128, Baldwin/Clark (1992), S. 68, Trigeorgis (1993), S. 202 oder Luehrman (1998), S. 89.

[5] Dixit/Pindyck (1995), S. 105; Hervorhebung im Original. Vgl. alternativ Luehrman (1997), S. 137.

Den weiteren Schritt zur Erfassung der Handlungsflexibilität und damit zur Realoptionstheorie sind bislang nur zwei sehr unterschiedlich gestaltete Umfragen gegangen. Howell und Jägle (1997) haben anhand kurzer Fallstudien untersucht, ob intuitive Entscheidungen des Managements mit den Empfehlungen der Realoptionstheorie übereinstimmen; das Ziel von Busby und Pitts (1997a) war, zu ermitteln, inwiefern Entscheidungsträger sich der Existenz von Realoptionen bewusst sind. Beide Untersuchungen werden im zweiten Teil dieses Abschnitts vorgestellt.[6]

2.1 Allgemeine Studien der Kapitalbudgetierung

Analysiert wurden 14 im Zeitraum nach 1970 durchgeführte und veröffentlichte Studien zur Kapitalbudgetierung.[7] Zwei davon waren an Unternehmen aus Großbritannien gerichtet, einmal wurden schweizerische Unternehmen adressiert, alle anderen Umfragen wandten sich an US-amerikanische Firmen. Ansprechpartner waren, soweit dies publiziert wurde, leitende Beschäftigte des Finanzbereichs; in ungefähr der Hälfte der Fälle wurde der Chief Financial Officer (CFO) angeschrieben. Die anzusprechenden Unternehmen wurden in allen Studien bis auf einer nach der – unterschiedlich operationalisierten – Größe ausgewählt;[8] eine Einschränkung auf bestimmte Branchen fand lediglich in einem Fall statt.[9] Die Stichprobengröße variierte zwischen 60 und 1.000 Unternehmen, so dass sich mit Rücklaufquoten von 20 bis 77 Prozent (Median: 48 Prozent) eine Datengrundlage von 46 bis 284 Fragebögen ergab. Einige Umfragen bezogen sich auf die Kapitalbudgetierungspraxis zu verschiedenen Zeitpunkten; in diesen Fällen wurde bei der Analyse der Ergebnisse nur der jeweils aktuellste Querschnitt aufgenommen, da hier davon ausgegangen wird, dass die weit rückwirkend erhobenen Angaben weniger valide sind als Antworten, die zur aktuellen Praxis gegeben wurden.[10]

Mit Ausnahme von nur einer Untersuchung wurden die befragten Unternehmen in allen Fällen nach den von ihnen eingesetzten Bewertungsverfahren befragt. Im Zeitablauf ist hierbei kein eindeutiger Trend festzustellen. Die wesentliche Erkenntnis der Analyse betrifft die relative Bedeutung von Diskontierungsverfahren.

---

6 Busby/Pitts (1997a).

7 Die in den folgenden Artikeln publizierten Umfragen wurden in die Untersuchung mit einbezogen: Klammer (1972), Fremgen (1973), Klammer (1973), Petry (1975), Petty/Scott/Bird (1975), Gitman/Forrester (1977), Schall/Sundem/Geijsbeek (1978), Kim/Farragher (1981), Kim (1982), Klammer/Walker (1984), Pike (1988), Staehelin (1988), Ho/Pike (1991). Eine Analyse von Kapitalbudgetierungsumfragen für einen früheren Zeitraum (1955 bis 1977) haben Rosenblatt/Jucker (1979) durchgeführt; deren Kernaussagen zweifelt jedoch Rappaport (1979) an.

8 Fremgen (1973) hat eine Zufallsauswahl durchgeführt.

9 Klammer (1973) hat die Stichprobe auf das produzierende Gewerbe nach dem SIC-Code beschränkt.

10 Ähnlicher Ansicht ist auch Pike (1988), S. 341.

Die Methoden des Internen Zinsfußes oder des Kapitalwerts werden im Median von rund drei Viertel der Unternehmen angewendet. Nur in seltenen Fällen (Median: 7 Prozent) handelt es sich dabei um das einzige eingesetzte Verfahren; es dominieren also Kombinationen mehrerer Bewertungsmethoden. In über der Hälfte der Fälle nimmt jedoch ein Diskontierungsverfahren die dominante Position ein (vgl. Tabelle 1).

Tabelle 1: Einsatz von Diskontierungsverfahren in der Kapitalbudgetierung

	Einsatz von Diskontierungsverfahren		
Kennzahl	Generell	Als wichtigstes Verfahren	Als ausschließliches Verfahren
1. Quartil	68%	44%	3%
Median	76%	63%	7%
3. Quartil	84%	70%	11%
Zahl der Studien	*9*	*8*	*6*

Zweiter wesentlicher Untersuchungsgegenstand ist der Umgang mit dem mit Investitionen verbundenen Risiko. Die Umfragen zeigen große Unterschiede im Hinblick auf die Verbreitung einer formellen Risikoanalyse mit Werten zwischen 8 und 86 Prozent. Selten wurde ermittelt, ob eine intuitive Bewertung des Risikos durchgeführt wird. In den vier Studien, für die diese Angabe vorliegt, berücksichtigt jedoch jeweils über die Hälfte der Unternehmen intuitive Aspekte, so dass generell vom Vorhandensein eines hohen subjektiven Einflusses neben den Aussagen quantitativer Bewertungsverfahren ausgegangen werden kann.

Tabelle 2: Eingesetzte Methoden der Risikobehandlung in der Kapitalbudgetierung

	Eingesetzte Methoden			
Kennzahl	Verkürzung max. Rückzahlungszeitraum	Erhöhung Diskontierungszinssatz	Sensitivitätsanalyse	Entscheidungstheorie
1. Quartil	14%	24%	23%	9%
Median	19%	33%	37%	10%
3. Quartil	33%	47%	48%	12%
Zahl der Studien	*12*	*12*	*9*	*8*

Tabelle 2 gibt einen Überblick über die Verwendungshäufigkeit ausgewählter quantitativer Ansätze zum Umgang mit Risiko. Es ist zu erkennen, dass eine Erhöhung des Diskontierungszinssatzes und die Sensitivitätsanalyse mit einem Median von 33 bzw. 37 Prozent die am weitesten verbreiteten Verfahren sind. Dies ist vor dem Hintergrund der geschilderten Dominanz der Diskontierungsverfahren nicht überraschend. An dritter Stelle folgt mit deutlichem Abstand die Verkürzung des maximal zulässigen Rückzahlungszeitraums. Da keine genaueren Angaben über die Vorgehensweise bei der Verfahrensanpassung verfügbar sind, ist jedoch keine Aussage möglich, inwiefern Unternehmen gleichzeitig den Wert von Handlungsflexibilität korrekt erfassen.

Im Hinblick auf die Berücksichtigung von Realoptionen in der Praxis verdient weiterhin der Einsatz entscheidungstheoretischer Bewertungsverfahren besondere Aufmerksamkeit. Im Median der Umfragen wendet jedes zehnte Unternehmen ein solches Verfahren an; in der Regel ist dies die Entscheidungsbaumanalyse. Da es sich bei diesem Verfahren – abgesehen von der Optionsbewertung selbst – um die bestgeeignete Möglichkeit handelt, Handlungsflexibilität abzubilden und zu bewerten, wären genauere Informationen zur Ausgestaltung der Anwendung wünschenswert. Die betrachteten traditionellen Kapitalbudgetierungsumfragen haben jedoch aufgrund ihres anders gelagerten Schwerpunktes diesbezüglich keine Daten gewonnen.

2.2 Realoptionsbezogene Studien

Im vergangenen Abschnitt ist deutlich geworden, dass Umfragen, die sich allgemein mit der Kapitalbudgetierung beschäftigen, nur einen begrenzten Beitrag zur Erforschung der Verbreitung der Realoptionstheorie in der Praxis leisten können. Der Schritt von der passiven Bewertung des Risikos zum Einbezug des Wertes, der durch die Möglichkeit geschaffen wird, aktiv auf die Umwelt zu reagieren, wird nicht vollzogen. Diesen Mangel beseitigen die beiden im Folgenden zusammengefassten empirischen Untersuchungen.

2.2.1 Busby/Pitts (1997)

Busby und Pitts (1997a)[11] verfolgen mit ihrer Umfrage das Ziel herauszufinden, in welchem Ausmaß sich Entscheidungsträger des Vorhandenseins von Realoptionen bewusst sind und wie sie in der Praxis die mit Investitionen verbundene Flexibilität bewerten.

Der Fragebogen wurde an alle im FTSE-100-Index vertretenen Firmen versandt. Angesprochen waren die Finanzdirektoren; die Einbeziehung von im Detail besser informierter Kollegen bei der Beantwortung wurde jedoch ausdrücklich befürwortet. Die angegebenen Funktionsbezeichnungen deuten an, dass die Bearbeitung in den meisten Fällen auf einer hohen Hierarchieebene erfolgte. Ohne Berücksichtigung schriftlicher Absagen betrug die Rücklaufquote 44 Prozent.

Busby und Pitts konnten mit ihrer Umfrage zeigen, dass man sich der Existenz von mit Investitionen verbundenen Optionen überwiegend bewusst ist. In ungefähr der Hälfte der von den Umfrageteilnehmern angeführten Fälle war die Flexibilität

---

11 Eine weniger theoretische Zusammenfassung der Ergebnisse wurde in Busby/Pitts (1997b) veröffentlicht.

zudem ausschlaggebend für die Entscheidung zur Durchführung des geplanten Projekts. Die verschiedenen Realoptionsarten treten jedoch nach Ansicht der teilnehmenden Unternehmen unterschiedlich häufig auf. Am bedeutendsten sind den Umfrageergebnissen zufolge Wachstums- und Verzögerungsoptionen.

Als problembehaftet stellt sich die Bewertung der mit Investitionen verbundenen Realoptionen heraus. Für alle Arten von Optionen liegt der Anteil an Unternehmen, die angeben, Verfahren zu ihrer Quantifizierung zu besitzen, bei unter 50 Prozent. Am seltensten existiert eine Methode für die Verzögerungsoption (20 Prozent); die Option, die operative Größe zu ändern, kann in 43 Prozent der Fälle und damit am häufigsten bewertet werden. Befragt nach den eingesetzten Bewertungsverfahren führt mehr als jede dritte antwortende Person die Sensitivitätsanalyse an. Hier wird deutlich, dass die Entscheidungsträger sich offensichtlich nicht vollkommen über den Unterschied zwischen der Risikoanalyse und der Bewertung aktiver Handlungsmöglichkeiten im Klaren sind. Der Eindruck, es mangele am Einsatz adäquater Bewertungsmethoden, wird weiter durch die Beobachtung gestützt, dass die antwortenden Manager in keinem Fall das Entscheidungsbaumverfahren anführen.

Die intuitive Einschätzung von Optionswerten lässt erkennen, dass eine höhere Flexibilität nicht uneingeschränkt positiv gesehen wird. Es werden in diesem Zusammenhang primär von der Realoptionstheorie vernachlässigte organisatorische und strategische Aspekte angeführt. So könne eine höhere Bindung positive Wirkungen sowohl gegenüber internen Kritikern als auch in Bezug auf zu erwartende Konkurrenzaktionen haben.

Der letzte Abschnitt des Fragebogens zeigt, dass die antwortenden Personen – trotz der intuitiven Erfassung der Bedeutung von Flexibilität – in den seltensten Fällen mit der Realoptionstheorie, so wie sie von akademischer Seite behandelt wird, vertraut sind. Lediglich die Hälfte der antwortenden Manager sieht die Notwendigkeit, ein praktisch anwendbares Bewertungsverfahren für die Quantifizierung von Realoptionen zu haben.

Zusammenfassend kann festgestellt werden, dass sich die großen britischen Unternehmen der Bedeutung von Handlungsflexibilität bewusst sind und diese in ihren Entscheidungen berücksichtigen. Allerdings geschieht dies weitgehend unabhängig von dem auf akademischer Ebene entwickelten Realoptionsansatz.

2.2.2 Howell/Jägle (1997)

Die Untersuchung von Howell und Jägle (1997) erweitert die von Busby/Pitts gewonnenen Erkenntnisse in geeigneter Weise. Wurde in der vorstehend beschriebenen Studie festgestellt, dass Realoptionen durch das Management berücksichtigt werden, ohne dass den Entscheidungsträgern die zugrundeliegende Theorie bekannt ist, so überprüfen Howell und Jägle in ihrer Untersuchung, in welchem

Ausmaß die Intuition der Unternehmensvertreter mit den Erkenntnissen der Realoptionstheorie übereinstimmt.

Den Schwerpunkt des von Howell und Jägle eingesetzten Fragebogens stellen drei Fallstudien dar, die aus einer Grundgesamtheit von 14 verfügbaren ausgewählt werden. In ihnen werden unterschiedliche Projekte beschrieben, die jeweils aus einer Ausgangsinvestition bestehen, die zu einem späteren Zeitpunkt die Durchführung einer Folgeinvestition erlaubt. Der nicht erweiterte Gegenwartswert der ersten Investition ist grundsätzlich negativ und entspricht somit dem Preis einer Wachstumsoption. Neben der qualitativen Ausgestaltung unterscheiden sich die beschriebenen Investitionen in drei wesentlichen Parametern, die in die Optionsbewertung nach Black/Scholes eingehen. Dies sind der Preis des zugrundeliegenden Vermögensgegenstands, die Volatilität und die Optionslaufzeit.

Der Fragebogen wurde von 82 Teilnehmern bearbeitet, die neun unterschiedlichen britischen Unternehmen aus fünf Sektoren angehören. Fünf der Unternehmen stammen aus der Gruppe der 55 größten britischen PLCs; es wird allerdings nicht angegeben, wie der Parameter „Größe" operationalisiert wurde. Die anderen vier Firmen wurden über Alumni der Manchester Business School zur Teilnahme gewonnen.

Zwölf der 14 in den Fallstudien behandelten Investitionsprojekte wurden von den antwortenden Personen signifikant höher als der jeweilige Gegenwartswert des Projekts bewertet. Das weit verbreitete Barwertverfahren und verwandte Methoden sind somit keine geeigneten Techniken, um das intuitive Entscheidungsverhalten von Managern zu erklären. Wendet man das von Black/Scholes entwickelte Optionsbewertungsmodell an, ergeben sich ebenfalls deutliche Abweichungen zur empirischen Einschätzung, die weiterhin in der Tendenz zu hoch ausfällt.

Analysiert man ausschließlich die Fälle, in denen der Wert des zugrunde liegenden Vermögensgegenstandes verändert wurde, so leistet das Black/Scholes-Verfahren jedoch mit einem R^2 von 80 Prozent einen relativ hohen Beitrag zur Erklärung der intuitiven Bewertung. Änderungen der Volatilität werden dagegen nicht in Übereinstimmung mit der Bewertung durch Black/Scholes eingeschätzt. Der Erklärungsgehalt (R^2) einer entsprechenden Regression beträgt lediglich 11 Prozent; zudem ist das ermittelte Steigungsmaß der Geraden nicht signifikant von Null verschieden. Da sich nur zwei Fälle auf die Optionslaufzeit bezogen, wurde für diese Gruppe keine Regressionsgerade ermittelt. Auch eine qualitative Interpretation ist aufgrund der gleichzeitigen Veränderung mehrerer Parameter problematisch und wird daher hier nicht vorgenommen.

Howell und Jägle kommen zu weiteren interessanten Schlüssen, indem sie die Gruppierungsvariablen hinzuziehen, um die antwortenden Personen in homogene Schichten zu gliedern. Die Variable mit dem höchsten Einfluss auf den Grad der Übereinstimmung der Antworten mit den Black/Scholes-Ergebnissen ist der Sektor. In Branchen, in denen Realoptionen häufig auftreten – in der Studie sind dies der pharmazeutische Sektor und die Ölindustrie –, sind die Abweichungen geringer als in anderen Branchen. Neben der aus dem Sektor abgeleiteten Gruppierungsvariable Industrie wurden als bedeutend außerdem die Erfahrung, Qualifikation und Position der Entscheidungsträger identifiziert. Allerdings sind die Abweichungen erfahrenerer, qualifizierterer oder auf höheren Hierarchieebenen tätiger Umfrageteilnehmer von den Black/Scholes-Ergebnissen höher als dies auf niedrigeren Ebenen der Fall ist. Zudem nimmt der Grad der Übereinstimmung in den Urteilen einzelner Personen mit höherer Ebene bzw. Qualifikation ab.

Die Autoren ziehen aus ihrer Untersuchung den Schluss, dass nur eine schwache und ungefähre Übereinstimmung zwischen der intuitiven Investitionsbewertung und den Ergebnissen der Realoptionstheorie besteht. Pike (1997) weist jedoch in seiner Diskussion der Untersuchung darauf hin, dass die Ergebnisse dadurch verzerrt sein könnten, dass die von Howell und Jägle verwendeten Fallstudien eine Reihe strategischer Aspekte enthielten, die die befragten Personen in ihrer Antwort beeinflussten, jedoch im Black/Scholes-Modell unberücksichtigt blieben.[12] Zudem könne durch die Antwort auf eine bestimmte Frage geschlossen werden, dass ein Großteil der Teilnehmer der Umfrage geringe Erfahrungen mit Realoptionen habe. Dies reduziere die Qualität einer intuitiven Bewertung. Das verwendete Verfahren einer europäischen Option, die keine Dividenden zahlt, stelle zudem eventuell eine unzulässige Vereinfachung eines komplexeren Sachverhaltes dar, so dass die Abweichungen zwischen theoretischer und praktischer Bewertung auf Unzulänglichkeiten des eingesetzten Modells zurückzuführen wären.

Zusammenfassend lässt sich feststellen, dass die antwortenden Personen sich eines mit Optionen einhergehenden Wertes bewusst sind, dessen intuitive Quantifizierung sich allerdings als problembehaftet herausstellt. Die Abweichungen sind jedoch nicht notwendigerweise vollständig einer suboptimalen Intuition der Entscheidungsträger anzulasten, sondern können partiell aus Vereinfachungen des Bewertungsmodells resultieren.

3 Überblick über die durchgeführte Studie

Die vorangegangenen Ausführungen haben gezeigt, dass trotz der hohen Relevanz der Realoptionstheorie bislang weitgehende Unkenntnis darüber besteht, wie Optionswerte im Rahmen des Budgetierungsprozesses berücksichtigt werden. Insbesondere ist nicht bekannt, ob und wenn ja, wie quantitative Bewertungsmodelle angepasst wurden, um den Wert von Handlungsflexibilität abzubilden. Vor diesem Hintergrund wurde eine empirische Untersuchung mit den folgenden wesentlichen Forschungszielen durchgeführt:

---

[12] Pike (1997), S. 939.

1. Ermittlung der aktuell in deutschen Unternehmen eingesetzten Verfahren der Kapitalbudgetierung.
2. Identifizierung von Anpassungen traditioneller Bewertungsverfahren, die vorgenommen werden, um den Wert von Realoptionen näherungsweise zu erfassen.
3. Bestimmung des Einflusses intuitiver Aspekte im Rahmen der Kapitalbudgetierung.

Die Konzeption der Studie wird im anschließenden Abschnitt beschrieben; darauf folgend werden wesentliche Aspekte der Umfragedurchführung dargestellt.

3.1 Konzeption

3.1.1 Stichprobenselektion

Die Stichprobe wurde aus der Grundgesamtheit der Unternehmen mit Sitz in Deutschland selektiert. Datengrundlage war die Markus-Datenbank des Bureau van Dijk, Stand August 1999. Da es ein wesentliches Ziel der Studie war, Informationen über den Verbreitungsgrad der Realoptionstheorie in der Praxis zu erhalten, sollte eine ausreichende Berücksichtigung von Unternehmen aus denjenigen Branchen, in denen das Auftreten von Handlungsflexibilität in erhöhtem Maß erwartet wird, sichergestellt werden. Erreicht wurde dies durch eine geschichtete Zufallsauswahl („stratified sampling"). Zwei Drittel der Stichprobenelemente wurden aus allen Unternehmen nach ihrer Größe, operationalisiert durch die Marktkapitalisierung zuzüglich dem Buchwert des Fremdkapitals, selektiert. Das verbleibende Drittel wurde bestimmt durch eine Zufallsauswahl aus Unternehmen jeglicher Größe, deren primäre Geschäftstätigkeit in einer Branche liegt, in der ein vermehrter Auftritt von Handlungsflexibilität vermutet wurde.[13] Firmen, die sich mehrheitlich im Besitz eines anderen Unternehmens befinden, fanden keinen Eingang in die Stichprobe. Insgesamt wurden so 300 Unternehmen selektiert; einen Überblick über das Selektionsverfahren gibt Abbildung 1.

---

13 Die Branchen wurden nach der WZ93-Klassifikation (Statistisches Bundesamt, 1999) wie folgt selektiert: CA110 (Gewinnung von Erdöl und Erdgas, Erbringung damit verbundener Dienstleistungen), DF230 (Kokerei, Mineralölverarbeitung, Herstellung und Verarbeitung von Spalt- und Brutstoffen), DG244 (Herstellung von pharmazeutischen Erzeugnissen), EA40 (Energieversorgung), IA642 (Fernmeldedienste), KA73104 (Forschung und Entwicklung im Bereich Medizin).

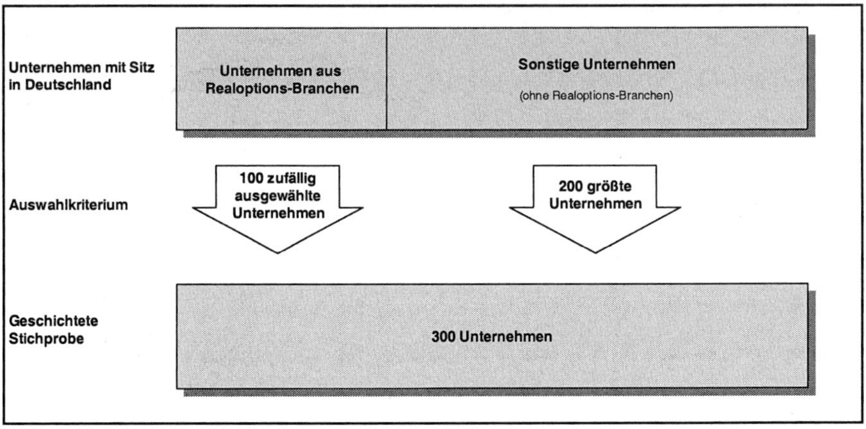

Abbildung 1: Ablauf der Stichproben-Auswahl

3.1.2 Fragebogendesign

Der Fragebogen wurde auf der Basis von Hypothesen entwickelt, die im 4. Abschnitt dieses Beitrags parallel mit den Umfrageergebnissen dargestellt werden. Die Problemformulierung (s.o.) hat jedoch bereits verdeutlicht, dass es sinnvoll ist, zwei verschiedene Personenkreise anzusprechen, um eine ausreichende Informationstiefe für jedes Stichprobenelement zu gewährleisten. Dies sind erstens die Finanzvorstände des Konzerns, die primär Informationen über strategische Dimensionen geben können, und zweitens im operativen Bereich tätige Mitarbeiter, die annahmegemäß ein größeres Methodenverständnis haben. Vor diesem Hintergrund wurden zwei separate Fragebögen konzipiert, von denen einer direkt durch den Vorstand an den zuständigen Mitarbeiter weitergeleitet werden sollte.

Beide Fragebögen haben einen parallelen Aufbau. Neben allgemeinen Fragen zur Klassifizierung gibt es drei inhaltliche Teilbereiche. Dies sind je ein Abschnitt mit Fragen zu eingesetzten Verfahren der Kapitalbudgetierung, zur Implementierung dieser Verfahren sowie zur intuitiven Erfassung von Realoptionswerten. Es wurden jedoch zielgruppenspezifisch unterschiedliche Schwerpunkte in den beiden Fragebögen gesetzt.

3.2 Durchführung

Die Durchführung der schriftlichen Hauptbefragung erfolgte während des Zeitraums von März bis August 2000. Unternehmen, die die erste, im März 2000 versendete Umfrage nicht beantwortet haben, wurden im Mai 2000 erneut angeschrieben und in den darauffolgenden Tagen telefonisch um ihre Teilnahme an der Erhebung gebeten.

Von den 300 selektierten Unternehmen konnte eines wegen einer mangelnden Anschrift nicht erreicht werden; drei weitere mussten ausgeschlossen werden, da sie nach der Stichprobenfestlegung akquiriert worden sind. 20,3 %, oder 60 Gesellschaften sagten ihre Teilnahme, mehrheitlich aus Gründen der Vertraulichkeit oder aufgrund von zeitlichen Schwierigkeiten, ab. Es beteiligten sich 30 unterschiedliche Unternehmen nach der ersten Anfrage an der Umfrage; 21 weitere konnten durch die Nachfassaktion zur Partizipation gewonnen werden. Damit ergibt sich ein auswertbarer Rücklauf von 51 Datensätzen, entsprechend einer Rücklaufquote von 17,2 %. Tabelle 3 stellt das Antwortverhalten zusammenfassend dar.

Tabelle 3: Überblick über das Antwortverhalten

	Beobachtete Häufigkeit	
Größe	**Anzahl Unternehmen**	**% des Stichprobenumfangs**
Selektierte Unternehmen	300	
./. Unzustellbar	1	
./. Akquiriert	3	
Erreichte Unternehmen	*296*	*100,0*
./. Absagen	60	20,3
./. Keine Rückmeldung	185	62,5
Rücklauf	51	17,2
./. Nicht auswertbar	0	0,0
Auswertbarer Rücklauf	*51*	*17,2*

4 Ergebnisse der Untersuchung

4.1 Eingesetzte Verfahren der Kapitalbudgetierung

Der erste Abschnitt sowohl des Fragebogens für den Finanzvorstand als auch des Fragebogens für den Entscheidungsträger in einer operativen Einheit befasste sich mit den in der Kapitalbudgetierung eingesetzten Verfahren, ohne bereits auf die Schätzung eventuell benötigter Parameter einzugehen. Die Wahl bestimmter Methoden hat einen wesentlichen Einfluss auf die Möglichkeit, im Budgetierungsprozess Optionswerte zu berücksichtigen und stellt somit einen sinnvollen Ausgangspunkt der Analyse dar.

Die Konzernleitung kann durch die Vorgabe von Investitionsrichtlinien den Einsatz bestimmter Verfahren für die Unternehmensgruppe verbindlich festlegen. Zudem ist es möglich, dass sie sich für ausgewählte Projekte die Durchführungsentscheidung selber vorbehält. Aus diesen Gründen sind für denjenigen Abschnitt der Untersuchung, der sich mit der Methodenselektion und ihrem Anwendungsbereich beschäftigt, zielführendere Informationen auf Konzernebene zu erwarten. In dem für den Finanzvorstand vorgesehenen Fragebogen wurde der Untersuchungsabschnitt daher wesentlich höher gewichtet als in dem Fragebogen der operativen Einheit, dem neben der Ergänzungsfunktion primär eine Kontrollfunktion zufällt.

Im Folgenden werden die dem Fragebogen zugrunde liegenden Hypothesen kurz vorgestellt und begründet sowie die erhaltenen Ergebnisse dargestellt.

Zunächst wurde hypothetisiert, dass Investitionsentscheidungen von hoher Tragweite nicht auf der Einzelunternehmensebene, sondern im Konzernvorstand getroffen werden. Hinter dieser Aussage liegt die Annahme, dass aufgrund der durch die Konzernleitung übernommenen strategischen Verantwortung die Entscheidungskompetenz voraussichtlich nicht vollständig an die Tochterunternehmen delegiert wird. Die Investitionen, über die der Konzern entscheidet, ließen dann zudem in höherem Umfang die Existenz von Realoptionen auf dieser Ebene erwarten, woraus die in einer späteren Hypothese adressierten Bewertungsprobleme resultieren würden.

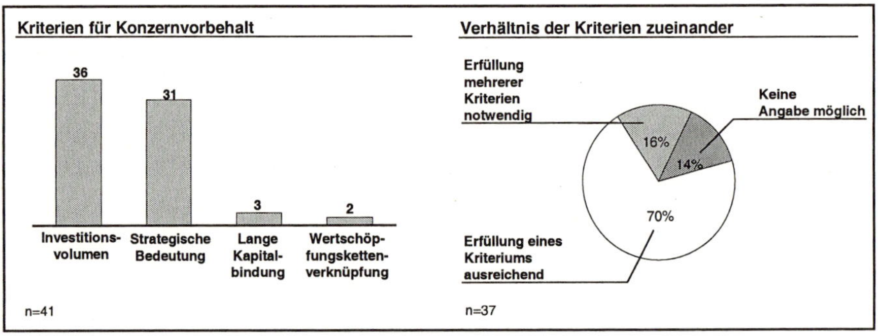

Abbildung 2: Kriterien für den Konzernvorbehalt

Die erhaltenen Antworten stützen die Hypothese deutlich. In 87,2 % der Fälle existiert ein Konzernvorbehalt für bestimmte Investitionen; nur 8,5 % der antwortenden Unternehmen geben an, ihren Tochterunternehmen diesbezüglich vollständige Autonomie zu gewähren (n=47).[14] Aufschlussreich ist eine nähere Analyse der Kriterien, die erfüllt sein müssen, damit ein Konzernvorbehalt zum tragen kommt (vgl. Abbildung 2). Wichtigstes Entscheidungsmerkmal ist, mit 36 Nennungen, das Investitionsvolumen. Die kritische angegebene Investitionsgrenze liegt hier im Median bei 1 Million DM (1. Quartil: 500.000 DM; 3. Quartil: 5 Millionen DM; n=24). Häufig genanntes Abgrenzungskriterium ist ferner eine

14 Die Differenz zwischen der in die Auswertung eingegangenen Stichprobengröße und den insgesamt zurückerhaltenen Antworten wird durch fehlende Einzelantworten verursacht. Der in der Summe zu 100 % fehlende Anteil beantwortete die gestellte Frage mit „keine Angabe möglich“. Entsprechendes gilt für die folgenden Analysen sinngemäß.

hohe strategische Bedeutung des Projekts; an dieser Stelle bestätigt sich die angenommene bedeutende Rolle, die der Konzern gerade bei solchen Vorhaben spielt. Ohne nennenswerten Einfluss sind die Dauer der Kapitalbindung sowie eventuell bestehende Wertschöpfungskettenverknüpfungen (n=41). Mehrheitlich ist bereits das Auftreten nur eines dieser Kriterien ausreichend für die Verpflichtung, eine Konzernentscheidung herbeizuführen (n=37).

Die zuvor geschilderte und empirisch bestätigte Vermutung, Projekte mit strategischer Bedeutung würden auf der Konzernebene entschieden, haben zu der weiteren Hypothese geführt, auf der Konzernebene würden Entscheidungen nach weniger formalisierten Kriterien getroffen als auf der operativen Unternehmensebene. Begründet liegt dies in der mit strategischen Investitionen verbundenen erhöhten Bewertungsunsicherheit, die eine sinnvolle Anwendung traditioneller Verfahren erschwert.[15]

Diese Hypothese konnte jedoch nicht bestätigt werden. Lediglich 9,3 % der die entsprechende Frage beantwortenden Unternehmen gaben an, im Konzern kämen abweichende Bewertungsverfahren zum Einsatz. Dagegen werden in 86,1 % identische Verfahren sowohl im Konzern als auch in den abhängigen Betrieben eingesetzt (n=43; vgl. Abbildung 3).

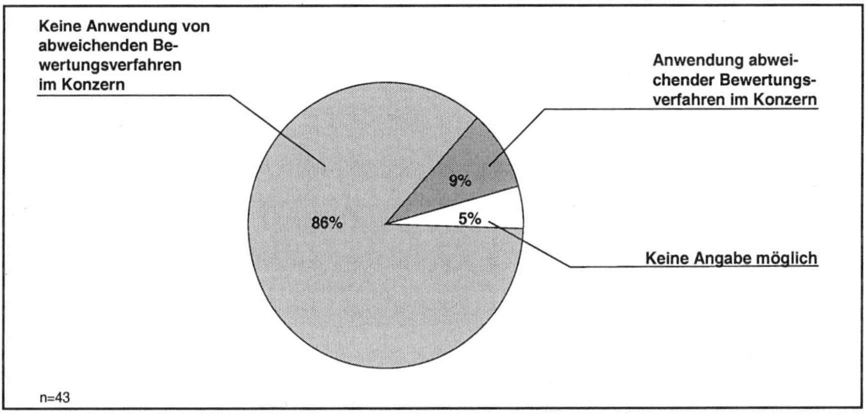

Abbildung 3: Anwendung abweichender Bewertungskriterien im Konzern

Die Möglichkeit, den Realoptionsansatz bei Investitionsentscheidungen einzusetzen, wird wesentlich durch bestehende konzernweite Regelungen beeinflusst. Es wurde daher vermutet, dass durch die Konzernmutter Investitionsrichtlinien vorgegeben werden, die eine Anwendung von Realoptionsmodellen in Tochterunternehmen weitgehend ausschließen.

15 Zu der mit der Hierarchieebene sinkenden Bedeutung quantitativer Verfahren vgl. Baldwin/Clark (1992), S. 77f.

In der empirischen Analyse konnte die grundsätzliche Existenz von Investitionsrichtlinien bestätigt werden. 41 Umfrageteilnehmer, oder 87,2 %, gaben an, es gebe eine solche Regelung. Umgekehrt gab es nur vier Fälle, in denen keine konzerneinheitlichen Grundsätze bestanden (n=47). Eine Betrachtung der Regelungsbereiche zeigt, dass in allen Fällen die anzuwendenden Bewertungsverfahren (41 Fälle) und mehrheitlich sogar konkrete Parameter (36 Fälle) vorgegeben werden. Deutlich seltener werden Verfahren zur Parameterschätzung festgelegt (6 Fälle; n=41). Traditionelle Verfahren zur Investitionsbewertung, mit deutlichem Abstand der Kapitalwert, der Rückzahlungszeitraum sowie die Methode des Internen Zinsfußes, werden wesentlich häufiger von Konzernseite aus zwingend verlangt als realoptionsnähere Verfahren, wie bspw. die Entscheidungsbaumanalyse oder die Monte-Carlo-Simulation. Nur ein Unternehmen gab explizit an, eine realoptionsbasierte Bewertung zu fordern (n=41). Insofern konnte die aufgestellte Hypothese bestätigt werden. Einen detaillierteren Überblick über die anzuwendenden Bewertungsverfahren gibt Abbildung 4.

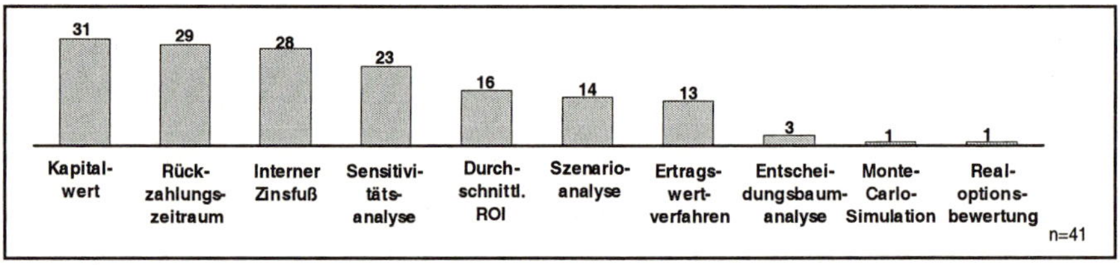

Abbildung 4: Anzuwendende Bewertungsverfahren gemäß Investitionsrichtlinien

Unabhängig von der konzernweit vorgegebenen Vorgehensweise stellt sich die Frage nach der Budgetierungspraxis auf der operativen Ebene. Es wurde hypothetisiert, dass konventionelle Bewertungsverfahren zum Einsatz kommen, auch wenn der Einsatz anderer Methoden nicht ausdrücklich durch Investitionsrichtlinien ausgeschlossen wird oder keine solche Richtlinien bestehen.

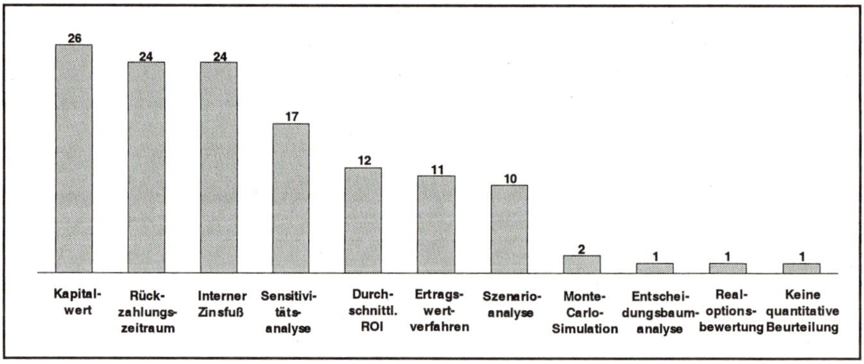

Abbildung 5: Eingesetzte Investitionsbewertungsverfahren in den operativen Einheiten

Abbildung 5 zeigt die auf die entsprechende Frage erhaltenen Antworten. Auch hier zeigt sich die Dominanz der Kapitalwertmethode, der Rückzahlungszeitraumberechnung sowie des internen Zinsfußes. Mit zunehmender Realoptionsnähe der Verfahren nimmt deren Verbreitung ab.

Die Ex-Ante-Vermutung auf Grundlage der bereits vorliegenden Forschungsergebnisse, der Realoptionsansatz spiele nur eine geringe Rolle in der Kapitalbudgetierung, hat die Hypothese motiviert, dass die Entscheidungsträger die Unzulänglichkeiten konventioneller Verfahren in Bezug auf die Bewertung von Handlungsspielräumen kennen und gegebenenfalls auf qualitative Verfahren ausweichen. Sofern man den Spielräumen einen Wert zuspricht, sind diese bei gegebenem Methodenverständnis nur durch eine intuitive Bewertung vollständig zu erfassen, die neben die quantitative Bewertung tritt. Umgekehrt kann entsprechend aus der Genehmigung von Investitionen, die in Folge der quantitativen Bewertung abgelehnt werden müssten, darauf geschlossen werden, dass die Unzulänglichkeiten traditioneller Verfahren erkannt worden sind.

Durch die Umfrage konnte diese Hypothese bestätigt werden. Sowohl im Konzern als auch auf operativer Ebene werden in jeweils mehr als sieben von zehn Fällen Investitionen beschlossen, die den quantitativen Kriterien nicht genügen (n=44 auf Konzerneben; n=34 auf operativer Ebene; vgl. Abbildung 6). Als Grund für die Durchführung werden erwartungsgemäß primär strategische Erwägungen angegeben, allerdings führen auch Auflagen (z.B. Umweltschutz) zur Genehmigung negativ bewerteter Projekte. 43 von 47 antwortenden Konzernunternehmen geben zudem an, das Investitionsverhalten der Töchter im Hinblick auf strategische Ziele zu beeinflussen. Primär geschieht dies durch eine ausschließliche Beurteilung im Konzern oder durch eine Einzelfallgenehmigung (vgl. Abbildung 7).

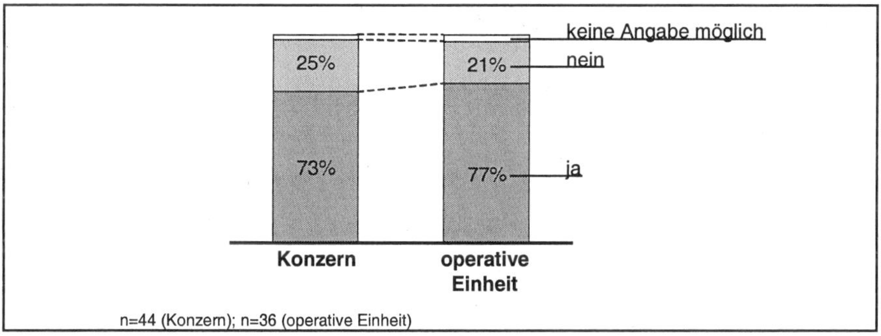

Abbildung 6: Durchführung von nach quantitativen Kriterien unvorteilhaften Investitionen

Neben der qualitativen Investitionsbewertung ist das Aufstellen fixer Investitionsbudgets eine Möglichkeit, die unvorteilhafte Zerstörung von Optionswerten zu verhindern. Beispielsweise beinhalten die meisten Projekte eine Warteoption, die es ermöglicht, die Durchführung auf einen späteren Zeitpunkt zu verschieben.

Traditionelle Verfahren arbeiten dagegen mit einer Jetzt-oder-Nie-Logik und vernachlässigen damit den potenziellen Wertgewinn durch eine Projektverschiebung. Die künstliche Kapitalverknappung führt nun dazu, dass nur marginal vorteilhafte Projekte, deren Durchführung nach Berücksichtigung der Optionswertzerstörung eventuell sogar negativ zu beurteilen wäre, zu Gunsten anderer, rentablerer Projekte aufgegeben werden.

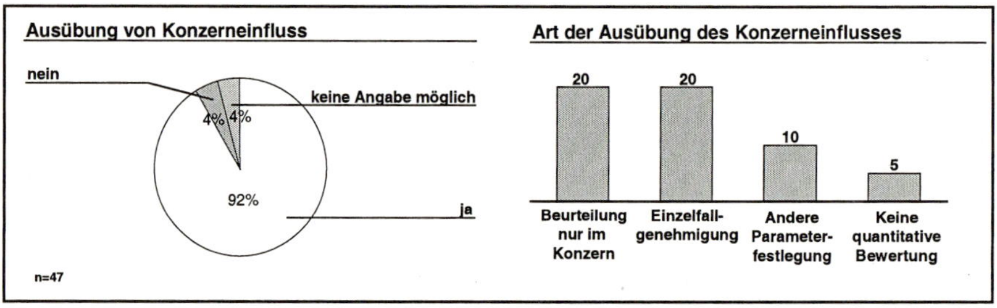

Abbildung 7: Ausübung von Einfluss durch den Konzern bei strategischen Investitionen

Die empirische Untersuchung hat die Existenz von Budgets mehrheitlich bestätigt (vgl. Abbildung 8). Allerdings wird deren Aufstellung von den teilnehmenden Unternehmen primär mit Kontroll- und Informationsaspekten begründet, so dass die zuvor formulierte Hypothese nicht bestätigt werden kann.

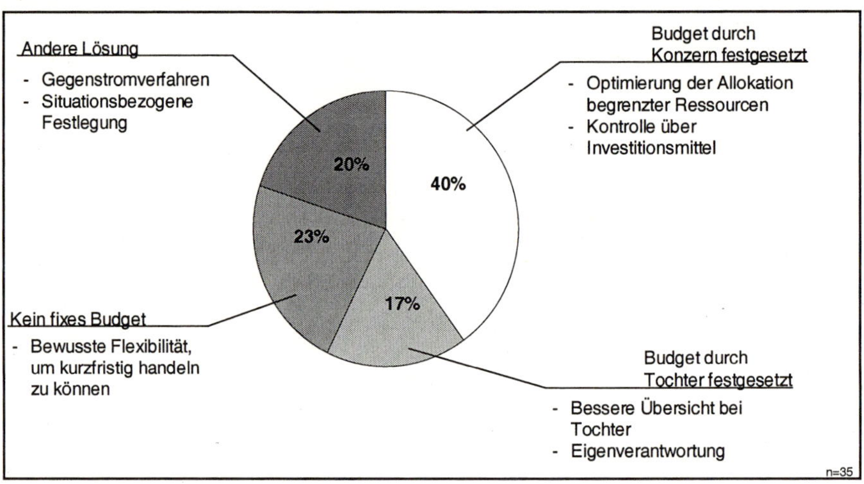

Abbildung 8: Methoden der Investitionsbudgetfestlegung und gängige Begründungen

Abschließend wurde zu den eingesetzten Verfahren der Kapitalbudgetierung die Hypothese aufgestellt, dass mehrere Bewertungsverfahren parallel eingesetzt werden. McDonald[16] hat die Vorteile einer solchen Vorgehensweise dargestellt und darauf hingewiesen, dass so – unter gewissen Rahmenbedingungen – eine verbesserte Berücksichtigung von Realoptionen möglich ist.

Die Antworten sowohl auf Konzern- als auch auf operativer Ebene haben gezeigt, dass in fast allen Unternehmen mehrere unterschiedliche Investitionsrechenverfahren zur Anwendung kommen. In einigen Fällen ist die Methodenwahl jedoch von der Projektbedeutung abhängig, so dass hier offensichtlich keine näherungsweise Berücksichtigung von Realoptionen stattfindet. Die angegebenen Abgrenzungskriterien lassen sich mehrheitlich den Kategorien Investitionssumme, strategische Bedeutung sowie entscheidungsrelevante Alternativen zuordnen. Untersucht man die Fälle, in denen eine Beurteilung mit mehreren Verfahren stattfindet (57 % auf Konzernebene bzw. 63 % auf operativer Ebene), wird deutlich, dass in ungefähr zwei von drei Fällen die Investition nach allen Kriterien vorteilhaft sein muss; hier besteht also die Chance auf eine näherungsweise Abbildung von Realoptionsrechten (vgl. Abbildung 9).

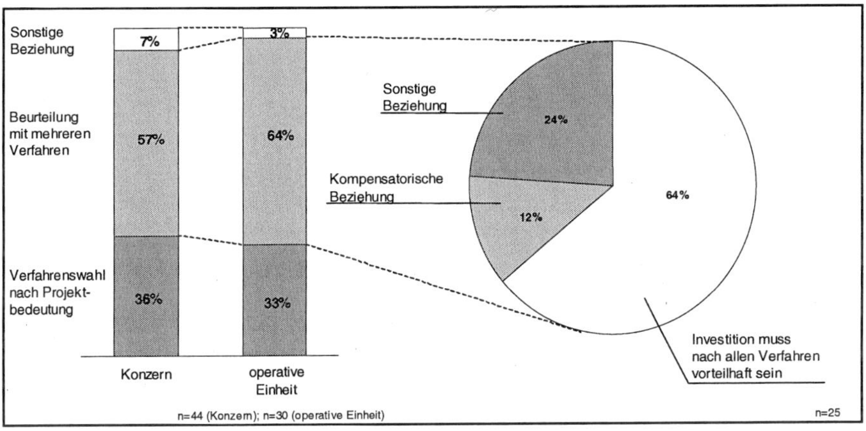

Abbildung 9: Verhältnis zwischen mehreren eingesetzten Bewertungsverfahren

4.2 Implementierung der Verfahren

Mit der im vorangehenden Abschnitt betrachteten Wahl der bei der Kapitalbudgetierung eingesetzten Bewertungsverfahren wird der grobe Rahmen festgelegt, innerhalb dessen eine Berücksichtigung von Handlungsflexibilität möglich ist. Detailaspekte zur Implementierung einzelner Methoden, die Gegenstand dieser Sektion sind, ermöglichen eine detailliertere Analyse dieses Aspekts. Befragt zu diesem Themenbereich wurden ausschließlich die Mitarbeiter auf operativer Ebe-

16 McDonald (erscheint voraussichtlich 2001).

ne befragt, da mit zunehmender Entfernung vom Tagesgeschäft eine geringere Detailkenntnis der Verfahren zu erwarten ist. Die Analyse ist nach den verschiedenen Bewertungsmethoden gegliedert; die einzelnen Abschnitte wurden nur von denjenigen Unternehmen bearbeitet, die angaben, die jeweiligen Verfahren einzusetzen.

4.2.1 Rückzahlungszeitraum

Beim Einsatz des Pay-Back-Verfahrens ist die Festlegung des maximal zulässigen Rückzahlungszeitraums problematisch, da er nicht befriedigend theoretisch hergeleitet werden kann. Es ist daher davon auszugehen, dass die Bestimmung i.d.R. intuitiv erfolgen wird. Dennoch ist es möglich, ansatzweise Optionswerte mit dieser Methode zu berücksichtigen. Dazu muss die zulässige Periode mit zunehmender Handlungsflexibilität länger gewählt werden; die untersuchte Hypothese lautet dementsprechend: Projekten, die eine größere Anpassungsflexibilität an geänderte Umweltbedingungen haben, wird ein längerer maximal zulässiger Rückzahlungszeitraum konzediert.

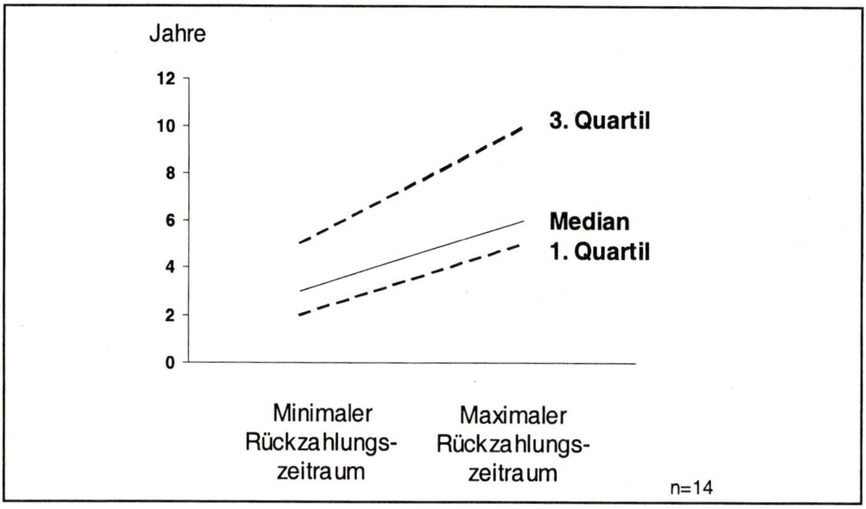

Abbildung 10: Festgelegte Rückzahlungszeiträume

Die empirische Analyse zeigt, dass Unternehmen, die das Verfahren des maximalen Rückzahlungszeitraums einsetzen, im Regelfall eine Spannweite von Grenzwerten angeben (vgl. Abbildung 10). Diese liegt im Median zwischen drei und sechs Jahren. Die Begründungen für die Wahl bestimmter Werte lassen erwartungsgemäß auf eine mangelnde theoretische Fundierung schließen; häufige Antworten sind, es handele sich um Konzernvorgaben, es erfolge eine strategische Festlegung oder ein bestimmter Prozentsatz der sicheren Nutzungsdauer werde angenommen. Zur Überprüfung der Hypothese ist allerdings primär die Begründung für die Wahl einer Spanne von Zeiträumen relevant. In den erhaltenen Antworten zeigt sich, dass keine aus unterschiedlichen Flexibilitätsniveaus abgeleiteten Unterschiede gemacht werden, sondern die Diskriminierung nach variierenden Projektlaufzeiten, Produktlebenszyklen und Investitionsarten (Rationalisierungs- vs. strategische Investitionen) vorgenommen wird. Somit muss die eingangs gestellte Hypothese verworfen werden.

4.2.2 Kapitalwert

Die Verwendung eines auf Grundlage des CAPM oder eines vergleichbaren Verfahrens ermittelten Diskontierungszinssatzes in Zusammenhang mit dem Kapitalwert und verwandten Bewertungsmethoden (Interner Zinsfuß, durchschnittlicher Return on Investment) führt, obwohl diese Art der Bestimmung in einem Großteil der Literatur befürwortet wird,[17] zu einer Nichtberücksichtigung von Optionswerten.[18] Dixit (1992) hat anhand eines Modells gezeigt, dass – in Abhängigkeit von den Parametern Zinssatz und Standardabweichung der Erlöse – der optimale Diskontierungszinssatz für Investitionsentscheidungen unter realistischen Annahmen häufig das zwei- bis dreifache der Kapitalkosten beträgt.[19]

Die Ergebnisse vorheriger empirischer Untersuchungen (vgl. Abschnitt 2.1) legen die Vermutung nahe, dass in der Praxis höhere Diskontierungszinssätze als nach CAPM erforderlich zur Anwendung kommen. Allerdings ist gleichzeitig wahrscheinlich, dass damit nicht bewusst Optionswerte approximiert werden, da von einem nur in geringem Umfang bei den Entscheidungsträgern vorhandenen Realoptionsbewusstsein auszugehen ist.

Abbildung 11 zeigt, dass die in der Praxis verwendeten Diskontierungszinssätze wider Erwarten nicht wesentlich über den Werten liegen, die man auf Basis einer CAPM-basierten Ableitung erwarten würde. Dementsprechend geben auch 44 % der antwortenden Personen an, den Zinssatz über die Weighted Average Cost of Capital (WACC) zu ermitteln (n=34; vgl. Abbildung 12). Theoretisch mangelhaft fundierte Zinssätze, wie die Eigen- oder Fremdkapitalkosten, kommen nur in jeweils einem Fall zum Einsatz. Die Verfahrenswahl wird begründet mit Konzernvorgaben oder der Feststellung, so könne das realistischste Gesamtbild dargestellt werden. Auch hier zeigt sich also deutlich, dass in den Investitionsrechnungen eventuell bestehende Handlungsflexibilitäten unberücksichtigt bleiben.

---

17 Vgl. bspw. Fischer (1999), S. 729ff.

18 Vgl. Kester (1984), Bühner/Weinberger (1991), Herter (1992) und Dixit/Pindyck (1995), S. 106f.

19 Dixit (1992). Dixit modelliert eine Option unendlicher Laufzeit. In einem ähnlichen Modell für Optionen mit begrenzter Laufzeit kommen McDonald und Siegel (1986) zu vergleichbaren Ergebnissen.

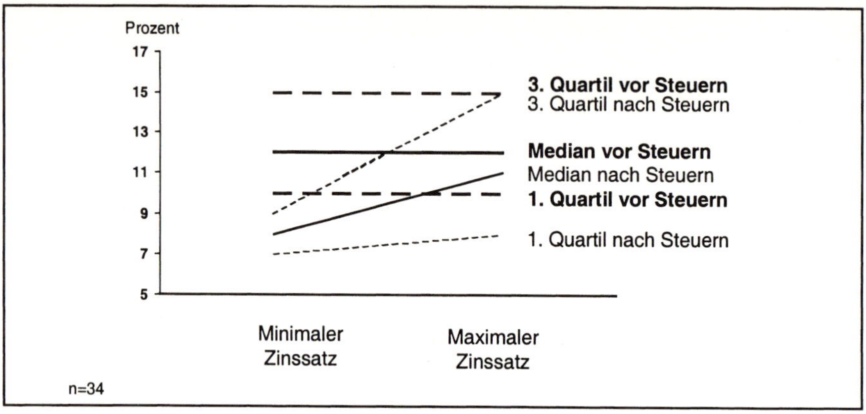

Abbildung 11: Vor- und Nach-Steuer Diskontierungszinssätze

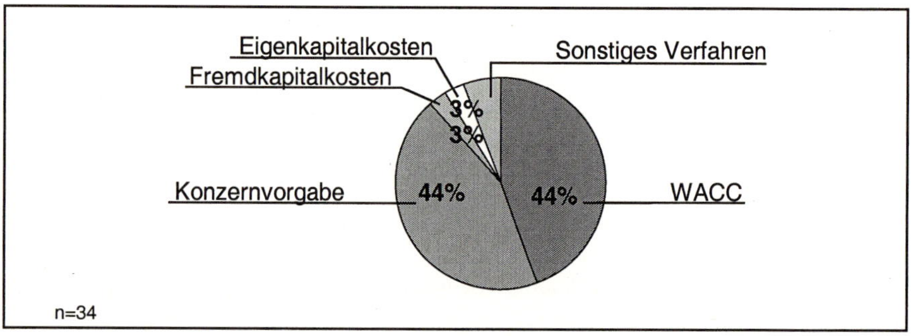

Abbildung 12: Eingesetzte Methoden zur Festlegung der Diskontierungszinssätze

Eine Untersuchung des Entscheidungsverhaltens nur bei der erstmaligen Entscheidung über die Investitionsdurchführung greift jedoch zu kurz. Wesentlich ist auch die Vorgehensweise bei Zwischenbeurteilungen, die während der Projektlaufzeit durchgeführt werden und Grundlage für die Entscheidung über einen eventuellen Projektabbruch sind. Dixit (1992) hat gezeigt, dass in diesem Fall ein niedrigerer Zinssatz zur Anwendung kommen muss, um die realoptions-theoretisch gerechtfertigte Hysterese näherungsweise sicherzustellen.[20]

Die Antworten der teilnehmenden Unternehmen zeigen, dass in der überwiegenden Mehrheit der Fälle (88 %) zwar kein Zinsunterschied bei Interims-Beurteilungen gemacht wird, jedoch ein negatives Ergebnis nicht zum sofortigen Projektabbruch führt. Nur ein Unternehmen gibt an, die Standardmethodik auch bei Folgebewertungen einzusetzen und den Projektabbruch zu verfügen, sobald negative Ergebnisse berechnet werden (n=33; vgl. Abbildung 13). Die Entscheidungsträger sind sich also zumindest auf einem intuitiven Niveau der Tatsache

---

[20] Dixit (1992), S. 119ff.

bewusst, dass eine schematische Anwendung des Kapitalwertverfahrens nicht zu optimalen Entscheidungen führt.

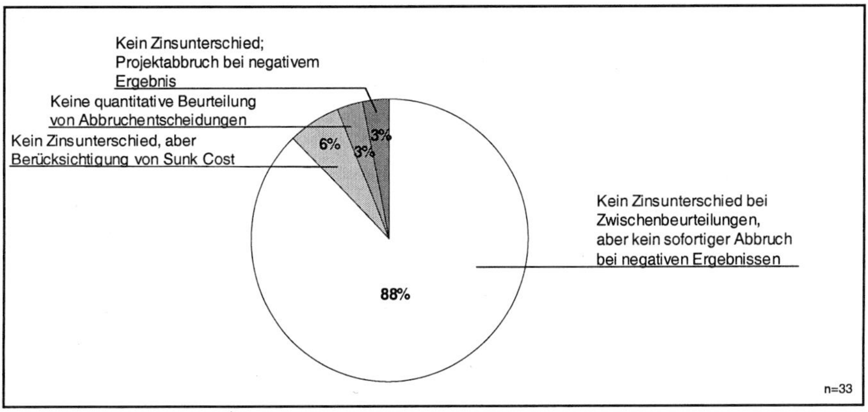

Abbildung 13: Vorgehensweise bei der Zwischenbeurteilung von Projekten

4.2.3 Sensitivitätsanalyse, Szenarioanalyse und Entscheidungsbaumverfahren

Die in diesem Abschnitt behandelten Verfahren Sensitivitätsanalyse, Szenarioanalyse sowie Entscheidungsbaummethode adressieren im Unterschied zu den vorher betrachteten Ansätzen explizit die mit Investitionen verbundene Unsicherheit in Bezug auf die Höhe der Cash-Flows und geben die ersatzweise Betrachtung von Erwartungswerten auf. Insofern besteht hier die Möglichkeit einer deutlich realoptionsnäheren Bewertung als zuvor.

Der erste analysierte Aspekt behandelt die relative Position dieser Verfahren in der Kapitalbudgetierung. Es wird vermutet, dass die Sensitivitätsanalyse und die Szenarioanalyse[21] in erster Linie als sekundäre Verfahren zur Kapitalwertmethode bzw. zur Methode des Internen Zinsfußes eingesetzt werden; damit würde einer wissenschaftlich fundierten Vorgehensweise gefolgt.[22]

Die geäußerte Vermutung konnte sowohl auf operativer als auch auf Vorstandsebene bestätigt werden. In allen Fällen werden parallel zur Sensitivitäts- und Szenarioanalyse entweder der Kapitalwert oder der Interne Zinsfuß berechnet; über die Hälfte der Antwortenden gibt sogar an, beide Verfahren zusätzlich anzuwenden (vgl. Abbildung 14).

---

21 Die Monte-Carlo-Analyse wird an dieser Stelle von der Analyse ausgeschlossen, da nur ein sehr kleiner Teil der Unternehmen angegeben hat, dieses Verfahren einzusetzen.

22 Vgl. bspw. Kruschwitz (1993), S. 267ff.

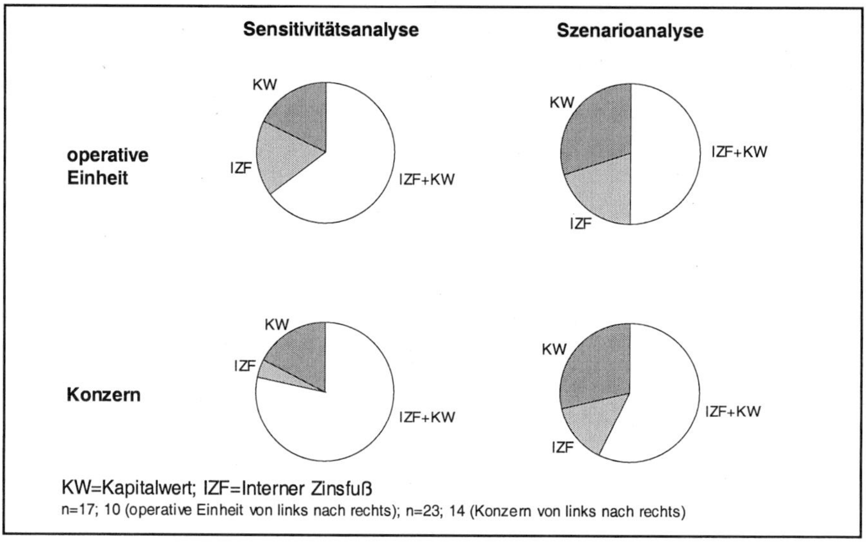

Abbildung 14: Parallel zur Sensitivitäts- und Szenarioanalyse eingesetzte Verfahren

Eine nähere Analyse der im Rahmen der Verfahrensanwendung modifizierten Parameter gibt darüber Aufschluss, bei welchen Faktoren die Unsicherheit über die Zukunft als besonders bedeutend eingeschätzt wird. Sollte sich herausstellen, dass es sich hierbei primär um Parameter handelt, für die ein laufender Marktpreis festgestellt wird, hat dies einen positiven Einfluss auf die prinzipielle Quantifizierbarkeit von Realoptionen.[23]

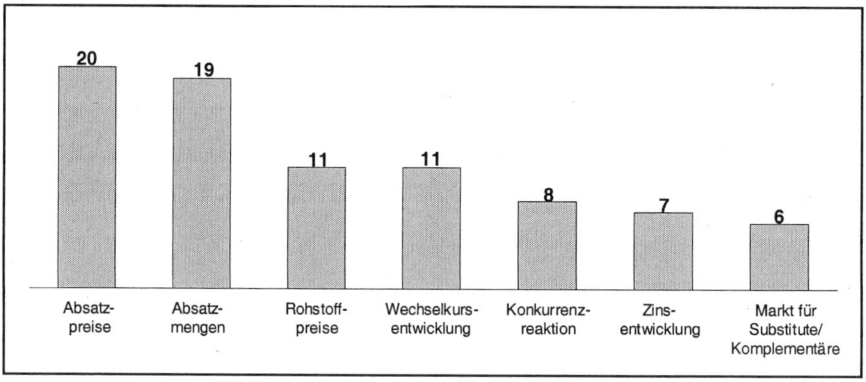

Abbildung 15: Bei Sensitivitäts- und Szenarioanalyse variierte Parameter

23 Einige Verfahren zur Realoptionsbewertung basieren auf der Verfügbarkeit gehandelter Vermögensgegenstände, die mit der Wertentwicklung der zu quantifizierenden Projekte korreliert sind, um das Projekt in einem Portfolio dynamisch zu replizieren.

Die Auswertung der erhaltenen Antworten zeigt, dass in der Praxis mit Abstand am häufigsten die Absatzpreise und –mengen modelliert werden (vgl. Abbildung 15). Hieraus können unmittelbar bedeutende Branchenunterschiede für das grundsätzliche Potenzial einer fundierten realoptionsbasierten Bewertung abgeleitet werden. Während in rohstoffnahen Industrien, wie bspw. der Ölbranche, die Produkte auf standardisierten Märkten gehandelt werden und somit Daten für eine Quantifizierung zur Verfügung stehen, erschwert in vielen anderen Bereichen die mangelnde Informationsbasis die Anwendung des Realoptionsansatzes.

Bislang hat die Analyse nur Indizien für die Einschätzung der Bedeutung von Unsicherheit in unterschiedlichen Bereichen geliefert; im Folgenden wird nun der Umgang mit bestehenden Handlungsmöglichkeiten untersucht. Damit erfolgt eine weitere Annäherung an die vom Realoptionsansatz eingenommenen Perspektiven.

Lediglich 15 % der antwortenden Personen sind der Ansicht, es bestünden generell keine Handlungsmöglichkeiten in Reaktion auf adverse Entwicklungen von Umweltbedingungen. Ein weiteres Viertel der Umfrageteilnehmer erkennt zwar die Existenz solcher Flexibilität an, lässt sie jedoch in der Bewertung unberücksichtigt. Die verbleibenden Unternehmen berücksichtigen bestehende Optionen ungefähr zu gleichen Teilen entweder unmittelbar in der Analyse oder durch eine qualitative Ergänzung der quantitativen Bewertung (n=20, vgl. Abbildung 16).

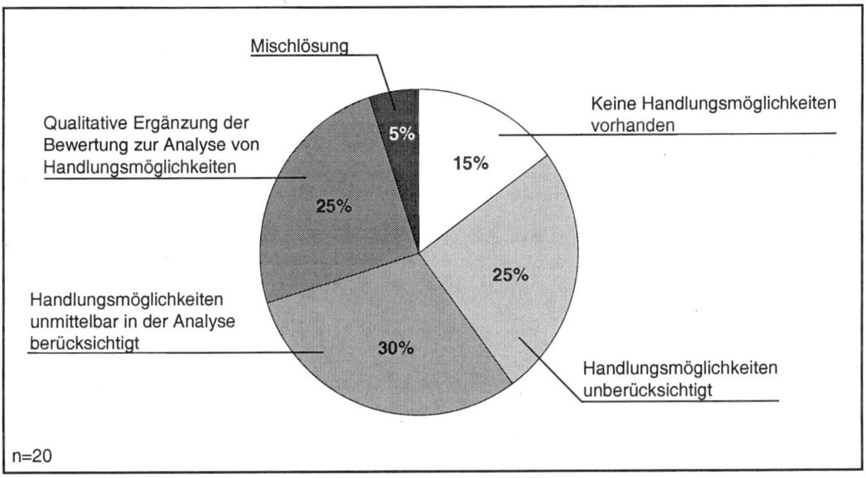

Abbildung 16: Berücksichtigung von Handlungsmöglichkeiten in der Sensitivitäts- und Szenarioanalyse

Bereits bei der Analyse der eingesetzten Bewertungsverfahren wurde deutlich, dass die Entscheidungsbaumanalyse nur eine geringe Verbreitung in der Praxis hat (vgl. Abbildung 4). Die Unternehmen, die diese Methode dennoch anwenden, geben an, sie täten dies in erster Linie zur Bewertung komplexer Investitionsvorhaben sowie bei Forschungsprojekten mit definierten Milestones. Hier zeigt sich sehr deutlich die Nähe zur Realoptionstheorie in dem Bestreben, Abbruchoptionen zu bewerten. Allerdings sind methodische Mängel bei der Implementierung des Entscheidungsbaumverfahrens offensichtlich; so werden bspw. die Zahlungsströme i.d.R. mit dem Standard-WACC abdiskontiert.[24]

4.3 Intuitive Erfassung von Realoptionswerten

Die beiden vorangehenden Abschnitte haben einen Überblick über die in der Unternehmenspraxis eingesetzten Bewertungsverfahren sowie deren Implementierung gegeben. Hieraus konnten Indizien über den Umgang mit Handlungsflexibilität gewonnen werden, jedoch wurde dieser Themenbereich nicht direkt adressiert. Dies ist Gegenstand dieser Sektion, in der die Umfrageteilnehmer auf Konzernebene und in den operativen Gesellschaften über ihre Einschätzung der Bedeutung von Handlungsflexibilität und ihre Erfahrung mit dem Realoptionsansatz befragt wurden.

Die erste aufgestellte Hypothese war, die Mehrheit der Entscheidungsträger sei sich zwar der Bedeutung von Handlungsflexibilität bewusst, kenne jedoch die Realoptionstheorie nicht. Es wurde ferner angenommen, dass das Bewusstsein auf der Konzernebene höher als auf der Geschäftsbereichsebene sei. Grundlage dafür waren die Ergebnisse aus existierenden empirischen Untersuchungen (vgl. Abschnitt 2) sowie die höhere Bedeutung strategischer Einflüsse auf Konzernebene.

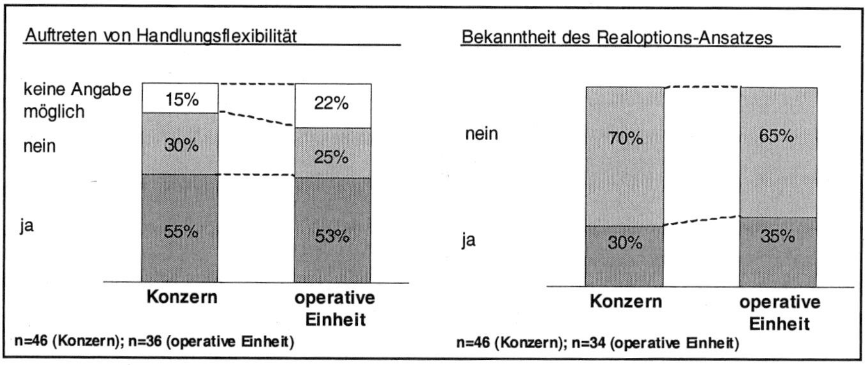

Abbildung 17: Auftreten von Handlungsflexibilität und Bekanntheit des Realoptions-Ansatzes

Auf beiden befragten Ebenen hat jeweils etwas mehr als die Hälfte der teilnehmenden Personen das Auftreten von Handlungsflexibilität bejaht (vgl. Abbildung

24 Zur korrekten Wahl des Diskontierungszinssatzes vgl. Lander/Pinches (1998), S. 553. Alternativ zu einer risikoabhängigen Anpassung der Zinssätze kann auch eine risikofreie Bewertung mit Martingale-Wahrscheinlichkeiten durchgeführt werden.

17); jedoch nur rund ein Drittel (30 % auf Konzernebene; 35 % auf operativer; n=46 bzw. n=34) gab an, den Realoptionsansatz als Bewertungsmethode zu kennen. Auffallend ist der relativ hohe Anteil an Befragten, die sich nicht in der Lage sahen, die Frage nach dem Auftreten von Handlungsflexibilität zu beantworten (15 bzw. 22 %). Dies verdeutlicht das in weiten Kreisen der Unternehmensvertreter noch sehr schwach ausgeprägte Denken in Optionen, insbesondere in Anbetracht der Tatsache, dass dem entsprechenden Fragebogenabschnitt drei kurze Beispiele vorangestellt waren, die mögliche Arten von Handlungsflexibilität beschrieben haben. Relativ einig sind sich beide Ebenen in der Bedeutung der Handlungsflexibilität für zu treffende Investitionsentscheidungen. Während die angegebene Spannweite relativ groß ist, wären im Median 20 % der getätigten Investitionen nicht durchgeführt worden, hätte es keine damit verbundenen Optionen gegeben (vgl. Abbildung 18).

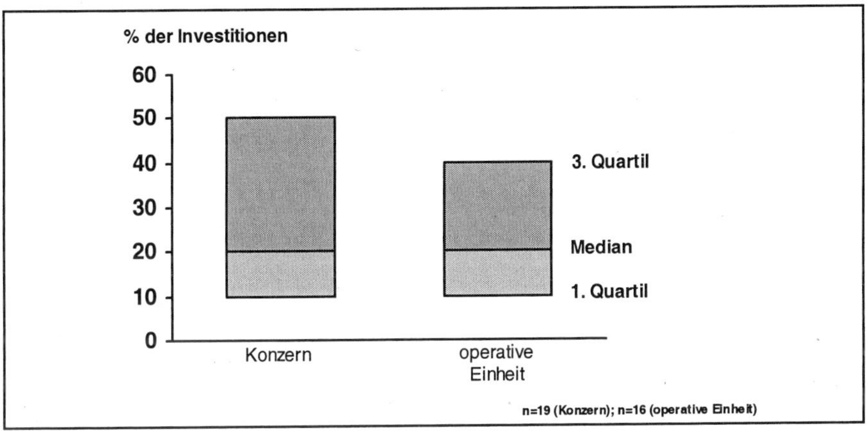

Abbildung 18: Entscheidungsrelevanz von Realoptionen

Die hohe dem Realoptionsansatz zugebilligte Bedeutung, verbunden mit der geringen erwarteten Bekanntheit, hat zu der Hypothese geführt, Flexibilität würde in der Mehrzahl der Fälle intuitiv und nur in Einzelfällen durch quantitative Verfahren erfasst. Gestützt wird diese Vermutung durch die Tatsache, dass über die Hälfte der antwortenden Personen angibt, die Bewertung von Handlungsflexibilität sei problematisch (vgl. Abbildung 19). Die Berücksichtigung qualitativer Aspekte im Rahmen von Investitionsentscheidungen wird dementsprechend ausnahmslos bejaht (n=46 im Konzern; n=34 in operativer Einheit). Umgekehrt wird die Nicht-Berücksichtigung des Realoptionsansatzes mehrheitlich mit seiner Komplexität begründet (vgl. Abbildung 19). Die Liste der eingesetzten Bewertungsverfahren führt eindeutig die Intuition bzw. Erfahrung aus früheren Projekten an; in einigen Fällen wird auch der Rückzahlungszeitraum verkürzt oder eine Entscheidungsbaumanalyse durchgeführt. Nur eine einzige antwortende Person auf der operativen Ebene gibt demgegenüber an, eine Realoptionsbewertung durchzuführen (vgl. Abbildung 20).

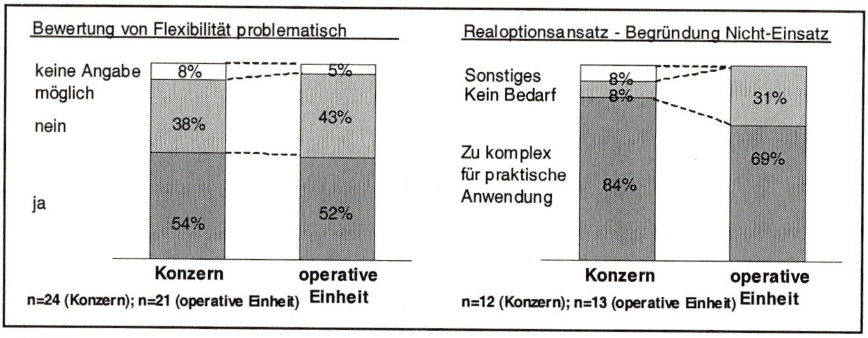

Abbildung 19: Beurteilung der Flexibilitätsbewertung und des Realoptionsansatzes

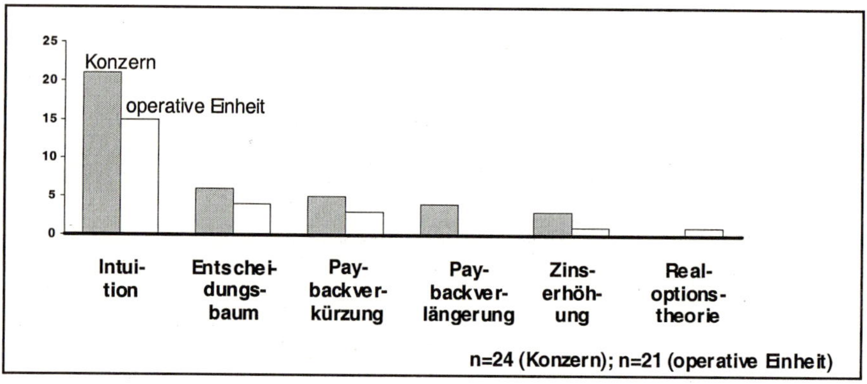

Abbildung 20: Eingesetzte Methoden zur Berücksichtigung von Handlungsflexibilität

Konsistent mit diesen Ergebnissen ist die Einschätzung einzelner zur Realoptionsbewertung einsetzbarer Methoden. Während das Black-Scholes-Verfahren in einigen Unternehmen zumindest „selten“ angewendet wird – wobei die Häufigkeit auf Konzernebene höher als auf operativer Ebene ist –, kommt den anspruchsvolleren Methoden (Binomialansatz, Numerische Integration, Finite-Differenzen-Methode) in der Praxis keinerlei Bedeutung zu (vgl. Abbildung 21). Umgekehrt hat dieser mangelnde Methodeneinsatz eine deutliche Auswirkung auf die Einschätzung der Bedeutung qualitativer Aspekte. Auf einer Skala von 1 (für maximale Bedeutung) bis 6 (für minimale Bedeutung) wird den typischen Werttreibern von Realoptionen ausnahmslos eine durchschnittliche Bedeutung im linken Teilbereich der Werteskala zugesprochen (vgl. Abbildung 21). Insbesondere eine hohe strategische Bedeutung des Projekts führt zu einer gesteigerten Bedeutung qualitativer Aspekte, während eine gute Anpassbarkeit an geänderte Umweltbedingungen deren Einfluss reduziert. Es erscheint wahrscheinlich, dass die Entscheidungsträger den Wert der mit strategischen Projekten verbundenen Optionen intuitiv erkennen, während erhöhte Flexibilität die Realisierung geplanter Cash-Flows wahrscheinlicher erscheinen lässt und somit die Bedeutung ergänzender qualitativer Betrachtungen reduziert.

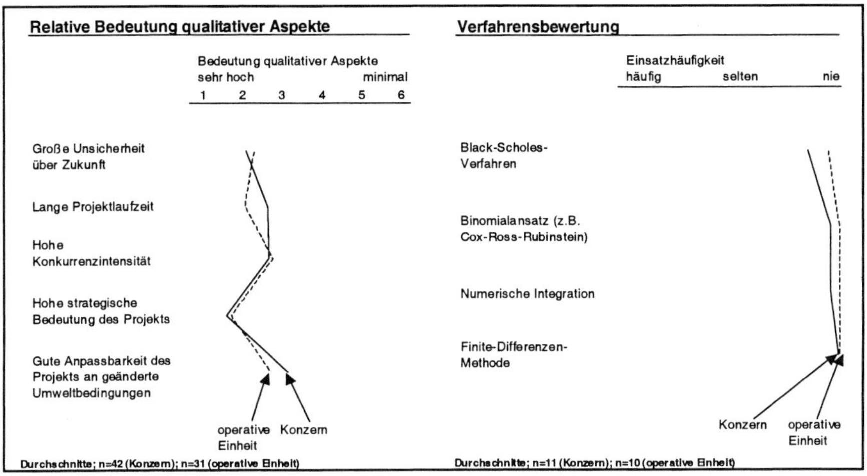

Abbildung 21: Bedeutung von Handlungsflexibilität und Verfahrensbewertung

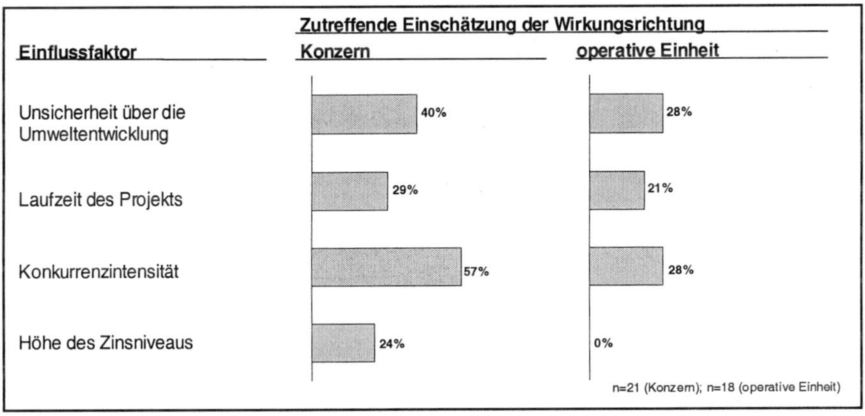

Abbildung 22: Einschätzung der Wirkungsrichtung von Options-Werttreibern

Die qualitativen Faktoren zugesprochene Bedeutung motiviert den nächsten Untersuchungsschritt. Aufgrund der mit der quantitativen Bewertung verbundenen Unsicherheit bei der Wahl zutreffender Input-Parameter[25] muss eine intuitiv-

25 Vgl. dazu ausführlicher Pritsch/Weber (2001).

qualitative Einschätzung einer quantitativen Bewertung nicht notwendigerweise unterlegen sein. Notwendige Bedingung dafür ist, dass die Wirkung der Einflussfaktoren auf den Wert von Optionen der Richtung nach korrekt eingeschätzt wird. Abbildung 22 zeigt jedoch, dass dies in der Mehrzahl der Fälle nicht der Fall ist. Relativ häufig wird jedoch zutreffenderweise erkannt, dass der Wert von Handlungsflexibilität mit der Konkurrenzintensität steigt; annähernd ähnlich so oft werden die Auswirkungen einer erhöhten Unsicherheit über die Umweltentwicklung zutreffend eingeschätzt. Insgesamt sind die durch die Finanzvorstände getroffenen Einschätzungen konsistenter mit der Theorie als die Einschätzungen auf operativer Ebene. Dies könnte ein Indikator für die mit zunehmender Hierarchieebene steigende Bedeutung von Handlungsflexibilität und damit höhere Bewertungspraxis auf Vorstandsebene sein. Auf aggregierter Ebene ist das Urteil der Umfrageteilnehmer jedoch eindeutig: 91 % sind der Ansicht, Investitionen mit höherer Handlungsflexibilität seien zu bevorzugen; ein etwas kleinerer Anteil (75 %) verbindet damit auch eine positive Zahlungsbereitschaft (vgl. Abbildung 23). Begründet wird diese Einschätzung mehrheitlich mit einer Erhöhung der wirtschaftlichen Erfolgswahrscheinlichkeit oder einer höheren Reaktionsgeschwindigkeit auf Veränderungen des Marktumfelds.

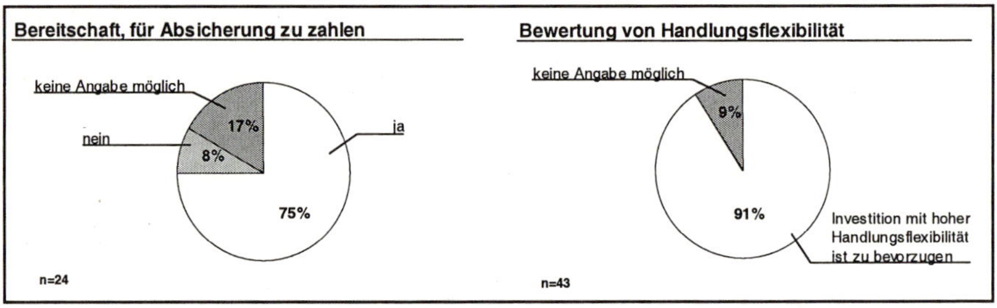

Abbildung 23: Bewertung von Handlungsflexibilität und Zahlungsbereitschaft

Die Realoptionstheorie unterscheidet zwischen verschiedenen Typen von Realoptionen.[26] Allerdings schätzen die Umfrageteilnehmer die Entscheidungsrelevanz der einzelnen Optionsarten deutlich unterschiedlich ein. In den Fällen, in denen die Existenz von Handlungsflexibilität ausschlaggebend für die Entscheidung zur Projektdurchführung war, lagen am häufigsten Aufschub-, Abbruch- oder Wachstumsoptionen vor. Der Möglichkeit, die in die Produktion eingehenden Rohstoffe flexibel zu wählen wurde als relativ unbedeutend bewertet, während die entsprechende Flexibilität auf der Output-Seite hauptsächlich auf operativer Ebene wertgeschätzt wurde (vgl. Abbildung 24).

Da der Wert von Realoptionen – im Gegensatz zu Finanzoptionen – durch die Optionsinhaber beeinflusst werden kann, ist ein wesentlicher Bestandteil einer

26 Vgl. bspw. Trigeorgis (1996), S. 2f.

realoptionsbasierten Denkweise das aktive Management der Optionswerte. Nur in 8 % der Fälle wird jedoch angegeben, ein solches Management systematisch durchzuführen. Auffällig ist hier die hohe Anzahl an Teilnehmern, die angeben, diese Frage nicht beantworten zu können (54 %; n=24). Dies ist ein sehr deutliches Indiz dafür, dass die befragten Entscheidungsträger, obwohl sie sich des Wertes von Flexibilität intuitiv bewusst sind, noch weit davon entfernt sind, die Möglichkeiten, die der Realoptionsansatz bietet, in ihre Entscheidungsmodelle umfassend aufzunehmen.

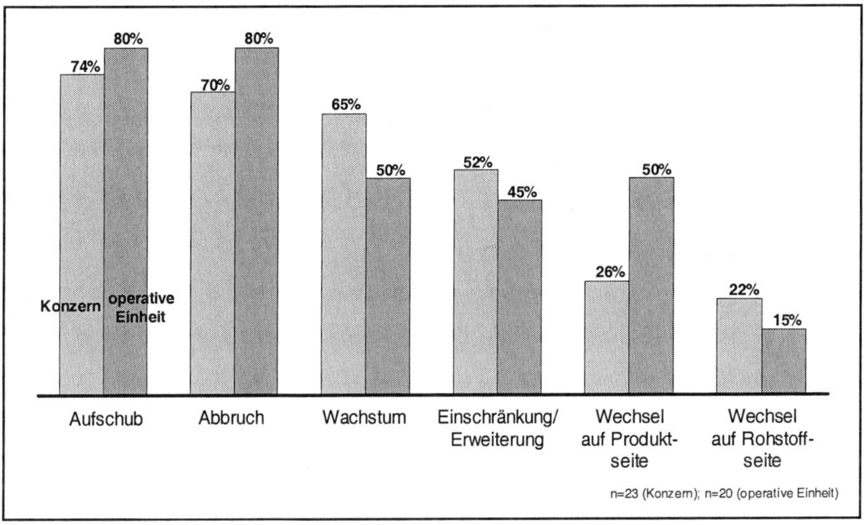

Abbildung 24: Häufigkeit der Entscheidungsrelevanz einzelner Realoptionstypen

5 Zusammenfassung und Ausblick

In diesem Beitrag wurden die Ergebnisse einer Umfrage zur Berücksichtigung von Handlungsflexibilität im Rahmen der Kapitalbudgetierung dargestellt. Befragt wurden, separat und mit unterschiedlichen Schwerpunkten, Finanzvorstände und Mitarbeiter auf einer operativen Ebene. Die wesentlichen Ergebnisse – gegliedert nach den drei Abschnitten der Untersuchung – sind in Abbildung 25 im Überblick dargestellt.

Es wurde gezeigt, dass in der Unternehmenspraxis eine Kombination mehrerer Bewertungsverfahren eingesetzt wird; dem Realoptionsansatz kommt dabei allerdings keine Bedeutung zu. Da sich die Entscheidungsträger der Existenz, der Bedeutung und des Wertes von Handlungsflexibilität jedoch intuitiv bewusst sind, findet die Berücksichtigung von Optionswerten auf anderem Weg statt. Hier stehen nicht Anpassungen traditioneller Investitionsrechenverfahren im Vordergrund, sondern es erfolgt vielmehr eine quantitative Ergänzung der Bewertungsrechnungen, die dann im Einzelfall trotz negativer Ergebnisse zu einer Projektgenehmigung führt. Dabei steht allerdings zu befürchten, dass die Qualität der intuitiv gerechtfertigten Entscheidungen teilweise suboptimal ist, da die Wirkungsrichtung der theoretischen Werttreiber von Optionen nur unzureichend eingeschätzt werden kann.

Untersuchungsabschnitt	Wesentliche Ergebnisse
Eingesetzte Verfahren der Kapitalbudgetierung	- Wesentliche Investitionsentscheidungen werden im Konzern getroffen - Mehrere Bewertungsverfahren werden parallel angewendet und durch qualitative Einschätzungen vervollständigt - Der Realoptionsansatz kommt nicht zu Anwendung
Implementierung der Verfahren	- Optionswerte werden nicht durch Anpassung von Zinssätzen approximiert - Negativ bewertete Investitionen werden aus strategischen Erwägungen dennoch ausgeführt
Intuitive Erfassung von Realoptionswerten	- Flexibilität wird intuitiv berücksichtigt und positiv bewertet; Ansätze zur Optionsbewertung kommen wegen ihrer Komplexität nicht zum Einsatz - Einflussfaktoren auf Realoptionsrechte können nur unzureichend eingeschätzt werden

Abbildung 25: Wesentliche Ergebnisse der Umfrageauswertung

Aus diesen Ergebnissen resultiert eine zweifache Herausforderung für die Wissenschaft. Zum einen ist es notwendig, das Denken in Realoptionen – ohne auf komplexe Bewertungsmodelle zurückzugreifen – in der Praxis zu fördern, so dass wertbeeinflussende Faktoren von Handlungsflexibilitäten in den Unternehmen erkannt und systematisch gesteuert werden. Zum anderen ist die Entwicklung von Bewertungsmodellen wünschenswert, die sich auf der einen Seite durch eine hohe Transparenz auszeichnen, um die Akzeptanz in den Unternehmen sicherzustellen, und die auf der anderen Seite die Komplexität auf ein notwendiges Maß reduzieren, um die praktische Anwendbarkeit zu ermöglichen.

Literaturverzeichnis

Baldwin, Carliss Y.; Clark, Kim B. (1992): Capabilities and Capital Investment: New Perspectives on Capital Budgeting, in: *Journal of Applied Corporate Finance,* Vol. 5 (1992), Nr. 2, S. 67-87

Bühner, R.; Weinberger, H.-J. (1991): Cash-Flow und Shareholder Value, in: *Betriebswirtschaftliche Forschung und Praxis,* 1991, Nr. 3, S. 187-208

Busby, J. S.; Pitts, C. G. C. (1997a): Real Options in Practice: An Exploratory Survey of How Finance Officers Deal with Flexibility in Capital Appraisal, in: *Management Accounting Research,* 1997, Nr. 8, S. 169-186

Busby, J.S.; Pitts, C. G. C (1997b): Real Options and Capital Investment Decisions, in: *Management Accounting,* 1997, November, S. 38-39

Dixit, Avinash K. (1992): Investment and Hysteresis, in: *Journal of Economic Perspectives,* Vol. 6 (1992), No. 1 (Winter), S. 107-132

Dixit, Avinash K.; Pindyck, Robert S. (1995): Investment under Uncertainty, Princeton, NJ, USA 1995

Fischer, E. O. (1999): Die relevanten Kalkulationszinsfüße in der Investitionsplanung, in: *Zeitschrift für Betriebswirtschaft,* Jg. 69, Nr. 7, S. 777-801

Fremgen, James M. (1973): Capital Budgeting Practices: A Survey, in: *Management Accounting,* Vol. 54 (1973), Nr. 11, S. 19-25

Gitman, Lawrence J.; Forrester, John R. (1977): A Survey of Capital Budgeting Techniques Used by Major U.S. Firms", in: *Financial Management,* 1977, Herbst, S. 66-71

Herter, Ronald N. (1992): Berücksichtigung von Optionen bei der Bewertung strategischer Investitionen, in: *Controlling,* 1992, Nr. 6 (November/Dezember), S. 320-327

Ho, Simon S. M.; Pike, Richard H. (1991): Risk Analysis in Capital Budgeting Contexts: Simple or Sophisticated?, in: *Accounting and Business Research,* Vol. 21, Nr. 83 (1991), S. 227-238

Hodder, James E.; Riggs, Henry E. (1985): Pitfalls in Evaluating Risky Projects, in: *Harvard Business Review,* 1993, Januar/Februar, S. 128-135

Howell, Sydney D.; Jägle, Axel. J. (1997): Laboratory Evidence on How Managers Intuitively Value Real Growth Options, in: *Journal of Business Finance & Accounting,* Vol. 24 (1997), Nr. 7/8, S. 915-935

Kasanen, Eero (1993): Creating Value by Spawning Investment Opportunities, in: *Financial Management,* 1993, Herbst, S. 251-258

Kester, W. Carl (1984): Today's Options for Tomorrow's Growth, in: *Harvard Business Review,* 1984, März/April, S. 153-160

Kim, Suk H. (1982): An Empirical Study on the Relationship between Capital Budgeting Practices and Earnings Performance, in: *Engineering Economist,* Vol. 27 (1982), Nr. 2, S. 185-196

Kim, Suk H.; Farragher, Edward J. (1981): Current Capital Budgeting Practices, in: *Management Accounting,* 1981, Juni, S. 26-30

Klammer, Thomas (1973): The Association of Capital Budgeting Techniques with Firm Performance, in: *Accounting Review,* 1973, April, S. 353-364

Klammer, Thomas (1972): Empirical Evidence of the Adoption of Sophisticated Capital Budgeting Techniques, in: *Journal of Business,* 1972, 387-397

Klammer, Thomas; Walker, Michael C. (1984): The Continuing Increase in the Use of Sophisticated Capital Budgeting Techniques, in: *California Management Review,* Vol. 27 (1984), Nr. 1 (Herbst), S. 137-148

Kruschwitz, L. (1993): Investitionsrechnung, 5. Auflage, Berlin 1993

Lander, Diane M.; Pinches, George E. (1998): Challenges to the Practical Implementation of Modeling and Valuing Real Options, in: *Quarterly Review of Economics and Finance,* Vol. 38 (1998), Special Issue, S. 537-567

Laux, Christian (1993): Handlungsspielräume im Leistungsbereich des Unternehmens: Eine Anwendung der Optionspreistheorie, in: *Zeitschrift für betriebswirtschaftliche Forschung,* Jg. 45 (1993), Nr. 11, S. 933-958

Luehrman, Timothy A. (1998): Strategy as a Portfolio of Real Options, in: *Harvard Business Review,* 1998, September/Oktober, S. 89-99

Luehrman, Timothy A. (1997): What's it Worth – A General Manager's Guide to Valuation, in: *Harvard Business Review,* 1997, Mai/Juni, S. 132-142

McDonald, Robert L. (erscheint voraussichtlich 2001): Real Options and Rules of Thumb in Capital Budgeting, in: Brennan, M. J.; Trigeorgis, L.: Innovation, Infrastructure, and Strategic Options, London

McDonald, Robert L.; Siegel, Daniel (1996): The Value of Waiting to Invest, in: *Quarterly Journal of Economics,* 1986, November, S. 707-727

Petry, Glenn H. (1975): Effective Use of Capital Budgeting Tools, in: *Business Horizons,* Vol. 18, Nr. 5, S. 57-65

Petty, J. William; Scott, David F.; Bird, Monroe M. (1975): The Capital Expenditure Decision-Making Process of Large Corporations, in: *Engineering Economist,* Vol. 20, Nr. 3, S. 159-172

Pike, Richard H. (1997): Discussion of Laboratory Evidence on How Managers Intuitively Value Real Options, in: *Journal of Business Finance & Accounting,* Vol. 24 (1997), Nr. 7/8 (September), S. 937-941

Pike, Richard H. (1988): An Empirical Study of the Adoption of Sophisticated Capital Budgeting Practices and Decision-Making Effectiveness, in: *Accounting and Business Research,* Vol. 18 (1988), Nr. 72, S. 341-351

Pritsch, Gunnar; Weber Jürgen (2001): Die Bedeutung des Realoptionsansatzes aus Controllingsicht, in: Hommel, Ulrich; Scholich, Martin; Vollrath, Robert: Realoptionen in der Unternehmenspraxis, Berlin 2001

Rappaport, Allen (1979): A Critique of Capital Budgeting Questionnaires, in: *Interfaces,* Vol. 9 (1979), Nr. 3, S. 100-102

Rosenblatt, Meir J.; Jucker, James V. (1979): Capital Expenditure Decision/Making: Some Tools and Trends, in: *Interfaces,* Vol. 9 (1979), Nr. 2, S. 63-69

Schall, Lawrence D.; Sundem, Gary L.; Geusbeek, William R. (1978): Survey and Analysis of Capital Budgeting Methods, in: *Journal of Finance,* Vol. 33 (1978), Nr. 1 (März), S. 281-287

Staehelin, Erwin (1988): Investitionsentscheide in industriellen Unternehmungen: Ergebnisse einer Umfrage, Grüsch, Schweiz 1988

Statistisches Bundesamt (1999): Klassifikation der Wirtschaftszweige, Ausgabe 1993 (WZ 93), Wiesbaden

Trigeorgis, Lenos (1996): Real Options – Managerial Flexibility and Strategy in Resource Allocation, Cambridge, MA, USA 1996

Trigeorgis, Lenos (1993): Real Options and Interactions with Financial Flexibility, in: *Financial Management,* Vol. 22 (1993), Herbst, S. 202-224

Finanzielle Bewertung von Lizenzprojekten in der Pharmaindustrie: NPV-Modelle oder Realoptionsansatz?

Dr. Ulrich Koch

Head of Corporate Licensing, Schering AG, Berlin

Zusammenfassung: Bei der finanziellen Bewertung von Lizenzprojekten in der Pharmaindustrie wird heute größtenteils die klassische Net-Present-Value-Methode benutzt. Auch die Verhandlungsstrategien beider Partner beziehen sich in der Regel auf die Ergebnisse dieser Kalkulation. Realoptionsansätze werden dagegen z.Zt. nur selten eingesetzt, obwohl sie konzeptionell neue Impulse setzen könnten. Der vorliegende Beitrag beschreibt die Inhalte der klassischen NPV-Projektbewertung, erläutert die Elemente des zwischen Lizenznehmer und Lizenzgeber auszuhandelnden Finanzpakets, skizziert die weiterreichenden Fragestellungen des Realoptionsansatzes und mündet in Vorschlägen, wie der NPV-Ansatz weiterentwickelt werden kann, um einzelne Anregungen des Realoptionsansatzes aufzugreifen.

Schlüsselworte: Lizenzprojekte, NPV, Finanzpaket, Verhandlungen, Realoptionen, Ausbau des NPV-Modells

1 Grundlagen einer Lizenzvereinbarung

Etablierte Unternehmen in der Pharmaindustrie stehen permanent vor der Herausforderung, neue Produkte zu entwickeln, um eine angemessene Dynamik und Wachstumsrate des Geschäftes sicherzustellen. Vor dem Hintergrund steigender Kosten sowie hoher Risiken für Entwicklungsprojekte und zeitlich begrenzter Monopolstellungen durch Patentschutz sehen sich alle Pharmaunternehmen gezwungen, die eigene Forschungs- und Entwicklungspipeline durch die Akquisition oder Lizenzierung fremder Technologien zu ergänzen. Die zunehmende Anzahl kleiner Biotechnologie-Unternehmen ohne eigene Vermarktungskapazitäten bieten hier eine geeignete Quelle von potentiellen Lizenzprojekten.

In diesen Lizenzprojekten bietet der Lizenzgeber Daten, Know-how und Patentrechte zu einer bestimmten Technologie, der Lizenznehmer bietet Zugang zu Kompetenzen und Kapazitäten in der Entwicklung, Herstellung, Registrierung und/oder Vermarktung. Zusätzlich wird ein Finanzpaket vereinbart, das den Wert des Lizenz-Projektes abbilden soll.

Zur Kalkulation dieses Wertes eines Lizenzprojektes wird z.Zt. in den meisten Pharmaunternehmen ausschließlich der Ansatz der Net-Present-Value-Methode (NPV-Methode) benutzt. Im Folgenden werden die Wege zu dieser Kalkulation aus Sicht des Lizenznehmers beschrieben. Darauf aufbauend wird die Verhandlung des Finanzpaketes mit dem Lizenzgeber skizziert. Zum Schluss wird die Relevanz von Realoptionen sowie des Realoptionsansatzes in der Praxis diskutiert, um abschließend Weiterentwicklungsmöglichkeiten der NPV-Methode zu beschreiben.

2 Die klassische Bewertung eines Lizenzprojektes

Wie die Entwicklung eines eigenen Projektes oder die Akquisition eines Produktes/eines Unternehmens ist die Lizenzierung einer externen Technologie eine langfristige und oft finanziell bedeutsame Investitionsentscheidung. Um den Wert des Lizenzprojektes abschätzen zu können, sind die üblichen Fragen, wie z.B.: Wie viel ist noch zu investieren? Welche Risiken sind dabei zu kalkulieren? Welcher Gewinn kann erwartet werden? In welcher zeitlichen Abfolge sind weitere Kosten und Gewinne zu erwarten? zu beantworten.

Die einzelnen Inhalte der Bewertung lassen sich wie folgt skizzieren:

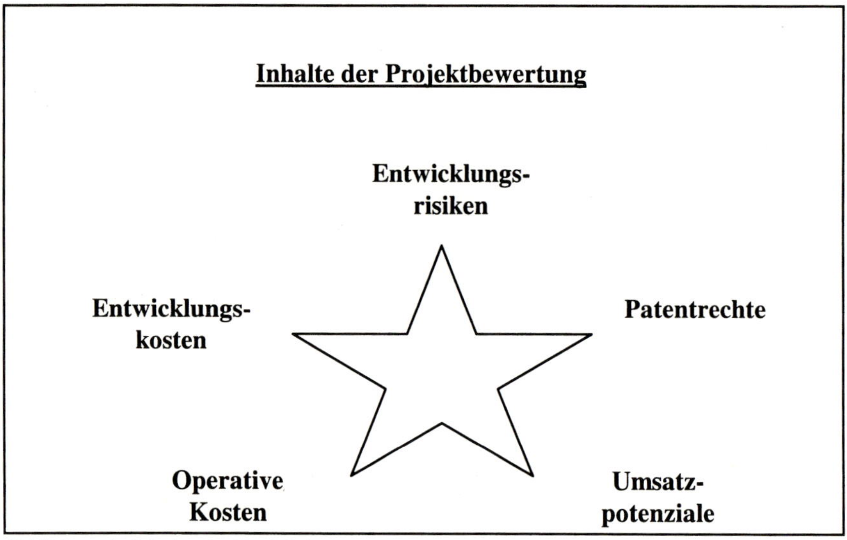

Abbildung 1: Inhalte der Projektbewertung

Vor Verhandlung des Finanzpaketes werden sowohl der Lizenznehmer als auch der Lizenzgeber die obigen Fragen separat bewerten, um sich die Voraussetzungen für eine sachorientierte Verhandlungsführung zu schaffen.

Im Folgenden sollen diese Analysen weiter vertieft werden.

2.1 Entwicklungsplan und Entwicklungskosten

Normalerweise hat ein Lizenzgeber sein Projekt schon zu einer bestimmten Entwicklungsreife geführt und wissenschaftliche Daten generiert, die die Attraktivität des Projektes belegen können. Je nach finanziellen bzw. kapazitativen Ressourcen und je nach Auslizenzierungsstrategie des Lizenzgebers ist dieser Entwicklungsstand z.B. noch vor Beginn klinischer Studien oder bereits mitten in der Durchführung eines klinischen Wirkungsnachweises. Generell gilt, dass der Gesamtwert des Projektes um so höher ist, je weiter das Projekt bereits entwickelt ist.

1. **Targetvalidierung und Wirkstofffindung (= frühe Forschung)**
2. **Vorklinik (= Pharmakologie, Toxikologie, Kinetik)**
3. **Qualifizierung der Wirkstoffsynthese und der Formulierung (= CMC)**
4. **Klinische Toleranz, Kinetik und Pharmakologie (= Phase I)**
5. **Klinische Dosisfindung und Wirksamkeit (= Phase II)**
6. **Klinische Anwendung in größeren Patientengruppen (= Phase III)**
7. **Zulassung bei Registrierungsbehörden**

Gesamtdauer der Entwicklung = ca. 8 - 12 Jahre

Abbildung 2: Phasen der Entwicklung eines Pharmaproduktes

Im Normalfall sind noch weitere Forschungs- und Entwicklungsanstrengungen notwendig, um das Lizenzprojekt weltweit von den zuständigen Registrierungsbehörden zugelassen zu bekommen. Diese noch zu leistenden vorklinischen, toxikologischen, klinischen und pharmazeutischen Studien gilt es sowohl zeitlich als auch kostenmäßig einzuschätzen. In der Praxis ist der Lizenznehmer aufgefordert, auf Basis einer Beurteilung der Qualität der bereits vorliegenden Datenlage die noch zu leistenden Entwicklungsanstrengungen in Form eines vorläufigen Entwicklungsplanes mit entsprechendem Entwicklungsbudget zusammenzufassen. Es versteht sich dabei von selbst, dass der Lizenznehmer dies um so kompetenter kann, je größer seine Erfahrungen in dem speziellen Indikationsfeld sind. Will sich der Lizenznehmer durch das Lizenzprojekt ein zusätzliches Betätigungsfeld eröffnen, in dem er bisher keine Erfahrungen hat, muss hierzu zum Teil externe Kompetenz hinzugezogen oder auf die Kompetenz des Lizenzgebers zurückgegriffen werden.

2.2 Abschätzung der Entwicklungsrisiken

Die Aussagen zur Kalkulation der noch notwendigen Entwicklungskosten gelten in noch stärkerem Maße für die Abschätzung der verbleibenden Entwicklungsrisiken. Auch hier gilt, dass das Lizenzprojekt um so wertvoller ist, je geringer das Risiko des Scheiterns ist, und dass diese Einschätzung eine gewisse Grundkompetenz vom Lizenznehmer abverlangt.

Für einen neutralen Betrachter ist oft reichlich desillusionierend, festzustellen, dass die Wahrscheinlichkeit, dass ein Forschungsprojekt wirklich zu einem zugelassenen Produkt führt, unter 5% liegt. Viele groß angekündigten Forschungserfolge sind auf dem Weg durch die Toxikologie oder in klinischen Studien gescheitert. Selbst wenn in der Entwicklung alles gut gegangen ist, kann das Projekt noch von der Zulassungsbehörde abgelehnt werden. Einer der entscheidendsten werttreibendsten Entwicklungserfolge ist allerdings der klinische Wirkungsnachweis am Menschen, wie er normalerweise in der Phase II erfolgt. Hat ein Lizenzprojekt diese Hürde übersprungen, steigt auch sein Wert sprunghaft in die Höhe.

Ein gangbarer Weg zur Abschätzung des Gesamtrisikos besteht darin, für jede noch erforderliche Entwicklungsphase das jeweilige Risiko des Scheiterns zu ermitteln. Prinzipiell folgt dieser Ansatz dem sogenannten Decision-Tree Modell. Das Gesamtrisiko ergibt sich dann aus der Multiplikation dieser Einzelrisiken. Ratsam ist es dabei, diese Beurteilung in einem Team von Spezialisten zu ermitteln und die sicherlich auftretenden Bewertungsunterschiede offen auszudiskutieren. Da diese Risikoabschätzung auf die Gesamtbewertung des Projektes einen erheblichen Einfluss hat, sollte hier versucht werden, politisch motivierte Einzelinteressen durch sachorientierte Transparenz so weit wie möglich auszuschließen.

Weiterhin bleibt zu beachten, ob ein Scheitern des Lizenzprojektes an einem bestimmten wissenschaftlichen Kriterium bereits das Ende des Projektes bedeutet oder ob es eventuell Rückfallpositionen gibt, die noch eine Registrierung und Vermarktung des Projektes mit weniger idealen Eigenschaften oder in einer anderen Indikation eröffnen.

2.3 Bewertung der Patentrechte

Unternehmerische Entscheidungen für oder gegen ein Lizenzprojekt sind wesentlich von der Qualität der die Technologie schützenden Patente abhängig. Zwar besteht für die Daten, mit welchen die Registrierung erzielt wird, in Europa (10 Jahre) und in den USA (3 bzw. 5 Jahre) ein zeitlich begrenzter Schutz gegen die Bezugnahme durch Generikahersteller, aber die Garantie einer wirklichen Exklusivität besteht nur, solange das geistige Eigentum durch Patente geschützt ist.

Elementare Fragen der Patentanalyse richten sich an den Umfang, die Laufzeit, die Validität sowie die Durchsetzbarkeit der entsprechenden Patente, um den Schutz gegenüber Nachahmern bewerten zu können. Ebenso wichtig ist es zu klären, ob eventuell Schutzrechte Dritter durch das Lizenzprojekt verletzt werden sowie die Frage, ob diese Rechte zusätzlich einlizenzierbar sind oder nicht. Wenn sich herausstellt, dass das Projekt des Lizenzgebers die Rechte eines direkten Wettbewerbers verletzt, ist naturgemäß höchste Vorsicht geboten. In jedem Fall lernt man in solchen Situationen den Partner gut kennen und erhält vertiefte Einblicke in seine Vertrauenswürdigkeit.

Problematisch kann diese Patentbewertung dann werden, wenn zum Zeitpunkt der Analyse möglicherweise nicht alle Informationen zur Verfügung stehen. Patente Dritter werden außerhalb der USA zwar bereits 18 Monate nach Anmeldung veröffentlicht, in den USA aber erst mit der Erteilung des Patents. Dieses Restrisiko von nicht veröffentlichten Patenten Dritter kann eventuell zu negativen Überraschungen führen und zumindest die Kosten des Projektes durch weitere einzulizenzierende Rechte erhöhen. Gerade im Bereich biotechnologisch hergestellter Produkte sollten solche Überraschungen von vornherein einkalkuliert werden.

2.4 Kalkulation des Umsatzpotenzials

Für jede potenzielle Indikation und Darreichungsform der einlizenzierbaren Technologie lässt sich ein Umsatzpotenzial kalkulieren. In der Regel erfolgt dies allerdings primär nur für die sich bereits in der Entwicklung befindliche erste Indikation/Darreichungsform. Basierend auf der zu erwartenden Prävalenz und Inzidenz der Erkrankung sowie der Frage, ob diese Erkrankung diagnostiziert und behandelt wird, ergibt sich eine potenzielle Patientenbasis für das Lizenzprojekt. Welcher Anteil an dieser Patientenbasis für das Lizenzprojekt erreichbar ist, hängt ab von den zum Zeitpunkt der Markteinführung vorhandenen Alternativen. Neben der Abschätzung des potenziellen klinischen Profils des Lizenzprojektes und der eigenen Vermarktungsfähigkeiten erfordert dies eine ebensolche Bewertung der heutigen und vor allem der zukünftigen Wettbewerbsprodukte. Damit wird die Kalkulation des Umsatzpotenzials zu einer Gleichung mit mehreren Unbekannten.

Um trotz dieser Unsicherheiten zu entscheidungsrelevanten Annahmen kommen zu können, werden üblicherweise verschiedene Situationen in drei Szenarien zusammengefasst - einem „realistischen", einem „optimistischen" und einem „pessimistischen" Szenario. In diesen Szenarien werden bestimmte Annahmen zur Marktgröße und Marktdynamik, zum Profil gegenüber Wettbewerbern, zum erzielbaren Preisniveau, zum Marktanteil oder zur Dauer der Exklusivität gebündelt. Im Ergebnis erzielt man so einen bestimmten Umsatzverlauf - z.B. für die ersten 10 Jahre nach Einführung - mit unterschiedlichen Höchstumsätzen und unterschiedlichen Jahren, bis diese Höchstumsätze erreicht und wieder eingebüßt werden.

Für die Qualität der internen Meinungsbildung ist hier entscheidend, wie diese Szenarien erarbeitet werden. Werden diese Szenarien z.B. ausschließlich von der Marketingfunktion der Strategischen Geschäftseinheit (SGE) in der Konzernzentrale getragen oder werden die operativen Vertriebsorganisationen der Regionen in die Abschätzung der Umsatzpotenziale eingeschaltet? Natürlich wäre es besser, wenn die Umsatzschätzungen umfassend diskutiert und von den Regionen mitgetragen werden. Dazu ist es allerdings erforderlich, dass seitens der SGE die Annahmen für die Szenarien sauber beschrieben werden und die Regionen ausreichend Kapazitäten zur Verfügung stellen, um sich qualifiziert mit dem möglichen Geschäft der Zukunft auseinandersetzen zu können. Eine genaue Dokumentation der zugrundegelegten Annahmen ist ebenfalls essentiell. Dies erlaubt es, die Kalkulation der Umsatzpotenziale rasch an neue Erkenntnisse anzupassen und damit den internen Meinungsbildungsprozess zu objektivieren.

2.5 Kalkulation der operativen Kosten

Ergänzend zu dem oben beschriebenen Umsatzpotenzial lassen sich die operativen Kosten der Produkteinführung und Vermarktung kalkulieren. Dazu bedürfen insbesondere die Herstellkosten sowie die Vertriebs- und Marketingkosten besonderer Berücksichtigung.

Die Herstellkosten hängen von der Komplexität der jeweiligen Technologie ab. Chemisch herstellbare "Small Molecules" sind dabei in der Regel deutlich preiswerter als gentechnologisch hergestellte "Biologicals". Auch spezielle Applikationsformen tragen zur Kostensteigerung bei. Oft kann sich die Situation ergeben, dass der Lizenzgeber bereits Entwicklungs- und Lieferverträge mit Drittfirmen zur Herstellung von "Drug-Substance" und "Drug-Product" abgeschlossen hat. Diese Verträge sind zumeist auch dann einzuhalten, wenn der Lizenznehmer die Verantwortung für die Herstellung des Lizenzproduktes übernimmt.

Die Marketing- und Vertriebskosten hängen entscheidend davon ab, ob der Lizenznehmer bereits einen Außendienst für die Zielgruppe des Lizenzproduktes hat oder nicht. Ist dies gegeben, kann eine Lizenznahme für den Lizenznehmer die gewünschten Synergien erzeugen, die den Wert des Lizenzprojektes deutlich erhöhen können. Auch für den Lizenzgeber kann es von Vorteil sein, wenn der Lizenznehmer bereits marktrelevante Kompetenzen einbringen kann. Andererseits kann die Priorität des Lizenzprojektes im Verhältnis zu den schon bestehenden Produkten des betroffenen Außendienstes für beide Seiten auch problematisch werden. Während der Lizenznehmer größtmögliche Flexibilität sucht, will der Lizenzgeber, dass sein Produkt bevorzugt vermarktet wird. Entsprechende Verpflichtungen werden dann im Lizenzvertrag zu verhandeln sein.

Bei allen obigen Kosten-, Umsatz- und Risikoabschätzungen ist die Kalkulation umso präziser möglich, je mehr die jeweiligen Fachfunktionen eingebunden werden. Praktisch stellt sich dabei natürlich die Frage, wie viele Meinungen und wie viele Personen an der Projektbewertung beteiligt werden können. Zu unterscheiden ist hier prinzipiell der Erkenntnisstand vor bzw. nach Durchführung von Detailanalysen beim Lizenzgeber (due diligence process). Gewinnt der Lizenznehmer in der Due Diligence entscheidende neue Erkenntnisse, müssen auch die inhaltlichen Annahmen der Projektbewertung überarbeitet werden.

2.6 Der Projekt-NPV

Aus den beschriebenen Analysen ergeben sich für die Jahre bis zur Produkteinführung sowie die ersten 10 Jahre nach Produkteinführung (= Mindestbetrachtungszeitraum) jährliche Kosten, Umsätze und Ergebnisse für die jeweiligen Szenarien des Projektes. Diese können mit den kumulierten Wahrscheinlichkeiten gewichtet werden. Werden diese Cash-Flows mit dem zugrundegelegten Zinssatz abdiskontiert, kann der Gegenwartswert oder NPV des Projektes in DM, EURO oder Dollar berechnet werden.

Der NPV ist dabei umso größer, je geringer die noch ausstehenden Entwicklungsrisiken und -kosten und je höher die zu erwartenden Umsatz- und Ergebnispotenziale sind. Zweck dieser Berechung ist es, erstens einen finanziellen Vergleichsmaßstab für die Attraktivität des Projektes im Vergleich zu anderen Projekten zu erzeugen sowie zweitens eine Basis für die nachfolgende Verhandlung des Finanzpaketes zu schaffen.

In diesen Verhandlungen geht es um die Frage, wie der Projekt-NPV zwischen Lizenzgeber und Lizenznehmer aufgeteilt werden soll. Zu beachten ist dabei, dass die oben beschriebenen Bewertungen für den Lizenzgeber kaum identisch sind mit denen des Lizenznehmers. Jede oben beschriebene Einflussgröße kann unterschiedlich gesehen werden. Im Normalfall sieht der Lizenzgeber den Wert seines Projektes weitaus höher als der Lizenznehmer, wobei insbesondere die Einschätzung der Entwicklungsrisiken und der Umsatzpotenziale Quelle von Konflikten sein können. Es bleibt hier der jeweiligen Verhandlungstaktik beider Partner überlassen, ob dieser Konflikt im Detail ausgetragen werden soll oder nicht. Nur im Ausnahmefall wird es möglich sein, einen Konsens für alle obigen Bewertungskriterien zu erzielen. Oft bleiben die unterschiedlichen Bewertungen im

Hinterkopf der jeweiligen Verhandlungspartner und kommen dann in der Diskussion des Finanzpaketes zum Ausdruck.

3 Elemente des Finanzpaketes

Aus Sicht des Lizenznehmers können alle Zahlungen an den Lizenzgeber als Kosten betrachtet werden, die bewertet mit der jeweiligen Wahrscheinlichkeit ihrer Realisierung den NPV reduzieren. Basierend auf der Logik der NPV-Rechnung können dabei frühe Zahlungen einen hohen negativen Einfluss, spätere Zahlungen einen niedrigen negativen Einfluss auf den NPV haben. Da frühe Zahlungen überdies ein hohes Risiko haben, im Fall des Scheiterns des Projektes fehlinvestiert zu werden, wird der Lizenznehmer naturgemäß die Tendenz haben, die Zahlungen an den Lizenzgeber nach hinten zu verlagern (= backloading), während der Lizenzgeber oft ein umgekehrtes Interesse hat. Zu einer Einigung kommt es nur dann, wenn im Rahmen der Verhandlungen eine von beiden Seiten akzeptierte Balance der einzelnen Finanzelemente erreicht werden kann.

Diese einzelnen Elemente des Finanzpakets sollen im Folgenden näher beschrieben werden.

3.1 Einmalzahlung bei Unterschrift

Üblicherweise wird bei Unterschrift des Vertrages eine Einmalzahlung (= upfront payment oder signing fee) an den Lizenzgeber geleistet. Diese Zahlung honoriert die bisherigen Investitionen und den bereits erreichten Entwicklungsstand des Projektes. Sie kann aber auch als Anschubfinanzierung für weitere projektbezogene Aktivitäten des Lizenzgebers dienen. Eine spätere Rückzahlung bei frühzeitigem Scheitern des Projektes ist unüblich.

3.2 Dotierung von Eigenkapital

Zusätzlich zur Einmalzahlung bei Unterschrift (in cash) oder an Stelle dieser Zahlung kann auf beiden Seiten ein Interesse an einer Eigenkapitaldotierung (= equity investment) bestehen. Dies gilt insbesondere für den Fall, wenn der Lizenzgeber bereits an der Börse gehandelt wird oder kurz davor steht, durch ein IPO (= Initial Public Offering) an die Börse zu gehen. Für den Lizenzgeber kann so sein finanzielles Polster gestärkt werden, mit dem er seine laufenden Kosten (= burning rate) finanzieren kann. Für den Lizenznehmer könnte sich die Chance eröffnen, das investierte Eigenkapital später wieder zu veräußern. Spezielle Konditionen dieser Eigenkapitaldotierung variieren nach der Art der zu erwerbenden Aktien (registrierte oder unregistrierte Stamm- oder Vorzugsaktien), nach der zu zahlenden Prämie auf den aktuellen Marktpreis sowie nach den vertraglichen Beschränkungen hinsichtlich des späteren Verkaufs der Aktien. Je nachdem wie diese Konditionen gestaltet sind, kann die Eigenkapitaldotierung eine attraktive Alternative zur Einmalzahlung sein. Eine Garantie auf Rückfluss des investierten Kapitals bietet diese Variante aber nicht, da der Kurs der Aktie insbesondere bei kleinen Technologiefirmen stark von dem Erfolg des Lizenzprojektes abhängt.

3.3 Übernahme von Entwicklungskosten

Gemäß dem Forschungs- und Entwicklungsplan kann beiden Parteien nach Einschätzung der jeweiligen Entwicklungsexpertisen und Entwicklungskapazitäten zukünftige Verantwortlichkeiten für die noch ausstehenden Forschungs- und Entwicklungsaktivitäten zugeteilt werden. Es ist durchaus üblich, dass der Lizenznehmer dem Lizenzgeber die ihm dabei entstehenden Kosten zum Teil oder ganz erstattet. Entscheidend ist hier, dass diese Verantwortlichkeiten, die geforderten Qualitätsanforderungen sowie das genehmigte Finanzbudget klar definiert sind. Details dieser Verantwortlichkeiten sowie angemessene Kontrollmechanismen zu vereinbaren, obliegt den jeweiligen Vertretern beider Parteien in den zur Koordination der Entwicklungsaktivitäten eingerichteten Steuerungs- und Entwicklungskomitees.

3.4 Meilensteinzahlungen

Meilensteinzahlungen (= milestone payments) erfolgen beim Erreichen speziell vereinbarter Projekterfolge. Typische Meilensteine sind z.B. der Beginn einer Klinischen Phase I, II oder III Studie, die Einreichung eines Registrierungsdossiers oder die Erteilung einer Zulassung in Europa, USA bzw. Japan. Zu beachten ist hier, dass nicht der Beginn einer neuen Entwicklungsphase sondern der erfolgreiche Abschluss der vorherigen Phase belohnt wird. Mit der Meilensteinzahlung honoriert der Lizenznehmer dem Lizenzgeber den gestiegenen Wert seiner Technologie sowie die Erhöhung der Realisierungswahrscheinlichkeit des Projektes. Falls der Lizenzgeber wesentliche Entwicklungsaktivitäten übernehmen soll, kann diese Zahlung auch ein Motivationsfaktor zur zügigen Projektbearbeitung sein.

3.5 Lieferpreise

Bleibt der Lizenzgeber für die Herstellung des Wirkstoffes oder des formulierten Produktes verantwortlich, wird er den Lizenznehmer zu einem vereinbarten Preis beliefern. Die in diesem Preis enthaltene Marge kann signifikant sein. Der Lieferpreis kann dabei als Festbetrag, als prozentualer Anteil am Verkaufspreis oder mit prozentualem Aufschlag auf die Herstellkosten berechnet werden. Beide Seiten werden sich hier gegen zu starke Ausschläge des Lieferpreises nach oben bzw. unten absichern wollen. Dies wird während der Verhandlungen umso komplizierter je weniger die zukünftigen Herstellkosten bzw. die zukünftigen Verkaufspreise bereits kalkulierbar sind.

3.6 Lizenzgebühren

Wie der Lieferpreis sind auch die Lizenzgebühren (= royalties) erst nach erfolgreicher Einführung des Lizenzproduktes zu leisten. Sie beteiligen den Lizenzgeber prozentual an dem operativen Markterfolg des Lizenznehmers und sind weitgehend risikolos. Die Höhe der Lizenzgebühr kann dabei konstant gehalten werden oder mit steigendem Umsatz steigen oder sinken. Um dem Lizenznehmer eine Finanzierung seiner fixen Vertriebs- und Marketingaufwendungen zu erleichtern, wird oft eine sich mit dem Umsatz steigende Lizenzgebühr bevorzugt. Insgesamt stellt die Lizenzgebühr bei einem erfolgreichen Lizenzprojekt die bedeutsamste Zahlung an den Lizenzgeber dar. Zu beachten bleibt, dass für den Erwerb von Patentrechten Dritter oft zusätzliche Lizenzgebühren gezahlt werden müssen. Das "Auftürmen" von Lizenzgebühren (= royalty stacking) kann eine echte finanzielle Herausforderung darstellen. Viele Unternehmen haben deshalb interne Richtwerte für die maximal akzeptierbare Summe aus Herstellkosten und Lizenzgebühren als Prozent vom durchschnittlichen Verkaufspreis definiert, wobei die Schmerzgrenzen zumeist ab 25 % beginnen.

3.7 Teilung operativer Gewinne

Werden statt exklusiver Vertriebsrechte Co-Promotion-Rechte vereinbart, ersetzt die Teilung operativer Gewinne (= profit sharing) die Zahlung von Lizenzgebühren. Dabei kann das Co-Promotion-Modell eine wirkliche gemeinsame Bewerbung des Lizenzproduktes umfassen oder nur fiktiv als alternatives Abrechnungsmodell benutzt werden. Im Normalfall führt eine solche Lösung zu einer 50%igen Aufteilung der operativen Gewinne und wird insbesondere häufig von US-Lizenzgebern für die USA gefordert. Für den Lizenzgeber kann dies attraktiver sein, wenn das Produkt hohe Ergebnisbeiträge verspricht. Andererseits geht der Lizenzgeber das Risiko ein, sich an den Pre-Marketing-Aufwendungen, an den Einführungskosten des Produktes und an klinischen Marketingstudien (= Phase IV-Studien) beteiligen zu müssen, ohne sicher zu sein, dass sich das Produkt wirtschaftlich so entwickelt wie gewünscht.

4 Entscheidungsrelevante NPV-Kalkulation

Eine abschließende finanzielle Bewertung und Genehmigung des Lizenzprojektes kann erst erfolgen, wenn die obigen Zahlungen an den Lizenzgeber in die NPV-Rechnung als Kosten eingearbeitet worden sind. Ob hier das ursprünglich als attraktiv eingeschätzte Projekt auch nach Abzug der Zahlungen an den Lizenzgeber noch attraktiv ist, hängt ab von der Höhe und der Verteilung der Zahlungen. Überhöhte Ansprüche des Lizenzgebers können schließlich ein Projekt zum Scheitern bringen.

Als Ergebnis werden die in bestimmten Szenarien definierten Erwartungsbündel an die Wirtschaftlichkeit des Projektes wieder in einem Betrag zusammengefasst. Im Normalfall erhält das Management je einen Wert für ein pessimistisches, ein realistisches und ein optimistisches Szenario. Mit diesem Wert ist es möglich, die jeweilige Lizenzoption mit anderen externen sowie internen Projektoptionen wirtschaftlich zu vergleichen.

$$NPV = \sum_{t=0}^{n} \frac{\text{Umsatz - Kosten}}{(1+i)^t}$$

- **Zeithorizont *t* = bis 10 Jahre nach Produkteinführung**
- **Unterschiedliche Umsätze/Kosten für drei Szenarien**
- **Alle Umsätze/Kosten werden gewichtet mit jeweiligen kumulierten Wahrscheinlichkeiten**
- **Zahlungen an Lizenzgeber sind als gewichtete Kosten enthalten**
- **Diskontsatz *i* entspricht intern vereinbartem Benchmark**

Abbildung 3: Kalkulation des entscheidungsrelevanten NPV

Natürlich kann diese Vorgehensweise nur einen ausgewählten Ausschnitt der möglichen Zukunft abbilden. Um hier die Perspektive zu erweitern, will der relativ neue Realoptionsansatz konzeptionell weitere Variablen bewerten. Ob dies zu einem höheren Erkenntnisgewinn führen kann, soll im folgenden Kapitel beurteilt werden.

5 Projektbewertung mit dem Realoptionsansatz

Realoptionen sind Entscheidungs- und Handlungsoptionen, die das Gewinnpotenzial des Lizenzprojektes vergrößern oder die Verlustrisiken des Lizenzprojektes begrenzen. Herausheben lassen sich hier insbesondere die folgenden Optionen:

- Lernoptionen, d.h. bei nicht geplanten Erkenntnissen z.B. den Entwicklungsplan, das Herstellkonzept, das Vermarktungskonzept oder die Verantwortlichkeiten verändern zu können.
- Wachstumsoptionen, d.h. die Kooperation auf weitere Substanzen, Darreichungsformen bzw. Indikationen erweitern zu können.
- Versicherungsoptionen, d.h. die wissenschaftlichen, regulatorischen, markt- und wettbewerbsrelevanten Unsicherheiten abbauen zu können.
- Kündigungsoptionen, d.h. das Projekt ganz oder teilweise abbrechen zu können.

Mit dem Realoptionsansatz werden bereits bei der Erstbewertung des Projektes alle projektinhärenten Optionen identifiziert. Die Bandbreite der theoretischen Optionen kann dabei über die in der NPV-Rechnung zugrundegelegten Szenarien hinausgehen. Jeder identifizierbaren Handlungsoption wird ein finanzieller Wert für das Gesamtunternehmen zugeordnet. Selbst das Scheitern eines Projektes im Hinblick auf ein definiertes Entwicklungsziel kann z.B. noch einen Liquidationswert erzeugen. Insofern bezieht sich die Bewertungsebene hier nicht nur auf das betreffende Projekt allein, sondern auch auf den Zusatzwert, den jede mit diesem Projekt in Verbindung zu bringende Option für das Gesamtunternehmen leisten kann. Konzeptionell könnte dieser Ansatz vielversprechende Vorteile bieten, weil er die wahrscheinliche Realität umfassender abzubilden verspricht als der eher simplifizierende NPV-Ansatz.

Zur eigentlichen Berechnung mit Hilfe der Optionspreismethode werden alle relevanten Realoptionen wie Finanzoptionen behandelt. Dazu können analytische Verfahren (z.B. Black-Scholes-Methode) oder numerische Verfahren (z.B. Lattice-Methode) verwendet werden. In jedem Fall wird der Wert dieser Option mit einer marktnotierten Anlage (z.B. Aktie) verglichen, deren Preis und Volatilität in die Berechnung einfließen. Keines dieser Verfahren kann und soll an dieser Stelle im Detail beschrieben werden. Statt dessen sei hier ein Verweis auf die anderen Beiträge in diesem Sammelband sowie auf die entsprechende Fachliteratur gestattet. Zu erwähnen bleibt allerdings, dass die praktische Umsetzbarkeit dieser Verfahren z.Zt. noch als verbesserungsfähig anzusehen ist. Die Datenanforderungen sind deutlich höher als im klassischen NPV-Modell, die Berechnungswege sind für Außenstehende oft intransparent und die Komplexität erschwert die Kommunizierbarkeit der Entscheidungsempfehlungen.

Im Ergebnis führt der Realoptionsansatz tendenziell zu einer Höherbewertung von Lizenzprojekten, die sich noch in der Entwicklung befinden, da neben dem aktuellen NPV weitere Handlungsoptionen mit einem finanziellen Wert versehen werden. Dieser wertsteigende Effekt kann dem Lizenzgeber helfen, höhere finanzielle Forderungen zu begründen. Er kann auch dazu führen, dass der Lizenznehmer auch dann ein Lizenzprojekt akquiriert, wenn der klassisch berechnete NPV unter den sonst notwendigen Mindestanforderungen liegt. Liegt die für den Lizenznehmer entscheidungsrelevante NPV-Kalkulation dagegen bereits im positiven Bereich, bietet der Realoptionsansatz nur einen geringen zusätzlichen Erkenntniswert.

An dieser Stelle sei darauf hingewiesen, dass eine gewisse zeitliche Parallelität in der Verbreitung des Realoptionsansatzes und der Höherbewertung von New Economy Unternehmen auffallend ist. Auch wenn nicht erkennbar ist, ob der Realoptionsansatz zu einer Höherbewertung der New Economy geführt hat oder ob er nur benutzt wurde, um die Höherbewertung zu rechtfertigen, mag dieses Phänomen eine gewisse Barriere in der Akzeptanz des Realoptionsansatzes erläutern helfen. Etablierte Pharmaunternehmen handeln und entscheiden primär auf der Basis der sogenannten Old Economy. Das heißt mit anderen Worten, dass primär die seit Jahren bewährten Ansätze zur finanziellen Bewertung herangezogen werden. Werden diese Bewertungsgrundlagen nicht erfüllt, wird ein Lizenznehmer von einem Lizenzprojekt Abstand nehmen. Modernere, aber noch nicht bewährte Ansätze werden zunächst mit Skepsis betrachtet.

Dem Lizenzgeber bleibt dann bei einer solchen Ablehnung oft keine andere Wahl, als das Projekt mit Hilfe von eigenem oder Venture Capital Geld weiterzuentwickeln und zu hoffen, dass neue Daten die Beurteilung verbessern helfen. In der heutigen Zeit gelingt dieses in zunehmendem Maße und fast alle Projekte im Pharmabereich können so weiter finanziert werden, wenn sie es erst einmal bis zu einer gewissen Stufe gebracht haben.

Insgesamt mag es sein, dass die konservativen Berechnungsgrundlagen ein Projekt unterbewerten und so eine Einlizenzierung erschweren. Andererseits ist die Projektentscheidung per se bereits von hohen Entwicklungsrisiken belastet. Eine vorsichtigere Finanzbewertung des Lizenzprojektes kann hier auch hilfreich sein, um wissenschaftliche Hoffnungen besser an dem Kriterium harter ökonomischer Prinzipien testen zu können.

Es ist dem Realoptionsansatz zu verdanken, dass er in der finanziellen Bewertung von Lizenz- und Entwicklungsprojekten den Blick öffnet für Vorteile dieser Projekte, die im NPV-Modell nicht ausreichend genug repräsentiert gewesen sind. Trotzdem wird es meines Erachtens noch ein weiter Weg sein, bis sich der Realoptionsansatz bei etablierten Pharmaunternehmen als Standardmethode voll durchsetzen kann. Auch die klassische NPV-Bewertung hatte es über Jahre bis zu Jahrzehnten schwer, in jedem Unternehmen akzeptiert zu werden. Wegen der bereits erreichten Verbreitung wird der NPV-Ansatz nur schwer zu verdrängen sein. Im Folgenden soll deshalb analysiert werden, wie dieser Ansatz im Hinblick auf die Bewertung von Realoptionen pragmatisch weiterentwickelt werden kann.

6 Mögliche Weiterentwicklungen des NPV-Modells

In der Regel werden in den Verhandlungen einer Lizenzvereinbarung die im Realoptionsmodell enthaltenen Handlungsoptionen angesprochen. Je nach Philosophie zur Vertragsgestaltung werden im Vertrag bereits verpflichtende Regelungen getroffen oder lediglich auf spätere Entscheidungs- bzw. Verhandlungsprozesse verwiesen. Jeder, der einmal einen großen Vertrag verhandelt hat, wird sich an die langen Diskussionen erinnern, die sich aus der Frage: „Wie regeln wir es, wenn dies oder jenes eintreten sollte?“ entstehen. Oft werden dabei auch Szenarien und Optionen ins Spiel gebracht, die zwar von allen beteiligten Personen als unrealistisch betrachtet werden, aber im Vertrag festgelegt werden, um für den Fall der Fälle juristische Klarheit zu schaffen. Insofern fördert die Verhandlungssituation bei Lizenzprojekten bereits ein „Denken in Optionen“ und wirkt der durch Vertreter des Realoptionsansatzes postulierten Gefahr zur Einschränkung des Alternativenraums entgegen.

Hinsichtlich der oben beschriebenen Lern-, Versicherungs- und Kündigungsoptionen wird der Lizenznehmer dabei immer auf einer möglichst großen Flexibilität bestehen. Auch wenn dies eventuell einen zusätzlichen Preis hat, will der Lizenznehmer nach jeder neuen Erkenntnis aus der Projektentwicklung in der Lage sein, z.B. den Entwicklungsplan zu korrigieren oder das Projekt einstellen zu können. Auch wenn zeitliche oder wissenschaftliche Erfolgskriterien nicht erfüllt werden, will der Lizenznehmer frei sein, allein entsprechende Konsequenzen treffen oder mit dem Partner vereinbaren zu können. Von besonderer Bedeutung sind im Rahmen der Verhandlungen der Umgang mit eventuellen Wachstumsoptionen, weil einige Lizenzgeber hier Rechte zurückhalten wollen oder zusätzliche Meilensteinzahlungen für weitere Indikationen, Substanzen oder Darreichungsformen verlangen. Auch gilt es die Rechte zu regeln, wenn der Lizenznehmer eventuelle Wachstumsoptionen nicht wahrnehmen will.

Was die Berücksichtigung dieser Optionen bei der finanziellen Bewertung betrifft, gibt es einige konzeptionelle Ansätze, das NPV-Modell pragmatisch weiterzuentwickeln, um einige Anregungen des Realoptionsansatzes aufzugreifen. Unterscheiden lassen sich hier zwei konzeptionelle Ansätze vor Vertragsunterzeichnung und zwei im Rahmen der Projektimplementierung.

6.1 Zusätzliche Sensitivitätsanalyse bei Initialbewertung

Um die wertrelevanten Faktoren der NPV-Kalkulation besser identifizieren zu können, kann jede einzelne Einflussgröße variiert werden, um spezielle mögliche Realoptionen abzubilden. Im Ergebnis kann man ableiten, wie sich der Gesamt-NPV verändert, wenn z.B. die Einführung des Projektes ein Jahr früher oder später erfolgt, wenn der Marktanteil größer oder kleiner ist oder wenn die Meilensteinzahlung bei Zulassung in eine höhere Royalty umgewandelt wird. Durch eine solche Sensitivitätsanalyse könnte man nicht nur eine Priorisierung der Einflussgrößen fördern, sondern auch wertvolle Hinweise für die Verhandlungsführung geben.

6.2 Sonderanalyse für ausgewählte Realoptionen

Ergänzend zur NPV-Berechnung für das aktuelle Projekt können Sonderanalysen erstellt werden. So könnten z.B. absehbare zusätzliche Indikationen bzw. Darreichungsformen bewertet werden. Auch wenn diese Wachstumsoptionen oft nicht wie das initiale Projekt im Detail analysiert werden, so können doch grobe finanzielle Abschätzungen erstellt werden, die die langfristige Attraktivität unterstreichen. Von besonderem Interesse sind auch eventuelle wirtschaftliche Synergien, wenn das Lizenzprojekt einen positiven Einfluss auf Umsatz und Ertragskraft des bestehenden Produktportfolios hat oder wenn die Gesamtattraktivität des Unternehmens steigt, weil ein innovatives Lizenzprojekt einlizenziert werden kann. Solche ergänzenden Sonderanalysen sind in der Lage, die finanzielle Betrachtungsebene der NPV-Rechnung punktuell zu erweitern und eine wirtschaftliche Messgröße für ausgewählte strategische Aspekte des Lizenzprojektes zur Verfügung zu stellen.

6.3 Meilensteinorientierte Überarbeitung der NPV-Rechnung

Nach Vertragsabschluss werden die tatsächlich auftretenden Realoptionen zumeist von einem Projektteam bewertet und einem internen Gremium zur Entscheidung vorgeschlagen. Im Laufe der Zeit erarbeitet sich jedes Projektteam neue Erkenntnisse über die Kosten und Risiken der Entwicklung und die Wettbewerbsfähigkeit des Projektes. Da jede Entscheidung zur Freigabe einer weiteren Phase der Projektentwicklung - z.B. zum Einstieg in die klinische Phase I oder III - eine neue Investitionsentscheidung ist, könnte diese Entscheidung durch eine Überarbeitung der ursprünglichen NPV-Rechnung abgesichert werden. Vor diesem Hintergrund sei noch einmal auf die Wichtigkeit der Dokumentation der der NPV-Rechnung zugrunde liegenden Annahmen hingewiesen. Diese Dokumentation vereinfacht eine Überarbeitung der NPV-Rechnung und erlaubt es, diese Lerneffekte für die Bewertung zukünftiger Projekte zu nutzen. Im Prinzip müsste der Wert des Projektes von Meilenstein zu Meilenstein dabei steigen, weil die verbleibenden Entwicklungskosten und Entwicklungsrisiken sinken. Wenn aber der Markt und die Marktanteilschancen des Produktes skeptischer gesehen werden als vorher, kann der NPV sogar sinken. Eine solche Aufwertung des NPV-Modells stellt jedes Projekt immer wieder neu zur Diskussion und gibt dem Portfoliomanagement eine finanzielle und wertorientierte Bewertungsgrundlage.

6.4 Laufende Aktualisierung der Finanzbewertung

Aufbauend auf dem obigen Konzept können alle neuen Kosten-, Umsatz- und Risikoannahmen auch laufend in die finanziellen Bewertungsmodelle eingearbeitet werden. Gerade wenn es - wie im Pharmabereich - Jahre von einem Entwicklungsmeilenstein zum nächsten dauern kann, könnten so wesentliche Änderungen im Projektumfeld schneller Beachtung finden. Erhöhter Koordinationsaufwand ergibt sich allerdings durch die Frage, wer wann berechtigt ist, eine neue Erkenntnis in das Modell einzustellen. Auch die Entscheidungsrelevanz solcher Erkenntnisse bei laufenden Kosten für die bereits genehmigte Projektphase bleibt zu klären. Eine solche lebende NPV-Betrachtung stellt damit deutlich höhere Herausforderungen an die Unternehmensführung als eine Kopplung der überarbeiteten NPV-Rechnung mit dem internen Beschlusssystem, womit die Hürden einer Implementierung dieses Ansatzes für die meisten Unternehmen möglicherweise noch zu hoch sind.

7 Schlusswort

Hauptbotschaft dieses Artikels ist es, dass die Praxis der Nutzung des klassischen NPV-Modells noch einigen Raum für Verbesserungen bietet - sowohl vor der Entscheidung zu einem Lizenzvertrag als auch im Rahmen der Implementierung der Projektentwicklung. Wenn diese Verbesserungen im Unternehmen systematisch angewandt werden sollten, verringern sich meines Erachtens - zumindest bei Lizenzprojekten - die konzeptionellen Vorteile des Realoptionsansatzes gegenüber einer NPV-Berechnung. Aufgrund seiner breiten und einfacheren Anwendbarkeit hätte das NPV-Modell meines Erachtens sogar Vorteile. Im Endeffekt sind aber beide Ansätze nur so gut wie die Qualität der Daten, auf denen ihre Rechnung basiert. Die Herausforderung, diese Daten und damit das Verständnis für das angebotene Lizenzprojekt zu verbessern, bleibt auf jeden Fall immer bestehen, womit die Kompetenz der Beurteiler und die Zusammenarbeit der verschiedenen beurteilenden Funktionen im Unternehmen der wesentliche Schlüssel zur erfolgreichen Bewertung von Lizenzoptionen bleibt.

Unternehmerische Finanzierungspolitik unter Berücksichtigung von Realoptionen

Christian Dahlheim und Aglaia Wieland

Christian Dahlheim, The Boston Consulting Group GmbH & Partner, Dircksenstrasse 41, 10178 Berlin

Aglaia Wieland, Stiftungslehrstuhl Bank- und Finanzmanagement, EUROPEAN BUSINESS SCHOOL Schloß Reichartshausen, 65375 Oestrich-Winkel

Zusammenfassung: Die Finanzierung von Wachstumsunternehmen stößt aufgrund der besonderen Charakteristika dieser Unternehmensgruppe auf schwerwiegende Probleme. Dabei machen insbesondere das hohe Ausmaß an Realoptionen und die mit ihrer Ausübung verbundenen diskretionären Handlungsspielräume eine anreizkompatible Gestaltung von Finanzierungsbeziehungen notwendig. Mit Hilfe der Optionspreistheorie können die wesentlichen Anreizkonflikte zwischen Fremd- und Eigenkapitalgebern bzw. Eigentümern und Management modelliert werden und daraus Empfehlungen für die Ausgestaltung der Finanzierungs- und Vergütungsstruktur abgeleitet werden. Eine besondere Rolle kommt dabei der gestaffelten Kapitalbereitstellung im Zeitablauf (staging), hybriden Finanzierungsinstrumenten sowie einer wertorientierten Vergütungsgestaltung über Aktienoptionen zu.

Schlüsselworte: Wachstumsunternehmen, finanzielle und operative Flexibilität, Verhaltensrisiken, anreizkompatible Finanzierung, Vergütungssysteme, Realoptionen, Convertibles

1 Einleitung

Im Rahmen der steigenden Popularität des Realoptionsansatzes wird der Quantifizierung von Handlungsflexibilitäten eine wichtige Rolle beigemessen und damit ein wesentlicher Mangel der aus der traditionellen Investitionstheorie entstammenden Bewertungsmodelle ausgeglichen. Dabei wird jedoch selten auf die Wechselwirkungen zwischen dem Investitions- und dem Finanzierungsbereich hingewiesen.

Während innerhalb der traditionellen Finanzierungstheorie eine Berücksichtigung finanzieller Flexibilität nur in Grundzügen und ohne Ableitung von Implikationen für die Investitionspolitik erfolgt, wird in der Realoptionsliteratur zwar operative Flexibilität explizit berücksichtigt, dabei jedoch implizit eine reine Eigenfinanzierung unterstellt und damit werden mögliche Interdependenzen zwischen dem Investitions- und dem Finanzierungsbereich von vorneherein ausgeblendet. Die Optionspreistheorie ermöglicht es jedoch, neben der Quantifizierung von investitionsseitigen Handlungsflexibilitäten auch die Auswirkungen unternehmerischer Finanzierungsentscheidungen auf die Anreizstruktur für Kapitalgeber und Management darzustellen. Im Folgenden sollen sowohl das Verhältnis zwischen Eigen- und Fremdkapitalgeber als auch das Verhältnis der Kapitalgeber zum Management betrachtet werden. Hierbei wird der Fokus auf die Finanzierung von Wachstumsunternehmen gelegt, da für diese Unternehmen der Mehrwert durch die Anwendung der Optionspreistheorie besonders hoch ist.

2 Zur Finanzierungsproblematik von Wachstumsunternehmen

2.1 Charakteristika von Wachstumsunternehmen

„Entrepreneurs are value creators, investing today in hopes of generating Cash-Flows tomorrow.“[1]

Als "Wachstumsunternehmen" seien hier Unternehmen definiert, die ihr Wachstum nicht aus eigenen – d.h. im betrachteten Geschäftsfeld generierten – Cash-Flows finanzieren können. Diese Definition schließt also sowohl neu gegründete Unternehmen ein als auch Tochterunternehmen/Bereiche von Großunternehmen, die durch den Cash-Flow des Konzerns finanziert werden.

Wachstumsunternehmen sind durch eine angespannte Liquiditäts- und Ertragssituation gekennzeichnet; sie weisen meist geringe Gewinne bzw. negative Jahresergebnisse sowie negative Cash-Flows auf. Ihre meist kurze wirtschaftliche Existenz schlägt sich in einem begrenzten „track record“ nieder, der den Aufbau einer Reputationsplattform erschwert. Wesentliches Problemfeld und Unterscheidungsmerkmal zu den von der traditionellen Investitions- und Finanzierungstheorie untersuchten etablierten Unternehmen stellt die asymmetrisch verteilte Information über die Zukunftsaussichten des Unternehmens und die daraus resultierenden Verhaltensrisiken dar: "The most important characteristic defining small business finance is informational opacity.“[2]

---

1 Sahlman (1999), S. 239.
2 Berger/Udell (1998), S. 616.

Die umfangreichen Investitionserfordernisse belasten einerseits den Unternehmenswert kurzfristig negativ, fungieren auf der andererseits jedoch als notwendige Grundlage für das weitere Unternehmenswachstum. Die Investitionstätigkeit bei Wachstumsunternehmen konzentriert sich dabei vorwiegend auf immaterielle Vermögensgegenstände. Der kontinuierliche Innovationsbedarf in allen Unternehmensbereichen führt zu teilweise umfangreichen Aufwendungen für F&E- bzw. Marketingaktivitäten, welche vorrangig auf die Schaffung von Wachstumsoptionen abzielen.[3] Da derartige Investitionen eine vergleichsweise lange „Amortisationsdauer" vom Investitionszeitpunkt bis zum Kommerzialisierungserfolg aufweisen, besteht bei den damit verbundenen diskretionären Handlungsspielräumen die Gefahr von Verhaltensrisiken.

Nahezu alle Unternehmen in den Bereichen E-commerce/Internet und Biotechnologie genügen heute (noch) den oben beschriebenen Kriterien und stehen daher vor den im folgenden Kapitel dargestellten Schwierigkeiten.

2.2 Auswirkungen auf die Finanzierungspolitik

Da die Wachstumsgeschwindigkeit signifikant von den zur Verfügung stehenden Kapitalressourcen determiniert wird, resultiert für die Gruppe der Wachstumsunternehmen ein erhöhter Kapitalbedarf: Im Vergleich zu etablierten Unternehmen, die sich durch eine kontinuierliche Investitionstätigkeit in physisches Vermögen auszeichnen, fällt bei Wachstumsunternehmen der Großteil der Investitionen zu Beginn der Geschäftstätigkeit sowie in unregelmäßigen Abständen und unterschiedlichen Größenordnungen an. Etablierte Unternehmen können diesem Unsicherheitsfaktor durch ihre stabile Innenfinanzierungskraft sowie ihren vergleichsweise leichteren Zugang zu externen Kapitalquellen begegnen. Als konstitutives Kennzeichen von Wachstumsunternehmen übersteigt jedoch in der Regel das benötigte Finanzierungsvolumen die Innenfinanzierungsmöglichkeiten und zieht damit eine Abhängigkeit von externen Finanzierungsquellen nach sich.[4]

Dabei stoßen Wachstumsunternehmen durch ihre spezifischen Charakteristika auf massive Schwierigkeiten bei der Kapitalbeschaffung. Ihre vermögensstrukturellen Besonderheiten bewirken, dass die höhere Volatilität bei Investitionserfordernissen und Kapitalbedarf wegen des im Vergleich zu etablierten Unternehmen fehlenden „collateral effects" nicht aufgefangen werden kann, so dass die Schaffung künstlicher Sicherheiten erforderlich wird. So können bspw. bei einer gestaffelten Kapitalbereitstellung die einzelnen Phasen als Quasisicherheit für die nächste Finanzierungsphase herangezogen werden.

Die umfangreichen Informationsasymmetrien und die latente Gefahr von Verhaltensrisiken wirken sich in einer Verteuerung der Kapitalmarktfinanzierung bzw.

---

3 „The Value of R&D is almost all option value. " Myers (1999), S. 125.

4 Vgl. Sahlman (1999), S. 240f.

Rationierung der Kapitalbereitstellung aus, die sich vor dem Hintergrund des hohen Kapitalbedarfs dieser Unternehmensgruppe als existenzgefährdend erweist. Allerdings sind Maßnahmen zu ihrer Überwindung mit Kosten sowie Kompromissen bei der Ausgestaltung der Transaktionen verbunden.[5] Vor diesem Hintergrund besteht die Notwendigkeit, die Finanzierungspolitik durch adäquate Verträge derart zu gestalten, dass sich diese Reibungsverluste als möglichst gering erweisen. Da sich mit zunehmendem Optionsanteil am Unternehmenswert die Konflikte über eine optimale Ausübung dieser Optionen verschärfen,[6] haben Finanzierungsentscheidungen schwerwiegende Auswirkungen auf die Investitionsstrategie des Unternehmens. Gleichzeitig beeinflusst das Investitionsprofil eines Unternehmens seine Finanzierungsstruktur, so dass eine simultane Steuerung von Investitions- und Finanzierungsseite erforderlich wird.

3 Übertragung des Optionskalküls auf den Finanzierungsbereich

3.1 Das Verhältnis zwischen Eigen- und Fremdkapitalgeber

3.1.1 Passivseitige Anwendung der Optionsanalogie

Die Übertragung der Theorie zur präferenzfreien Optionsbewertung auf die Analyse von Finanzierungstiteln wurde erstmals von Black/ Scholes (1973) vollzogen.[7] Dabei ist jedoch hervorzuheben, dass die dargestellten Wertbeziehungen unabhängig vom angewendeten Bewertungsmodell gelten.[8] Vereinfachend wird davon ausgegangen, dass das Unternehmen nur zwei Arten von Wertpapieren emittiert hat: Zero-Coupon-Bonds zum Nominalwert F mit der Laufzeit t (B) sowie dividendenlose Stammaktien (S), so dass sich der Marktwert des Unternehmens V aus der Summe der Marktwerte von Fremd- und Eigenkapital zusammensetzt ($V = B + S$).[9] Die Betrachtung kann durch eine Modifikation der Parameter leicht auf komplexere Finanzierungssituationen ausgeweitet werden.[10]

---

5 Vgl. Franke/Hax (1999), S. 411.

6 Vgl. Barclay/Smith (1995), S. 610.

7 Vgl. Black/Scholes (1973), S. 649ff.

8 Vgl. Mason/Merton (1985), S. 19 sowie für einen Überblick Trigeorgis (1998), S. 107-119.

9 Diese Annahme führt dazu, dass es sich bei den entsprechenden Positionen um Optionen europäischen Typs handelt.

10 So entspricht bspw. bei Kündbarkeit der Gläubigerposition das Eigenkapital einem amerikanischen Call auf einen dividendenzahlenden Basiswert mit einem variablen

Zum Fälligkeitstermin T erhalten die Gläubiger entweder den Nominalbetrag ihres eingesetzten Kapitals oder den Liquidationserlös; der Aktionärsanspruch entspricht der Differenz zwischen Unternehmenswert und Gläubigeransprüchen bzw. Null. Aus dieser Darstellung wird deutlich, dass der Wert der beiden Anspruchspositionen vom Marktwert des Unternehmens zum Fälligkeitsdatum des Fremdkapitals abhängt („contingent claims"). Die Kapitalbeschaffung kann somit unabhängig von der Art der Finanzierung als Verkauf von Ansprüchen auf Teile der zukünftigen Unternehmenserträge interpretiert werden. Wie im Folgenden deutlich wird, lassen sich die Zahlungscharakteristika der Positionen am Fälligkeitstag durch Optionspositionen duplizieren.

3.1.2 Modellierung der Anspruchspositionen

Das **Eigenkapital** eines Unternehmens stellt einen Residualanspruch auf den Unternehmenswert dar: Während der Lebensdauer des Unternehmens wie auch im Liquidationsfall stehen Eigentümern alle nach der Befriedigung der übrigen finanziellen Anspruchsgruppen verbleibenden Cash-Flows zu. Die Haftungsbeschränkung der Eigentümer von Publikumsgesellschaften limitiert die Verpflichtungen für den Fall, dass der Unternehmenswert geringer ausfällt als der Wert der ausstehenden Verbindlichkeiten.[11] Das Eigenkapital entspricht somit einer europäischen Kaufoption auf den Unternehmenswert mit einem Ausübungspreis in Höhe des Nominalwertes des Fremdkapitals zum Fälligkeitstermin.[12] Der Unternehmenswert fungiert dabei als Underlying, die Optionslaufzeit entspricht der Laufzeit des Fremdkapitals,[13] Zinszahlungen können als Dividendenauszahlungen verstanden werden.

Optionsparameter		**Äquivalente Parameter der EK-Option**	**Wert EK**
S	↑	Unternehmenswert (V)	↑
σ	↑	Standardabweichung der Unternehmenswertentwicklung	↑
X	↑	Nominalwert des Fremdkapitals (F)	↓
T	↑	Laufzeit der Gläubigeransprüche	↑
r	↑	Risikoloser Zinssatz	↑
DIV	↑	Zinszahlungen der Fremdkapitalposition	↓

Abbildung 1: Eigenkapital als Call-Option

Ausübungspreis. Der Wert des Kündigungsrechtes kann dabei als Differenz zwischen dem Wert einer amerikanischen und einer europäischen Call-Option mit variablem Ausübungspreis charakterisiert werden. Vgl. Mason/Merton (1985), S. 18.

11 Vgl. Park/Subrahmanyam (1990), S. 359.

12 Vgl. Black/Scholes (1973), S. 649; Merton (1974), S. 449ff.

13 Aus Gründen der Anschaulichkeit wird von Tilgungszahlungen vor dem Fälligkeitstermin abstrahiert.

Die Fremdkapitalaufnahme ist vergleichbar mit einem Verkauf des Unternehmens an die Gläubiger unter Vereinbarung einer leihweisen Nutzung und der Option, sie durch vollständige Begleichung ihrer Verpflichtungen zurückkaufen zu können. Nur wenn der Unternehmensgesamtwert bei Fälligkeit der Fremdkapitalverpflichtungen über dem Ausübungspreis, der Tilgungssumme, liegt, üben die Aktionäre ihr Optionsrecht aus und kaufen das Unternehmensvermögen gegen Tilgung des Fremdkapitalbestandes zurück. Anderenfalls verfällt die Kaufoption ungenutzt; die Vermögensgegenstände fallen bspw. durch Verwertung von Kreditsicherheiten den Gläubigern zu. Der Wert der Eigentümerposition zum Fälligkeitstermin beträgt damit

$$S_T = \text{Max}\ (V_T - F, 0).$$

Der Wert der **Fremdkapitalansprüche** kann in Anlehnung an die Optionsterminologie durch eine zustandsunabhängige und eine optionsähnliche Komponente beschrieben werden: er entspricht einem Portfolio aus einer risikolosen Anleihe sowie einem Risikoabschlag in Form einer von den Gläubigern geschriebenen Put-Option auf den Unternehmenswert:

$$B_T = F - \text{Max}\ (F - V_T, 0) \text{ bzw. } B_t = PV\ (F) - P(V,F,T).$$

Während der Fremdkapitallaufzeit entspricht die Gläubigerposition dem Barwert des Nominalkapitals abzüglich der Kompensation für das von den Gläubigern getragene Ausfallrisiko. Damit tragen die Gläubiger implizit die Kosten der Haftungsbeschränkung der Aktionäre. Der Put-Option kommt der Charakter einer Kreditbürgschaft zu, da ihr Wert mit steigendem Bonitätsrisiko steigt: Bei einem Unternehmen hoher Bonität ($V > F$) ist sie wertlos, unterschreitet jedoch der Unternehmenswert die Summe der Gläubigeransprüche, steigt also das Ausfallrisiko (bspw. bei einem Junk Bond), kommt die Option „ins Geld".[14] Anhand der dargestellten Zusammenhänge lässt sich eine funktionale Beziehung zwischen der Risikoprämie und verschiedenen Einflußgrößen herleiten und auf die Bewertung der Fremdkapitalposition übertragen.[15]

Mit steigender Volatilität des Unternehmenswertes steigt auch der Wert der Put-Option und damit die Bonitätsrisikoprämie.[16] Bei einer Erhöhung des Nominalbetrages des Fremdkapitals erhöht sich der Zahlungsanspruch der Gläubiger; gleichzeitig steigt jedoch auch das Überschuldungsrisiko und damit die Wahrscheinlichkeit, dass die Eigentümer ihre Call-Option nicht ausüben und am Fälligkeitsdatum auf Tilgungszahlungen verzichten. Als Resultat der beiden gegenläufigen Effekte nimmt der Wert der Gläubigerposition in geringerem Ausmaß als die Nominal-

---

14 Vgl. Park/Subrahmanyam (1990), S. 361f.

15 Vgl. Merton (1974), S. 454; Kirmße (1996), S. 103f., 136ff.; Kim/Ramaswamy/Sundaresan (1993), S. 124f.

16 Vgl. die empirischen Befunde bei Longstaff/Schwartz (1995), S. 808.

wertsteigerung ab.[17] Der Effekt einer Verlängerung der Restlaufzeit variiert je nach Höhe des Verschuldungsgrades;[18] für hohe Verschuldungsgrade wird ein negativer Wertzusammenhang vermutet.[19] Die Höhe des Zinsniveaus wirkt sich positiv auf den Wert der Gläubigerposition aus. Zwar ist ein Zinsanstieg mit einer Verringerung des Fremdkapitalwertes verbunden; dieser Effekt wird jedoch durch die negative Wirkung der Zinserhöhung auf den Wert der Put-Position durch die Barwertminderung überkompensiert.[20]

Einflußgröße		**Einfluß auf Wert der Bonitätsrisikoprämie (short Put)**		**Wert FK**
S	↑	Wahrscheinlichkeit sinkt, dass Eigentümer ihre Kaufoption bei Fälligkeit verfallen lassen	↓	↑
σ	↑	Konkurswahrscheinlichkeit nimmt zu	↑	↓
X	↑	a.) Rückzahlungsanspruch steigt (↓) b.) Konkurswahrscheinlichkeit steigt (↑)	↑	↓
T	↑	Konkurswahrscheinlichkeit steigt, Ausmaß jedoch abhängig vom Verschuldungsgrad	↑	↓
r	↑	a.) Verringerung des Anleihewertes (↑) b.) Barwerteffekt = Opportunitätskosten (↓)	↓	↑
DIV	↑	Wert des Underlying wird gemindert	↑	↓

Abbildung 2: Optionsparameter der Fremdkapitalposition

3.1.3 Implikationen für die Ausgestaltung von Finanzierungsbeziehungen

3.1.3.1 Grenzen der Optionsanalogie

Generell behindern signifikante Unterschiede zwischen Finanz- und finanzseitigen Optionen die unkritische Übertragung der Optionsanalogie:[21] So stellen Dividenden keine „Auszahlungen" dar, sondern fließen den Optionsinhabern zu; die Wertdeterminanten können von den Optionsinhabern durch die Investitions-, Finanzierungs- und Dividendenpolitik beeinflusst werden. Auch wird der Wert der einzelnen Optionen von zahlreichen Wechselwirkungen, z.B. Interessenkonflikten

---

17 Vgl. Klug (1985), S. 64f.

18 Vgl. Merton (1974), S. 457ff.

19 Der negative Einfluss der Restlaufzeit bei Fremdkapitalansprüchen geringer Bonität kann durch die mit abnehmender Restlaufzeit zunehmende Zahlungsstörungswahrscheinlichkeit durch unsicherer werdende Refinanzierungsmöglichkeiten erklärt werden („crisis at maturity").

20 Vgl. Kim/Ramaswamy/Sundaresan (1993), S. 124f.

21 Vgl. hierzu Trigeorgis (1998), S. 115f.

zwischen den einzelnen Kapitalgebergruppen, beeinflusst. Der Aussagewert der Optionspreistheorie besteht daher hier nicht vorrangig in der Berechnung konkreter Ergebnisgrößen, sondern in der Illustration von Einflussgrößen und ihrer Wirkungsinterdependenzen: Durch Identifikation der Wertdeterminanten und die Analyse der Sensitivitätswirkungen auf den Wert der Anspruchspositionen ergeben sich Hinweise für die Ausgestaltung der Finanzierungsstruktur.[22]

Wie aus der vorangegangenen Darstellung deutlich wurde, weisen die Werte der Anspruchspositionen vor allem unterschiedliche Reaktionen auf Risikoschwankungen sowie Laufzeitveränderungen auf, so dass im Rahmen einer unternehmenswertmaximierenden Finanzierungspolitik diesen beiden Bereichen besondere Aufmerksamkeit zu widmen ist.

3.1.3.2 Risikomanagement durch ergänzende Vertragsklauseln

Aus der vorangegangenen Darstellung wurde deutlich, dass sich eine Erhöhung der Volatilität des Unternehmenswertes unterschiedlich auf die Anspruchpositionen auswirkt: Ist eine Volatilitätssteigerung für Eigenkapitalgeber gleichbedeutend mit einer simultanen Chancen- und Risikoerhöhung, müssen die Gläubiger bei einem konstanten Zahlungsversprechen ein höheres Ausfallrisiko tragen, so dass dadurch ein Vermögensumverteilungseffekt bewirkt wird. Aus diesen grundlegenden Zusammenhängen kann der Anreiz der Anteilseigner zu einer risikoreichen Unternehmenspolitik abgeleitet werden, die notwendigerweise zu Lasten der Fremdkapitalgeber gehen muss.[23]

Möglichkeiten zur Umsetzung einer risikoreichen Unternehmenspolitik bestehen bspw. in der Durchführung einer entsprechend riskanten Investitionspolitik: Aus zwei alternativen Projekten präferieren Eigenkapitalgeber jenes mit der höheren Varianz der Erträge und handeln damit zu Lasten der Fremdkapitalgeber. Kann den Gläubigern Rationalverhalten unterstellt werden, antizipieren sie die Gefahr des opportunistischen Verhaltens der Gegenseite und preisen sie in ihre Renditeforderungen ein.[24] Als weitere Handlungskanäle fungieren die Dividenden- sowie die Finanzierungpolitik: zusätzliche Ausschüttungen bzw. eine Anhebung des Verschuldungsgrades wirken sich ebenfalls wertmindernd auf die Gläubigerposition aus.

Da während der Dauer der Finanzierungsbeziehung keine Entscheidungsfreiheit besteht, stellen die jeweiligen Investitions- und Finanzierungsentscheidungen des

---

22 Dabei bleibt die Anwendung der Analysemethodik nicht auf verschuldete Unternehmen begrenzt, da im Fall von Ansprüchen unterschiedlicher Rangordnung innerhalb der einzelnen Positionen die Situation der eines mischfinanzierten Unternehmens gleicht: So entspricht bspw. eine nachrangige Eigenkapitalposition der eines Eigenkapitalgebers in einem verschuldeten Unternehmen.

23 Vgl. Süchting (1995), S. 484.

24 Vgl. Park/Subrahmanyam (1990), S. 374; Leland (1994), S. 1243.

Schuldners potenzielle Gefahren für die Risikoposition des Gläubigers dar, die es im Rahmen der Vertragsgestaltung zu berücksichtigen gilt. So kann durch entsprechende vertragliche Nebenabreden das ursprünglich konvexe Wertverhältnis zwischen Eigenkapital und Unternehmenswert in einen konkaven Zusammenhang umgewandelt werden.[25] Im Rahmen der Fremdkapitalausgestaltung wird unerwarteten Risikoänderungen in Kreditverträgen m.H. von nebenvertraglichen Abreden ("covenants") begegnet, die Restriktionen für die Änderung der Finanzierungspolitik darstellen.

3.1.3.3 Laufzeitgestaltung

Auf Basis obiger Überlegungen kann davon ausgegangen werden, dass die charakteristischen Merkmale von Wachstumsunternehmen vergleichsweise geringe Finanzierungsdauern nach sich ziehen. Diese Annahme wird durch empirische Befunde bestätigt: So lassen sich mit steigendem Anteil immaterieller Vermögensgegenstände, einem höheren Markt-Buchwert-Verhältnis, einer steigenden Forschungsintensität eine abnehmende Dauer der Finanzierungsrunden beobachten.[26] Die mit zunehmendem Unternehmensalter steigende Dauer der Finanzierungsrunden und der Höhe der durchschnittlichen Kapitalbereitstellung unterstützt die Überlegung, dass durch eine Staffelung der Kapitalbereitstellung (staging) eine Milderung der Informationsasymmetrien erreicht werden soll. Auch im Rahmen der Fremdfinanzierung wird bei Wachstumsunternehmen verbreitet auf kurze Laufzeiten zurückgegriffen.[27] Die Laufzeit eines Finanzierungsanspruchs wirkt dabei wie eine extreme Form einer vertraglichen Nebenabrede:[28] Kurzlaufenden Ansprüchen kommt ein Kontrollcharakter zu, da sie eine bzw. mehrere Abbruchoptionen für den Kapitalgeber schaffen und damit das Risikoanreizproblem verringern.

Generell gilt für die Finanzierung von unsicherheitsbehafteten operativen Handlungsflexibilitäten wie Realoptionen, dass sie entsprechend flexibel ausgestaltet werden sollte, um idealerweise ein "Matching" von Aktiv- und Passivseite zu bewirken. „The option to actively revalue the terms of a financing deal as operating project uncertainties get resolved over successive stages is clearly valuable, compared to a passive alternative where the financing terms are irrevocably committed to from the very beginning under less complete information."[29]

---

[25] Vgl. Leland (1994), S. 1236ff.

[26] Vgl. hierzu Gompers/Lerner (1999), S. 145-165.

[27] Vgl. Barclay/Smith (1995); Barnea/Haugen/Senbet (1980).

[28] „Maturity can be viewed as a particularly strong type of covenant." Berger/Udell (1998), S. 645.

[29] Trigeorgis (1993), S. 221.

3.1.3.4 Einsatz hybrider Finanzierungsinstrumente

Hybride Finanzierungsinstrumente, bspw. Wandelanleihen, nehmen eine Zwischenstellung zwischen den Idealtypen des reinen Eigen- bzw. Fremdkapitals ein.[30] Es handelt sich dabei um grundsätzlich nachrangig besicherte Finanzierungstitel mit risikobedingt höherer Verzinsung bzw. Beteiligungscharakter.

Eine Wandelanleihe setzt sich aus einem Fremdkapitalanspruch und einer Call-Option auf Beteiligungstitel (im Ausmaß γ % von V) zusammen; bei Umtausch wird mit dem Untergang des Forderungsrechts eine Beteiligungsbeziehung begründet. Der Wert des Finanzierungsinstruments kann somit formal ausgedrückt werden als

$$WA\ (V,t;\ F) = B\ (V,t;\ F) + c(\gamma V,t;\ F).$$

Dabei transformiert eine Wandelanleihe die Anspruchsposition der Eigentümer von einer konvexen Funktion des Unternehmenswertes in eine konvex-konkave Funktion.[31]

Vielfach wird diese Emission von Wandelanleihen als vergleichsweise kostengünstige Finanzierungsalternative bezeichnet: Durch ihre Eigenkapitalkomponente liegt die Verzinsung derartiger Titel unter der von straight bonds, so dass die Belastung der aktuellen Cash-Flows minimiert wird (*cheap debt*); gleichzeitig sichert sich das emittierende Unternehmen günstige Konditionen für eine zukünftige Eigenkapitalfinanzierung, da der Wandlungspreis den Kurswert zum Emissionszeitpunkt in der Regel übersteigt. Jedoch stellt weniger das Kostenargument als die mit dem Einsatz des Instrumentes verbundenen Anreizwirkungen den Grund für seine Eignung im Rahmen der Finanzierung von Wachstumsunternehmen dar: Durch die Emission von Wandelanleihen wird eine Neutralisierung des Risikoanreizproblems möglich, da die beiden Bestandselemente dieser Finanzierungsform unterschiedlich auf Risikoänderungen reagieren: Durch die mit einer Zunahme des Investitionsrisikos verbundene Steigerung der Cash-Flow Volatilität, welche sich positiv auf den Wert des Wandlungsrechtes auswirkt, wird der risikoinduzierte Wertverlust des Anleihebestandteils kompensiert.[32]

„The claims reverse the convex shape of leveraged equity over the upper range of the firm´s earnings, and this mitigates the incentive to take risk.“[33] Durch diese Wertverläufe gelingt eine Überbrückung divergenter Auffassungen hinsichtlich

30 Williamson (1988) verwendet den illustrativen Begriff „*dequity*". Vgl. hierzu Williamson (1988), S. 567-591.

31 "The convertible bondholder is perhaps best thought of as a kind of fair-weather stockholder and foul-weather bondholder." Brennan/Schwartz (1988), S. 57. Vgl. auch Trigeorgis (1996), S. 113ff.

32 Vgl. Brennan/Schwartz (1988), S. 58.

33 Green (1984), S. 115.

künftiger Investitionsstrategien und den resultierenden Zahlungsströmen. Durch die niedrigen Zinsbelastungen wird der finanzielle Spielraum des Unternehmens geschont.[34] Die Durchführung riskanterer Investitionen wird ebenso ermöglicht wie die Aufnahme weiteren Fremdkapitals, ohne dass Gläubiger einen Anstieg des Konkursrisikos antizipieren (Kapitalkostenargument), da die Wandlung mit einem sinkenden Verschuldungsgrad verbunden ist. Schließlich wird die Fristigkeit der Finanzierung ausgedehnt: Die Transformation der Gläubiger- in eine Eigentümerposition bewirkt eine Interessen- und Planungshorizontkonvergenz der Anspruchsgruppen, so dass auch langfristige strategische Investitionen getätigt werden.[35]

Eine Wandelanleihe ermöglicht eine optimale Ausübung von Wachstumsoptionen, wenn sie so konstruiert ist, dass die Wandlungsoption zum Emissionszeitpunkt „aus dem Geld" ist und "ins Geld kommt", wenn der Kapitalwert der Investitionsoption sich als positiv erweist. Die bei Werthaltigkeit der Investitionsmöglichkeit erfolgende Wandlung belässt Kapital im Unternehmen, welches dazu verwendet werden kann, die Investitionsoption auszuüben. Erweist sich die Investitionsmöglichkeit als wertlos, so werden Gläubiger keine Wandlung vornehmen, sondern auf einer vertragsgemäßen Rückzahlung des Fremdkapitalbetrages bestehen.[36]

3.2 Das Verhältnis zwischen Eigenkapitalgeber und Management

3.2.1 Anreizstruktur

Die Problematik der ungleichen Anreizstrukturen zwischen Management und Kapitalgeber wird heute in der Regel durch die Prinzipal-Agenten Theorie beschrieben.[37] Den aus der Informationsasymmetrie und den unterschiedlichen Risikopräferenzen der Parteien sich ergebenden Anreizen für das Management (den Agenten) entgegen den Zielen des Eigenkapitalgebers (des Prinzipals) zu handeln, muss durch Informationsüberwachungs- und Anreizsysteme begegnet werden. Die Optionspreistheorie zeigt, dass bei Wachstumsunternehmen ein Zielkonflikt dadurch entsteht, dass das Management eine geringere Risikobereitschaft hat als vom Eigenkapitalgeber gewünscht.

---

34 „By reducing current interest rates and so reducing the likelihood of financial trouble, convertibles also reduce the probability that financial strapped companies will be forced to pass up valuable investment opportunities." Jen/Choi/Lee (1997), S. 49.

35 Vgl. Stein (1992).

36 Vgl. Mayers (1998).

37 Vgl. Eisenhardt (1989) oder Picot/Neuburger (1995).

Wachstumsunternehmen werden häufig durch den oder die Gründer des Unternehmens geführt, die einen Teil ihres Unternehmens an die Kapitalgeber veräußert haben, um den Kapitalbedarf für die Anlaufphase decken zu können. Eine Aufnahme von Fremdkapital ist in der frühen Phase dieser Unternehmen in der Regel aufgrund der Risikostruktur dieser Unternehmen ausgeschlossen.

Die Optionspreistheorie zeigt, dass Wachstumsunternehmen für die Eigenkapitalgeber als Option betrachet werden müssen, die sich in der Regel "aus dem Geld" befindet. Ein Eigenkapitalgeber, der an mehreren Wachstumsunternehmen beteiligt ist, hat daher ein Interesse, die Volatilität der "Optionen" in seinem Portfolio zu erhöhen. Dies ist wertsteigernd für ihn, da sich die Wahrscheinlichkeit erhöht, dass zumindest eine seiner Beteiligungen zum Ausübungszeitraum sich signifikant "im Geld" befindet und damit die Verluste des investierten Kapitals in anderen Unternehmungen mehr als kompensiert. Dies ist die typische Situation eines Venture Capitalists aber auch eines Großunternehmens, das sich – wie z.B. ein Pharmakonzern an Biotechnologie-Unternehmen – an mehreren Wachstumsunternehmen beteiligt. Es ist also im Interesse der Eigenkapitalgeber, Projekte mit einem höheren Risiko (einer höheren Volatilität der möglichen Cash-Flows) bei gleichem Erwartungswert der Cash-Flows zu bevorzugen.

Der Gründer (und Miteigentümer) eines Wachstumsunternehmens ist in der Regel nur an diesem einen Unternehmen beteiligt und außerdem emotional gebunden. Er wird sich – wie ein nicht-diversifizierter Investor – risikoscheu verhalten, d.h. er wird bei gleichem Erwartungswert Projekte mit geringerem Risiko bevorzugen. Stellt nun der Gründer das Management des Unternehmens, ergibt sich ein Anreizkonflikt, da seine Entscheidungen den Interessen des Kapitalgebers zuwider laufen werden.

3.2.2 Anreizsysteme für das Management

Die meistverwendete und wohl auch effektivste Methode, um sicherzustellen, dass die Anreize des Managements mit denen der Eigenkapitalgeber übereinstimmen, sind Aktienoptionen. Hiermit wird das Management direkt am finanziellen Erfolg des Unternehmens beteiligt, allerdings aber erst einer bestimmten Schwelle. Dieses Instrument führt unmittelbar dazu, dass das Management eher eine Strategie einschlägt, die bei gleichem Erwartungswert mit einem höheren Risiko behaftet ist. Durch die Wahl eines Ausübungspreises der Management-Optionen oberhalb des Preises, der die Verzinsungsanforderungen des Eigenkapitalgebers zufriedenstellen würde, kann also der unter 3.2.1 beschriebenen Risikoaversion des Managements begegnet werden.

Die Herausforderung für den Eigenkapitalgeber (z.B. im Aufsichtsrat) ist es nun, sicherzustellen, dass realistische Angaben zum Erwartungswert der Cash-Flows gemacht werden. Dies kann aufgrund der unvermeidlichen Informationsasymmetrie nur durch Staffelung der Finanzierung in kleine Zeitabschnitte (s.a. 3.1.3.3) geschehen. Dadurch hat der Kapitalgeber die Möglichkeit, die Fähigkeit des Managements zur realistischen Einschätzung von Projekterträgen ex post zu beurteilen.[38]

Als Fazit bleibt festzuhalten, dass die Entscheidung über die jeweils nächste Finanzierungsrunde für Wachstumsunternehmen (genau wie die Entscheidung über bestimmte Projekte im Unternehmen) immer auf Basis des Erwartungswertes des Cash-Flows und der Volatilität getroffen werden sollte.

3.2.3 Asymmetrie der Einschätzung des Wertes von Projekten

In allen Verhandlungen zwischen Kapitalgeber und Gründern eines Wachstumsunternehmens wird immer ein Dissenz über die zu erwartenden Cash-Flows und damit den Wert des Unternehmens herrschen. Dies gilt genauso für die Verhandlungen über die Finanzierung von Forschungsvorhaben fremder Unternehmen, die dann über Lizenzgebühren refinanziert werden sollen. Klassisches Beispiel sind hier die immer stärker zunehmende Lizenzierung von neuartigen Technologien kleiner Biotechnologieunternehmen durch große Pharmakonzerne.[39]

Auch hier bietet die Optionspreistheorie eine Lösung an. Die Auszahlungen an den Kapitalgeber und den Gründer (den Lizenznehmer und den Lizenzgeber) können wie folgt strukturiert werden: der Kapitalgeber erhält alle Einkünfte des Unternehmens und der Gründer (Lizenzgeber) erhält Optionen auf die Einkünfte ab einer gewissen Schwelle. Wenn z.B. der Kapitalgeber der Überzeugung ist, das Unternehmen werde nach dem Erreichen der Gewinnschwelle einen laufenden Cash-Flow von X abwerfen und der Gründer des Unternehmens an einen Wert Y glaubt (mit $Y > X$), erhält der Kapitalgeber die Rechte an einem – gegenüber seiner Beteiligungsposition - überproportionalem Anteil der Cash-Flows bis zum Wert X und der Gründer eine Option auf einen überproportionalen Anteil der Cash-Flows Y-X und eine weitere Option auf 100% der Cash-Flows > Y. Die genaue Aufteilung muss so erfolgen, dass beide Parteien auf Basis ihrer Erwartungen den ihren Anteilen entsprechenden Cash-Flow erhalten.

---

38 Problematisch wird dieses Vorgehen in der Biotechnologie-Branche, da Auszahlungen erst nach mehreren Jahren erwartet werden können. In diesem Fall ist es sinnvoll, die Gewährung einer weiteren Finanzierung von objektiv überprüfbaren Marktwerten einer bestimmten Technologie abhängig zu machen. In jedem Forschungsstadium ist eine Auslizenzierung/Verkauf der erarbeiteten Technologie denkbar. Daher sollten auch bei der Entscheidung über eine Fortführung der Finanzierung immer die drei Alternativen Abbruch, Fortführung "inhouse" und Lizenzierung/Verkauf betrachtet werden.

39 McKinsey Quarterly 1, 2000, "A License to Cure".

Auf diese Weise kann ein für beide Partner akzeptabler Vertrag zustandekommen, ohne dass sich die Partner auf einen gemeinsamen Cash-Flow-Erwartungswert einigen müssen.

4 Ausblick/Fazit

Die Optionspreistheorie liefert wichtige Ansätze für ein besseres Verständnis der Finanzierungsstruktur von Unternehmen. Darüber hinaus ermöglicht sie auch die konkrete Ausgestaltung von Finanzierungsstrukturen mit dem Ziel, die Anreize von Eigenkapitalgeber, Fremdkapitalgeber und Management kompatibel zu gestalten. Dies ist eine wichtige Voraussetzung für das Zustandekommen einer Finanzierung und zur Verhinderung von Fehl- bzw. Unterinvestitionen. Insbesondere vor dem Hintergrund des hohen Kapitalbedarfs, der derzeit in der Internet- und Biotechnologie-Branche herrscht, kommt daher diesem Forschungszweig eine besondere Bedeutung zu.

Literaturverzeichnis

Barclay, Michael J.; Smith, Clifford W. (1995): The Maturity Structure of Corporate Debt, in: *Journal of Finance*, Vol. 50, S. 609-631

Barnea, Amir; Haugen, Robert A.; Senbet, Lemma W. (1980): A Rationale for Debt Maturity Structure and Call Provisions in an Agency Theoretic Framework, in: *Journal of Finance*, Vol. 35, S. 1223-1234

Berger, Allen N.; Udell, Gregory F. (1998): The Roles of Private Equity and Debt Markets in the Financial Growth Cycle, in: *Journal of Banking and Finance*, Vol. 22, S. 613-673

Black, Fischer; Scholes, Myron (1973): The Pricing of Options and Corporate Liabilities, in: *Journal of Political Economy*, Vol. 81 (May/June 1973), S. 637-659

Brennan, Michael J.; Schwartz, Eduardo S. (1988): The Case for Convertibles, in: *Journal of Applied Corporate Finance*, Vol. 1, S. 55-64

Eisenhardt, K. M. (1989): Agency Theory: An Assessment and Review, *Academy of Management Review*, Vol. 14, S. 57-74

Franke, Günter; Hax, Herbert (1999): Finanzwirtschaft des Unternehmens und Kapitalmarkt, 4., neu bearbeitete und erweiterte Auflage, Berlin

Gompers, Paul A.; Lerner, Josh (1999): The Venture Capital Cycle, Boston

Green, Richard C. (1984): Investment Incentives, Debt and Warrants, in: *Journal of Financial Economics*, Vol. 13, S. 115-136

Jen, Frank C.; Choi, Dosung; Lee, Seong-Hyo (1997): Some new evidence on why companies use convertible bonds, in: *Journal of Applied Corporate Finance*, Vol. 10, S. 44-53

Kim, In Joon; Ramaswamy, Krishna; Sundaresan, Suresh (1993): Does Default Risk in Coupons Affect the Valuation of Corporate Bonds? A Contingent Claims Model, in: *Financial Management*, Vol. 22, S. 117-131

Kirmße, Stefan (1996): Die Bepreisung und Steuerung von Ausfallrisiken im Firmenkundengeschäft der Kreditinstitute, Frankfurt

Klug, Monika (1985): Zur Ableitung von Kapitalkosten aus dem diskreten Optionspreismodell, Berlin

Leland, Hayne E. (1994): Corporate Debt Value, Bond Covenants and Optimal Capital Structure, in: *Journal of Finance*, Vol. 49, S. 1213-1252

Longstaff, Francis A.; Schwartz, Eduardo S. (1995): A Simple Approach to Valuing Risky Fixed and Floating Rate Debt, in: *Journal of Finance*, Vol. 50, S. 789-819

Mason, Scott P.; Merton, Robert C. (1985): The role of contingent claims analysis in corporate finance, in: Altman, Edward; Subrahmanyam, Marti G. (Hrsg.): Recent Advances in Corporate Finance, Homewood, S. 7-54

Mayers, David (1998): Why firms issue convertible bonds. The Matching of Financial and Real Investment Options, in: *Journal of Financial Economics*, Vol. 47, S. 83-102

Merton, Robert C. (1974): On the Pricing of Corporate Debt. The Risk Structure of Interest Rates, in: *Journal of Finance*, Vol. 29, S. 449-470

Myers, Stewart C. (1999): Finance Theory and Financial Strategy, in: Chew, Donald H. (Hrsg.): The New Corporate Finance. Where Theory Meets Practice, 2. Aufl., New York, S. 119-126

Park, Sang Yong; Subrahmanyam, Marti G. (1990): Option Features of Corporate Securities, in: Figlewski, Stephen; Silber, William L.; Subrahmanyam, Marti G. (Hrsg.): Financial Options. From Theory to Practice, New York, S. 357-414

Picot, A.; Neuburger, R. (1995): Agency Theorie und Führung, in: Kieser, A.; Reber, G.; Wunderer R. (Hrsg.), HWF 2., neugestaltete Aufl., Stuttgart, S. 14-21

Sahlman, William A. (1999): The Financial Perspective: What Should Entrepreneurs Know? in: Sahlman, William A.; Stevenson, Howard H.; Roberts, Michael J.; Bhidé, Amar (1999): The Entrepreneurial Venture, 2. Aufl., S. 238-261

Stein, J.C. (1992): Convertible Bonds as „Back Door" Equity Financing, in: *Journal of Financial Economics*, Vol. 32, S. 3-22

Süchting, Joachim (1995): Finanzmanagement. Theorie und Politik der Unternehmensfinanzierung, 6., vollständig überarbeitete und erweiterte Auflage, Wiesbaden

Trigeorgis, Lenos (1998) Real Options. Managerial Flexibility and Strategy in Resource Allocation, Cambridge

Trigeorgis, Lenos (1993): Real Options and Interactions With Financial Flexibility, in: *Financial Management*, Vol. 22, S. 202-224

Williamson, Oliver E. (1988): Corporate Finance and Corporate Governance, in: *Journal of Finance*, Vol. 43, S. 567-591

ABSCHNITT II

Anwendung des Realoptionsansatzes in der Bewertungspraxis

Die Bewertung von Investitionsprojekten mit dem Realoptionsansatz - Ein Methodenüberblick

Ulrich Hommel, Ph.D., und Hanna Lehmann

Ulrich Hommel, Ph.D., Leiter des Stiftungslehrstuhls Investitions- und Risikomanagement und Dekan, Hanna Lehmann ist wissenschaftliche Assistentin an diesem Lehrstuhl, EUROPEAN BUSINESS SCHOOL Schloß Reichartshausen, 65375 Oestrich-Winkel

Zusammenfassung: Um im unternehmerischen Planungs- und Budgetierungsprozess eine ökonomisch sinnvolle Auswahl und Steuerung miteinander konkurrierender Investitionsvorhaben zu gewährleisten, bedarf es Bewertungsmethoden, die alle relevanten Projektcharakteristika nachvollziehbar und konsistent erfassen. Während man traditionelle, Cash-Flow-orientierte Verfahren vor allem in stabilen und gut vorhersehbaren Situationen einsetzen kann, eignen sich Optionspreismodelle insbesondere für die Quantifizierung von Flexibilität und Unsicherheit. Der vorliegende Beitrag gibt einen Überblick über die gängigen Verfahren der Investitionsrechnung, diskutiert ihre Stärken und Schwächen und gibt Entscheidungshilfen für die Verfahrenswahl. Besondere Berücksichtigung finden dabei die Klassifikation und Einordnung der verschiedenen Optionspreismethoden.

Schlüsselworte: Investitionsrechnung, Optionspreismodelle, Verfahrensauswahl

1 Einleitung

Ein wesentlicher Bestandteil unternehmerischen Handelns liegt in der Allokation knapper Ressourcen auf miteinander konkurrierende Investitionsprojekte. Die Grundlage für eine ökonomisch sinnvolle Auswahl und Steuerung von Investitionsvorhaben bieten Investitionsrechnungsverfahren, wie das in der Praxis weit verbreitete Kapitalwertverfahren.[1] Dieses Verfahren und darauf aufbauende Sensitivitäts- bzw. Simulationsanalysen beschäftigen sich hauptsächlich mit der Bewertung der zukünftig mit dem Investitionsprojekt zu erzielenden Cash-Flows. In vielen Fällen werden Projekte aber nicht bzw. nicht nur aufgrund von unmittelbar

---

[1] Vgl. Vollrath (2001) im vorliegenden Band.

abzuleitenden Cash-Flow-Erwartungen, sondern vielmehr aufgrund von Strategieüberlegungen und projektinhärenter Handlungsflexibilitäten durchgeführt. Die Erkenntnis, dass Flexibilität Wert darstellt, ist weder neu noch besonders bemerkenswert. Es scheint intuitiv erfassbar, dass die Möglichkeit, auf sich ändernde ökonomische Rahmenbedingungen und neu gewonnene Informationen zu reagieren, den Wert einer Investition erhöht. Beispielsweise können Unternehmer durch Kapazitätsveränderungen oder mehrstufige Projektabwicklung Gewinnchancen besser nutzen und Verlustrisiken vermeiden.[2] Obwohl die Bedeutung von Handlungsflexibilitäten und Strategieüberlegungen im unternehmerischen Planungs- und Budgetierungsprozess erkannt wird, stellt sich häufig das Problem, auf welche Weise sie konsistent und nachvollziehbar erfasst und quantifiziert werden können.[3]

Hier bietet sich der Realoptionsansatz als Lösung an. Die Interpretation von in Investitionsprojekten enthaltenen Handlungsflexibilitäten als realwirtschaftliche Optionsrechte bzw. Realoptionen ermöglicht durch einen Analogieschluss zwischen Finanz- und Realoptionen ihre explizite Erfassung und Bewertung.

Die Bewertung mit dem Realoptionsansatz erfolgt in mehreren Schritten. Zunächst muss festgestellt werden, wie relevant der Realoptionsansatz für die Bewertung des vorliegenden Projektes ist. Erst wenn sich überhaupt eine Optionsanalogie anwenden lässt, d.h. das Projekt typische Optionsmerkmale, wie z.B. eine asymmetrische Payoff-Struktur sowie Flexibilität, Unsicherheit und Irreversibilität aufweist, ist ein Analogieschluss von Finanz- auf Realoption sinnvoll und zulässig.

Im nächsten Schritt muss bestimmt werden, welche Optionstypen im zu bewertenden Projekt enthalten sind. In der Realität hat man es in den seltensten Fällen mit einer einfachen Call- bzw. Putoption (sogenannten Plain Vanilla Options) zu tun, sondern meist mit einer Vielzahl an teilweise hochkomplexen Optionsrechten. Nicht immer wird es möglich bzw. nötig sein, alle projektinhärenten Optionen zu bewerten, weshalb eine sorgfältige Auswahl der in die Bewertung einzubeziehenden Optionsrechte erforderlich wird.

Anschließend stellt sich die Frage nach der Auswahl eines geeigneten Bewertungsverfahrens. Optionspreisverfahren sind zwar in der Lage, Handlungsflexibilitäten theoretisch richtig zu erfassen, allerdings verbindet sich mit ihrer Implementierung eine Reihe von Problemen, wobei in erster Linie die hohen Anforderungen an das mathematische Verständnis der Anwender sowie Schwierigkeiten bei der Spezifikation der Optionsparameter zu nennen sind.[4] Es ist deshalb in jedem Fall genau zu prüfen, ob der Einsatz eines Optionspreisverfahren sinnvoll ist, oder ob nicht besser traditionelle Verfahren der Investitionsrechnung angewendet werden

---

2 Vgl. Luehrmann (1994).

3 Vgl. Busby/Pitts (1997).

4 Vgl. Hommel/Müller (1999), S. 179f. und Hommel/Pritsch (1999a), S. 33ff.

sollten. Ist die Entscheidung zugunsten eines Optionspreisverfahrens gefallen, muss schließlich die Auswahl eines geeigneten Optionspreismodells erfolgen, mit dessen Hilfe die eigentliche Bewertung durchgeführt werden kann.

Der vorliegende Beitrag konzentriert sich auf die Auswahl geeigneter Bewertungsmethoden. Er dient insbesondere dazu, dem Leser eine Übersicht über die Verfahren und ihre Anwendungsmöglichkeiten zu geben, um die Einordnung und das Verständnis der weiteren Kapitel dieses Buches zu erleichtern. Für eine detaillierte Darstellung der einzelnen Methoden und ihre fallstudienbezogene Anwendung sei auf folgende Kapitel und die jeweils angegebene Literatur verwiesen.

Um einen Überblick zu gewährleisten, werden zunächst die bekanntesten traditionellen Verfahren zur Investitionsbewertung vorgestellt und ihre Stärken und Limitationen herausgearbeitet. Auf diese Analyse aufbauend wird ein Entscheidungsraster entwickelt, das Hinweise gibt, für welche Konstellationen sich bestimmte Verfahren eignen. Es wird deutlich, dass traditionelle Verfahren insbesondere bei der Erfassung von Handlungsflexibilitäten in Situationen, die durch starke Unsicherheit geprägt sind, an ihre Grenzen stoßen und in solchen Fällen daher den Optionspreisverfahren der Vorzug zu geben ist. Im Anschluss an die Erläuterung des für die Optionspreistheorie zentralen Prinzips der risikoneutralen Bewertung folgt eine Einordnung und Klassifizierung der einzelnen Optionspreismodelle. Schließlich wird die Möglichkeit der Kombination einzelner Verfahren und die Berücksichtigung von technischem Risiko aufgezeigt, bevor der Beitrag mit einer zusammenfassenden Beurteilung endet.

2 Traditionelle Bewertungsverfahren

2.1 Die Verfahren im Überblick

2.1.1 Die statische Kapitalwertmethode

Die in der Praxis weit verbreitete statische Kapitalwertmethode stellt eine zahlungsstromorientierte Bewertungsmethode dar. Zur Berechnung des Kapitalwerts werden die erwarteten Netto-Cash-Flows zukünftiger Perioden C_t geschätzt und mit Hilfe eines Diskontierungszinssatzes r auf den Gegenwartswert (Net Present Value = NPV) abgezinst.

$$NPV = \sum_{t=1}^{\infty} \frac{C_t}{(1+r)^t}$$

Der für ein Investitionsprojekt ermittelte Kapitalwert gibt Auskunft über den Vermögenszuwachs des Investors, der über die Verzinsung des eingesetzten Kapitals zum Diskontierungssatz hinausgeht. Der verwendete Diskontierungszins stellt somit die Rendite dar, die sich mit einer alternativen Anlageform erzielen lassen würde. Ist der errechnete Kapitalwert positiv, ist die Verzinsung des jeweils gebundenen Kapitals höher als der Diskontierungssatz bzw. die erreichbare Alternativrendite und das Projekt gilt als vorteilhaft. Der Diskontierungssatz umfasst zwei Komponenten, den risikofreien Zins als Ausgleich für den Zeitwert des Geldes und eine Risikoprämie als Kompensation für die Unsicherheit der Cash-Flows. Folglich wird ein höheres Risiko bezüglich der Cash-Flows durch eine stärkere Diskontierung abgebildet. Als Alternativ- bzw. Mindestrendite werden oft die Kapitalkosten eines Unternehmens herangezogen wobei meist ein gewogenes Mittel aus Eigen- und Fremdkapitalkosten (WACC=Weighted Average Cost of Capital) benutzt wird, um die unterschiedliche Risikobehaftung und steuerliche Behandlung von Eigen- und Fremdkapital zu berücksichtigen.

2.1.2 Sensitivitätsanalysen

Im Gegensatz zu anderen Verfahren handelt es sich bei der Sensitivitätsanalyse nicht um eine eigenständig einsetzbare Bewertungsmethode, sondern um eine Erweiterung des oben beschriebenen Kapitalwertverfahrens. Im Anschluss an die Bestimmung des Kapitalwertes wird in einer zweiten Rechnungsphase überprüft, wie das Ergebnis auf Veränderungen der Eingabeparameter reagiert. Durch schrittweise Variation der einzelnen, den Projektwert beeinflussenden Variablen, wie Zinssätze, Lebensdauer, Absatzmengen und -preise u.ä. kann auf der einen Seite untersucht werden, welche Projektwerte sich für eine vorgegebene Bandbreite der Parameterausprägungen ergeben. Andererseits ermöglicht die Sensitivitätsanalyse die Bestimmung so genannter kritischer Werte die angeben, wie weit eine Größe von ihrem ursprünglichen Wertansatz abweichen kann, ohne die Vorteilhaftigkeit einer Investitionsalternative zu gefährden.[5]

Während es mit Hilfe der Sensitivitätsanalyse möglich ist, auf dem Wege unabhängiger Variation die Unsicherheit bezüglich einzelner Parameter explizit zu berücksichtigen, werden die anderen unsicheren Größen typischerweise als konstant vorausgesetzt. Eventuelle komplementäre oder substitutive Beziehungen der Variablen untereinander werden völlig vernachlässigt, was den Verlust wichtiger Informationen bedeuten kann und die Anwendungsmöglichkeiten dieser Analyseform deutlich einschränkt. Bei Abhängigkeit der Variablen wird häufig auf eine erweiterte Sensitivitätsanalyse in Form der Szenarioanalyse zurückgegriffen. Hierbei werden durch die Veränderung der verschiedenen Werttreiber konsistente Bewertungssituationen, typischerweise ein optimistisches, ein pessimistisches und

---

5 Vgl. Franke/Hax (1999), S. 245f.

ein erwartetes Szenario, geschaffen, die einzeln betrachtet und miteinander verglichen werden können.[6]

2.1.3 Monte-Carlo-Simulation

Ähnlich der Sensitivitätsanalyse stellt auch die Monte-Carlo Simulation eher eine Ergänzung der traditionellen Methoden als ein eigenständiges Bewertungsverfahren dar. Wie bei den schon beschriebenen Verfahren werden zunächst die Werttreiber des Projektes identifiziert, um hierauf aufbauend im nächsten Schritt für jeden einzelnen basierend auf empirischen Schätzungen oder subjektiven Erfahrungen Wahrscheinlichkeitsverteilungen zu spezifizieren. Auf der Grundlage dieser Daten lassen sich die zukünftigen Cash-Flows durch Simulation approximieren. In jedem Simulationsdurchlauf wird anhand der vorher festgelegten Wahrscheinlichkeitsverteilungen für jeden Einflussparameter ein Wert zufällig ausgewählt und für die resultierenden Kombinationen Cash-Flowgrößen ermittelt und der Kapitalwert berechnet. Bei genügend häufiger Iteration lässt sich aus der Häufigkeitsverteilung der Ergebnisse Rückschlüsse auf ihre Wahrscheinlichkeitsverteilung ziehen. Unterzieht man alle in Frage kommenden Investitionsalternativen einer solchen Risikoanalyse kann anhand der Wahrscheinlichkeitsverteilung der jeweiligen Ergebnisse eine Vorteilhaftigkeitsentscheidung getroffen werden. Ein wesentlicher Vorteil dieser quasi-experimentellen Risikoanalyse liegt in der großen Freiheit bei der Modellierung und Datenschätzung. Es besteht die Möglichkeit, Interdependenzen zwischen den einzelnen Werttreibern explizit zu berücksichtigen und somit komplexe und relativ wirklichkeitsnahe Experimente durchzuführen. Auf diese Weise lässt sich eine bessere Vorstellung von den mit der gewählten Alternative verbundenen Risiken und Chancen gewinnen. Allerdings stößt auch dieses Verfahren an seine Grenzen, wenn die Zahl der Abhängigkeiten steigt oder es nicht möglich ist, Wahrscheinlichkeitsverteilungen für die Werttreiber anzugeben.[7] Ein weiteres Problem liegt in der Wahl des Diskontierungssatzes. Während ein risikoadjustierter Diskontierungssatz eine doppelte Erfassung der Risikokomponente bedeuten würde, setzt die Anwendung des risikolosen Zinses die meist nicht gegebene vollständige Erfassung der projektinhärenten Unsicherheiten sowie die völlige Auflösung dieser Unsicherheiten im Projektverlauf voraus.[8]

2.1.4 Entscheidungsbaumanalyse

In der Regel besteht die Möglichkeit, auch nach der anfänglichen Investition durch Folgeentscheidungen in den Projektverlauf einzugreifen und die Vorteilhaftigkeit der ursprünglichen Alternative zu beeinflussen. Beispiele für derartige Folgeent-

---

6 Vgl. Brealey/Myers (2000), S. 262f.

7 Vgl. Perridon/Steiner (1999), S. 122f.

8 Vgl. Hommel/Pritsch (1999b), S. 128.

scheidungen sind die Durchführung zusätzlicher Werbekampagnen, Kapazitätserweiterungen oder der Verkauf von Produktionsanlagen.[9] Mit Hilfe der Entscheidungsbaumanalyse lassen sich derartige sequentielle Entscheidungsprobleme unter Einbezug der zustandsabhängigen Folgeentscheidungen abbilden. Ein Entscheidungsbaum besteht aus jeweils aufeinander folgenden Entscheidungs- und Zustandsknoten. Während der Investor an den Entscheidungsknoten die Wahl zwischen unterschiedlichen Handlungsalternativen hat, stellen die Zustandsknoten mögliche Ergebnisse dieser Handlungsalternativen in verschiedenen Umweltzuständen dar. Bei der Aufstellung des Baumes wird jedem Umweltzustand eine Eintrittswahrscheinlichkeit zugeordnet und der Zahlungsstrom für den Fall seines Auftretens definiert. Ähnlich der dynamischen Programmierung lässt sich nun beginnend an den letzten Knoten im sogenannten Roll-back Verfahren die optimale Handlungsstrategie bestimmen, indem die Erwartungswerte der Alternativen an den einzelnen Teilknoten berechnet und auf den Entscheidungszeitpunkt abdiskontiert werden.[10] Der große Vorteil der Entscheidungsbaumanalyse liegt in der klaren Formulierung und vergleichsweise übersichtlichen Darstellung des Entscheidungsproblems. Der Investor kann auf diese Weise ein besseres Verständnis für die Werttreiber des Projektes und den Nutzen von Entscheidungsflexibilität entwickeln. Allerdings können Entscheidungsbäume bei wachsender Zahl der Inputdaten sehr schnell unübersichtlich und damit für die praktische Anwendung unbrauchbar werden. Zudem dürfte es für den Entscheider häufig nicht einfach sein, alle möglichen Umweltzustände mit den zugehörigen Eintrittswahrscheinlichkeiten zu spezifizieren. Ein weiteres Problem liegt in der Wahl eines geeigneten bzw. korrekten Kapitalkostensatzes. Im Prinzip müsste für jeden Teilknoten ein anderer Satz gewählt werden, da sich das systematische (nichtdiversifizierbare) Risiko im Zeitablauf verändert, was die Handhabung dieser Methode jedoch deutlich erschweren würde.

2.2 Entscheidungsraster für die Methodenwahl

In den vergangenen Punkten wurde im Rahmen der Beschreibung einzelner Methoden zur Bewertung von Investitionsprojekten auf die jeweiligen, grundsätzlichen Vor- bzw. Nachteile hingewiesen. Der vorliegende Abschnitt soll einer vergleichenden Beurteilung der vorgestellten Methoden dienen, ihre gemeinsamen Defizite herausarbeiten, sowie Hinweise auf ihre Anwendbarkeit geben.[11]

---

9 Für ein Anwendungsbeispiel von Entscheidungsbäumen vgl. z.B. Krolle/Oswald (2001) im vorliegenden Band.

10 Vgl. Bieg/Kussmaul (2000), S. 238ff.

11 Zu Limitationen von traditionellen Bewertungsverfahren vgl. auch Schäfer/Schaessburger (2001) und Krolle/Oswald (2001) im vorliegenden Band, zu einer vergleichenden Beurteilung von Kapitalwert- und Realoptionsansatz vgl. Koch (2001) und Stickel (2001) im vorliegenden Band.

Wie leistungsfähig ein Investitionsrechnungsverfahren ist, hängt zum einen von der Erfüllung bestimmter Kriterien, zum anderen von der vorliegenden Bewertungssituation ab. Um eine sinnvolle Projektauswahl zu gewährleisten, sollte ein Bewertungsverfahren in der Lage sein, neben der Cash-Flow-Bewertung Unsicherheit und Flexibilität abzubilden, Irreversibilitäten zu berücksichtigen sowie Marktwertorientierung zu gewährleisten.[12]

Die statische Kapitalwertmethode geht von einem starren Entscheidungsszenario aus, in dem das Management zu Beginn der Planungsperiode auf eine Strategie festgelegt wird. Zwar werden Unsicherheitskomponenten durch die im Diskontierungssatz enthaltene Risikoprämie im Ansatz berücksichtigt, bestehende Handlungsflexibilitäten und mögliche Veränderungen des Projektrisikos bleiben jedoch außer Acht. Sensitivitätsanalysen und Monte-Carlo-Simulationen ermöglichen zwar eine detailliertere Analyse der projektbezogenen Unsicherheiten, flexibilitätsbedingte Wertpotentiale können jedoch ebenfalls nur unzureichend erfasst werden. Zudem stellt die Wahl des Diskontierungssatzes, wie oben bereits angedeutet, ein Problem dar. Während die Verwendung eines risikoadjustierten Zinses die doppelte Erfassung bereits explizit berücksichtigter Unsicherheit bedeuten würde, verbindet sich mit der Anwendung des risikolosen Zinssatzes die inkorrekte Annahme, dass sich alle Unsicherheiten im Projektablauf auflösen. Folglich lassen sich nur begrenzt Aussagen über den ökonomischen Wert eines Projektes treffen. Die Entscheidungsbaumanalyse hingegen eignet sich durch die oben beschriebene Aufstellung und Lösung von Entscheidungsbäumen gut zur Darstellung unternehmerischer Unsicherheit und Handlungsflexibilitäten. Allerdings ergibt sich auch hier wieder ein Problem mit der Wahl des Diskontierungssatzes. Jede Veränderung des systematischen Risikos an den einzelnen Teilknoten erfordert eine Anpassung des Kapitalkostensatzes. Wird aus Vereinfachungsgründen ein einheitlicher Diskontierungszins angesetzt, ist die Marktwertorientierung nicht mehr gewährleistet.[13] Abbildung 1 fasst die genannten Stärken und Schwächen der Methoden noch einmal zusammen.

---

12 Vgl. Hommel/Pritsch (1999b), S. 128.

13 Vgl. Hommel/Pritsch (1999b), S. 127f.

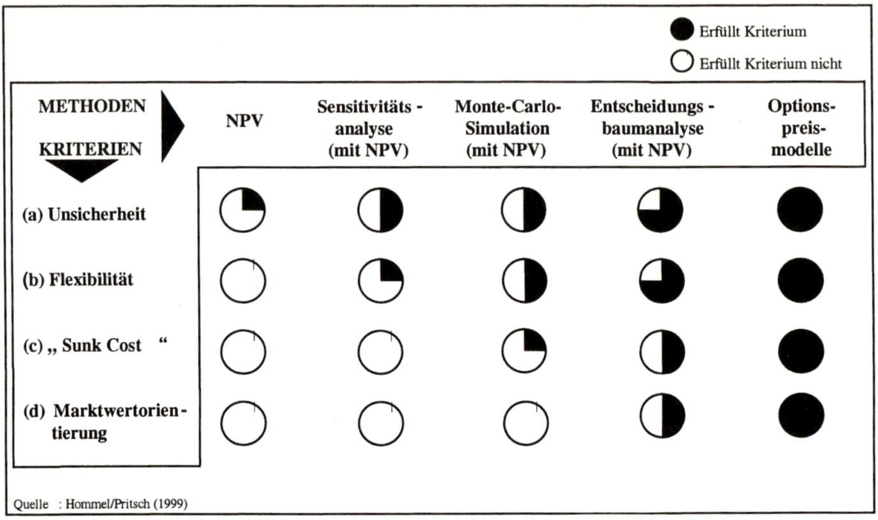

Abbildung 1: Investitionsbewertungsverfahren im Überblick

Der Einsatz von Optionspreismodellen bei der Investitionsbewertung kann bei korrekter Definition der Inputparameter viele der genannten Schwächen umgehen und unter expliziter Berücksichtigung von Unsicherheit und Flexibilität zur Bestimmung eines theoretisch richtigen Marktwertes genutzt werden. Gerade Probleme bei der Wahl des Kapitalkostensatzes können durch das unten beschriebene Prinzip der risikoneutralen Bewertung vermieden werden. Trotz der theoretischen Richtigkeit und Angemessenheit von Optionspreisansätzen, ergeben sich bei der praktischen Umsetzung oft erhebliche Schwierigkeiten, die auch in den nachfolgenden Kapiteln dieses Buches beschrieben werden.[14] Neben den hohen Anforderungen an das methodische Verständnis der Anwender, ist an dieser Stelle insbesondere die Spezifikation der Optionsparameter zu nennen. Aus diesem Grund ist ein Einsatz der Realoptionsmodelle vor allem in Situationen, die durch ein hohes Maß an Unsicherheit und Flexibilität gekennzeichnet sind, also einen starken Optionscharakter aufweisen,[15] zu erwarten, so dass die Implementierungsschwierigkeiten durch einen entsprechend hohen Optionswert kompensiert werden können. In Situationen mit geringer Unsicherheit und hoher Flexibilität wird die Entscheidungsbaumanalyse eine adäquate Bewertungsmethode darstellen, da hier Komplexität keine allzu große Rolle spielen dürfte und der Kapitalkostensatz im Zeitablauf nur geringen Veränderungen unterliegt. Für Projekte, die sich durch nur geringe Flexibilität, jedoch große Unsicherheit auszeichnen, eignen sich wiederum

---

14 Vgl. Pritsch/Weber (2001), Koch (2001) und Stickel (2001) im vorliegenden Band.

15 Vgl. die Fallstudien in der Energie- und Biotechbranche von Amend (2001) und Schäfer/Schaessburger (2001) im vorliegenden Band.

die auf der statischen Kapitalwertmethode aufbauende Sensitivitäts- bzw. Monte-Carlo-Anlayse. Diese Zuordnung ist in Abbildung 2 noch einmal dargestellt.

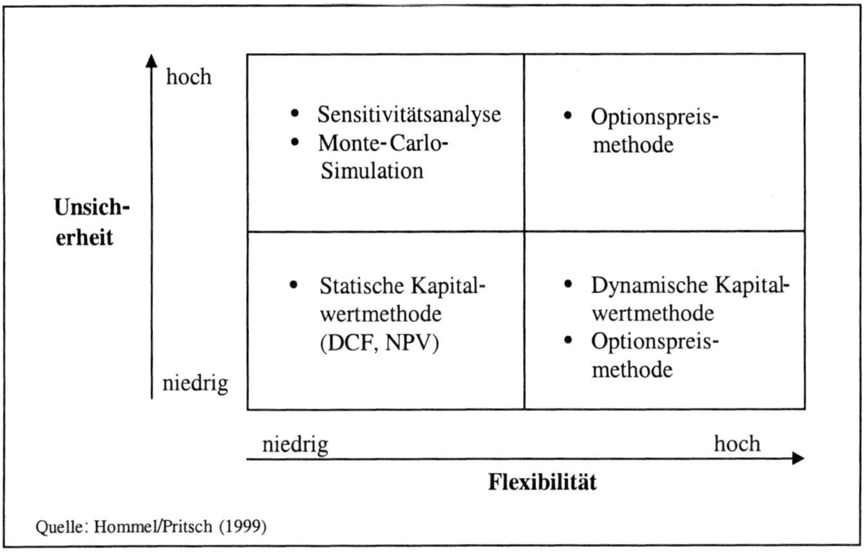

Abbildung 2: Entscheidungsraster für die Methodenwahl

3 Optionspreisverfahren

Weist ein Projekt nun einen starken Optionscharakter auf, stellt sich die Frage, welches Verfahren zur Bewertung herangezogen werden kann. Die folgenden Abschnitte dienen zunächst der Darstellung des allen Optionspreisverfahren gemeinsamen Prinzips der risikoneutralen Bewertung, um anschließend einen Überblick über die prinzipiell möglichen Methoden zur Bewertung von Realoptionen zu geben, der dem Leser die Einordnung und das Verständnis der weiteren Kapitel dieses Buches erleichtern soll.

3.1 Risikoneutrale Bewertung als Grundprinzip der Optionspreistheorie

Nahezu alle Optionspreismodelle beruhen auf dem Gedanken, dass unter bestimmten Annahmen aus der Kombination des Basisinstrumentes und einer risikofreien Anleihe ein Portfolio konstruiert werden kann, welches die zukünftigen Auszahlungen der Option in jedem möglichen Umweltzustand exakt repliziert. Wenn beide Anlagen, derivatives Instrument und äquivalentes Portfolio, identische zukünftige Auszahlungen aufweisen, müssen sie den gleichen Gegenwartswert haben, da sonst Arbitrage-Gewinne realisierbar wären. Aus diesen Überlegungen lässt sich im nächsten Schritt das für die Optionspreistheorie so bedeutungsvolle Prinzip der risikoneutralen Bewertung ableiten. Die Kombination des Basisinstrumentes mit der Option erlaubt die Bildung eines sogenannten Hedge-Portfolios, das unabhängig von der Wertentwicklung des Basisinstrumentes immer dieselben, sicheren Zahlungsströme generiert. Der Marktwert dieses risikofreien Hedge-Portfolios ergibt sich aus seinem Wert zum Ausübungszeitpunkt, abdiskontiert mit dem risikofreien Zins. Durch Abzug des Marktwertes des Basisinstrumentes erhält man abschließend den Wert der Optionsposition.[16] Die Fähigkeit, ein risikofreies Portfolio zu konstruieren impliziert, dass die individuelle Risikoeinstellung einzelner Investoren vernachlässigt und die vereinfachende Annahme risikoneutraler Investoren getroffen werden kann. Unter dieser Annahme müsste die erwartete Rendite aller Anlagen dem risikofreien Zins entsprechen, was wiederum die Ableitung risikoneutraler Wahrscheinlichkeiten erlaubt. Mit Hilfe dieser risikoneutralen Wahrscheinlichkeiten kann der Optionswert auch direkt ermittelt werden, indem zunächst der Erwartungswert der Optionsauszahlung auf Basis der risikoneutralen Wahrscheinlichkeiten bestimmt und anschließend mit dem risikofreien Zins abdiskontiert wird.[17] Die beschriebene Vorgehensweise ist in Abbildung 3 noch einmal graphisch dargestellt.

---

16 Vgl. Trigeorgis (1996), S.73.

17 Für eine ausführliche, formelbasierte Darstellung des Prinzips der risikoneutralen Bewertung vgl. Trigeorgis (1996) und Hull (2000).

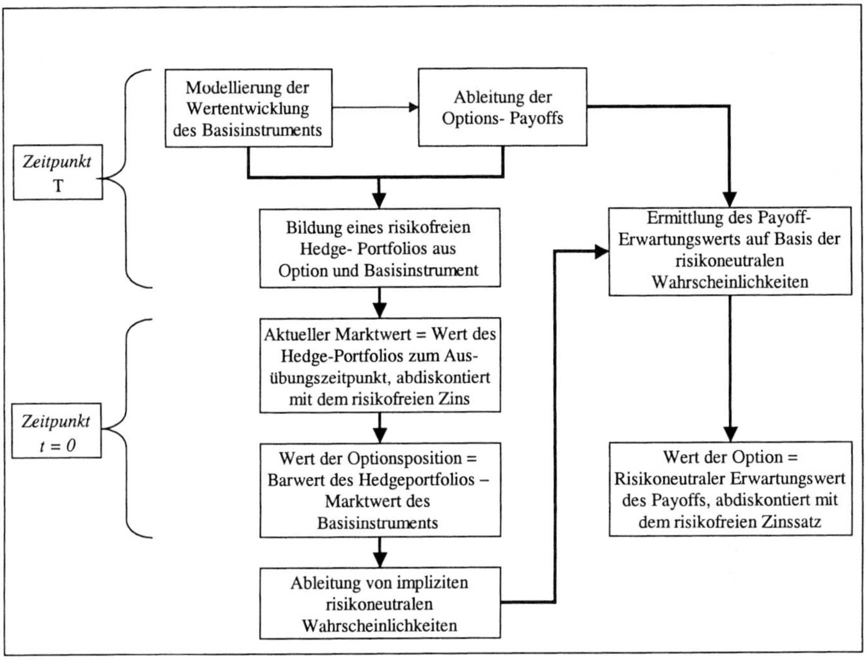

Abbildung 3: Das Prinzip der risikoneutralen Bewertung

Der entscheidende Vorteil des Prinzips der risikoneutralen Bewertung liegt in der Möglichkeit, Schwierigkeiten bei der Wahl des richtigen Kapitalkostensatzes, wie sie in allen traditionellen Verfahren auftreten[18], zu umgehen.

Nachdem das allen Optionsbewertungsverfahren gemeinsame Prinzip der risikoneutralen Bewertung erläutert wurde, soll im Folgenden ein Überblick über die verschiedenen Modellarten gegeben werden. Grundsätzlich unterscheidet die Optionspreistheorie wie in Abbildung 4 dargestellt zwischen analytischen und numerischen Verfahren.

18 Vgl. Abschnitt 2.2.

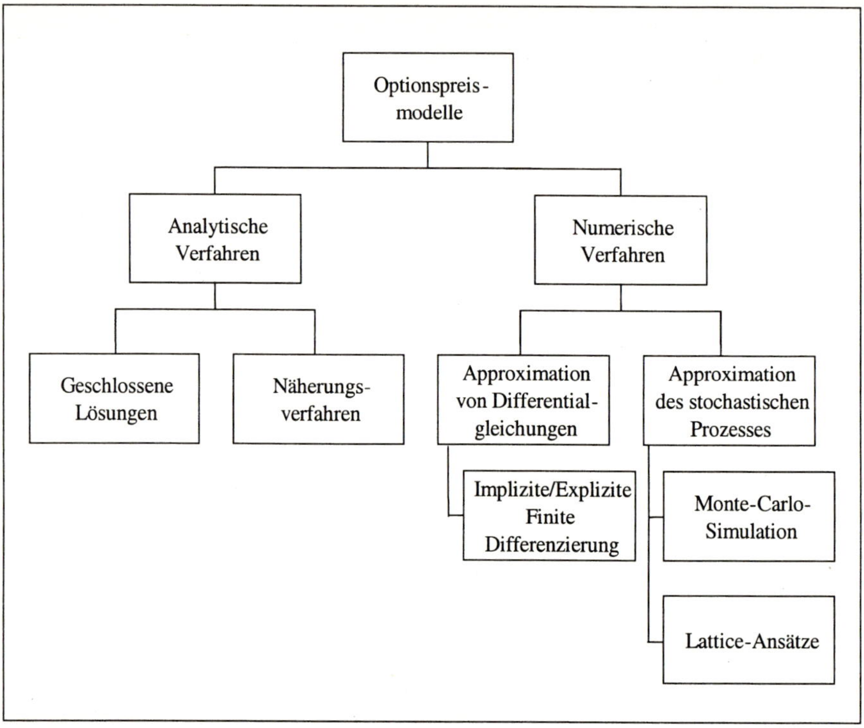

Abbildung 4: Optionspreismodelle im Überblick

3.2 Analytische Verfahren

Im Rahmen der analytischen Verfahren werden für bestimmte Probleme konkrete Bewertungsformeln abgeleitet. In einigen Fällen lassen sich geschlossene Lösungen ableiten, bei steigender Komplexität des vorliegenden Problems muss jedoch oft auf Näherungsverfahren zurückgegriffen werden. Im Rahmen der analytischen Verfahren wird die Wertveränderung des Basisinstrumentes als kontinuierlicher stochastischer Prozess modelliert. Um das oben erwähnte Hedge-Portfolio zu konstruieren, wird die Wertveränderungsgleichung partiell differenziert. Anschließend wird das resultierende System aus Differenzialgleichungen unter Berücksichtigung bestimmter Nebenbedingungen nach dem Wert der Option aufgelöst.[19] Bekanntester Vertreter der geschlossenen Lösungsgleichungen ist sicherlich die 1997 mit dem Nobelpreis dotierte Black/Scholes-Formel zur Bewertung euro-

19 Vgl. Hommel/Pritsch (1998), S.11.

päischer Call- und Putoptionen.[20] Allerdings lassen sich Realoptionen eher selten als einfache europäische Optionsrechte interpretieren. Realoptionen weisen häufig Merkmale amerikanischer Optionen auf dividendenzahlende Basisinstrumente auf, was den Anwendungsbereich geschlossener Lösungsformeln erheblich einschränkt. Beispielsweise kann eine Investitionsoption, die während der Laufzeit zu einem beliebigen Zeitpunkt ausgeübt werden kann, aufgrund nicht realisierter Cash-Flows, technologischen Wandels oder der Aktivitäten eines Wettbewerbers jedoch einem Werteverfall ausgesetzt ist, nur dann mit einer analytischen Formel bewertet werden, wenn der Wertverlust nicht stochastisch ist.[21] Ist dies nicht der Fall, kann das System aus Differenzialgleichungen samt Nebenbedingung unter Umständen durch mathematisch-analytische Techniken zumindest näherungsweise gelöst werden.[22]

Der große Vorteil der analytischen Verfahren liegt in ihrer relativ einfachen Handhabung und den zumindest auf den ersten Blick geringen Anwendungsvoraussetzungen. Da die Bewertung „lediglich" die Identifikation und das Einssetzen der Bewertungsparameter in eine Lösungsgleichung erfordert, verursacht sie vergleichsweise geringe Transaktionskosten.[23] Allerdings birgt diese vordergründige Einfachheit die Gefahr, dass notwendige Bewertungsannahmen nicht berücksichtigt und Wertzusammenhänge nicht transparent gemacht werden, und sich das eigentliche Bewertungsproblem auf diese Weise dem Verständnis des Anwenders entzieht. Die zum Teil stark restriktiven Modellprämissen schränken zudem den praktischen Einsatzbereich analytischer Verfahren erheblich ein, ihr Nutzen zur Festsetzung eines ersten Richtwertes sollte dennoch nicht unterschätzt werden.

3.3 Numerische Verfahren

Die numerischen Verfahren zur Optionsbewertung lassen sich in zwei Gruppen aufteilen. Der eine Verfahrenstyp basiert auf dem Versuch, die partiellen Differentialgleichungen der Wertentwicklung der Option in diskrete Differenzengleichungen zu transformieren und diese Rückwärtsinduktion approximativ zu lösen.[24] Da diese Approximation der Differentialgleichungen jedoch mathematisch sehr anspruchsvoll ist, bieten sich für den Einsatz in der Praxis vor allem solche Verfahren an, die sich durch die Approximation des stochastischen Prozesses auszeichnen. Da die Monte-Carlo Simulation schon in Punkt 2.1.3 beschrieben wurde,

[20] Vgl. Black/Scholes (1973), S. 637-659. Für Anwendungsbeispiele von geschlossenen Lösungsgleichungen vgl. z.B. Amend (2001) und Schäfer/Schaessburger (2001) im vorliegenden Band.

[21] Vgl. Geske (1979) und Roll (1977).

[22] Geske/Johnson (1984) entwickeln mit Hilfe polynomialer Verfahren eine Näherungsformel für amerikanische Kaufoptionen. Die Ableitung von Näherungslösungen demonstiert am Fall komplexer Tauschoptionen z.B. Boyle/Evnin/Gibbs (1989).

[23] Vgl. Hommel/Müller (1999), S. 180.

[24] Vgl. Trigeorgis (1996), S. 312.

sollen an dieser Stelle die sogenannten Lattice-Verfahren vorgestellt werden.[25] Im Rahmen dieser Verfahren wird der Wertveränderungsprozess des Basisinstrumentes durch einen Lattice-Baum modelliert. Hierzu wird die Zeit bis zum Verfall der Option in viele, gleich große Intervalle Δt unterteilt. Die bekannteste Variante dieser Modellgruppe, das von Cox/Ross/Rubinstein entwickelte Binomialmodell[26], geht davon aus, dass das Basisinstrument in jedem dieser Intervalle nur zwei Werte annehmen kann (Auf und Ab), wobei die Höhe dieser Auf- und Abbewegung als konstante Proportion der Bezugsgröße festgelegt wird. Es können jedoch auch Trinomialprozesse (Auf, Ab oder Konstant) bzw. Prozesse höherer Ordnung oder logarithmierte Binomialverfahren modelliert werden.[27] Aufbauend auf diesem Lattice-Baum des Basisinstrumentes lässt sich im nächsten Schritt ein Ereignisbaum für den Optionswert konstruieren. Ausgehend von den Endpunkten wird anhand dieses Optionsbaumes geprüft, ob die Ausübung der Option zu diesem Zeitpunkt optimal wäre und welcher Payoff sich bei Ausübung ergeben würde. Diese Auszahlungen werden anschließend rekursiv vom Fälligkeitszeitpunkt bis zur Gegenwart unter Anwendung des Prinzips der risikoneutralen Bewertung abdiskontiert, wobei der resultierende Barwert dem Optionswert entspricht.[28]

Die Lattice-Verfahren weisen gegenüber anderen Bewertungsmethoden zwei wesentliche Vorteile auf, die mögliche Genauigkeitsverluste mehr als aufwiegen. Zum einen sind die mathematischen Anforderungen gering und die beim Anwender liegenden Implementierungsschwierigkeiten überschaubar; zum anderen erfordert die Anwendung, dass Risiken und Chancen der Entscheidungssituationen deutlich und die Projektspezifika im Detail transparent gemacht werden. Hierdurch kann nicht nur eine Erweiterung des Problemverständnisses erzielt sondern vor allem eine schlüssige und auch für Außenstehende nachvollziehbare Bewertungsentscheidung getroffen werden.

4 Schlussbemerkung

Der vorliegende Beitrag dient der vergleichenden Darstellung verschiedener Methoden zur Bewertung von Investitionsprojekten. Es wurden zunächst die vergleichsweise einfachen klassischen Verfahren der Investitionsrechnung mit ihren Stärken und Schwächen dargestellt. Anschließend wurde aufgezeigt, wie die An-

---

[25] Für eine detaillierte Erläuterung der Lattice-Verfahren, insbesondere des Binomialmodells vergleiche die Beiträge von Müller (2001) und Stickel (2001) im vorliegenden Band bzw. Hull (2000). Weitere anwendungsorientierte Fallstudien finden sich in Kellogg/Charnes (2000) sowie Schwartz/Moon (2000).

[26] Vgl. Cox/Ross/Rubinstein (1979).

[27] Vgl. Hull (2000), S. 403.

[28] Vgl. Hommel/Pritsch (1999a), S. 32.

wendung des Realoptionsansatzes einige der angesprochenen Limitationen überwinden kann. Insbesondere sind hier Probleme bei der theoretisch korrekten Risikoadjustierung des Kapitalkostensatzes zu nennen, die durch das Prinzip der risikoneutralen Bewertung in der Optionspreistheorie vermieden werden. Die Interpretation von Investitionsprojekten als Realoptionen weist im Vergleich zu den traditionellen Verfahren einen weiteren Vorteil auf, nämlich die Möglichkeit des Einbezugs vielschichtiger realwirtschaftlicher Gegebenheiten. Die Modellierung der Projekte als komplexe Optionsrechte, z.B. Verbundoptionen, Optionen mit mehreren Basisinstrumenten u.ä. erlaubt die Berücksichtigung von Interaktionseffekten und Projektinterdependenzen; spieltheoretische Erweiterungen ermöglichen die Betrachtung von Wettbewerbsaspekten. Allerdings erhöht sich durch derartige Erweiterungen die Komplexität der anzuwendenden Modelle und damit die Anforderungen an die mathematischen Kenntnisse und das Methodenverständnis der Anwender erheblich, oft über ein vertretbares Maß hinaus.

Grundsätzlich steht der Entscheidungsträger bei der Auswahl eines Bewertungsverfahrens einem fundamentalen Trade-Off gegenüber. Einfache und übersichtliche Verfahren bilden die Realität in der Regel nur unzureichend ab und beruhen oft auf restriktiven Anwendungsvoraussetzungen. Je stärker die Verfahren modifiziert werden, um realwirtschaftliche Aspekte in die Analyse einzubeziehen, desto schwieriger wird ihre Handhabung. Der Realoptionsansatz mag anderen Verfahren theoretisch überlegen sein, die endgültige Verfahrenswahl sollte jedoch abhängig von der betrachteten Bewertungssituation getroffen werden. Je standardisierter die Situation und das vorliegende Projekt, desto eher wird man auf stark vereinfachende Verfahren zurückgreifen können. Bei steigender Komplexität und Unsicherheit des Umfeldes sowie in wichtigen und neuartigen Entscheidungssituationen scheinen aufwendigere Verfahren besser geeignet.

Die in letzter Zeit stetige Weiterentwicklung der Optionspreistheorie und softwarebasierter Lösungsmodelle unterstützen allerdings eine zunehmende Anwendung des Realoptionsansatzes, wie auch die Fallbeispiele der folgenden Kapitel zeigen werden.

Literaturverzeichnis

Bieg, H.; Kussmaul, H. (2000): Investitions- und Finanzierungsmangament. Band I: Investition, München

Black, F.; Scholes, M. (1973): The Pricing of Options and Corporate Liabilities, in: *Journal of Political Economy*, Vol. 81, S. 637-659

Boyle, P.; Evnin, J.; Gibbs, S. (1989): Numerical evaluation of multivariate contingent claims, in: *Review of Financial Studies*, Vol. 2, S. 241-250

Brealey, R.; Myers, S. (2000): Principles of Corporate Finance. 6. Aufl., Boston et al.

Busby, J.; Pitts, G. (1997): Real Options in Practice: an Exploratory Survey of How Finance Officers Deal with Flexibility in Capital Appraisal, in: *Management Accounting Research*, Vol. 8, S. 169-186

Cox, J.; Ross, S.; Rubinstein, M. (1979): Option Pricing: A Simplified Approach, in: *Journal of Financial Economics*, Vol. 7, S. 229-263

Franke, G.; Hax, H. (1999): Finanzwirtschaft und Kapitalmarkt. 4. Auflage, Heidelberg

Geske, R. (1979): The Valuation of Compound Options, in: *Journal of Financial Economics*, Vol. 7, S. 63-81

Geske, R.; Johnson, H. (1984): The American Put Option Valued Analytically, in: *Journal of Finance*, Vol. 39, S. 1511-1524

Hommel, U.; Müller, J. (1999): Realoptionsbasierte Investitionsbewertung, in: Finanzbetrieb Vol. 1, S. 177-188

Hommel, U.; Pritsch, G. (1999a): Investitionsbewertung und Unternehmensführung mit dem Realoptionsansatz. Achleitner (1999): Handbuch Corporate Finance, 4. Ergänzungslieferung, Köln, S. 1-67

Hommel, U.; Pritsch, G. (1999b): Marktorientierte Investitionsbewertung mit dem Realoptionsansatz, in: *Finanzmarkt und Portfoliomanagement*, Vol. 13, S. 115-144

Hommel, U.; Pritsch, G. (1998): Investitionsbewertung mit dem Realoptionsansatz. WHU Forschungspapier Nr. 50, Koblenz

Hull, J. (2000): Options, Futures, and Other Derivatives. 4. Auflage, London et al.

Kellogg, D.; Charnes, J. M. (2000): Real-Options Valuation for a Biotechnology Company, in: *Financial Analysts Journal*, Vol. 56, S. 76-84

Luehrmann, T. (1994): Capital Projects as Real Options. An Introduction. Harvard Business School Teaching Note 9-295-074

Perridon, L.; Steiner, M. (1999): Finanzwirtschaft der Unternehmung. 10. Auflage, München

Roll, R. (1977): An Analytic Valuation Formula for Unprotected American Call Options on Stocks with Known Dividends, in: *Journal of Financial Economics*, Vol. 5, S. 251-258

Schwartz, E. S.; Moon, M. (2000): Rational Pricing of Internet Companies, in: *Financial Analysts Journal*, Vol. 56, S. 62-75

Trigeorgis, L. (1996): Real Options. Managerial Flexibility and Strategy in Resource Allocation. Cambridge

Die Bedeutung von Realoptionen im M&A-Geschäft

Dr. Stephan Leithner und Dr. Hans Liebler*

Dr. Stephan Leithner, Deutsche Bank AG, Taunusanlage 12, 60262 Frankfurt/ Main

Dr. Hans Liebler, McKinsey & Company, Prinzregentenstr. 22, 80538 München

Zusammenfassung: Realoptionen, oft auch als strategischer Wert einer Akquisition umschrieben, sind in einer großen Zahl von M&A-Transaktionen Grundlage für einen höheren Wert des Zielunternehmens aus Sicht des Käufers als aus der Sicht des Verkäufers. Vor diesem Hintergrund gilt es, Realoptionen systematischer im M&A-Prozess zu berücksichtigen und in allen Phasen eines professionellen M&A-Prozesses die Werttreiber der Optionen in den Mittelpunkt der Analyse und Kommunikation zu stellen. Der damit verbundene konzeptionelle Beitrag des Realoptionsansatzes steht nur auf den ersten Blick im Widerspruch zum eingeschränkten Anwendungsgebiet von quantitativen Realoptionsbewertungsmodellen in der M&A-Praxis. Ein einfaches Beispiel zur Bewertung von Vorkaufsrechten verdeutlicht, dass selbst der Einsatz quantitativer Optionspreismodelle in der M&A-Praxis einen erheblichen Beitrag zur Faktenbasierung von bisher oftmals spontan getroffenen Verhandlungsentscheidungen leisten kann.

Schlüsselworte: Unternehmensbewertung, Realoptionsansatz, Realoptionen, M&A-Prozess, Flexibilität, Vertragsgestaltung

1 Einführung

Der Realoptionsansatz wurde in den letzten Jahren als Methode zur Investitionsrechnung und Unternehmensbewertung in der Wissenschaft intensiv diskutiert. In die Praxis hat er jedoch nur begrenzt Einzug erhalten.[1] Insbesondere im M&A-Geschäft, bei dem die Ermittlung des Kaufpreises für ein Unternehmen eine zentrale Rolle einnimmt, sind in der Praxis vorwiegend einfachere Bewertungsmethoden, wie z.B. die Ermittlung des Kaufpreises auf Basis von Markt-Multiples oder die Bewertung anhand eines Discounted-Cash-Flow Modells anzutreffen. Im Ge-

---

* Wir danken Herrn Michael Mertmann für seine Unterstützung bei der Umsetzung dieses Beitrags.

1 Vgl. Ernst (2000), S. 48 ff.

gensatz dazu haben Bewertungsmodelle auf Basis von Realoptionen den Ruf, relativ komplex, schwer handhabbar und auch an die Vertragspartner nur schwer kommunizierbar zu sein.

Während die Bewertungspraxis im M&A-Geschäft Realoptionsmodelle bisher kaum einsetzt, haben Realoptionskonzepte die strategische Motivation von Managern in den letzten Jahren maßgeblich geprägt. Abschnitt 2 geht hierauf mittels einer "Motivationsanalyse" für angekündigte und realisierte M&A-Transaktionen ein. Die Lücke zwischen Realoptionen als strategisches Denkmuster und der beschränkten Einsetzbarkeit der Bewertungsinstrumente sollte nach unserer Einschätzung in einem ersten Schritt durch eine systematisierte, qualitative Berücksichtigung der Werttreiber von Realoptionen im M&A-Prozess Rechnung getragen werden. Abschnitt 3 stellt daher dar, wie wichtige Eckpunkte des Realoptionskonzeptes systematischer in allen Phasen des M&A-Prozesses berücksichtigt werden können, um eine bessere Entscheidungsgrundlage für das Management zur Werthaltigkeit von Optionen, eine klarere Kommunikation von Optionen gegenüber den Aktionären und ein systematischeres Implementierungscontrolling von Realoptionen zu erreichen. Mittel- bis langfristig dürfte eine derartige systematische Informationsauf-bereitung zu den Werttreibern von Realoptionen auch das Einsatzgebiet von quantitativen Realoptionspreismodellen erweitern. Als Grundlage für einen breiteren Einsatz stellt Abschnitt 4 die gegenwärtig bereits anerkannten Einsatzgebiete von Realoptionspreismodellen dar und geht auf praktische Fragen zur Anwendung ein. Abschnitt 5 schildert eine häufig anzutreffende M&A-Verhandlungssituation und zeigt, wie der Einsatz von quantitativen Realoptionsmodellen, zumindest bei der Analyse von Vertragsklauseln mit Optionscharakter, ohne allzu spekulative Annahmen einen Beitrag leisten kann. Ein Ausblick in Abschnitt 6 beschließt den Beitrag.

2 Bedeutung von Realoptionen für erfolgreiche M&A-Transaktionen

Voraussetzung für den erfolgreichen Abschluss einer M&A-Transaktion ist eine "Win-Win"-Perspektive von Käufer und Verkäufer auf den vereinbarten Preis auf Grund unterschiedlicher Wertverständnisse. Für den Käufer erfordert dies in der Regel ein besseres Verständnis des Nutzenpotentials, um aggressive Akquisitionsprämien über den intrinsischen "Stand-Alone" Wert rechtfertigen zu können. Insbesondere für die wachsende Zahl nicht-synergetischer Akquisitionen der letzten Zeit spielen Realoptionen für den Nutzen des Käufers eine bedeutende Rolle. Unterabschnitt 2.1 verdeutlicht die Dichotomie Wert vs. Preis und zeigt die Bedeutung von Realoptionen für Prämien auf. Nicht alle Handlungsmöglichkeiten des Käufers haben jedoch Optionscharakteristika, für die es lohnt, eine (Options-) prämie zu bezahlen (Unterabschnitt 2.2). Unterabschnitt 2.3 gibt eine systematische Übersicht zu Realoptionen mit Bedeutung für das M&A-Geschäft als Identifikationshilfe für die Praxis.

2.1 Einfluss von Realoptionen auf die Wertperspektive von Käufer und Verkäufer

Ein wesentliches Element bei der Betrachtung des M&A-Prozesses ist eine Differenzierung zwischen dem "Wert" eines Unternehmens und dessen "Preis".[2] Während der "Wert" für den Käufer und Verkäufer eine weitgehend subjektive und oftmals schwer zu bestimmende Größe darstellt, handelt es sich beim "Preis" spätestens nach Abschluss des Kaufvertrags um eine objektivierbare und exakt messbare Größe. Das Ziel eines jeden Käufers wird es sein, das zu akquirierende Unternehmen zu einem Preis zu erwerben, der unter dem sich für ihn ergebenden "strategischen" Wert liegt. Demgegenüber wird der Verkäufer bestrebt sein, einen Preis zu erzielen, der über "seinem" Wert für das zu verkaufende Unternehmen liegt. Der Wert des Unternehmens kann für Käufer und Verkäufer auf Grund unterschiedlicher Rahmenbedingungen und zukünftiger Handlungsmöglichkeiten teilweise stark unterschiedlich sein. Deshalb ist es in vielen Fällen durchaus möglich, sogenannte Win-Win-Situationen zu erzeugen, bei denen der Verkaufspreis zwischen den Unternehmenswerten des Käufers und des Verkäufers liegt. Somit wird beiden Seiten ein theoretischer Gewinn ermöglicht (vgl. Abb. 1).

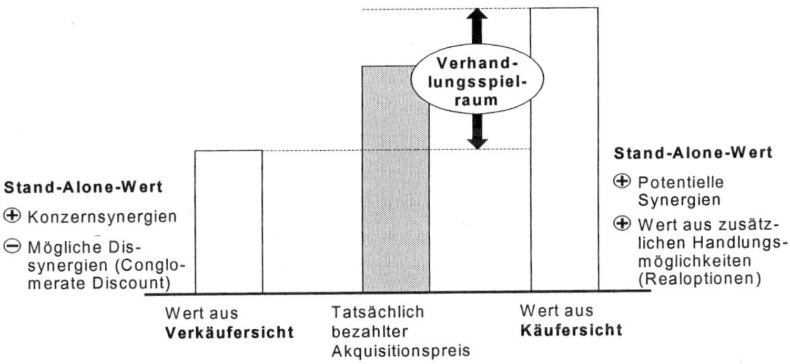

Abbildung 1: Wert vs. Preis eines Unternehmens

Die unterschiedliche Wertbetrachtung von Käufer und Verkäufer kann zurückzuführen sein auf (1) Informationsunterschiede über die gegenwärtige Situation des Zielunternehmens, (2) eine unterschiedliche Einschätzung über die zukünftige Entwicklung der bedeutendsten Einflussfaktoren auf den Wert des Unternehmens, (3) den unmittelbaren Mehrwert des Käufers aus “Synergien” und (4) die Realoptionen des Käufers, die dem Verkäufer nicht zur Verfügung stehen (oder zumindest von diesem nicht als solche bewertet werden).

2 Vgl. Copeland/Koller/Murrin (1999), S. 20 ff.

Informationsunterschiede über die gegenwärtige Situation des Zielunternehmens zu überwinden, ist das Ziel des systematischen Information Disclosure Prozesses (z.B. Informationsmemorandum, Management Presentation, Datenraum etc.), der fester Bestandteil jedes professionellen M&A-Prozesses geworden ist.

Unterschiedliche Einschätzungen über zukünftige Entwicklungen werden jedoch auch nach einer gründlichen Due Diligence Phase in den meisten Fällen bestehen bleiben. Auf Grund solcher Unsicherheiten ergeben sich unterschiedliche Betrachtungsweisen des Wertes eines Unternehmens. Oftmals führt dies auf Käuferseite zu Risikoabschlägen und der Berücksichtigung konservativer Szenarien, so dass diese in der Regel nicht zur Erklärung eines signifikanten Unterschiedes der Werte aus Verkäufer- vs. Käufersicht herangezogen werden können.

Wertsteigerungsmöglichkeiten des Käufers aus Synergien bilden daher heute das gebräuchlichste Argument für eine Akquisitionsprämie. Insbesondere Kostensynergien werden in der Regel auch vom Kapitalmarkt anerkannt – soweit das Management des Käufers die erforderliche Glaubwürdigkeit für die Umsetzung besitzt. Aber auch bei dem Verkauf an einen Finanzinvestor ist es durch eine Veränderung der Finanzierungsstruktur und ggf. durch die Einsetzung eines strafferen, nach Zielen ausgerichteten Managements möglich, einen Wert zu erzielen, der höher ist als der, den der heutige Eigentümer erzielt. Diese "strategischen" und "finanziellen" Wertsteigerungsmöglichkeiten sind somit bei der Ermittlung des Unternehmenswertes aus Verkäufersicht mit zu berücksichtigen. Zum großen Teil können sie mit traditionellen (DCF-) Bewertungsansätzen auch quantifiziert werden.

Es sind jedoch die Realoptionen, meist bezeichnet als “strategischer” Wert, die oftmals ausschlaggebend sind für die Bereitschaft des Käufers, die erforderliche Akquisitionsprämie zu bezahlen. Dies gilt insbesondere in kompetitiven Auktionsprozessen, in denen Wertunterschiede aus Synergien von keinem der Bieter oder von mehreren Bietern gleichermaßen realisiert werden können und damit strategische Bewertungen ausschlaggebend sind. Beispiele sind Situationen, in denen ausschließlich Finanzkäufer und strategische Investoren ohne bedeutende unmittelbare Geschäftssynergien im Wettbewerb um ein Zielunternehmen stehen. Ein Beispiel bilden die ersten Auktionen von Teilen des Kabelnetzes der Deutschen Telekom in den Jahren 1999 und 2000, bei denen neben strategischen Investoren, die einen Markteintritt in Deutschland suchten, auch finanzielle Investoren wie DB Investor und Klesch & Co. aktiv waren. Neben dem strategischen Wert eines Unternehmens für den Käufer können jedoch auch Optionen im Rahmen der Vertragsgestaltung entscheidend die zukünftigen Handlungsoptionen des Käufers in Bezug auf das Akquisitionsobjekt beeinflussen. Damit kann eine erhöhte relative Bewertung der ersten Akquisitionsschritte gerechtfertigt werden.

Um die Bedeutung von Realoptionen bei M&A-Transaktionen zu illustrieren, wurden die größten Transaktionen von 1998 bis Ende 2000 nach der outside-in identifizierten Hauptmotivation für Käufer und Verkäufer kategorisiert (Abb. 2). Unter den größten Transaktionen weltweit standen in den letzten drei Jahren synergiemotivierte Zusammenschlüsse im Vordergrund: Die Statistik bei Transaktionen mit über 30 Mrd. US $ Transaktionswert wird dominiert von Zusammenschlüssen im (US) Bankenmarkt, der (US) Telekomindustrie, in der Ölindustrie und zwischen Pharmaunternehmen. Gleichzeitig bildeten aber Optionen auf Industriekonvergenzen wie bei Citicorp/Travelers, MediaOne/AT&T, Cable&Wireless/PCCW und zuletzt AOL/TimeWarner besonders intensiv diskutierte M&A-Transaktionen. Bei 8 von 31 der abgeschlossenen Transaktionen mit über 30 Mrd. US $ Transaktionswert bilden die "optionsmotivierten" M&A-Transaktionen in der globalen Superliga eine klare Minderheit. Anders sieht es aber unter den größeren, abgeschlossenen M&A-Transaktionen mit deutschen Zielunternehmen zwischen 1998 und Ende 2000 aus: 35% der Akquisitionen sind vorrangig unter dem Gesichtspunkt von Realoptionen aus der Sicht des Käufers gerechtfertigt (Abb. 2). Bei der Hälfte dieser "strategischen Akquisitionen" lässt sich als Motivation der Käufer die Aussicht auf spätere, mögliche Synergien aus einer weiteren Industriekonsolidierung in Deutschland oder grenzüberschreitend in Europa identifizieren: Der Erwerb einer Mehrheit von Generali an AMB, der Erwerb der BHF-Bank durch die holländische ING Gruppe, der Kauf der BfG Bank durch die schwedische SE Bank sind einige Beispiele von Ausländern, die sich Optionen für ein späteres Wachstum in Deutschland und für einen deutschen Brückenkopf in einem integrierten europäischen Markt für Finanzdienstleistungen sicherten.

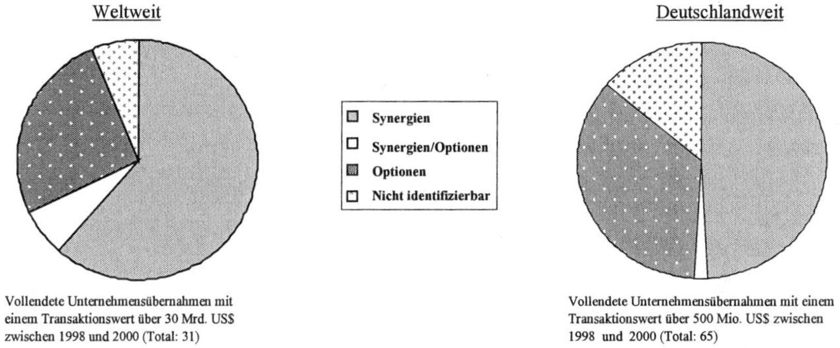

Quelle: SDC

Abbildung 2: Synergien vs. Optionen

Die Bedeutung der systematischen Identifikation, Bewertung und Kommunikation solcher Optionen zeigt sich an der oftmals sehr verhaltenen Kapitalmarktreaktion auf Transaktionen, die auf Käuferseite unpräzise mit strategischen Werten begründet werden. Dies gilt für viele der pan-europäischen Akquisitionen mit Optionscharakter, aber auch für die anfänglich verhaltenen Kapitalmarktreaktionen auf die größten "Bankassurance"-Transaktionen (der Zusammenschluss von Credit Suisse und Winterthur in der Schweiz und der Zusammenschluss von Citicorp und Travelers Insurance in USA). In diesem Zusammenhang kann der Realoptionsansatz einen wesentlichen Beitrag leisten, indem solche Handlungsoptionen identifiziert und im Rahmen einer ganzheitlichen Betrachtung des strategischen Wertes mit berücksichtigt werden.

2.2 Realoptionen vs. Handlungsmöglichkeiten

In der Alltagssprache wird oftmals von Optionen gesprochen. Jedoch nicht alle Handlungsmöglichkeiten, die sich ein Käufer in einer M&A-Transaktion erwirbt, sind auch werthaltige Optionen. Ohne die Grundlagen der Realoptionstheorie nochmals wiederholen zu wollen,[3] soll zunächst kurz auf den Unterschied von Realoptionen im engeren Sinne sowie von "Handlungsmöglichkeiten" eingegangen werden, die in der Alltagssprache allerdings oftmals auch als "Optionen" bezeichnet werden.

Realoptionen weisen, genauso wie Finanzoptionen, drei konstitutive Eigenschaften auf:[4] Flexibilität, Unsicherheit und Irreversibilität. Sie beschreiben das Recht und nicht die Verpflichtung zur Ausübung (*Flexibilität*), die wirtschaftliche Attraktivität ist ex ante nicht eindimensional vorgegeben (*Unsicherheit*) und das Optionsrecht wird durch die Ausübung aufgehoben (*Irreversibilität*). Realoptionen im M&A-Geschäft weisen - analog zu Finanzoptionen - asymmetrische Auszahlungsstrukturen auf: Gewinnpotenziale werden erhöht oder Verlustrisiken entsprechend minimiert. Im Gegensatz zu Finanzoptionen ist bei Realoptionen jedoch oftmals der Halter der Option nicht eindeutig zu bestimmen. So ist es durchaus denkbar, dass dieselbe Option unterschiedlichen Spielern gleichermaßen offen steht. Dabei ist jedoch zu berücksichtigen, dass durch die Ausübung der Option durch einen Wettbewerber der Wert der eigenen Option entsprechend vermindert wird. Dies soll anhand des folgenden Beispiels näher erläutert werden.

Der Erwerber einer Bank in Tschechien hat mit Sicherheit stets die Möglichkeit, auch weitere Banken in Osteuropa zu akquirieren. Um eine Realoption handelt es sich dann, wenn durch den Erwerb der tschechischen Bank bestimmte Vorteile erworben werden (z.B. Marktkenntnisse, gemeinsame Infrastruktur, die auch in anderen osteuropäischen Ländern genutzt werden kann, etc.), welche ihrerseits Optionscharakter aufweisen. Ist dies der Fall, so hat der Erwerber der tschechischen Bank das Recht, aber nicht die Pflicht, die akquirierte Infrastruktur bei entsprechender wirtschaftlicher Attraktivität für den Einstieg in weitere osteuropäische Märkte zu nutzen. Diese Erweiterungsoption würde dementsprechend auch einen höheren Kaufpreis für die Akquisition der tschechischen Bank rechtfertigen. Dabei ist allerdings zu berücksichtigen, dass der Wert dieser Option ggf. durch den Einstieg anderer Wettbewerber in den osteuropäischen Markt bereits vor ihrer Ausübung gemindert werden kann.

---

3 Vgl. Hommel/Pritsch (1999).

4 Vgl. Dixit/Pindyck (1994), S. 3 ff., Hommel/Müller (1999), S. 178 ff. sowie Hommel/Pritsch (1999), S. 123 ff.

2.3 Kategorisierung von Realoptionen bei M&A-Transaktionen

Als Grundlage für eine verbesserte Identifizierung aller inhärenten Optionsrechte soll im Folgenden nochmals ein Kategorisierungsraster für die verschiedenen Realoptionen angeboten werden. In der Literatur wird meist zwischen sechs verschiedenen Typen von Realoptionen unterschieden:[5] "options to wait" (Aufschub- und Verzögerungsinvestitionen), "options to stage investments" (Optionen, die die Investition in mehrere Teilelemente zerlegen), "options to abandon/shut down" (Abbruchs-/Schließungsoptionen), "options to alter scale" (Erweiterungs- und Einschränkungsoptionen), "switching options" (Umstellungs-optionen) und "options to innovate" (Innovationsoptionen). Im Vordergrund stehen bei M&A-Transaktionen in der Regel strategische Flexibilitätsoptionen:[6] "option to wait", "option to stage investments" und "option to abandon/shut down". Diese Optionen können sowohl die Form von Gestaltungsspielräumen in der Weiterentwicklung eines Unternehmens oder auch in der Gestaltung von Kaufverträgen nehmen. Einige Illustrationen sollen dies verdeutlichen:

- Bei einer "*option to wait*" handelt es sich um das Recht, die eigentliche Investition von dem Eintritt einer bestimmten Bedingung abhängig zu machen. Dies kann beispielsweise der Erwerb eines Vorkaufsrechts für ein bestimmtes Unternehmen oder die Möglichkeit zum Eintritt in neue Märkte oder Technologien, abhängig von deren Entwicklung, sein. Diese Option kann mit einer amerikanischen Call-Option verglichen werden, die dem Halter das Recht gibt, ein bestimmtes Asset zu erwerben. Es kann jedoch auch der Kauf eines Unternehmens mit einer "option to wait" verbunden sein, sofern durch den Kauf ein organischer Markteintritt mit langem Vorlauf, aber unsicherem Payoff verhindert werden kann. Der Kauf einer deutschen Bank gibt beispielsweise einem ausländischen Spieler die Möglichkeit, mit Investitionen für den Aufbau des Altersvorsorgegeschäftes in Deutschland noch zu warten, bis weitgehende Klarheit über den regulatorischen Rahmen entsteht. Die inländischen Wettbewerber tun dies auch. Ohne diese Plattform-"Akquisition" wäre der ausländische Spieler ggf. gezwungen, bereits während der Phase hoher Unsicherheit über den endgültigen regulatorischen Rahmen in den Markt zu investieren, um Markenbewusstsein zu schaffen und sich einen Track Record aufzubauen.
- Analog handelt es sich bei der "*option to stage investments*" oder bei Wachstumsoptionen um das Recht, eine ursprünglich getätigte Investition in einem oder mehreren Teilschritten zu erweitern. Beispiele sind hier Vorkaufsrechte für weitere Unternehmensanteile oder das Recht, den eigenen Anteil an einem Gemeinschaftsunternehmen oder Joint Venture unter bestimmten Bedingungen

[5] Vgl. u.a. Trigeorgis (1993), S. 204 f., Kilka (1995), S. 37 ff. sowie Hommel/Pritsch (1999), S. 125 ff.

[6] Mostowfi (2000), S. 74 ff. zu einer ähnlichen Konzentration auf strategische Flexibilitätsoptionen.

aufzustocken. Wachstumsoptionen motivieren in konsolidierenden Märkten oftmals neu eintretende Spieler, beim Kauf kleinerer Unternehmen mit inländischen Spielern mitzubieten. Mit dem Kauf einer "kleinen" italienischen Bank sind z.B. für eine ausländische Universalbank kurzfristig kaum Synergien verbunden. Gleichwohl erschließt sich ein finanzstarker ausländischer Spieler damit aber eine Rolle in weiteren, größeren Konsolidierungsschritten in Italien und langfristig die Option auf Synergien zwischen der italienischen Tochter und dem Stammhaus im Rahmen einer grenzüberschreitenden Integration von Märkten. In Analogie zu Finanzoptionen handelt es sich hier um eine Compound-Option, die sich aus einem Bündel mehrerer amerikanischer Call-Optionen zusammensetzt.

- Durch eine "*option to abandon*" hat das Management die Möglichkeit, ein Investitionsprojekt vor Ablauf der spezifizierten Lebensdauer zu beenden und die Aktiva gegen ihren Restwert einzutauschen. Im Zusammenhang mit Kaufverträgen handelt es sich hierbei um Rücktritts- und Andienungsrechte sowie Garantien. Unter einer strategischen Perspektive bilden alle möglichen Exit-Strategien die Wertuntergrenze für eine Liquidationsoption, sofern sich strategischer Nutzen oder Synergien nicht einstellen. Zu Unrecht stellt die Literatur meist nur auf Buchwerte ab.[7] Finanzinvestoren legen in der Regel besonders hohen Wert auf ein differenziertes Verständnis von Exit-Strategien durch eine spätere (erneute) Börseneinführung oder den Verkauf an einen strategischen Investor. Die Liquidation zum Buchwert stellt dabei nur eine Worst-Case-Überlegung dar. Liquidationsoptionen sind vergleichbar mit einer amerikanischen Put-Option.

Neben den dargestellten strategischen Flexibilitätsoptionen kann insbesondere die "*option to innovate*" aktuell beim Kauf von E-Commerce Start-ups oftmals als Begründung für den Kauf von Unternehmen mit bisher geringer Kundenbasis gesehen werden. Weniger der unmittelbar generierte Cash-Flow des existierenden Geschäfts steht im Vordergrund, als vielmehr die potenzielle Übertragung von neuartigen Geschäftskonzepten auf "Altbestände" von Kunden. "Options to innovate" sind typischerweise amerikanische Kaufoptionen.[8]

3 Systematische Berücksichtigung von Realoptionen in M&A-Prozessen

Die oben genannten Arten von Realoptionen stellen den Wert unterschiedlicher Handlungsflexibilitäten dar, die sich für einen Käufer im Rahmen einer M&A-Transaktion ergeben können. Im Folgenden soll gezeigt werden, wie der Realopti-

---

7 Auch Mostowfi (2000), S. 77 spricht vor allem bei kapitalintensiven Unternehmen und Finanzdienstleistern vom Vorliegen einer Liquidationsoption.

8 Vgl. u.a. Myers (1997), Kester (1984), (1993).

onsansatz sinnvoll während des gesamten M&A-Prozesses, begonnen von der strategischen Unternehmensplanung über die Auswahl potenzieller Akquisitions-Targets, der Verhandlungsführung (inkl. Due Diligence) bis zum Abschluss der Transaktion, in der Kapitalmarktkommunikation und der sich anschließenden Integrationsphase eingesetzt werden sollte (siehe Abb. 3). Im Vordergrund steht dabei der Beitrag der Identifikation, Prüfung und Kommunikation von Realoptionen für einen wertmaximierenden, professionellen M&A-Prozess.[9] Der Abschnitt versteht sich daher auch als ein Arbeitsleitfaden zur systematischen Berücksichtigung von Realoptionen in professionellen M&A-Prozessen. Diese "Verinnerlichung" bildet die Voraussetzung für jede weitergehende, quantitative Berücksichtigung von Realoptionen in der Bewertung, wie sie im nächsten Abschnitt diskutiert wird.

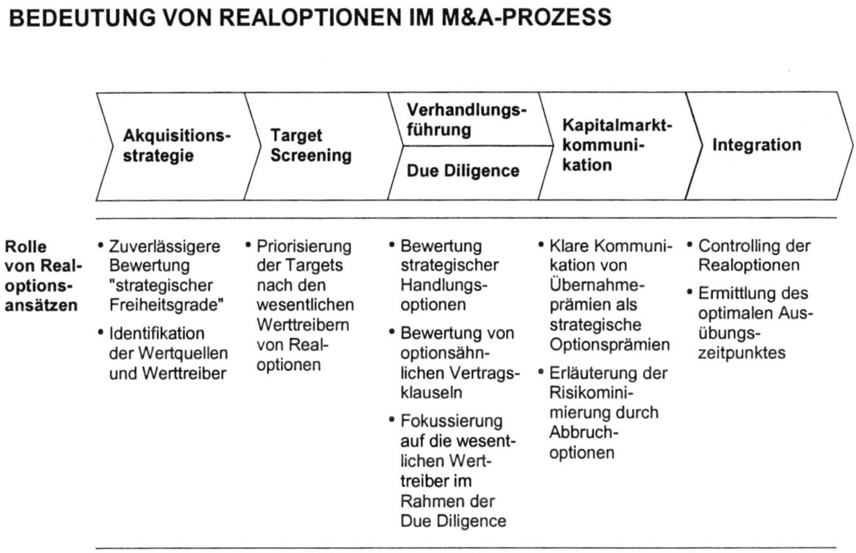

Abbildung 3: Identifikation, Prüfung und Realisierung von Realoptionen entlang der Phasen des M&A-Prozesses

3.1 Grundlagen für eine Berücksichtigung von Realoptionen im M&A-Prozess: Systematisierung der Werttreiber

Voraussetzung für eine systematische Berücksichtigung von Realoptionen im gesamten M&A-Prozess ist eine klare Strukturierung der Werttreiber. Daher sol-

---

[9] Vgl. Ernst/Thümmel (2000), S. 665 ff.

len in diesem Abschnitt die wichtigsten Einflussgrößen auf den Wert von Realoptionen identifiziert werden (siehe Abb. 4).

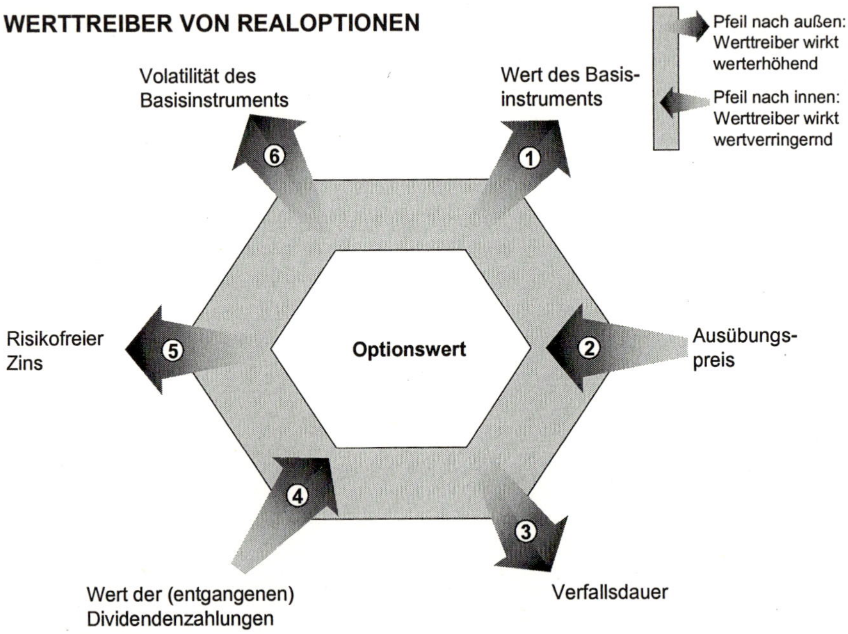

Abbildung 4: Einflussfaktoren auf den Unternehmenswert[10]

Unabhängig von der gewählten Bewertungsmethodik und der Art der Optionen können folgende sechs Faktoren identifiziert werden, die den Wert von Realoptionen bestimmen:

1. *Der Wert des Basisinstruments*: Bei einer Finanzoption ist darunter der Wertpapierpreis zu verstehen, auf den sich die Call- oder Put-Option bezieht. Dieser ist in der Regel eindeutig zu bestimmen, sofern es sich bei dem Basisinstrument um ein börsengehandeltes Asset handelt. Bei Realoptionen ist dagegen die Wertfeststellung für das Basisinstrument oftmals nicht eindeutig bestimmt. So ist es z.B. bei der Bewertung einer Erweiterungsoption auf Basis einer neuen Technologie notwendig, zur Bestimmung des Werts des Basisinstruments bereits eine relativ konkrete Vorstellung über das Marktpotenzial, das sich daraus ergeben könnte, zu haben.[11]

2. *Der Ausübungspreis*: Unter dem Ausübungspreis ist der Barwert der notwendigen Investitionen zu verstehen. Nach der Ausübung der Investition wird dieser Barwert fällig. Bei Finanzoptionen ist dieser Wert, der bei Bezug (oder Verkauf) des Basisinstruments fällig wird, eindeutig bestimmt und bereits beim Kauf der Option bekannt. Im Gegensatz dazu ist auch hier die Bestim-

---

10 Vgl. Leslie/Michaels (1997), S. 9.

11 Vgl. Liebler (1996), S. 74 ff.

mung des Ausübungspreises bei Realoptionen unter Umständen nicht trivial: So sind die für den Einstieg in einen neuen Markt notwendigen Anfangsinvestitionen oftmals nur mit relativ großer Unsicherheit festzustellen. Die Differenz aus dem Wert des Basisinstruments und dem Ausübungspreis wird in der Regel als der "innere Wert" der Option bezeichnet. Je höher der "innere Wert", umso höher ist auch der Wert der Option.

3. *Die Verfallszeit der Option*: Je nach Art der Option kann diese entweder nur an ihrem Verfallszeitpunkt ausgeübt werden (europäische Option) oder während der gesamten Laufzeit bis spätestens zum Verfallszeitpunkt (amerikanische Option). Auch dieser Zeitpunkt ist bei Realoptionen oftmals nicht exakt bestimmt: So ist beispielsweise bei der Option, in einen neuen Markt einzusteigen, der spätestmögliche Entscheidungstermin - und somit der Verfallstermin der Option - oft nicht eindeutig festgelegt. Dennoch kann der Eintritt in einen neuen Markt nach einer gewissen Zeit nicht mehr attraktiv sein - nämlich dann, wenn bereits eine so starke Wettbewerbsdichte in diesem Markt herrscht, dass ein Eintritt nicht mehr lukrativ erscheint. Im Falle von Realoptionen ist somit der Verfallszeitpunkt oftmals nur indirekt durch eine Betrachtung der Wettbewerbsdynamik zu bestimmen.

4. *Der Wert der (entgangenen) Erträge bzw. Dividendenzahlungen*: Ein wesentlicher Einflussparameter zur Bestimmung des optimalen Ausübungszeitpunkts einer Option ist die Berücksichtigung des Wertes der Erträge bzw. der Dividendenzahlungen, die nur dem Besitzer des Basisinstruments, nicht jedoch dem Halter der Option zugute kommen. Betrachtet man beispielsweise die Lernoption, mit dem Einstieg in einen neuen Markt noch abzuwarten, um weitere Informationen zu bekommen, so wird der Wert dieser Option umso geringer, je höher der Wert der Erträge ausfällt, die in diesem Markt bereits heute erzielt werden könnten.

5. *Die Volatilität der Erträge aus dem Basisinstrument*: Dieser Wert, dessen Bestimmung bereits bei der Bewertung von Finanzoptionen nicht trivial ist, ist im Falle von Realoptionen oftmals nicht oder nur sehr schwer bestimmbar. In der Theorie wäre hier eine Modellierung des stochastischen Prozesses der Renditeverteilung des Basisinstruments notwendig. Bei Realoptionen taucht jedoch - wie oben ausgeführt - oftmals das Problem auf, dass weder das Basisinstrument ex ante bereits existiert noch die Volatilität. In der Praxis behilft man sich daher oftmals mit Hilfsgrößen, die die Volatilität und somit das Risiko eines vergleichbaren Basisinstruments darstellen. So wird beispielsweise zur Bewertung der Einstiegsoption in den Biotech-Markt die Volatilität der Renditen eines Biotech-Indizes herangezogen. Auf die Problematik der mangelnden Vergleichbarkeit und der exakten Bestimmung des Risikofaktors soll hier jedoch nicht weiter eingegangen werden. Dennoch ist die Unsicherheit der wesentlichste Parameter bei der Bestimmung des Wertes von Realoptionen: Geht man in der Regel davon aus, dass der Wert einer Investition mit der Höhe des Risikos abnimmt, ist im Falle von Realoptionen genau das Gegenteil der Fall - je höher das Risiko, umso höher der Wert der Option. Grund hierfür ist

das asymmetrische Auszahlungsprofil von Optionen: Der Halter der Option hat das Recht, aber nicht die Pflicht, die Option auszuüben und besitzt die Möglichkeit, unattraktive Investitionen noch rechtzeitig zu beenden und somit sein Risiko zu begrenzen.

6. *Der risikofreie Zinssatz*: Grundlage für jede risikoneutrale Optionspreisbewertung ist die Bestimmung des risikofreien Zinssatzes. Dieser wird bei Realoptionen analog zu Finanzoptionen bestimmt; meist nimmt man als Vergleichswert den Zinssatz von langfristigen Bundesanleihen, von denen man annimmt, dass sie nahezu den Charakter eines risikolosen Investments haben.

3.2 Identifikation von Realoptionen in der strategischen Unternehmensplanung

Aufgabe der strategischen Unternehmensplanung ist es, zunächst unabhängig von möglichen M&A-Entscheidungen, die zukünftigen Entwicklungsmöglichkeiten des Unternehmens aufzuzeigen und entsprechende Handlungsalternativen und Stoßrichtungen für das Management vorzugeben. Bereits in dieser Phase können Realoptionsansätze eine bedeutende Rolle spielen, indem sie einen Beitrag leisten, sogenannte strategische Entscheidungen, die mit klassischen Methoden der Investitionsrechnung nicht bewertet werden können, zu erklären. Dies kann beispielsweise im Zusammenhang mit der Entwicklung neuer Technologien oder dem Eintritt in neue Märkte der Fall sein, bei denen eine klassische DCF-Betrachtung ohne Berücksichtigung von Handlungsflexibilitäten negative Projektwerte ergeben würde.

Bei der Umsetzung der Unternehmensstrategie in eine operative Akquisitionsstrategie ist es daher sinnvoll, die strategische Grundsatzentscheidung von der jeweiligen Umsetzung zu trennen. Dabei erscheint folgendes, mehrstufiges Vorgehen sinnvoll:

- Zunächst erfolgt eine Bewertung der strategischen Grundsatzentscheidung, ob z.B. der Eintritt in einen bestimmten Markt zum jetzigen Zeitpunkt erfolgen soll, oder ob die Lernoption, die sich durch einen Aufschub des Markteintritts ergibt, höherwertig ist. Dies wird in der Regel stark von einer Bewertung der möglichen Wettbewerbsszenarien sowie der entgangenen Erträgen, die sich aus einem frühzeitigen Markteintritt ergeben, abhängen.
- In einem zweiten Schritt können anschließend Realoptionsansätze auch für die "make-or-buy"-Entscheidung herangezogen werden - nämlich zur Bewertung der Fragestellung, ob der Markteintritt besser durch Eigenaufbau "auf der grünen Wiese" oder durch Akquisitions- oder Beteiligungsstrategien erfolgen sollte. Auch hier gilt es, die verschiedenen Alternativen nach den wesentlichen Realoptionen zu untersuchen. So ist beispielsweise denkbar, dass sich je nach

Form der Beteiligung verschiedene Abbruchs- oder Erweiterungsoptionen ergeben, die entsprechend werterhöhend wirksam werden können.

- Für den Fall, dass die Entscheidung für eine Akquisitions- oder Beteiligungsstrategie erfolgt, kann in einem dritten Schritt die Bewertung eigentlicher Targets erfolgen.

3.3 Realoptionsansätze als Grundlage für die Auswahl möglicher Akquisitionstargets

Je nach Anzahl der möglichen zur Verfügung stehenden Akquisitionstargets wird die Auswahl potenzieller Kandidaten in der Regel über einen mehrstufigen Selektions- und Filterprozess erfolgen. Dabei stehen meist qualitative Kriterien, wie z.B. die Betrachtung der Produkte, Märkte und Technologien sowie eine Beurteilung der Eigentümersituation und der sich daraus ergebenden Akquisitionschance, im Vordergrund. Auch hier können noch vor einer detaillierten Unternehmensbewertung Realoptionsansätze entscheidende Strukturierungs- und Planungshilfen geben: Wurde beispielsweise in der strategischen Planungsphase identifiziert, dass sich ein wesentlicher Wertbeitrag aus Realoptionen ergibt, können einzelne Variablen, die auf den Wert der Realoption Einfluss haben, bei der Targetselektion explizit berücksichtigt werden. Dabei sind sämtliche Targets nach den wesentlichen Werttreibern von Realoptionen zu vergleichen (siehe Abschnitt 3.1).

Dies soll an folgendem Beispiel verdeutlicht werden: Einer der wesentlichen Faktoren für die Auswahl möglicher Akquisitionstargets im Biotech-Bereich wird mit Sicherheit das Produkt- bzw. Forschungsportfolio der einzelnen Unternehmen sein. Betrachtet man das Risiko des Forschungsportfolios, so wird man nach traditioneller Sichtweise Unternehmen mit einem Projektportfolio vorziehen, das sicherere Returns verspricht. Durch Einbeziehung von Realoptionen ist es jedoch wahrscheinlicher, dass Unternehmen mit höherem inhärentem Risiko auch werthaltigere Akquisitionstargets darstellen. Die Begründung liegt in dem Wert der Abbruchoptionen, die bei einer größeren Streuung der möglichen Returns ein Abschneiden des unteren Endes der Verteilung - und somit der Verlustszenarien - bei gleichzeitiger Bewahrung des vollen "Upside"- Potenzials erlauben.

Diese Systematisierung ist nicht nur aus Sicht des Käufers (buy-side), sondern auch aus Sicht des Verkäufers (sell-side) sinnvoll einzusetzen: Gerade bei dem Verkauf von Unternehmensteilen bietet es sich aus Sicht des Verkäufers an, mögliche Käufer nach den sich ihnen eröffnenden Realoptionen zu priorisieren. Somit ist es ex ante möglich, die Käufer zu identifizieren, die voraussichtlich bereit sind, die höchsten "strategischen" Akquisitionsprämien zu bezahlen, da sich ihnen durch den Unternehmenskauf weitere Optionen eröffnen. In Abbildung 5 ist die Bewertung unterschiedlicher Käufergruppen im Rahmen der Akquisition eines mittelständischen deutschen Pharmaunternehmens zu finden. Während die Bewertungen der großen deutschen Pharmakonzerne eher konservativ ausfielen - sie zeigten lediglich an den Produkten und Forschungs- und Entwicklungs- Projekten strategisches Interesse -, war die Bewertung von ausländischen Pharmakonzernen teilweise extrem aggressiv, da diese primär an dem Zutritt zum deutschen (und in einer weiteren Ausbaustufe europäischen) Markt interessiert waren.

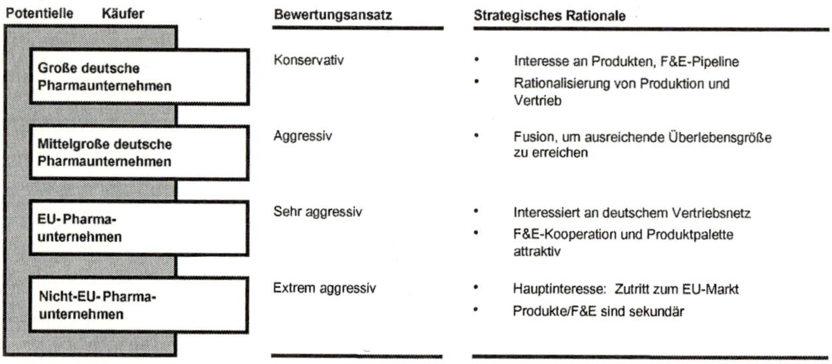

Quelle: Nach Herden, R. (2000), S. 15

Abbildung 5: Wertfindung beim Verkauf eines mittelständischen deutschen Pharmaunternehmens[12]

3.4 Realoptionen bei der Vertragsverhandlung und der Due Diligence

Im Rahmen der Due Diligence wird die Absicht verfolgt, gezielt Informationsasymmetrien zwischen Käufer- und Verkäuferseite zu verringern. Wurden bereits die wesentlichen Werttreiber der Assets und Optionen des Akquisitionstargets identifiziert, helfen auch hier Realoptionsansätze, eine gezieltere Prüfung dieser Werttreiber vorzunehmen. Besteht beispielsweise ein wesentlicher Wertbestandteil eines ausländischen Akquisitionstargets in der langfristigen Option, Synergien aus einer Angleichung und Integration von Märkten zu realisieren, so sollten die Voraussetzungen für diese Synergien in der Due Diligence untersucht werden. Konkret sollte daher nicht nur die Qualität der IT-Plattform des Targets geprüft werden sondern auch das Potenzial zur Zusammenlegung der IT-Plattformen – selbst wenn zum jetzigen Zeitpunkt derartige Kostensynergien wegen z.B. hoher Kommunikationsinfrastrukturkosten unrealistisch erscheinen.

In der Praxis werden oftmals gerade während der abschließenden Vertragsverhandlung weitere Zugeständnisse und Rechte eingeräumt, die einen eindeutigen Optionscharakter haben. Meist geschieht dies jedoch intuitiv. Eine exakte Berücksichtigung des Wertes dieser Optionen im Rahmen der Bewertung des Akquisitionsobjektes und bei der Preisverhandlung unterbleibt jedoch in vielen Fällen. Oftmals handelt es sich jedoch gerade im Rahmen des Verhandlungsprozesses um

12 Vgl. Herden (2000), S. 15.

solche Optionen, die sehr stark den Charakter von reinen Finanzoptionen haben und somit um einiges einfacher zu bewerten wären, als dies bei typischen Realoptionen häufig der Fall ist. Folgende rechtliche Transaktionsparameter besitzen Optionscharakter:

- *Besserungsscheine (Earn-outs):* Mit Hilfe von Besserungsscheinen oder so genannten Earn-outs besitzt der Verkäufer die Möglichkeit, den endgültigen Transaktionspreis von bestimmten Umweltparametern - in der Regel der zukünftigen Ergebnisentwicklung des Targets - abhängig zu machen. Dies ermöglicht es, Informationsasymmetrien und Unsicherheiten auf Käuferseite bezüglich der zukünftigen Entwicklung des Unternehmens zu beseitigen.

- *Garantien und Gewährleistungen*: Im Fall von Garantien und Gewährleistungen erhält der Käufer das Recht, bestimmte Ersatzleistungen vom Verkäufer zu fordern, falls zugesicherte Eigenschaften des gekauften Unternehmens innerhalb einer bestimmten Periode nicht erfüllt sein sollten. Zu unterscheiden sind dabei die gesetzlich geregelten Mindestvorschriften und die darüber hinausgehenden Garantien, die vom Verkäufer gegeben werden können und somit werterhöhend wirken.

- *Rücktrittsrechte*: Rücktrittsrechte ermöglichen es dem Käufer, unter bestimmten Voraussetzungen vom Kaufvertrag zurückzutreten und den Kauf unter vorab vereinbarten Bedingungen rückgängig zu machen. In der Regel sind die Bedingungen, unter denen eine solche Rückabwicklung möglich ist, eindeutig geregelt und vom Eintreten bestimmter Umweltzustände abhängig. Rücktrittsrechte besitzen insbesondere auch bei der Gründung von gemeinsamen Unternehmen oder Joint Ventures durch mehrere Parteien eine besondere Bedeutung - auch hier besitzen bestimmte Vertragspartner oftmals das Recht, ihre Anteile an dem Gemeinschaftsunternehmen an die restlichen Vertragsparteien zu einem vorab vereinbarten Kaufpreis zu veräußern. In Kapitel 5 soll der Wert eines solchen Rechts anhand eines Fallbeispiels erläutert werden.

- *Vorkaufsrechte*: Im Gegensatz dazu ermöglichen Vorkaufsrechte einer beteiligten Vertragspartei, Anteile von anderen bevorrechtigt zu erwerben, bevor diese Dritten angeboten werden. Insbesondere für den Fall, dass die Kaufkonditionen ex ante festgelegt werden, handelt es sich dabei um zusätzliche Call-Optionen, die den Parteien zugesprochen werden.

In der Praxis zeigt sich, dass solche Rechte oftmals im Verlauf der Vertragsverhandlungen intuitiv und ohne disziplinierte Analyse "aus dem Bauch heraus" gegeben werden.[13] Hier bietet der Einsatz von Realoptionen die Möglichkeit, diese Art von Vertragsklauseln zu bewerten und so eine diszipliniertere Entscheidung über deren Einbeziehung in die Vertrags-verhandlungen zu treffen.

---

[13] Vgl. Herden (2000) S. 8.

3.5 Kapitalmarktkommunikation von Realoptionen

Nach Abschluss des Kaufvertrags bildet oftmals die Kommunikation der M&A-Transaktion den entscheidenden Augenblick für die frühzeitige Realisierung von Optionswerten für den Aktionär. Dabei gilt es, den Kapitalmarkt nicht nur zu überzeugen, dass eine ggf. über Synergiepotenziale hinausgehende Akquisitionsprämie durch Realoptionen gerechtfertigt ist. Es gilt vielmehr abzuwägen, ob nicht proaktiv weitergehende Optionen, und damit der konkrete Mehrwert einer Transaktion kommuniziert werden sollen. Als Aussagen in diese Richtung sind Hinweise auf weitergehende Konsolidierungschancen im Anschluss an eine Markteintrittsakquisition zu sehen. Verfügt das Management eines Unternehmens über hohe Glaubwürdigkeit bei Investoren, wird der Markt häufig dazu tendieren, den Optionscharakter zu vernachlässigen und in einer ersten Euphorie weitergehende Potenziale bereits vollständig im Wert abzudiskontieren. Entsprechend groß ist das Risiko für die Bewertung und die Glaubwürdigkeit des Managements, sofern solche bereits weitgehend im Kurs eingebauten Erwartungen nicht erfüllt werden können.

Um Erwartungen proaktiv zu steuern, ist es dabei unter Umständen sinnvoll, eine möglichst genaue Beschreibung sämtlicher Werttreiber darzulegen, wie z.B. der potenziellen Marktgröße, der notwendigen Investitionen und der sich ergebenden Ertragspotenziale. Zum anderen kann auch die Kommunikation von möglichen Einschränkungs- oder Abbruchoptionen bereits zum Akquisitionszeitpunkt sinnvoll sein, da sich somit für die Investoren die Beschränkung des Akquisitionsrisikos darstellen lässt. Jede Kapitalmarktkommunikation zu Optionen sollte dabei einfach gehalten werden. Auch die Umsetzung durch eine kontinuierliche Offenlegung der Entwicklung zu den einzelnen Größen sollte konsistent kommuniziert werden.

AOL/Time Warner ist es von Anfang an gelungen, die Optionen aus der Konvergenz überzeugend zu vermitteln und damit sowohl eine Beschleunigung der Industrieentwicklung zu bewirken, als auch den AOL-Kurs gegenüber der Entwicklung von Vergleichsunternehmen nach dem Ende des Internet-Booms in 2000 zu stützen.

3.6 Realoptionsansätze bei der Integration und Synergierealisierung

Letztendlich ist es notwendig, auch nach Abschluss der Transaktion eine ständige Überprüfung und Bewertung der impliziten Realoptionen durchzuführen. Dadurch können zum einen Veränderungen in den Werterwartungen der Akquisition frühzeitig identifiziert werden und entsprechende wertsichernde Gegenmaß-nahmen eingeleitet werden. Zum anderen ist es möglich, durch eine Beobachtung der Wertentwicklung des Basisinstruments sowie der aktuell am Markt erzielbaren Renditen (unter Berücksichtigung der Wettbewerbsdynamik) den optimalen Ausübungszeitpunkt für die Option zu bestimmen.

In der Praxis ist dabei oftmals entscheidend, die Verantwortung für dieses Optionscontrolling eindeutig zu bestimmen. Nachdem die Identifizierung und Bewertung von Optionen während der Transaktionsphase meist durch eine zentrale, strategische Planungseinheit (in der Regel direkt dem CFO oder CEO unterstellt) durchgeführt wird, wird die Verantwortung für das Optionscontrolling nach Abschluss der Transaktion in der Regel direkt an die verantwortliche Business Unit übergeben. Dabei ist sicherzustellen, dass alle wesentlichen, während der Transaktionsphase identifizierten Werttreiber entsprechend an die Bereiche kommuniziert werden.

4 Anwendbarkeit von Realoptionen als Bewertungsmethode in der M&A-Praxis

Obwohl - wie bisher gezeigt - im Rahmen eines M&A-Prozesses in der Regel zahlreiche implizite Realoptionen identifiziert werden können, sind deren Bewertung in der Praxis oftmals enge Grenzen gesetzt. Im Folgenden soll deshalb dargestellt werden, unter welchen Voraussetzungen eine Anwendbarkeit der Realoptionsmethodik gegeben ist (Abschnitt 4.1) und welche Bedeutung Realoptionsmethoden für Unternehmensbewertungen im Rahmen des M&A-Prozesses in der Praxis besitzen (Abschnitt 4.2).

4.1 Anwendbarkeit von Realoptionen zur Unternehmensbewertung im Rahmen von M&A-Transaktionen

Die gängigen, auf Arbitrage-Überlegung basierenden Optionspreismodelle gehen von der Existenz eines gehandelten Basisinstruments (bzw. einer gehandelten "Twin Security" mit identischer Payoff-Struktur) aus. Dieses liegt jedoch im Fall von Realoptionen oftmals nicht vor, bzw. wird erst durch diese geschaffen (z.B. beim Eintritt in einen neuen Markt). Damit stellt die Volatilität des Basisinstruments eine nicht beobachtbare Größe dar, deren Wertentwicklung nur durch Analogie (z.B. zu vergleichbaren, gehandelten Basisinstrumenten) approximierbar ist.[14] Im Folgenden sollen daher abhängig von der Existenz eines gehandelten Basisinstruments drei Stufen der Anwendbarkeit von Optionspreismodellen als Bewertungsinstrument dargestellt werden.

- *Gehandeltes Basisinstrument ist vorhanden*: Dies ist insbesondere bei den Optionen im M&A-Prozess der Fall, die weitgehend den Charakter von Finanzoptionen besitzen. Dies gilt beispielsweise bei Vorkaufsrechten oder Abtretungsrechten, insbesondere wenn sich diese auf Anteile an börsengehandelten Firmen beziehen. Hier sind in der Regel sämtliche Parameter zur Bewer-

[14] Vgl. hierzu auch die Ausführungen in Abschnitt 3.1.

tung des Optionswerts direkt bestimmbar, so dass eine Bewertung mit Hilfe von Optionsbewertungsmodellen in der Praxis gut möglich ist.

- *Vergleichbarkeit zu gehandeltem Basisinstrument ist gegeben*: In einigen Fällen ist eine direkte Vergleichbarkeit zwischen dem Basisinstrument der Realoption und einem gehandelten Asset gegeben. Dies ist beispielsweise bei Realoptionen auf Rohstoffe der Fall, wie z.B. Erdöl oder Erdgas, bei denen das Basisinstrument und dessen Volatilität am Markt beobachtbar sind. Auch in diesem Fall ist eine Bewertung mit Hilfe von Optionsbewertungsmethoden möglich. Allerdings sind die notwendigen Einschränkungen und Prämissen der jeweiligen Modelle zu berücksichtigen.
- *Kein vergleichbares Basisinstrument ist gegeben*: Hier ist in der Regel keine sinnvolle Quantifizierung des Wertes der Realoptionen möglich. Dennoch kann eine Identifizierung dieser Optionen und eine Betrachtung der wichtigsten Werttreiber einen wesentlichen Beitrag zur Strukturierung und Informationsgewinnung im Rahmen des M&A-Prozesses leisten.

4.2 Relevanz von Realoptionsmodellen als Bewertungstool in der M&A-Praxis

Im Rahmen dieses Artikels wird bereits ein umfassendes Verständnis über das Vorgehen und die unterschiedlichen Methodiken zur Bewertung von Realoptionen vorausgesetzt, so dass hier nur kurz auf einige, sich im M&A-Kontext ergebenden Besonderheiten eingegangen werden soll.

Zunächst ist es notwendig zu entscheiden, ob das gesamte Akquisitionstarget als Realoption bewertet werden soll, oder ob die Bewertung des Targets zunächst mit traditionellen Methoden der Unternehmensbewertung (z.B. durch eine DCF-Bewertung) vorgenommen werden soll und die zusätzlich identifizierten und bewertbaren Realoptionen entsprechend additiv berücksichtigt werden.

Geht man davon aus, dass das gesamte zu kaufende Unternehmen als Realoption dargestellt werden soll, so entspricht der Kaufpreis der Optionsprämie, die z.B. für den Eintritt in einen neuen Markt zu bezahlen ist. Eine solche Bewertung wird jedoch - wie in Abschnitt 4.1 dargelegt - nur in Ausnahmefällen möglich sein, da nur für wenige Investments eine entsprechende "Twin Security" im Sinne eines Hedge-Portfolios zu identifizieren sein wird. Auch ist zu erwarten, dass die sich ergebenden Unternehmenswerte meist stark von den sich auf Basis von marktüblichen Bewertungsmethoden ergebenden Werten abweichen werden. Aus Sicht des Käufers ist es somit wenig sinnvoll, solch hohe Werte zu kommunizieren. Andererseits wird ein Verkäufer potenziellen Kaufinteressenten nur mit Mühe einen hohen Optionswert erläutern können, der sich aus einem Optionsbewertungsmodell ergibt, welches für viele Beteiligte den Charakter einer "Black Box" besitzt.

Im Gegensatz dazu kann eine additive Bewertung der sich zusätzlich zum Basiswert des Unternehmens ergebenden Realoptionen sowohl aus Sicht des Käufers als auch des Verkäufers sehr sinnvoll sein. Die Basis für die Kaufpreisverhandlung wird dabei durch von beiden Parteien leicht zu kommunizierende und etablierte Bewertungsmethoden gelegt. Zusätzliche Werte, die sich im Rahmen der Verkaufsverhandlung ergeben, bleiben nicht als abstrakte "strategische" Werte im Raum stehen, sondern werden durch den Einsatz von Realoptionsmodellen greifbarer. In der Praxis ergibt sich dabei oftmals für den Verkäufer die Notwendigkeit, sich proaktiv in die Situation des Käufers zu versetzen, um die Argumentation für strategische Prämien und deren plausible Höhe zu durchdenken und dem Kaufinteressenten zu vermitteln. Auch wenn man sich dabei über den konkreten Wert der Option nicht austauschen mag, so ist mit einem Optionspreismodell zumindest die Grundlage für eine strukturierte Diskussion zu Sensitivitäten des Wertes vorhanden. Die Fallstudie im nächsten Abschnitt verdeutlicht dies für den Fall von Vertragsklauseln mit Optionscharakter.

5 Fallstudie

Der nachfolgende Fall soll einen Ansatz zu Anwendungsmöglichkeiten von Realoptionen in der M&A-Praxis liefern und basiert, hier in verkürzter und leicht veränderter Form, auf einer im letzten Jahr verhandelten Transaktion in der Medienbranche.

Ein deutsches Unternehmen X möchte sich innerhalb eines bestehenden Geschäftsfeldes strategisch neu positionieren und prüft hierzu verschiedene Handlungsmöglichkeiten. Man entscheidet schließlich, ein Unternehmen zu akquirieren, wodurch sich die Unternehmensleitung erhofft, an einem stark wachsenden Marktsegment zu partizipieren und Synergien zu realisieren. Das ausgewählte Zielunternehmen T ist nicht börsennotiert und befindet sich im 100-prozentigen Eigentum eines ausländischen Finanzinvestors I. Nach der ersten Kontaktphase signalisiert I, sich mittelfristig von T trennen zu wollen, lehnt aber einen sofortigen Verkauf ab. In der Verhandlungsphase vereinbaren X und I daher folgendes Modell: Auf Basis eines von beiden Seiten als fair erachteten EBITDA-Multiples von 12,8 akquiriert X 50% des Eigenkapitals von T und zahlt hierfür den Gegenwert an I in Cash, die anderen 50% an T hält I weiterhin (steuerliche Aspekte mögen für diesen Fall außer Ansatz bleiben).

Aus Sicht von X steht dem Akquisitionsmultiple von 12,8 ein Gesamtwert (inclusive Synergien) vom 20fachen des aktuellen EBITDAs gegenüber – jeweils bezogen auf das Gesamtunternehmen. Auf den ersten Blick handelt es sich um eine hochattraktive Transaktion.

Jedoch kann über ein mögliches Exit-Szenario von I zunächst keine Einigung erzielt werden. Dies schränkt kurzfristig die Synergierealisierung für X nicht ein, wirkt jedoch mittel- bis langfristig stark einschränkend auf die Gesamtstrategie von X. Auf Vorschlag des Kaufinteressenten einigt man sich schließlich darauf, langfristig den Ausstieg von I durch einen IPO oder zumindest zu Marktbewertungen ins Auge zu fassen. Konkret soll X das Recht erhalten die zweiten 50% des

Unternehmens im Jahr 12 zum Marktpreis (ermittelt aus den EBITDA-Multiples von 2 Vergleichsunternehmen) zu erwerben. Der Finanzinvestor besteht dabei aber auf einem Mindestmultiple von 11,4.

Es handelt sich bei dieser Exitstruktur um eine Put-Option für den Verkäufer mit folgenden Charakteristika:

1. Wert des Basisinstruments bei Fälligkeit ist 50% des (Enterprise-) Values, oder Unternehmenswertes, ermittelt aus dem Markt-EBITDA Multiple und dem EBITDA des Gemeinschaftsunternehmens zu diesem Zeitpunkt. X erwartet, daß der EBITDA von gegenwärtig 44 Millionen Euro für die nächsten 10-15 Jahre um 15% jährlich wächst.
2. Der Ausübungspreis für die Put-Option ist der Mindestmultiple von 11,4.
3. Es handelt sich bei diesem ersten Verhandlungsstand um eine europäische Option mit 12 Jahren Laufzeit.
4. Die entgangenen Erträge von X beziehen sich auf 50% der bis ins Jahr 12 bezahlten Dividenden. Mit der Dividende von 20% des EBITDA werden dabei jährlich alle überschüssigen Finanzmittel ausgeschüttet. Die Nettofinanzposition wird über die Zeit jeweils 0 betragen, womit zu allen Zeitpunkten der Eigenkapitalwert dem Unternehmenswert entspricht.
5. Die Volatilität des Basisinstruments wird geprägt durch die Schwankungen der Markt-EBITDA Multiples. Historisch (1980-1999) schwanken die Multiples der beiden verfügbaren Vergleichsunternehmen um 20% und lassen sich durch einen Random-Walk Prozess ausreichend gut beschreiben.[15]

X musste die Transaktion im Lichte der von I geforderten Parameter erneut bewerten. Dies erfolgte unter Einsatz eines Binomialmodelles. Modelliert wurde die Entwicklung der Multiples über 12 Jahre und darauf aufbauend der Wert des Targetunternehmens entsprechend des erwarteten EBITDA Verlaufes. Während die Multiple-Entwicklung keine unmittelbare Absicherung im Kapitalmarkt erlaubt, kann für den Wert des Targetunternehmens eine hypothetische „Twin Security" aus den Aktien der Vergleichsunternehmen konstruiert werden. Entsprechend ist eine risikoneutrale Bewertung gerechtfertigt.[16]

Der Kaufpreis für den Erwerb von 100% der Anteile (50% sofort, 50% nach 12 Jahren zum Marktmultiple, entgangene Dividenden), inklusive der Put-Option, entspricht nunmehr einem EBITDA Multiple von 20,7 aus der Sicht des Unternehmens X das mit einem 15% EBITDA Wachstum rechnet. Dies ist nicht mehr wertschaffend (verglichen mit dem Break-even Nutzen entsprechend einem EBITDA Multiple von 20). Eine Reihe von Alternativstrukturen wurden nun diskutiert: Unter anderem die Forderung einer Call-Option durch X nach z.B. 10

---

15 An dieser Stelle soll nicht auf die umfangreiche Literatur zu statistischen Eigenschaften von Multiples eingegangen werden. Vgl. Shiller (1981).

16 Als risikoloser Zinssatz wurden 8% zugrunde gelegt.

Jahren zu einem hohen, aber klar absehbaren Multiple von 18x EBITDA. Der Preis für die Gesamttransaktion würde dadurch jedoch nur marginal beeinflusst unter dem von X erwarteten EBITDA Wachstum: der „Gesamtkaufpreis", incl. kombiniertem Optionswert, würde bei Berücksichtigung eines Calls für den Käufer im Jahr 10 und eines Puts für den Verkäufer im Jahr 12 von einem Multiple von 20,7 auf 20,5 sinken.

Der Verkäufer hatte die Verhandlungen durch seine Forderungen in eine Sackgasse manövriert. Wie sich herausstellte, war er sich der hohen „Kosten" der Put-Option für den Käufer nicht bewusst. Dies lag vor allem auch an einer sehr unterschiedlichen Perspektive auf das erwartete EBITDA-Wachstum in den nächsten Jahren. Während der Käufer von 15% Wachstum ausging und damit der „Zeitwert" der Verlagerung einer Multiple basierten Preisermittlung in die Zukunft sehr hoch war, ging der Verkäufer von einem moderaten EBITDA Wachstum von 5-10% aus. Der „Wert", inklusive Put-Option, entsprach aus Sicht des Verkäufers nur einem EBITDA Multiple von 14-16. Einen solchen Multiple war der Käufer durchaus zu zahlen bereit.

Im Ergebnis bot X dem Verkäufer einen Put Option nach 6 Jahren zu einem Mindest-Multiple von 12,8 an. Dies adressierte die Interessenslage des Verkäufers an der EBITDA Entwicklung zu partizipieren und dem Geschäft verbunden zu bleiben, hielt aber die Kosten für den Käufer in Grenzen: der „Kaufpreis" aus dem Erwerb von 50% sofort, 50% in sechs Jahren unter Anwendung der Vergleichsmultiples (mit einem Mindestwert von 12,8) entsprach einem Multiple für das Gesamtunternehmen von 15x EBITDA.

Eine rationale Kommunikation über den Wert der vom Verkäufer geforderten Optionen mit Hilfe des Realoptionsansatzes ist jedoch in der dargestellten Situation nicht zustande gekommen.

6 Zusammenfassung und Ausblick

Realoptionen oder auch strategische Werte haben sich in den letzten Jahren als eine auch vom Kapitalmarkt akzeptierte Motivation für M&A-Transaktionen und Akquisitionsprämien etabliert. Die Erschließung von Realoptionen bildet damit einen wichtigen Einflussfaktor für das markante Wachstum des M&A-Geschäfts. Dieser Artikel gibt dem Praktiker daher ein Gliederungsschema mit Beispielen zur Identifikation von Realoptionen an die Hand. Das Fehlen geeigneter und allgemein akzeptierter Bewertungsinstrumente für Realoptionen hat jedoch in manchen Fällen eine kritische, systematische Analyse von Realoptionen, eine wertorientierte Verhandlung über Realoptionen in Akquisitionsprämien wie auch die geeignete Kommunikation gegenüber den Aktionären erschwert. Eine systematische, qualitative Berücksichtigung der Werttreiber von Realoptionen in allen Schritten eines professionellen M&A-Prozesses kann hierbei Abhilfe schaffen. Die damit verbundene verbesserte Informationsaufbereitung zu den Werttreibern von Optionen wird im Laufe der Zeit auch den Einsatz von Realoptionsbewertungsmodellen erleichtern und das Anwendungsgebiet über die in der Literatur ausführlich diskutierten Spezialgebiete hinaus erleichtern. Bis dahin jedoch bietet insbesondere die quantitative Bedeutung von (Real-) Optionscharakteristika in der Vertragsgestaltung einen unmittelbaren Gewinn durch vorhandene Modelle und Verfahren, wie das Beispiel zu Put/Call-Rechten in Abschnitt 5 verdeutlicht. Bis der praktische Einsatz von Realoptionsmodellen in konkreten Verhandlungssituationen möglich wird, ist jedoch noch erhebliche Aufklärungsarbeit, auch bei den Finanzintermediären, zu leisten.

Literaturverzeichnis

Copeland, T.; Koller, T.; Murrin, J. (2000): Valuation – Measuring and Managing the Value of Companies, 3. Aufl., New York et al.

Dixit, A.K.; Pindyck, R.S. (1994): Investments under Uncertainty, Princeton

Ernst, D. (2000): Realoptionen - eine reale Option für einen alternativen Bewertungsansatz, in: *Finance*, Nr. 11, S. 48-50

Ernst, D.; Thümmel, R. (2000): Realoptionen zur Strukturierung von M&A-Transaktionen, in: *Finanz Betrieb,* Nr. 11, S. 665-673

Herden, R. (2000): Die Bedeutung von Realoptionen im M&A-Geschäft, Vortragsunterlage zum 1. Deutschen Realoptions-Symposium am 3. Mai 2000

Hommel, U./ Müller, J.(1999): Realoptionsbasierte Unternehmensbewertung, in: *Finanz Betrieb*, Nr. 8, S. 177-188

Hommel, U./ Pritsch, G. (1999): Marktorientierte Investitionsbewertung mit dem Realoptionsansatz: Ein Implementierungsleitfaden für die Praxis, in: *Finanzmarkt und Portfolio Management*, Nr. 2, S. 121-144

Kester, W.C. (1984): Today's Options for Tomorrow's Growth, in: *Harvard Business Review*, Vol. 62, S.153-160

Leslie, K.J.; Michaels, M.P. (1997): The Real Power of Real Options, in: *The McKinsey Quarterly*, Nr. 3, S. 4 - 22

Liebler, H. (1996): Strategische Optionen - eine kapitalmarktorientierte Bewertung von Investitionen unter Unsicherheit, St. Gallen

Mostowfi, M. (2000): Bewertung von Unternehmensakquisitionen unter Berücksichtigung von Realoptionen, Diss., Frankfurt am Main

Myers, S.C.; Trigeorgis, L. (1996): Real Options – Managing Flexibility and Strategy in Resource Allocation, Cambridge/London

Shiller, R. (1981): Do Stock Prices Move Too Much to Be Justified by Subsequent Changes in Dividends? *American Economic Review*, Vol. 71, S. 421-436

Die Bewertung von Kraftwerksinvestitionen als Realoption

Andreas Rams

PricewaterhouseCoopers, Hohenzollernring 21-23, 50672 Köln

Zusammenfassung: Die Liberalisierung der Strommärkte hat die betroffenen Erzeuger und Versorger vor neue Herausforderungen gestellt. Stand zu Monopolzeiten die Versorgungssicherheit im Mittelpunkt des unternehmerischen Handelns, ist heute eine deutlich komplexere Optimierungsstrategie gefragt. Im Spannungsfeld zwischen hohen Sunk Costs begründet durch die Kosten eines Kraftwerkparks, dem von Überkapazitäten auf der Angebotsseite getriebenen intensiven Wettbewerb, den Unsicherheiten der Nachfrage und schließlich den Unsicherheiten der politischen Einflüsse, gilt es im Interesse der Aktionäre angemessene Rentabilitätsziele zu verfolgen. Der Ansatz der realoptionsbasierten Investitionsrechnung bietet sich als erfolgversprechendes Instrument an, der angestrebten Problemlösung ein Stück weit näher zu kommen. Dieser Beitrag stellt die Grundzüge der Anwendung des Realoptionsansatzes zur Bewertung von Kraftwerksinvestitionen dar und zeigt Wege zur noch anstehenden Weiterentwicklung für eine breitere Anwendung in der Praxis auf.

Schlüsselworte: Realoption, Handlungsoption, Kapitalwert, Irreversibilität, Investition unter Unsicherheit, Bewertung, Stromwirtschaft, Liberalisierung, Option, Spark Spread Option, Binomialmodell, Sunk Costs

1 Einleitung

Von der Liberalisierung der Stromwirtschaft versprechen sich die Märkte lehrbuchmäßig eine bessere Versorgung der Volkswirtschaften mit Strom zu gleichzeitig niedrigeren Preisen. Vor dem Hintergrund dieser Erwartungen überraschen Meldungen über den anstehenden Zusammenbruch der Strommärkte in Kalifornien. Hier hat die Liberalisierung auf der einen Seite zu einem Aufbrechen der Monopolstellungen der Versorger und damit zu einer Preisfreigabe auf den Großhandelsmärkten für Strom geführt. Auf der anderen Seite werden die Preise auf dem Markt zwischen Versorgern und Endkunden jedoch weiter staatlich reguliert. Da die kalifornischen Versorger in der Anfangsphase der Deregulierung unsicher über die weitere Preisentwicklung waren, hatten sie trotz fortlaufend steigender

Nachfrage keine neuen Kapazitäten aufgebaut. Als Folge des hinter der Nachfrage zurückgebliebenen Angebots stellten sich schließlich extrem hohe Strompreise, der teilweise Zusammenbruch der Versorgung sowie - angesichts der Preisdeckelung im Endkundengeschäft - die drohende Illiquidität der Versorger ein.

Auch die liberalisierte europäische Stromwirtschaft steht vor neuen Herausforderungen.[1] Während sich die Strompreise für Endkunden in Monopolzeiten durch die Höhe der Erzeugungskosten zuzüglich Gewinnaufschlag bestimmten, müssen Erzeuger und Versorger nunmehr in Richtung eines preisbasierten Optimierungsproblems umdenken. Im Mittelpunkt stehen nicht mehr die Versorgungssicherheit und die komplexe Kraftwerkstechnologie mit hohen Reservekapazitäten, sondern vielmehr die Rentabilität des Geschäfts auf durch Konkurrenz bestimmten Märkten. Angesichts des deutlichen Kapazitätsüberhangs in den ehemaligen Gebietsmonopolen benötigen die Entscheider Aufschluß darüber, wie sich die eigenen Anlagen im Leistungswettbewerb mit der Konkurrenz positionieren. Stilllegungen erfolgen dort, wo Strom nicht mehr zu wettbewerbsfähigen Preisen produziert werden kann.

Vor diesem Hintergrund ist es Ziel dieses Beitrags zu untersuchen, inwiefern es der realoptionsbasierten Investitionsrechnung[2] gelingen kann, die veränderten Optimierungsprobleme der liberalisierten Stromwirtschaft zu lösen. In diesem Rahmen werden Kraftwerksinvestitionen als Realoptionen verstanden und analysiert. Der Begriff einer Investition soll dabei erstens die Disposition über ein Kraftwerk als Ganzes sowie zweitens dessen Betrieb durch den Einsatz von Brennstoff zur Gewinnung von Strom umfassen.[3]

Der Beitrag gliedert sich wie folgt. Im zweiten Abschnitt werden in einer kurzen Diskussion die Grenzen der kapitalwertorientierten Investitionsrechnung sowie gleichzeitig die Chancen der realoptionsbasierten aufgezeigt. Das dritte Kapitel stellt zunächst Grundüberlegungen zur Anwendung des Realoptionsansatzes im Rahmen der Bewertung von Kraftwerksinvestitionen an und stellt weiter deren spezielle Einsatzmöglichkeiten anhand ihrer Untergliederung im Rahmen einer strategischen Wertbilanz dar. Das vierte Kapitel behandelt die Bewertung von Kraftwerksinvestitionen in Anlehnung an die Bewertung von Finanzoptionen. Weiter werden hier die Grenzen dieser Vorgehensweise und die Notwendigkeit

---

1 Diese stellen sich allerdings im Vergleich zu den Problemen der kalifornischen Stromwirtschaft insofern kleiner dar, als es hier nicht zu einer Preisdeckelung im Endkundengeschäft kommt. Von der damit höheren Flexibilität der Märkte wird erwartet, dass sie einen automatischen Ausgleich von Angebot und Nachfrage bewirkt.

2 Vgl. zum Begriff der realoptionsbasierten Investitionsrechnung Hommel/Müller (1999).

3 Entsprechend steht jeweils - analog der allgemeinen Definition einer Investition - eine Auszahlung zu Beginn der jeweiligen Zahlungsreihe, dieser sollen im weiteren Verlauf Einzahlungsüberschüsse folgen.

von praxisorientierten Weiterentwicklungen aufgezeigt. Das fünfte Kapitel verdeutlicht den Nutzen der realoptionsbasierten Analyse von Kraftwerksinvestitionen anhand einer einfachen mehrstufigen Fallstudie. Abschließend werden die Ergebnisse des Beitrags zusammengefasst und ein Ausblick auf den weiteren Einsatz des Realoptionsansatzes im Rahmen der Bewertung von Kraftwerksinvestitionen unternommen.

2 Vom Kapitalwertkalkül zum Realoptionsansatz

2.1 Kapitalwertkalkül

Investitionsentscheidungen sind für gewöhnlich aus einer Situation des unvollständigen Wissens über zukünftige Umweltzustände heraus zu fällen.[4] Der damit verbundene Begriff Risiko assoziiert dabei die Vorstellung von eher negativen als positiven zukünftigen Ereignissen. In der traditionellen Investitionsrechnung wird anhand des Kapitalwertkalküls dieser Sichtweise entsprechend eine Risikoprämie in den Kalkulationszinsfuß einbezogen. Erstens verändert sich jedoch im Zeitverlauf der Informationsstand über die Erfolgsaussichten einer Investition. Zweitens steht dem Entscheider oftmals die Möglichkeit offen, die einmal getroffene Entscheidung später zu revidieren und damit den veränderten Rahmenbedingungen anzupassen. Entsprechend kann auf der einen Seite bei negativem Verlauf die Höhe eines drohenden Verlustes begrenzt und auf der anderen Seite bei positiven Verlauf das Gewinnpotenzial einer Investition erhöht werden. Für die entsprechend asymmetrische Risiko- und Zahlungsstruktur lässt sich im Rahmen des Kapitalwertkalküls jedoch kein adäquater Kalkulationszinsfuß finden. Insofern kann die korrekte Wertabbildung anhand des Kapitalwertverfahrens hier nicht gelingen.[5]

2.2 Realoptionsansatz

Liegen Unsicherheit, Flexibilität und nach erfolgter Durchführung Unumkehrbarkeit einer Investition dergestalt vor, dass asymmetrische Risiko- und Zahlungsstrukturen einhergehen, so liefert deren Analogie zu Finanzoptionen mögliche Ansätze für eine marktorientierte Bewertung.[6] Besteht auf der einen Seite das Recht oder allgemeiner die Möglichkeit, ein "upside potential" der wirtschaftlichen Erträge zu nutzen und kann auf der anderen Seite zugleich deren "downside

4 Zur Investition unter Unsicherheit vgl. etwa Schäfer (1999), S. 10ff.

5 Vgl. Copeland/Koller/Murrin (1998), S. 459ff. sowie Rams (1999b), S. 351.

6 Vgl. grundlegend Margrabe (1978), S. 184.

risk" begrenzt werden, so wird allgemein von realwirtschaftlichen Optionsrechten oder einfach "Realoptionen" gesprochen.[7] Diese können als konkrete Rechte oder auch als sehr allgemeine reale Investitionsmöglichkeiten in Erscheinung treten. Das hier zugrundeliegende Verständnis einer Realoption ist enger gefasst und knüpft konkret an die Analogien zu Finanzoptionen an. Im Kern handelt es sich bei Optionen immer um Tauschrechte. Die Cashflows der Ausübung werden gegen den Bezug der Cashflows des Basisobjektes aufgegeben. Damit beziehen sich Realoptionen auf Tauschtransaktionen realer Aktiva.

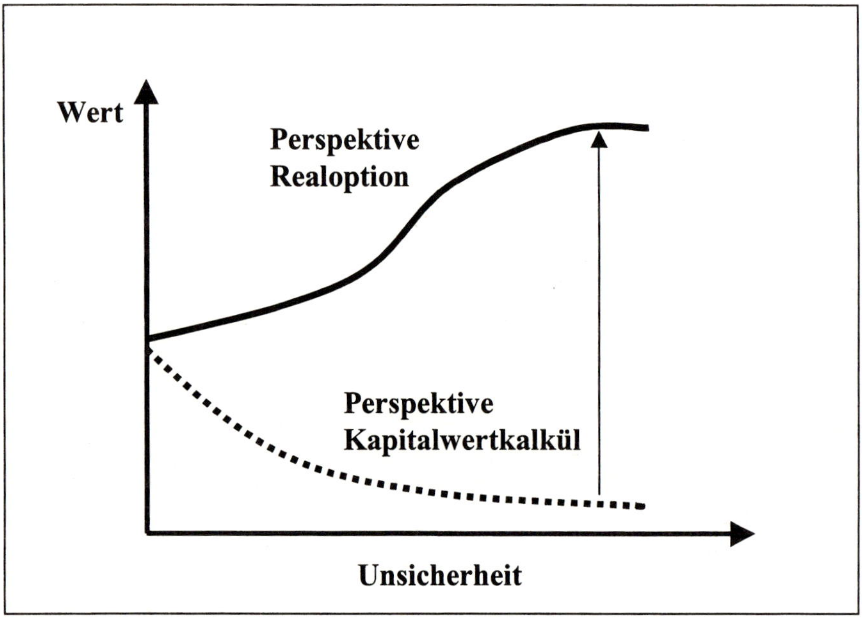

Abbildung 1: Wertperspektive Realoption versus Kapitalwertkalkül[8]

Der Wert einer Realoption steigt mit der zugrunde liegenden Unsicherheit - ausgedrückt durch die Volatilität der erwarteten Zahlungsströme - und dem Grad der Flexibilität des Entscheiders.[9] Über die Bewertung realer Investitionsmöglichkei-

---

7 Diese Formulierung entspricht der verbreiteten Interpretation; zur Vervollständigung sind jedoch neben Investitions- auch Disinvestitionsmöglichkeiten mit in die Betrachtung einzubeziehen. (Call und Put Option). Vgl. auch Hommel/Müller (1999), S. 177.

8 Vgl. Amram/Kulatilaka (1999a), S. 15.

9 Vgl. Hommel/Pritsch (1999), S. 130.

ten hinaus können mit dem Realoptionsansatz auch Investitionsstrategien bewertet werden. Die Aufgabe der Flexibilität im Falle der Investitionsdurchführung kann dabei als Sunk Costs interpretiert werden.[10]

Unter dem Begriff Realoption gibt es eine Reihe weiterer Differenzierungen.[11] Dies sind etwa die Option zu Warten, die Option zu Beenden, die Fortführungs- oder Abbruchoption, die Erweiterungs- oder Einschränkungsoption sowie die Option stillzulegen und wieder zu eröffnen.

Zwar sind die Strukturen von Finanzoptionen nicht uneingeschränkt auf Realoptionen übertragbar, dennoch setzt sich deren Perspektive für die Bewertung realer Investitionen zunehmend durch.[12] Der Sichtweise des Realoptionsansatzes entsprechend stellt dann das Kapitalwertkalkül einen Spezialfall der Investitionsrechnung dar, in dem keine Handlungsmöglichkeiten zu berücksichtigen sind oder im weiteren Verlauf keine neuen Informationen einbezogen werden können. Insofern nimmt der Realoptionsansatz dann die Position des allgemeineren Falls ein.[13]

3 Realoptionen in der Stromwirtschaft[14]

3.1 Strategische Wertbilanz

Die Bedeutung der Realoptionen in der Stromwirtschaft wird aufgrund des zunehmend liquideren Stromhandels und dessen Verwandschaft zu den Finanzmärkten als sehr hoch angesehen. Die Grundlagen dieser Perspektive sollen hier anhand der strategischen Wertbilanz verdeutlicht werden. Diese unterscheidet zwischen aktiv- und passivseitigen Realoptionen.[15]

---

10 Vgl. Schäfer (1999), S. 394.

11 Amram/Kulatilaka unterscheiden Timing Options, Growth Options, Staging Options, Exit Options, Flexibility Options, Operating Options und Learning Options. Vgl. Amram/Kulatilaka (1999b), S. 96f. Crasselt/Tomaszewski unterscheiden enger gefaßt zwischen Aufschub-, Abbruch-, Änderungs- und Wachstumsoptionen; vgl. Crasselt/ Tomaszewski (1999). Hommel/Müller schließlich unterscheiden in Lernoptionen, Wachstumsoptionen und Versicherungsoptionen. Vgl. Hommel/Müller (1999), S. 179.

12 Vgl. zu den Limitationen des Realoptionsansatzes etwa Hommel/Müller (1999), S. 180 sowie Rams (1999b), S. 353.

13 Vgl. Copeland/Koller/Murrin (1998), S. 459ff.

14 In der Praxis ist die Unterscheidung zwischen Erzeugung, Großhandel und Endkundengeschäft von Bedeutung. In diesem Beitrag kann von der strikten Trennung der Bereiche abgesehen werden.

15 Luehrman unterscheidet in *operations* (hier: „real assets in place“), *opportunities* (hier: strategische-dynamische Freiheitsgrade) und *ownership claims* (hier:

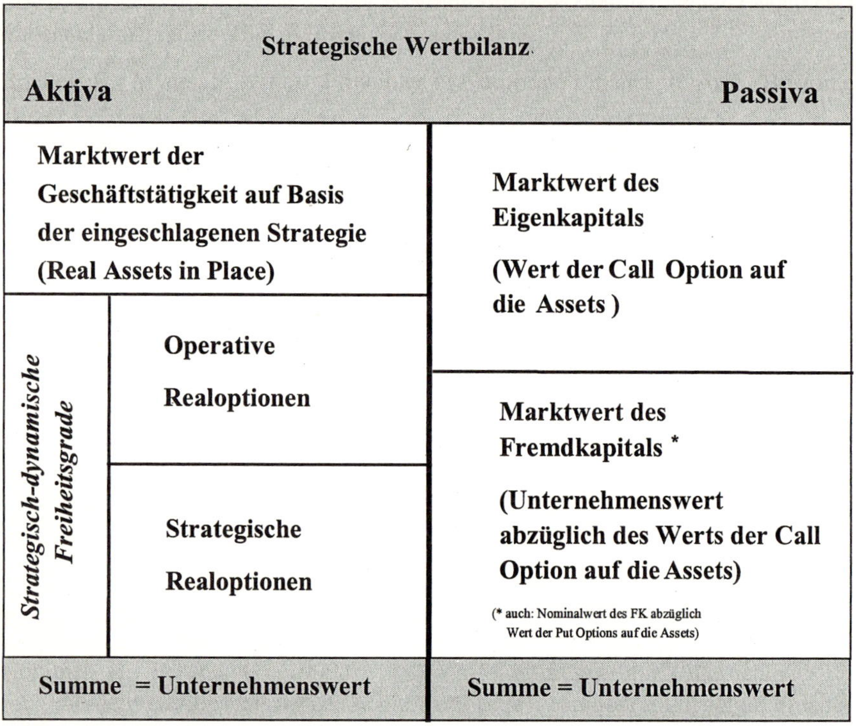

Abbildung 2: Strategische Wertbilanz

Der Perspektive der realoptionsbasierten Investitionsrechnung entsprechend lassen sich die Werte im Leistungsbereich eines Unternehmens in reale Assets, operative Realoptionen und strategische Realoptionen untergliedern.[16] Die Summe dieser aktivseitigen Positionen ergibt den Gesamtunternehmenswert. Die realen Assets tragen ihren Wert als Barwert der zukünftigen Zahlungsströme auf Basis der heute vorliegenden Informationen und der zum aktuellen Zeitpunkt eingeschlagenen Strategie. Die realen Assets können getrennt von den realwirtschaftlichen Optionsrechten nach dem Kapitalwertkalkül bewertet werden.

---

passivseitige Realoptionen). Vgl. Luehrman (1997), S. 133 sowie Rams (1999b), S. 354. Hier sollen nur die aktivseitigen Realoptionen weiter betrachtet werden.

16 Operative und strategische Realoptionen überlagern sich teilweise. Gemeinsam werden sie als *strategisch-dynamische Freiheitsgrade* bezeichnet. Dieser Begriff soll abgrenzen von dem Begriff der einfachen, nicht strategischen Dynamik, wie er im Rahmen der traditionellen dynamischen Investitionsrechnung verwendet wird. Vgl. zu einer weiteren Fassung dieses Begriffs Rams (1998a), S. 417 und Rams (1998b), S. 676.

3.2 Operative Realoptionen

Allgemein sind operative Realoptionen Handlungsflexibilitäten bezüglich bestehender Vermögensgegenstände auf Basis neuer in der Zukunft zufließender Informationen. Ihre Werte ergeben sich aus der Beeinflussung bestehender Vermögenspositionen mit dem Ziel der Erhöhung der Erträge oder einer Verminderung der Verluste. Operative Realoptionen betreffen dabei nur Veränderungen, nicht jedoch Dispositionen über die betreffenden Assets als Ganzes.

Für die Stromwirtschaft bieten operative Realoptionen nach erfolgter Liberalisierung der Märkte einen hohen Erklärungsgehalt. Im Gleichgewicht der Strommärkte bildet sich der Preis in Höhe der Grenzkosten der letzten Einheit erzeugten Stroms. Dies bedeutet, dass alle Anbieter mit niedrigerer Kostenstruktur einen Gewinn realisieren können (Produzentenrente). Im Umfeld volatiler Strommärkte ist es für den wirtschaftlichen Erfolg der Erzeuger entscheidend, ein Optimierungsinstrument zu finden, mit dessen Hilfe ihnen eine marktorientierte Gewinnmaximierung gelingen kann. Der Realoptionsansatz erweist sich hier in besonderem Maße als geeignet.

Der Einfachheit halber sei angenommen, der Marktpreis (p) für Strom schwanke zwischen DM 20 und DM 40 pro MWh. Ein Stromerzeuger könne mit einer durchschnittlich effizienten Gasturbine zu Kosten von DM 30/MWh Strom erzeugen. Liegt der Marktpreis für Strom unter DM 20/MWh, so wird er die entsprechende Anlage nicht betreiben; steigt der Marktpreis jedoch über DM 30 so wird pro MWh ein Gewinn von (p - DM 30) realisiert. Damit ergibt sich bei stündlicher Betrachtung der realisierbare Gewinn mit Max (0, p - DM 30). Die Gasturbine kann anschaulich als operative Realoption verstanden werden. Damit macht es Sinn, das ganze Kraftwerk über jeden Tag hinweg als ein Portfolio von 24 Optionen auf die Erzeugung von Strom jeweils mit einem Ausübungspreis von DM 30 zu verstehen. Stellen sich im Extremfall Preise für Strom von etwa DM 500 pro MWh ein - wie dies in Kalifornien bereits geschehen ist - so kann ein deutlicher Gewinn von DM 470 realisiert werden. Der asymmetrischen Risiko- und Zahlungsstruktur von Optionen entsprechend stehen sich begrenzte Verluste[17] und ein theoretisch unbegrenztes Gewinnpotenzial gegenüber. Anhand der Verwendung des Realoptionsansatzes kann es gelingen, die optimale Ausübung der Option zu berechnen. Dabei sind sowohl die Schwankungen der Strompreise wie auch die des jeweiligen Brennstoffs zu berücksichtigen (Typ einer Spread Spark Option).

Soll der Wirkungsgrad eines Kraftwerks mit in die Betrachtung einbezogen werden, ergibt sich das folgende Bild. Gegeben sei eine Erzeugungseinheit mit einem

---

[17] Tatsächlich sind weiter die Kosten der Finanzierung und Abschreibung sowie weitere Fixkostenbestandteile zu berücksichtigen.

Wirkungsgrad von 10 MBtu/MWh.[18] Liegt der Preis für Strom bei DM 30 pro MWh und der Preis für Gas bei DM 2,50 pro MBtu, dann würde sich der Gewinn mit DM 5 = DM 30 - 10 x DM 2,50 per MWh ergeben. Die Option wäre somit im Geld und ihr Inhaber würde ausüben. Läge bei einem Strompreis von DM 30 pro MWh der Preis für Gas jedoch bei DM 3,15 pro MBtu, so würde im Falle des Betreibens der Anlage ein Verlust von DM 1,50 pro MWh realisiert. Der Betreiber der Anlage mit einem Wirkungsgrad von 10 MBtu/MWh würde von einer Ausübung seiner Option absehen. Diese wäre bei den gegebenen Preisen nur ab einem Wirkungsgrad von mindestens 9,52 MBtu/MWh wirtschaftlich. Die Betreiber der Kraftwerke halten somit Spark Spread Optionen auf die Differenz von Strom- und Gaspreis unter Berücksichtigung des Wirkungsgrades ihrer Anlage. Mit Blick auf die Marktpreisschwankungen für Brennstoffe und Strom wird deutlich, dass ein quantitativer Ansatz zur marktnahen Bewertung und Steuerung von Kraftwerken im wettbewerblichen Umfeld ein überaus notwendiges Instrument ist. Der Realoptionsansatz zeigt hier eine größere Eignung als das vergleichsweise unflexible Kapitalwertkalkül.

3.3 Strategische Realoptionen

Strategische Realoptionen betreffen die Disposition über grundlegende Investitionen, Geschäftsfelder und Märkte als Ganzes. Wie schon bei den operativen Realinvestitionen geht es auch hier um zukünftige Investitionen und Disinvestitionen auf Basis in der Zukunft zufließender neuer Informationen. Anders als bei den operativen Realoptionen steht hier die langfristige strategische Ausrichtung der Unternehmens im Blickpunkt. Charakteristisch für strategische Realoptionen sind Warte- oder Verzögerungsoptionen. Diese tragen der Tatsache Rechnung, dass im Zeitablauf aufgrund von Zinsunsicherheiten Investitionen in Konkurrenz zu sich selbst stehen und es einen Wertgewinn bedeutet, warten zu können bis sich Unsicherheiten auflösen.

Übertragen auf die Bewertung von Kraftwerksinvestitionen können strategische Realoptionen dort ausgemacht werden, wo es um umfassende Dispositionen wie die Erweiterung oder die Reduzierung der Kapazitäten geht. So hat der deutsche Versorger E.ON beispielsweise bekannt gegeben, dass er Überkapazitäten dergestalt abbauen will, indem alle Kraftwerkblöcke geschlossen werden, deren Kosten bei mehr als drei Pfennig je KWh liegen. Dies sind insbesondere ältere konventionelle Anlagen. Grund für die Stilllegungen sind Überkapazitäten, die in Europa auf bis zu 40.000 MW geschätzt würden, von diesen müssen in Deutschland allein 10.000 MW vom Netz. In diesem Umfeld kann der Betrieb von Anlagen nicht mehr wirtschaftlich sein, deren Erzeugungskosten bei über drei Pfennig je KWh

---

[18] Mbtu/MWh ist ein Maß für den Wirkungsgrad der Stromerzeugung. Es gibt an, wieviel Primärenergieinput zu wieviel Stromenergieoutput führt. (Btu = British Thermal Units).

liegen. Die Frage der Wirtschaflichkeit ganzer Anlagen läßt sich - grundsätzlich analog zur Vorgehensweise bei den operativen Realoptionen - treffend anhand des Realoptionsansatzes untersuchen.[19]

Unter Anwendung der Betrachtungsweise strategischer Realoptionen hat der amerikanische Versorger Enron Corp. im Jahre 1999 drei neue Kraftwerke gebaut, deren Entwicklung kostengünstiger war als die anderer Anlagen auf dem modernsten Stand der Technik. Jedoch beabsichtigt Enron, diese Anlagen nur dann ans Netz zu lassen, wenn der Strompreis der Region Midwest eine bestimmte Höhe - den Ausübungspreis der Realoption - erreicht.

Bis zur Liberalisierung der Stromwirtschaft war das einfache Kapitalwertkalkül weitgehend hinreichend für das Management von Kraftwerksinvestitionen. Angesichts des Wettbewerbs ist heute jedoch die Verwendung der optionalen Betrachtungsweise unverzichtbar, sollen Fehlentscheidungen vermieden werden.[20]

4 Bewertung von Realoptionen

4.1 Bewertung in Analogie zu Finanzoptionen

Aufgrund der Analogie von Finanz- und Realoptionen wird in Theorie und Praxis versucht, auch die spezifischen Bewertungsansätze für Finanzoptionen auf Realoptionen zu übertragen. Wegen Limitationen der Analogien ist dies jedoch nicht uneingeschränkt möglich.[21] Allgemein kann festgestellt werden, dass analytische Ansätze der Optionsbewertung sich im Falle von Realoptionen tendenziell nur für eine überschlägige Quick Shot-Bewertung eignen. Dabei fallen die Ergebnisse in der Regel um so ungenauer aus, je weiter der zu bewertende reale Bereich auf der Wertschöpfungskette entlang vom Primärsektor entfernt ist. Für Commodities und damit auch für Strom wird die Anwendung analytischer Verfahren allgemein

---

19 Unter Einbeziehung spieltheoretischer Überlegungen ließe sich weiter beleuchten, inwiefern es sich lohnen könnte, den Abbau der Kapazitäten allein der Konkurrenz zu überlassen und selbst von der Stabilisierung der Preise zu profitieren. Vgl. auch den diesbezüglichen Hinweis von Merton (1998), S. 343.

20 In der Praxis findet der Realoptionsansatz aufgrund seiner noch unzureichenden Verbreitung bislang nicht überall Verwendung. Vielfach wird versucht, mit Instrumenten wie der Simulation oder der Entscheidungsbaumanalyse die erforderlichen Entscheidungsgrundlagen abzuleiten. Zur Abgrenzung des Entscheidungsbaumverfahrens vm Realoptionsansatz vgl. etwa Crasselt/Tomaszewski (1999).

21 Vgl. Hommel/Müller (1999), S. 180 sowie Rams (1999b), S. 353.

jedoch akzeptiert.[22] Aufgrund besserer Anschaulichkeit wird in diesem Beitrag jedoch das Binomialverfahren als bekanntester Ansatz der numerischen Verfahren verwendet.[23, 24]

4.1.1 Intuitive Bewertung

Die intuitive Bewertung eines realwirtschaftlichen Optionsrechts steckt dessen groben Werterahmen anhand einfacher Plausibilitätsüberlegungen ab. Sie sollte im Falle der Bewertung von Realoptionen der Ermittlung des quantitativ präziseren Ergebnisses immer vorausgehen.[25] Für den Fall einer Call Option stellt sie sich wie folgt. Der Wert einer Call Option ist nach unten durch ihren inneren Wert gesichert. Dieser ist dann ein Wert größer als null, wenn der Barwert der zukünftigen Zahlungsströme der Bezugsgröße für das realwirtschaftliche Optionsrecht den Barwert der Ausübungskosten übersteigt. Nach oben hin ist der Wert der Call Option durch den Barwert der Bezugsgröße selbst begrenzt. Der Wert einer Call Option wird während der Laufzeit zwischen ihrem rechnerischen inneren Wert und dem Wert der Bezugsgröße liegen.

Die weiteren wertbestimmenden Faktoren der Call Option sind der risikofreie Kapitalmarktzins, die Volatilität der Bezugsgröße, die Optionslaufzeit sowie von der Bezugsgröße ausgehende Cashflows. Der Wert der Call Option steigt mit dem risikofreien Kapitalmarktzins, da das bei Nichtausübung nicht investierte Kapital zwischenzeitlich ertragbringend angelegt werden kann. Eine hohe Volatilität der Bezugsgröße bedeutet eine höhere Chance auf die erhoffte positive Entwicklung des Barwerts der Bezugsgröße und führt zu einem höheren Wert der Call Option. Eine längere Optionslaufzeit ist hier als längere Chancenzeit für die gewünschte

---

22 Dies bedeutet allerdings nicht, dass die Bewertungsansätze für Finanzoptionen unmodifiziert übernommen werden können. Vgl. die weiter unten diskutierten notwendigen Erweiterungen der Bewertungsmethoden für Realoptionen in der Stromwirtschaft.

23 Die analytischen Verfahren und die numerischen Verfahren sind grundsätzlich miteinander kompatibel. So lassen sich die analytischen aus den numerischen ableiten, indem die betrachteten Periodenabstände beliebig klein gewählt werden. Vgl. weiter Rams (1999b), S. 357.

24 Aus einer weiteren Sichtweise werden Gleichgewichtsmodelle und statistische Modelle unterschieden. Gleichgewichtsmodelle suchen ausgehend von einem Kapitalmarktgleichgewicht nach einem theoretisch begründeten Optionswert. Die bekanntesten Gleichgewichtsmodelle sind der Ansatz von Black/Scholes (analytisch) und der Ansatz von Cox/Ross/Rubinstein (numerisch). Die statistischen Modelle streben dagegen nicht nach der Ableitung eines kausalen Zusammenhangs zwischen Optionspreis und seinen Determinanten, sie analysieren vielmehr die historische Entwicklung, und schreiben diese in die Zukunft fort.

25 In jedem Fall muß sichergestellt werden, dass es sich bei dem Bewertungsgegenstand tatsächlich um ein realwirtschaftliches Optionsrecht handelt. Andernfalls kehren sich die Wertaussagen mitunter ins Gegenteil.

positive Wertentwicklung der Bezugsgröße zu verstehen und erhöht ebenfalls den Wert der Call Option. Zwischenzeitlich mögliche positive Zahlungsströme der Bezugsgröße können nicht vereinnahmt werden und mindern den Wert der Call Option.

Die intuitiven Vorüberlegungen zur Bewertung von Realoptionen verdeutlichen, dass etwa der flexible, am Strompreis orientierte Betrieb eines Kraftwerks einen Optionswert beinhaltet (operative Realoption). Weiter beinhaltet die Möglichkeit, die Entscheidung über den Ausbau von Kraftwerksaktivitäten aufzuschieben, um zwischenzeitlich präzisere Informationen über die Aktionen der Wettbewerber zu gewinnen ebenfalls einen Optionswert (strategische Realoption). Hier kann es sinnvoll sein, zwischenzeitlich Strom - auch zum erhöhten Preis - vom Markt zuzukaufen. Zur Aufdeckung weiterer, insbesondere impliziter und nicht auf den ersten Blick erkennbarer Realoptionen ist eine detaillierte Investitionsanalyse erforderlich.

Für das Risikoverständnis eines Kraftwerks kann dies als Ganzes als Call Option auf Strom verstanden werden. Kundenverträge auf der anderen Seite hedgen entsprechend die offene Position. Anhand der intuitiven Realoptionsbetrachtung wird verdeutlicht, dass schon allein das Halten eines Kraftwerks - insbesondere im wettbewerblichen Umfeld - eine Optionsposition darstellt.

4.1.2 Numerische Bewertung[26]

Für die numerische Bewertung soll hier der Binomialansatz nach Cox/Ross/Rubinstein Verwendung finden.[27] Dieser Ansatz ist einerseits leicht zu implementieren und erlaubt weiter einen flexiblen Einsatz. Der Wert einer Option wird hier nach der Idee der arbitragefreien Bewertung bestimmt, indem allgemein der Wert der betrachteten Option über die Wertentwicklung der betreffenden Bezugsgröße nachgezeichnet wird. Für die Bewertung von Kraftwerksinvestitionen bedeutet dies, dass diese als Derivate auf Strom betrachtet und bewertet werden. Das für den Binomialansatz benötigte Duplizierungsportfolio wird somit von den Strompreisen des Marktes abgeleitet. Entsprechend der Annahme des vollkommenen Marktes müssen der Wert der betrachteten Strommenge und der der betrachteten Kraftwerksinvestition gleich sein, sofern sie identische Risiko- und Ertragsstrukturen aufweisen. Für den hier verwendeten Bewertungsansatz werden zu den unsicheren zukünftigen Zahlungsströmen für Strom Sicherheitsäquivalente[28,29]

---

26 Vgl. insbesondere die sehr anschauliche Darstellung von Amram/Kulatilaka (1999a), S. 107ff.

27 Vgl. Cox/Ross/Rubinstein (1979), S. 229-263 sowie Hommel/Müller (1999), S. 183 und Rams (1999b), S. 357.

28 Vgl. Gerke/Bank (1998), S. 56f.

29 Ein Sicherheitsäquivalent ist eine sichere Zahlung(shöhe), die dem risikoneutralen Investor den gleichen Nutzen stiftet, wie die unsichere Zahlung.

ermittelt. Zu diesem Zweck erfolgt in einem ersten Schritt die Berechnung sogenannter "Pseudowahrscheinlichkeiten".[30] Diese reflektieren die Unsicherheit der zukünftigen Cashflows und führen sie nach Abdiskontierung mit dem risikolosen Zinssatz in die Sicherheitsäquivalente über.

Wesentlicher Vorteil dieses Ansatzes der Optionsbewertung ist, dass die von den Marktteilnehmern erwartete Wahrscheinlichkeitsverteilung und Risikoschätzung bezüglich der Strompreisentwicklung in diesem enthalten sind. Daher ist es nicht erforderlich, diese Größen auf anderem Wege abzuleiten.[31] Ein weiterer zentraler Vorteil ist die Verwendung des Prinzips der risikoneutralen Bewertung; diese erlaubt die Abdiskontierung der im Binomialbaum betrachteten Größen mit dem risikolosen Zinssatz. Somit brauchen die speziellen Risikonutzenvorstellungen und die Renditevorstellungen der Entscheider nicht berücksichtigt zu werden. Die Bewertung ist somit präferenzfrei.[32]

Der Binomialansatz geht von der Annahme aus, dass die Werte der zugrundeliegenden Bezugsgröße einem multiplikativen binomialen Prozeß mit zeitlich gleichen Abständen folgen. Der Kurs des Basisobjektes „K" nimmt entsprechend am Ende jeder Periode zwei mögliche Werte an. Entweder er steigt um den Faktor „u" oder er sinkt um den Wert „d" (d<1<u). Entsprechend wird der Binomialbaum abgeleitet, indem zunächst die den u- und d-Bewegungen folgenden möglichen Werte der Bezugsgröße über die Laufzeit bestimmt werden. Dabei gehen die folgenden Größen in die Berechnung ein.[33]

$$q = 1 + i$$

$$u = e^{\sigma \sqrt{t}}$$

$$d = \frac{1}{u} = e^{-\sigma \sqrt{t}}$$

Offensichtlich kann nun durch Ermittlung der drei Parameter Laufzeit t, Zinssatz i und Volatilität σ der gesamte Binomialbaum abgeleitet werden. Die Optionsbewertung selbst erfolgt dann auf dem Wege der rekursiven Rechnung. Dabei wird zunächst der Wert der Call Option am Ende der Laufzeit bestimmt, wobei K den Preis des Basiswertes und E den Ausübungspreis darstellt:

---

30 Dies sind Wahrscheinlichkeiten, die sich im Gegenwartswert des Underlying wiederspiegelten, wenn dieser von einem risikoneutralen Investor bestimmt worden wäre.

31 Dies ist zudem aufgrund deren Zeit- und Zustandsabhängigkeit methodisch nicht eindeutig möglich.

32 Wesentliche Annahmen für die Anwendung des beschriebenen Binomialansatzes sind weiter die Prämissen des vollkommenen Kapitalmarktes.

33 Notation: t = Laufzeit in Jahren; i = risikoloser Zinssatz p.a.; σ = Volatilität; e = Eulersche Zahl

$C = \max(K - E, 0)$

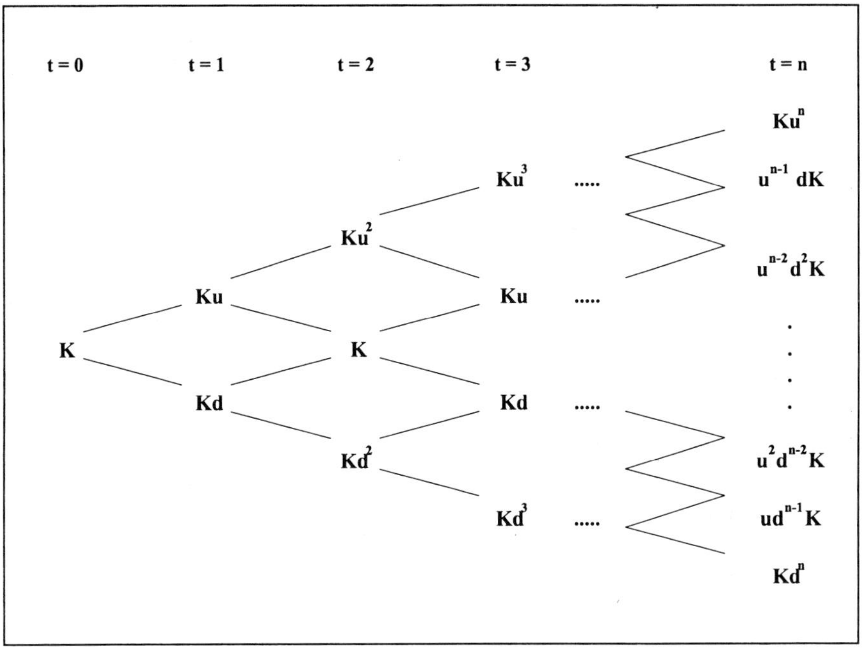

Abbildung 3: Binomialbaum über n Perioden

Im nächsten Schritt wird die Bewertung der Call Option in der vorletzten Periode des Betrachtungszeitraums abgeleitet mit $C_{n-1} = \frac{pC_u + (1-p)C_d}{q}$. Hier ist C_u der Wert der Call Option im Falle der erfolgten Wertsteigung mit dem Faktor u und C_d dessen Wert im Falle der erfolgten Wertminderung mit dem Faktor d.

Der Faktor $p = \frac{q-d}{u-d}$ steht für die schon angesprochene "Pseudowahrscheinlichkeit"; dies ist die Wahrscheinlichkeit, mit der der Wert des Basisobjektes auf „uK" steigen müßte, damit die erwartete Rendite dem risikolosen Zins entspräche.[34]

Entsprechend der beschriebenen Vorgehensweise wird der Binomialbaum rekursiv bis zu seinem Ursprung zurückgerechnet. Die angestrebte Optionsbewertung der jeweils vorangegangenen Periode wird aus dem Maximalwert der Optionswerte bei Ausübung und bei Nichtausübung der nachfolgenden Periode nach Gewich-

34 Analog entspricht (1-p) der Wahrscheinlichkeit für eine Minderung auf dK. Die Faktoren p und (1-p) stehen ausdrücklich nicht für die Eintrittswahrscheinlichkeit der Werte uK und dK.

tung mit den ermittelten Pseudowahrscheinlichkeiten und Abdiskontierung mit dem risikolosen Zins ermittelt. Sofern bezüglich des Basisobjektes ein konstanter und sicherer Cashflow („cf" in Prozent des Basisobjektes) zu berücksichtigen ist, sind die folgenden Faktoren in die Berechnung einzubeziehen: ucf = u*(1-cf) und dcf = d*(1-cf).

Da für die Bewertung von Strom der Wert des Basisobjektes über die Kraftwerkkapazität multipliziert mit dem Preis sowie dessen Volatilität leicht vom Markt abgeleitet werden kann, ist der beschriebene Binomialansatz für die Bewertung von Optionen auf Strom und damit mittelbar die Bewertung von Kraftwerken grundsätzlich anwendbar. Gegenüber der Anwendung eines analytischen Ansatzes wie dem Black/Scholes-Modell und von diesem abgeleiteten Varianten erweist es sich im Falle des Binomialmodells als vorteilhaft, dass die erwarteten Preisausprägungen im Binomialbaum sichtbar werden und damit einer empirischen Plausibilisierung eher zugänglich sind.

4.2 Notwendige Modellerweiterungen

Trotz der dargestellten grundsätzlichen Eignung des Binomialansatzes oder allgemein der Ansätze zur Bewertung von Finanzoptionen auf die Bewertung von Optionen auf Strom und damit von Kraftwerksinvestitionen sind für eine präzisere praktische Anwendung noch eine Reihe von Modellerweiterungen vorzunehmen. Diese begründen sich wie folgt:

- Strom läßt sich technisch kaum in großen Mengen speichern. Entsprechend kann ein einmal initiiertes Angebot in Form eines angelaufenen Kraftwerks nicht beliebig zurückgehalten werden, wenn der Marktpreis unter den Kosteneinstand sinkt.
- Insbesondere der Bau von Großkraftwerken führt zu einer sehr hohen Kapitalbindung. Die hier eingegangenen Sunk Costs limitieren die Möglichkeit, eine Anlage bei sinkendem Strompreis vom Netz zu nehmen.
- Im Falle von Strom bilden sich im Jahresverlauf zeitlich unterschiedliche Preise. Insbesondere unterscheidet sich der Strommarkt im Sommer von dem im Winter.
- Empirische Umfeldgegebenheiten wie insbesondere das Wetter sind mit in die Bewertung einzubeziehen. Jedoch entziehen sich diese häufig der hinreichend genauen Quantifizierbarkeit.
- Die Entwicklung der Strompreise wird mittelbar durch die Entwicklung der Preise der relevanten Brennstoffe beeinflußt. So bestimmt sich in Deutschland der Grenzpreis für Strom durch den Preis von Kohle, in den Vereinigten Staaten jedoch durch den Preis von Öl/Gas.

- Die Preisentwicklung des verwendeten Brennstoffs muss wie die des Stroms als unsichere Größe modelliert werden. Dabei sind Korrelationen zwischen beiden Preisverläufen zu erfassen und zu bewerten.
- Spezifische Besonderheiten der regionalen Nachfragestruktur können den Preis für Strom stark beeinflussen. Entsprechend sind immer die jeweiligen realen Gegebenheiten zu berücksichtigen. Deren systematische Quantifizierung erweist sich jedoch in der Regel als problematisch.
- Die technischen Gegebenheiten eines Kraftwerks sind in der Bewertung zu berücksichtigen. Dies betrifft insbesondere deren Störanfälligkeit sowie die Flexibiliät des Betriebs. Fraglich ist etwa, zu welchen Kosten und Laufzeiten die Anlage herunter- und wieder hochgefahren werden kann.
- Zwar lässt sich am Strommarkt die Volatilität für Preisentwicklungen ablesen, diese ist jedoch höchstens für eine sehr kurzfristige Betrachtung von wenigen Wochen valide. Insbesondere die Bewertung von Kraftwerken als strategische Realoption erfordert allerdings eine Perspektive von bis zu 40 Jahren. Die einfache Extrapolation der Kurzfristvolatilität auf die längere Laufzeit würde zu deutlichen Fehlbewertungen führen.

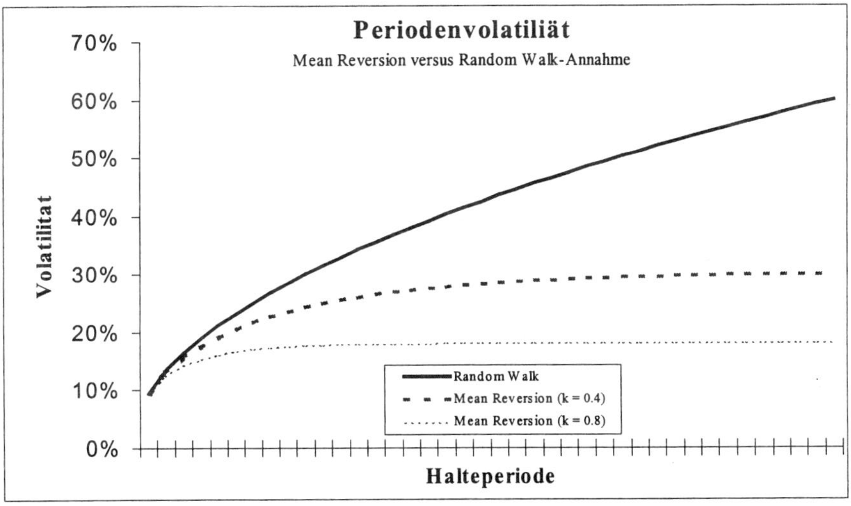

Abbildung 4: Periodenvolatilität - Random Walk versus Mean Reversion[35]

[35] Die Abbildung skizziert den Einfluß von Mean Reversion-Effekten auf die Periodenvolatilität. K (kappa) ist dabei das Maß für den Mean Reversion-Grad.

- Produziert ein Kraftwerk mehr als ein Produkt - wie dies bei der Kraft-Wärme-Koppelung etwa der Fall ist - so sind die einfachen Modelle der Optionsbewertung nicht mehr hinreichend. Ins Blickfeld rücken hier komplexere Varianten der Optionsbewertung, die die Erfassung von zwei Basisobjekten ermöglichen. Bei deren Verwendung besteht jedoch andererseits die Gefahr, dass sich die analytische Genauigkeit von der empirischen Realität löst.
- Für den Preisverlauf von Strom kann anders als an den Finanzmärkten nicht die logarithmische Normalverteilung angenommen werden (random walk). Tatsächlich ist aufgrund der empirischen Gegebenheiten eher von Mean Reversion-Preisverläufen auszugehen und damit von deutlich geringeren Volatilitäten (vgl. Abbildung 4).

5 Fallstudie: Strompreisvolatilität und Kraftwerksmanagement[36]

Gegeben sei ein veraltetes Gaskraftwerk, das vorübergehend stillgelegt wurde. Die mögliche verbleibende Betriebsdauer beträgt noch drei Jahre und damit 26.280 Stunden. Angesichts einer Kapazität des Kraftwerks von 50 MW könnten maximal noch 1.314.000 MWh Strom erzeugt werden. Der Gaspreis kann vereinfachend mit DM 20 pro MWh als konstant angesehen werden. Der Marktpreis für Strom beträgt ebenfalls DM 20 pro MWh. Die Volatilität des Strompreises läßt sich empirisch vom Markt ableiten. Von Stilllegungs- oder Abrisskosten sei abgesehen. Die Entscheidung darüber, ob der Betrieb wieder aufgenommen werden soll ist nur einmal jährlich möglich.[37] Der risikolose Zins liegt bei 5%.

Offenbar liegt hier eine operative Realoption auf den Betrieb des Gaskraftwerks vor. Zu deren Analyse und Bewertung soll entsprechend der oben diskutierten Vorgehensweise ein Binomialbaum entwickelt werden, die Bewertung erfolgt - wie dargestellt - rekursiv (Wertangaben erfolgen in TDM). Für jeden Knotenpunkt werden dabei in der folgenden Reihenfolge angegeben:

a Periodenwert des Basisobjektes

b mögliche entgangene Cashflows bei Nichtausübung der Option in der Vorperiode

---

36 Die vorliegende Fallstudie dient der Illustration möglicher Bewertungseffekte bei der Interpretation eines Kraftwerks als operative Realoption. Von den im vorigen Kapitel dargestellten, für die Praxis notwendigen Modellerweiterungen wird hier abstrahiert.

37 Insbesondere diese Annahme ist sehr restriktiv; sie kann jedoch durch einfache Umformungen, die eine beliebig feine Periodenunterteilung zulassen, aufgelöst werden.

c	Periodenwert der Option bei Nichtausübung

d	Wert der Option bei Ausübung in der entsprechenden Periode

Auf Basis der beschriebenen Sachlage werden nun vier aufeinanderfolgende Fälle beschrieben. Diese verdeutlichen, wie schrittweise eine Annäherung der Bewertung mit abnehmender Abstraktion in Richtung der Erfordernisse der Praxis möglich ist.[38] Dabei kommt den jeweils resultierenden Wertveränderungen eine besondere Bedeutung zu, da deren Kenntnis das strategische Handeln der Entscheider lenken sollte.[39]

Fall 1: Das Gaskraftwerk kann aufgrund fehlender technischer Flexibilität nur für die Produktion von Grundlaststrom eingesetzt werden. Die Volatilität für diesen ergibt sich am Markt mit 30%.

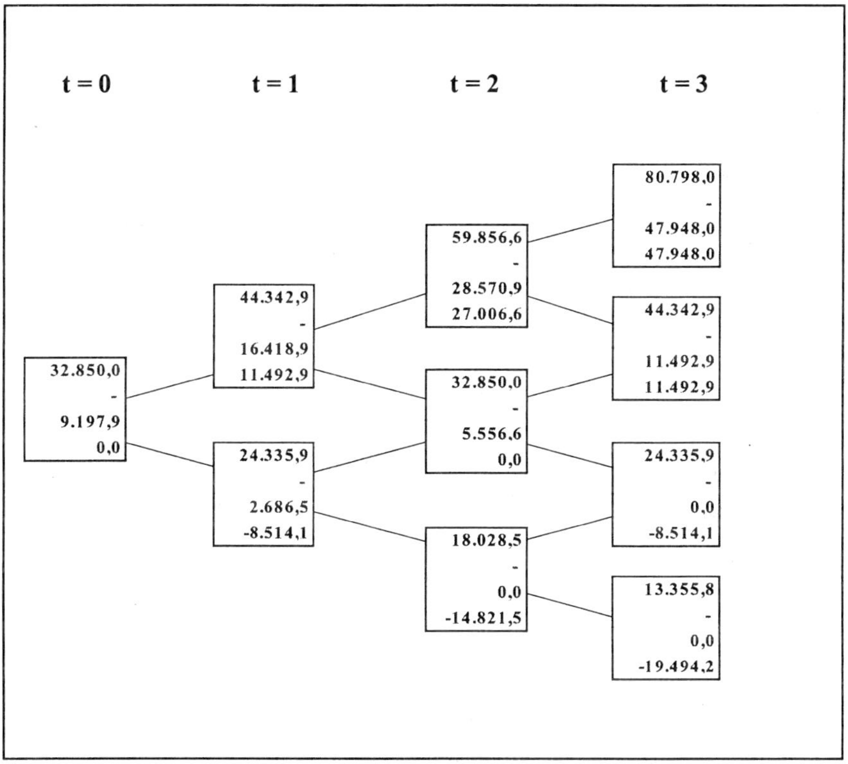

Abbildung 5: Optionswert bei Strompreisvolatilität von 30%

---

38 Die weiteren in Richtung einer die Realität adäquat abbildenden Bewertung erforderlichen Schritte ergeben sich aus den im vorherigen Kapitel diskutierten notwenigen Modellerweiterungen.

39 Vgl. hierzu auch Nelles/Rocke (2001), S. 95f.

Da die Kosten der Produktion von Strom pro MWh den jeweils zu erzielenden Erlösen entsprechen, erscheint der Wert des Kraftwerks auf den ersten Blick bei null zu liegen. Aus der Optionsbewertung im Binomialbaum wird jedoch ersichtlich, dass das Kraftwerk als offene Option auf die Produktion von Strom vor dem Hintergrund der Volatilität von 30% einen Wert von DM 9,2 Mio. innehat.

Es besteht die Handlungsoption, das Gaskraftwerk im Falle in der Zukunft steigenden Strompreise zu betreiben. Sofern die Strompreise jedoch fallen, braucht eine verlustbringende Inbetriebnahme nicht zu erfolgen.

Fall 2: Gegenüber Fall 1 wird nun angenommen, das Gaskraftwerk sei technisch hinreichend flexibel, um für die Produktion von Spitzenlaststrom eingesetzt zu werden. Für diesen beträgt die Preisvolatilität 50%.

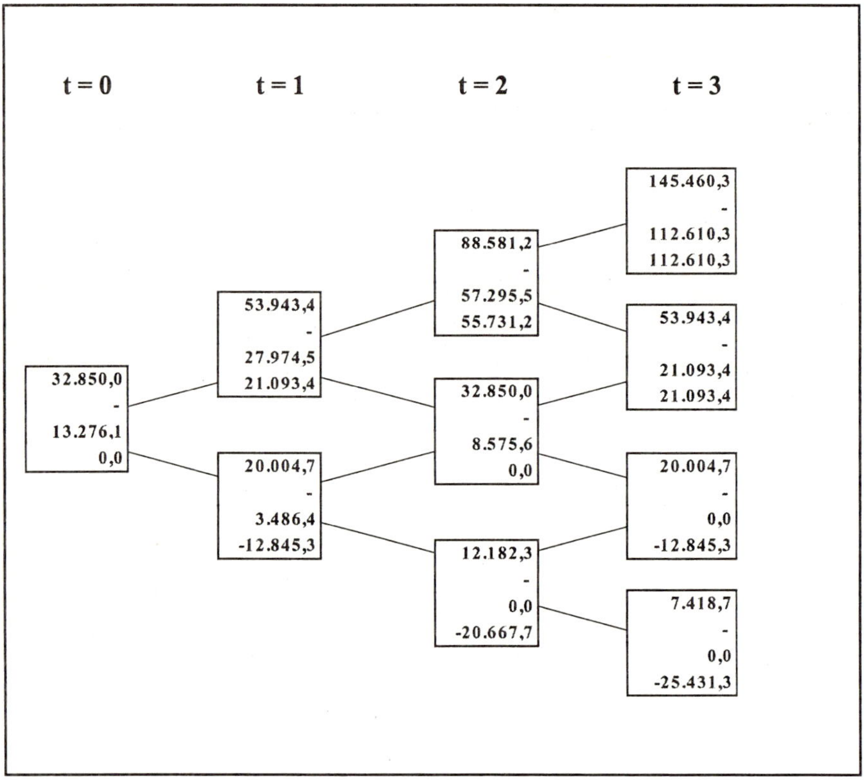

Abbildung 6: Optionswert bei Strompreisvolatilität von 50%

Der Wert des Kraftwerks interpretiert als operative Realoption steigt nun auf DM 13,3 Mio. Die höhere Volatilität erhöht die Chancen der Option, während ihrer Laufzeit ins Geld zu kommen. Da zwischenzeitlich keine laufenden Kosten für den Erhalt des Kraftwerks anfallen, empfiehlt es sich offensichtlich, die Option bis zur letzten Periode offen zu halten. Negative Wertausschläge sind aufgrund des optionalen Charakters der Investition des Kraftwerksbetriebs nicht beachtlich.

Fall 3: Gegenüber Fall 2 wird nun angenommen, dass die laufenden Kosten der Wartung des nicht betriebenen Kraftwerks 5% pro Jahr gerechnet auf dessen Wert betragen.

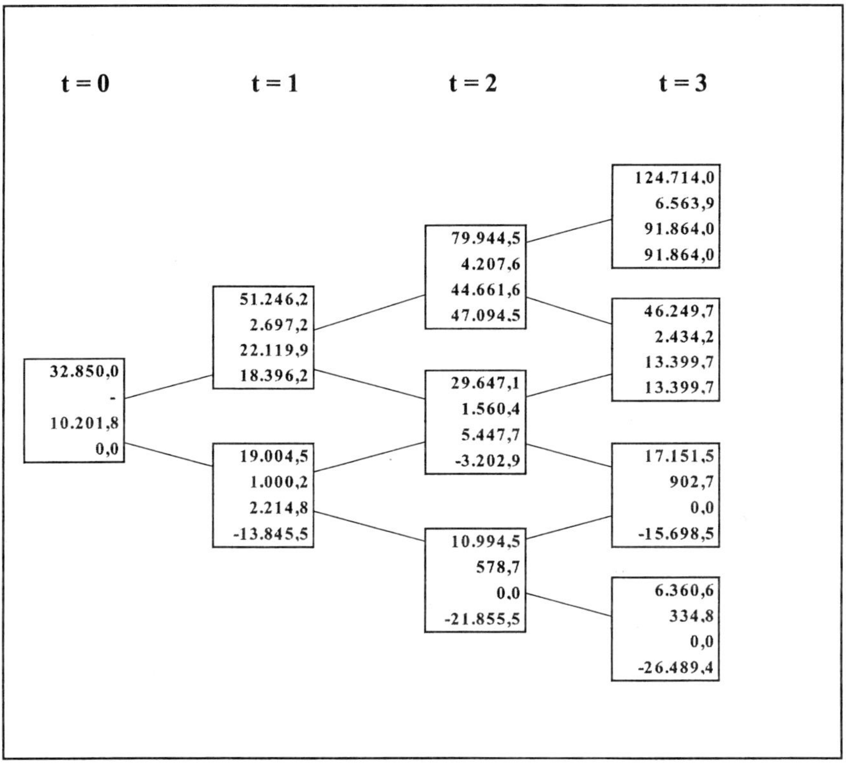

Abbildung 7: Optionswert unter Berücksichtigung laufender Aufwendungen

Die laufenden Kosten der Wartung senken den Wert des Kraftwerks als offen gehaltene operative Realoption auf anfänglich nun DM 10,2 Mio. In der zweiten Periode ist im Falle der positiven Preisentwicklung für Strom nun die vorzeitige Ausübung geboten, da hier der Wert des in Betrieb genommenen Kraftwerks den Wert der offen gehaltenen Option übersteigt (DM 47,1 Mio > DM 44,7 Mio.).

Fall 4: Die Annahme, dass der Preis für Gas über die folgenden drei Jahre konstant bleibt, wird aufgegeben. Es wird nun angenommen, dass dieser mit 5% pro Jahr steigt.[40]

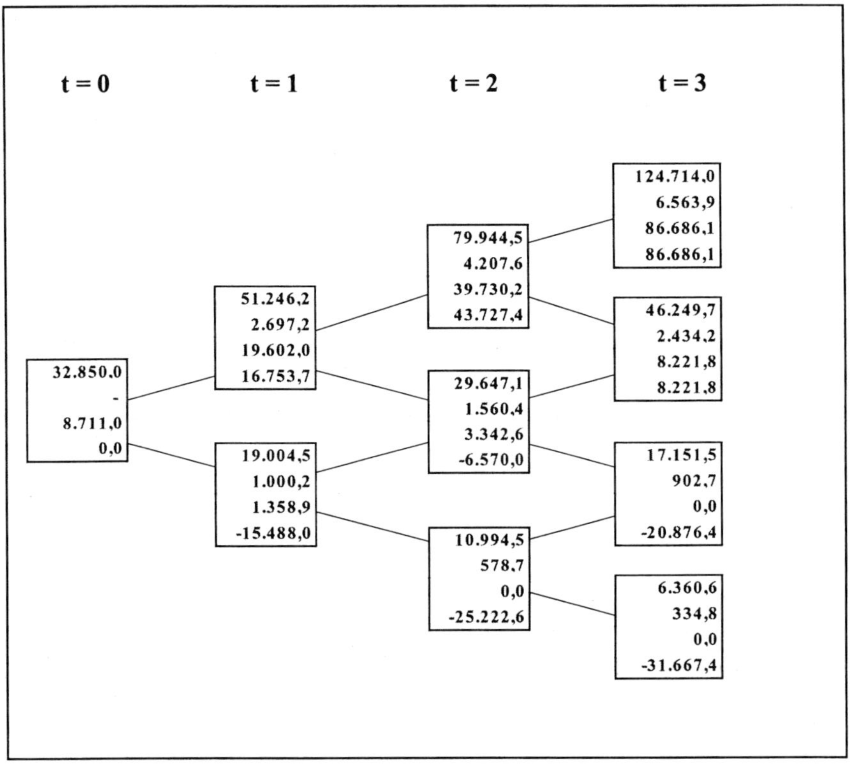

Abbildung 8: Optionswert bei steigenden Preisen für Gas

Die Preissteigerungen des Brennstoffs Gas senken den anfänglichen Wert der offenen Realoption von DM 10,2 Mio. auf DM 8,7 Mio.

Die vorliegende Fallstudie betrachtet eine Realoption, die dem Inhaber die Möglichkeit des Wartens oder des Aufschubs einer Entscheidung einräumt. Da die zwischenzeitliche Ausübung zugelassen wird, liegt eine Call Option amerikanischen Typs vor. Da der Kraftwerksbetreiber je nach Marktpreislage für Strom entscheiden kann, ob er das Gaskraftwerk sofort, in einer späteren Periode oder auch gar nicht in Betrieb nimmt, stellt sich für ihn das Risiko der Unumkehrbarkeit einer einmal getroffenen Entscheidung als deutlich reduziert dar. Die Kosten

---

40 In der Praxis wäre hier die Korrelation von Gas- und Strompreis zu untersuchen.

für die Verbrennung des eingebrachten Gases sind jeweils als Kosten der Optionsausübung zu verstehen. Entscheidet sich der Kraftwerksbetreiber für die Inbetriebnahme seines alten Kraftwerks, so geht ihm - wie angenommen - der Wert der Flexibilität verloren.

Im Sinne eines effizienten Kraftwerksmanagements muss das Ausübungskriterium für die betrachtete operative Realoption an jedem Knoten des gesamten Binomialbaumes untersucht werden. Fallen aufgrund von entgangenen zwischenzeitlichen Cashflows die Kosten des aufgegebenen Warteschutzes hinter die Kosten des Wartens selbst zurück, so sollte die Option ausgeübt und das Kraftwerk in Betrieb genommen werden. Die vorliegende Fallstudie verdeutlicht, dass mit steigenden entgehenden Objekterträgen der Wert der Realoption sinkt.

Die Verwendung des Realoptionsansatzes kann wertvolle Steuerungsinformationen für ein aktives Kraftwerksmanagement liefern. Die im Rahmen der einfachen Fallstudie verdeutlichten Ergebnisse entsprechen der realen Situation des Kraftwerksbetreibers weit mehr als es die Ergebnisse einer Untersuchung anhand des einfachen Kapitalwertkalküls tun. Diesem gegenüber erscheint der Ansatz der realoptionsbasierten Investitionsrechnung insofern deutlich überlegen.

6 Fazit und Ausblick

Ziel dieses Beitrags war es, den Nutzen der realoptionsbasierten Investitionsrechung für die Steuerung von Kraftwerksinvestitionen im Umfeld einer liberalisierten Stromwirtschaft zu untersuchen.

Dabei konnte festgestellt werden, dass die herausgestellten Analogien zwischen Finanz- und Realoptionen insbesondere in der Stromwirtschaft aufgrund des effizienten Stromhandels zwar eng, jedoch nicht vollständig sind. Damit ist die Anwendung des Realoptionsansatzes an eine Reihe von Prämissen gebunden, die sich in der unternehmerischen Praxis nicht als vollständig erfüllt erweisen.

Jedoch gilt diese Kritik nicht für den Realoptionsansatz allein, sondern trifft in wesentlichen Teilen auch die traditionellen Verfahren der Investitionsrechnung. Insgesamt konnte herausgestellt werden, dass der Realoptionsansatz gegenüber diesen eine wichtige methodische Weiterentwicklung darstellt und sich insbesondere für die Integration der marktorientierten strategischen Analyse in die Investitionsrechnung eignet.

Als besonders wertvoll erweist sich der Realoptionsansatz für Unternehmen, die eng mit den Kapitalmärkten verbunden sind und entsprechend als vergleichsweise liquide und volatile Aktiva verstanden werden können. Analog gilt dies ebenfalls für die - in der liberalisierten Stromwirtschaft immer enger an die Strommärkte gebundenen - Erzeuger und Versorger. Dabei gelingt die Bewertung operativer

Realoptionen bislang aufgrund kürzerer Fristigkeit augenscheinlich besser als die der strategischen.

Der Ansatz der Realoptionen ist ein geeignetes Instrument, im Umfeld der Anforderungen der liberalisierten Stromwirtschaft zu einer Optimierung des Kraftwerksmanagements zu gelangen. Im Rahmen der Lösung dieser Optimierungsaufgabe leitet sich beinahe als Nebenprodukt der Wert eines Kraftwerks her.

Literaturverzeichnis

Amram, M./Kulatilaka, N. (1999a): Real Options – Managing Strategic Investment in an Uncertain World, Harvard Business School Press

Amram, M./Kulatilaka, N. (1999b): Disciplined Decisions – Aligning Strategy with the Financial Markets, in: *Harvard Business Review*, Januar-Februar, S. 95-104

Black, F./Scholes, M (1973): The Pricing of Options and Corporate Liabilities, in: *Journal of Political Economy*, Nr. 81, S. 637-659

Copeland, T./Koller, T./Murrin, J. (1998): Unternehmenswert-Methoden und Strategien für eine wertorientierte Unternehmensführung, Frankfurt am Main, New York

Cox, J.C./Ross, S.A./Rubinstein, M (1979): Option Pricing: A Simplified Approach, in: *Journal of Financial Economics*, Nr. 7, S. 229-263

Crasselt N./Tomaszewski, C. (1999): Realoptionen – eine neue Methode der Investitionsrechnung, in: *WiSt - Wirtschaftswissenschaftliches Studium*, Oktober 1999

Dixit, A.K./Pindyck, R.S. (1994): Investment under Uncertainty, Princeton University Press, Princeton, N.J.

Gerke, W./Bank, M. (1998): Finanzierung - Grundlagen für die Investitions- und Finanzierungsentscheidungen in Unternehmen

Hommel, U./Müller, J. (1999): Realoptionsbasierte Investitionsbewertung, in: *Finanzbetrieb*, Nr. 8 (August), S. 177-188

Hommel, U./Müller J. (2000): Tauschoptionen: Kernbaustein realoptionsbasierter Investitionsrechnung, in: *Finanzbetrieb*, 02/00, S. 72-77

Hommel, U./Pritsch, G. (1999): Marktorientierte Investitionsbewertung mit dem Realoptionsansatz: Ein Implementierungsleitfaden für die Praxis, in: *Finanzmarkt und Portfolio Management*, H. 2, S. 121-144

Kulatilaka, N.: The value of Flexibility - The Case of a Dual-Fuel Industrial Steam Boiler, in: *Financial Management*, S. 271-280.

Luehrman, T.A. (1997): What's It Worth? A General Manager's Guide to Valuation, in: *Harvard Business Review*, Mai-Juni, S. 132-142

Luehrman, T.A. (1998): Strategy as a Portfolio of Real Options, in: *Harvard Business Review*, September-Oktober, S. 89-99

Margrabe, W. (1978): The value of an option to change one asset for another, in: *Journal of Finance*, Nr. 1, S. 177- 186

Merton, R.C. (1998): Application of Options Pricing Theory: Twenty-Five Years later, in: *American Economic Review*, S. 323-349

Nelles, M./Rocke, R. (2001): Realoptionsbasierte Investitionsentscheidungen, in: *Finanzbetrieb*, 02/01, S. 93-96.

Rams, A. (1998a): Realoptionen - ein innovativer Ansatz zur Unternehmensbewertung und wertorientierten Unternehmensführung, in: *M&A Review*, Nr. 10 (Oktober), S. 416-424

Rams, A. (1998b): Strategisch-dynamische Unternehmensbewertung mittels Realoptionen, in: *Die Bank*, Nr. 11 (November), S. 676-680

Rams, A. (1999a): Realoptionen: Bewertungsansätze und Fallstudien, in: *M&A Review*, Nr. 6 (Juni), S. 266-274

Rams, A. (1999b): Realoptionsbasierte Unternehmensbewertung, in: *Finanzbetrieb*, 11/99, S. 349-364

Schäfer, H. (1999): Unternehmensinvestitionen: Grundzüge in Theorie und Management, Heidelberg

Hommel, U./Müller, J. (1999): Realoptionsbasierte Investitionsbewertung, in: *Finanzbetrieb*, Nr. 8 (August), S. 177-188

Hommel, U./Müller J. (2000): Tauschoptionen: Kernbaustein realoptionsbasierter Investitionsrechnung, in: *Finanzbetrieb*, 02/00, S. 72-77

Hommel, U./Pritsch, G. (1999): Marktorientierte Investitionsbewertung mit dem Realoptionsansatz: Ein Implementierungsleitfaden für die Praxis, in: *Finanzmarkt und Portfolio Management*, H. 2, S. 121-144

Kulatilaka, N.: The value of Flexibility - The Case of a Dual-Fuel Industrial Steam Boiler, in: *Financial Management*, S. 271-280.

Luehrman, T.A. (1997): What's It Worth? A General Manager's Guide to Valuation, in: *Harvard Business Review*, Mai-Juni, S. 132-142

Luehrman, T.A. (1998): Strategy as a Portfolio of Real Options, in: *Harvard Business Review*, September-Oktober, S. 89-99

Margrabe, W. (1978): The value of an option to change one asset for another, in: *Journal of Finance*, Nr. 1, S. 177- 186

Merton, R.C. (1998): Application of Options Pricing Theory: Twenty-Five Years later, in: *American Economic Review*, S. 323-349

Nelles, M./Rocke, R. (2001): Realoptionsbasierte Investitionsentscheidungen, in: *Finanzbetrieb*, 02/01, S. 93-96.

Rams, A. (1998a): Realoptionen - ein innovativer Ansatz zur Unternehmensbewertung und wertorientierten Unternehmensführung, in: *M&A Review*, Nr. 10 (Oktober), S. 416-424

Rams, A. (1998b): Strategisch-dynamische Unternehmensbewertung mittels Realoptionen, in: *Die Bank*, Nr. 11 (November), S. 676-680

Rams, A. (1999a): Realoptionen: Bewertungsansätze und Fallstudien, in: *M&A Review*, Nr. 6 (Juni), S. 266-274

Rams, A. (1999b): Realoptionsbasierte Unternehmensbewertung, in: *Finanzbetrieb*, 11/99, S. 349-364

Schäfer, H. (1999): Unternehmensinvestitionen: Grundzüge in Theorie und Management, Heidelberg

Flexibilität und Hedging: Realoptionen in der Elektrizitätswirtschaft

Dr. Frank Amend[1]

Enron Europe Limited, Enron House, 40 Grosvenor Place, London SW1X 7EN

Zusammenfassung: Im Zuge der Liberalisierung der Energiemärkte erfolgt die Preisbildung für die verschiedenen Energieformen durch Angebot und Nachfrage. Für die Marktteilnehmer resultiert hieraus ein Preisrisiko. Eine Absicherung des Preisrisikos ist durch derivative Kontrakte möglich, die von spezialisierten Stromhändlern und von institutionalisierten Stromhandelsplätzen angeboten werden. Aufgrund der hohen Volumina und der Vertragslaufzeiten sind diese Sicherungsprodukte jedoch unter Umständen sehr teuer. Durch den Aufbau interner Flexibilität hat ein Stromproduzent die Möglichkeit, eine Absicherung durch eine geeignete Fahrweise der Anlage darzustellen. Zusätzlich bietet sich ihm die Möglichkeit der realwirtschaftlichen Arbitrage.

Schlüsselworte: Strombörsen, Mean Reverting Prozesse, Bewertung von Flexibilität, realwirtschaftliche Arbitrage, Energiederivate, exotische Optionen

1 Einleitung und Übersicht

Die Energiewirtschaft ist weltweit im Umbruch. Die größten Veränderungen sind auf den ehemals monopolistisch organisierten Märkten für Strom und Gas im Gange. Ähnlich den Entwicklungen in der Telekommunikationsbranche ist für beide Märkte eine Liberalisierung angestrebt, die eine größere Zahl von Anbietern und, damit einhergehend, einen größeren Preiswettbewerb bringen soll.

Mit der Liberalisierung der Märkte ist die Abschaffung von garantierten Verkaufspreisen verbunden. Wie in anderen Märkten auch, besteht für die Energieproduzenten nicht mehr nur das vergleichsweise geringe Risiko hinsichtlich der nachgefragten Menge, sondern auch eine Unsicherheit bezüglich der Preisentwicklung. Aber auch die Verbraucher der Energien können nicht mehr mit konstanten Preisen kalkulieren. Für beide Gruppen entsteht somit aus der Liberalisierung der

---

1 Die in diesem Artikel geäußerten Ansichten sind die persönliche Meinung des Autors und entsprechen nicht notwendigerweise der Auffassung von Enron Europe Ltd.

Märkte ein Sicherungsbedürfnis. Dieser Nachteil als Folge der Liberalisierung wird jedoch durch die Aussicht auf fallende Preise, größeren Wettbewerb und gesteigerten Kundennutzen aufgewogen.

Das aus diesen Veränderungen resultierende Sicherungsbedürfnis ist Motivation für die Betrachtung verschiedener Hedgingvarianten, die einem Stromproduzenten zur Verfügung stehen. Aufgrund der Besonderheiten in der Herstellung und im Vertrieb der Ware 'Strom' zählt hierzu neben den traditionellen Sicherungsinstrumenten auch die Nutzung realwirtschaftlicher Flexibilität.

Die bewusste Schaffung und Nutzung von Flexibilität stellt eine realwirtschaftliche Maßnahme des Risikomanagements dar. Das klassische Beispiel in der Literatur für eine Sicherung durch Flexibilität ist die Errichtung einer zusätzlichen Fabrik im Ausland. Bei nachhaltigen Wechselkursveränderungen kann ein Teil der Produktion verlagert werden, um so die negativen Auswirkungen auf die Kosten- und Erlössituation auszugleichen.

Der Aufbau realwirtschaftlicher Flexibilität versetzt den Stromproduzenten in die Lage, auf Veränderungen der Energiepreise durch interne Anpassungen zu reagieren. Gelingt es, durch diese Anpassungen die möglichen negativen Auswirkungen einer unvorhergesehenen Preisvariation zu kompensieren, so kann auf eine Sicherung über den Markt verzichtet werden. Damit kann der Nutzung von Flexibilität eine ähnliche Funktion wie dem Einsatz traditioneller Hedginginstrumente zugesprochen werden. Der Inhaber realwirtschaftlicher Flexibilität kann im eigenen Bereich völlig frei über die Nutzung dieser 'Rechte' entscheiden. Er muss keine Optionsprämie an einen Stillhalter zahlen. Im Gegenzug ist er jedoch auch alleine für die Realisierung eines ausgeübten Wahlrechts verantwortlich.

In diesem Beitrag wird die Bewertung sowohl der bereits auf den Elektrizitätsmärkten gehandelten Sicherungsinstrumente, als auch die aus Parallelen zu anderen Energiemärkten erwarteten Hedgingprodukte skizziert. Diese externen Varianten werden mit der Nutzung von Flexibilität zu Sicherungszwecken verglichen. Der Einsatz von Flexibilität hat nur dann eine Berechtigung, wenn entweder das gewünschte Sicherungsziel mit keinem anderen Instrument dargestellt werden kann, oder die Nutzung eines Preisvorteils gegenüber einer Sicherung am Markt möglich ist.

2 Entwicklungen in der Elektrizitätswirtschaft

Im Zuge der Liberalisierung wird die vertikal integrierte Branchenstruktur der Elektrizitätswirtschaft in drei Teilbereiche aufgebrochen: (1.) Erzeugung, (2.) Übertragung und (3.) Verteilung. Während die konkrete Ausgestaltung der De-Integration sehr unterschiedlich realisiert werden kann, wird in allen Ländern zumindest die buchhalterische Trennung dieser Bereiche in ehemals integrierten Unternehmen gefordert.

In den Bereichen Erzeugung und Verteilung werden kleinere Einheiten angestrebt, um einen aktiven Wettbewerb zu fördern. Der Bereich der Übertragung stellt ein natürliches Monopol dar, dessen Zerfall keine wettbewerblichen Vorteile mit sich bringen würde. In einigen Ländern werden daher Betrieb und Wartung der Netz--infrastruktur einem dezidierten Unternehmen übertragen, das unter der Aufsicht einer Regulierungsbehörde die Durchleitungsentgelte mit Erzeugern und Verteilern vereinbaren kann. Die Höhe dieser Entgelte ist wesentlich für den ungehinderten Marktzugang neuer Stromanbieter.

Folgende wichtige Aspekte sind mit der Liberalisierung der Strommärkte verbunden:[2]

- Aufgrund von Überkapazitäten in der Stromproduktion sind die Befürchtungen eines Versorgungsengpasses bzw. mangelnder Versorgungssicherheit in weiten Teilen Europas weitgehend gewichen. Mit einem Regelungs- bzw. Ausgleichsmarkt wird sichergestellt, dass kurzfristige Angebotsengpässe kompensiert werden können.
- Organisierte Handelsplätze für Strom haben eine wesentliche Bedeutung für die Markttransparenz, die Liquidität und die Abwicklungssicherheit. Trotz der zunehmenden Zahl von Strombörsen in Europa bleibt der bilaterale Stromhandel jedoch dominierend. Gewöhnlich ist ein Verhältnis von bilateralem Handelsvolumen zu Börsenhandelsvolumen von etwa 80 zu 20 festzustellen.
- Mit der Öffnung der Energiemärkte entsteht ein Trend hin zu einer dezentralen Erzeugung von Wärme und Strom für den Bedarf abgegrenzter Einheiten. Größere Industrieunternehmen sind bereits früh dazu übergegangen, Strom, Wärme und Dampf für den Eigenbedarf zu produzieren. Zukünftig wird sich dieser Trend verstärken, so dass die Zahl derjenigen Unternehmen und Institutionen steigt, für die eine Eigenerstellung der benötigten Energieformen lohnend ist.

Elektrische Energie ist nur in sehr begrenztem Umfang direkt speicherbar. Aus diesem Grund wird sie vorwiegend in anderen Energieformen gelagert: Pumpspeicher nutzen die Zeiten von Erzeugungsüberschüssen, um Wasser in ein höher gelegenes Reservoir zu pumpen. Elektrische Energie wird in Lageenergie umgewandelt. Kommt es zu einem Nachfrageüberhang, fließt dieses Wasser wieder zu Tal. Die Lageenergie wird über Generatoren wieder in elektrische Energie gewandelt. Auf ein kalorisches Kraftwerk übertragen, kann Strom indirekt durch die Vorhaltung von Primärenergien und freien Erzeugungskapazitäten gelagert werden. Bei

---

2 Joskow (1998) gibt einen guten Überblick über die weltweit strukturellen und regulatorischen Veränderungen in der Energiewirtschaft.

Bedarf wird dieses 'Stromlager' aufgelöst, indem beispielsweise Gasturbinen kurzfristig in Betrieb genommen werden.

Während die Möglichkeit der temporären Produktionsstilllegung in den meisten Branchen nur sehr bedingt gegeben ist, wird sie in der Elektrizitätswirtschaft im Bereich der Mittel- und Spitzenlast ausgiebig genutzt. Diese Anlagen werden nur dann zur Stromproduktion herangezogen, wenn der Strombedarf den Bereich der Grundlast übersteigt. Je nach saisonalen, tageszeitlichen und wetterbedingten Gegebenheiten können diese Kraftwerke kurzfristig in die Versorgung eingebunden werden. Durch den hohen Automatisationsgrad können sie entweder mit sehr wenig Personal oder gänzlich automatisiert betrieben werden. Die Opportunitätskosten einer temporären Produktionsunterbrechung fallen deshalb in der Elektrizitätswirtschaft besonders niedrig aus.

3 Märkte für Energie

Mit der Öffnung der Elektrizitätswirtschaft bilden sich organisierte Märkte, an denen das Angebot und die Nachfrage nach Strom ausgeglichen werden. Die Stromproduzenten geben bekannt, welche Menge Strom sie kurz- und mittelfristig über diesen Markt absetzen möchten. Die Stromverteiler und Endkunden fragen hingegen die Strommenge nach, die sie kurz- und mittelfristig beziehen möchten. Hierdurch bildet sich ein Kassa- und ein Terminpreis für die Ware 'Strom'. Neben der Preisfindung zeichnen sich die Strombörsen vor allem durch das Angebot verschiedener Sicherungskontrakte für die Anbieter und Nachfrager von Strom aus.

3.1 Strombörsen

Seit Mitte der neunziger Jahre wird in Großbritannien und in Norwegen Strom über den Auktionsmechanismus einer Börse verkauft. Nach der Etablierung von Kassamärkten – deren konkrete Ausgestaltung unterschiedlichen Ansätzen folgt –, wurden in der Folgezeit auch Terminmärkte und schließlich geregelte Optionsmärkte gegründet. In Deutschland nahmen mit der LPX (Leipzig Power Exchange) und der EEX in Frankfurt (European Energy Exchange) im Jahre 2000 zwei Strombörsen den Kassahandel von Strom auf.

An der New York Mercantile Exchange werden seit April 1996 Terminkontrakte auf Elektrizität, seit Mai 1996 Optionen auf diese Terminkontrakte gehandelt. Weltweit war die NYMEX damit die erste Börse, die einen geregelten Handel mit Elektrizität aufgenommen hat. Die NYMEX konnte bei der Entwicklung der Kontraktspezifikationen auf die Erfahrungen in anderen Segmenten des Energiemarktes zurückgreifen. Bereits seit den 80er Jahren werden in großem Umfang Öl-Terminkontrakte gehandelt. Mit der Öffnung des Gasmarktes in den U.S.A. wurde

1990 das Angebot um Terminkontrakte auf Gas erweitert. Auch dieses Marktsegment konnte sich etablieren und wird durch die Entwicklung neuer Produktangebote, welche die Bedürfnisse der Marktteilnehmer noch besser erfassen sollen, weiter ausgebaut. Die NYMEX ist somit einer der ersten Handelsplätze weltweit, die den simultanen Handel mit mehreren Energieträgern ermöglicht.

3.2 Preise für Strom, Öl und Gas

Eine Grundvoraussetzung für einen aktiven und transparenten Handel ist die Bereitstellung allgemein zugänglicher Preisinformationen. Beispielsweise stellt die Firma DOW JONES für viele europäische Strombörsen und für die NYMEX auf der Basis der abgeschlossenen Handelsverträge Preisindizes zur Verfügung. Der wichtigste Strompreisindex für die U.S.A. wird für den Hauptverteiler California-Oregon-Border (COB) ermittelt. Auf ihn bezieht sich ein wesentlicher Teil des Spot- und Terminhandels an der NYMEX. In Abbildung 1 sind die täglichen Preisinformationen und die Kurse der zugehörigen Terminkontrakte mit der jeweils kürzesten Laufzeit für diesen Hauptverteiler aufgetragen.[3]

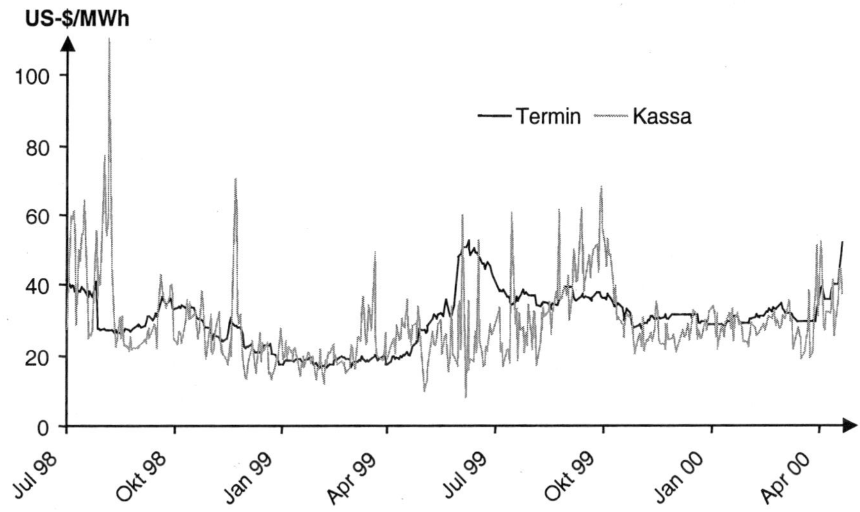

Abbildung 1: Kassa- und 1-Monats-Terminkurs NYMEX-COB[4]

---

[3] Für Strompreisindizes, die sich auf Hauptverteiler in Mitteleuropa beziehen, liegen noch keine ausreichend langen Zeitreihen mit hinreichendem Handelsvolumen vor.

[4] Ab Mai 2000 zeigt der Strompreis sehr hohe Preisspitzen, die aus unzureichenden Reservekapazitäten in Kalifornien herrühren. Diese Monate sind aus der weiteren Be-

Beide Kursentwicklungen zeigen ein Mean-Reverting Verhalten innerhalb des betrachteten Zeitraums, d.h. der Preis des Stroms kehrt nach Ausschlägen immer wieder zu einem konstanten Mittelwert zurück. Durch die Struktur der Angebots- und Nachfrageseite ist dieses Verhalten auch für längere Zeiträume zu erwarten.

Der Kassakurs des Stroms weist eine große Streuung auf. Aufgrund der nur bedingt prognostizierbaren Nachfrage und den begrenzten Übertragungskapazitäten zeichnet sich der Elektrizitätspreis durch die höchste Variation aller gehandelten Commodities aus. Im Gegensatz dazu weist die Kursentwicklung des jeweils aktuellen 1-Monats-Futures eine sehr viel geringere Streuung auf. Die Terminkurse reagieren nicht auf die kurzfristigen Preissprünge des Kassamarktes. Dies entspricht bei großer Variabilität des Kassapreises auch dem erwarteten Verhalten der Marktteilnehmer. Diese werden ihre Preisvorstellungen hinsichtlich der Terminlieferungen des nächsten Monats nicht an etwaigen temporären Übertragungsengpässen oder Nachfrageüberhängen ausrichten.

Betrachtet man die Kursverläufe von Öl und Gas, so fällt auf, dass die Annahme kontinuierlich steigender Kurse, die bei allen finanzmarktorientierten Bewertungsmodellen auf dem Basiswert 'Aktienkurs' zugrunde gelegt wird, auch für diese Energieträger zu hinterfragen ist. Abbildung 2 veranschaulicht diesen Einwand anhand der Kursverläufe für Öl und Gas im Zeitraum 01/1994–08/2000.[5]

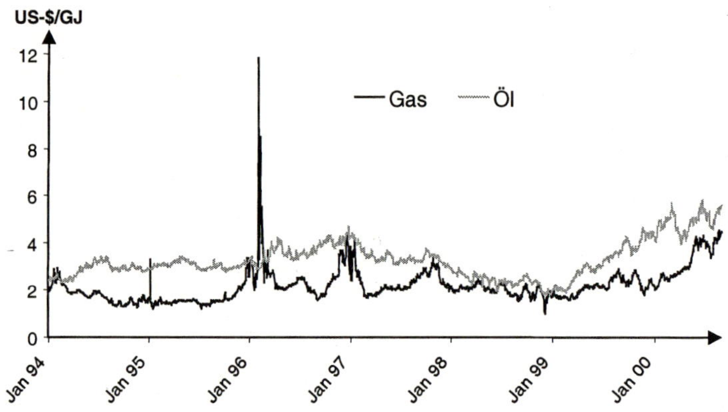

Abbildung 2: Kursverläufe[6] für Öl und Gas im Zeitraum 12/1994–08/2000

trachtung ausgeklammert. Aufgrund des besser ausgebauten Stromnetzes in Europa sind solche extremen Preisausschläge nicht zu erwarten.

5 Einen erheblich längeren Zeitraum betrachtet der seit 1845 aufgezeichnete *Economist Industrial Commodity-Price Index*. In nominalen Werten kann auch für diesen Zeitraum – unter Beachtung der wechselnden Gewichtungen der Commodities innerhalb des Index – kein kontinuierlicher Kursanstieg beobachtet werden. In realen Werten ist das Gegenteil der Fall (vgl. Economist (1999), S. 95-96).

6 Dargestellt werden die adjustierten Kassapreise der NYMEX (New Yorker Mercantile Exchange) für '*Henry Hub Natural Gas*' sowie '*West Texas Intermediate*'. Die Adjus-

3.3 Modellierung der Preisentwicklung

Für die Bewertung von Terminkontrakten und Optionen auf Finanztiteln wurden in den 70er und Anfang der 80er Jahre eine Reihe von Bewertungsmodellen entwickelt. Die größte Bekanntheit hat die Optionspreisformel von Fischer Black und Myron Scholes erlangt. Diesen Bewertungsmodellen liegt die gemeinsame Annahme zugrunde, dass die Kursentwicklung sinnvoll durch eine geometrische Brown'sche Bewegung beschrieben werden kann.[7] Dieser stochastische Prozess hat auch in der Bewertung von Optionen auf Commodities eine weite Verbreitung gefunden. Hierzu hat vermutlich das vorhandene Wissen über die für Finanzoptionen entwickelten Bewertungsansätze beigetragen. Gewöhnlich wird in Ergänzung der bestehenden Modelle mit $\delta(x,t) = \delta \cdot x$ eine kursproportionale Minderrendite δ unterstellt. Sie beschreibt die Besonderheit der Commodities, die nicht ausschließlich zur Geldanlage erworben werden. Dem Inhaber eines Derivats auf ein Commodity entgeht die Rendite δ im Vergleich zu dem tatsächlichen Besitz des Commoditys. Die Wahl dieses Prozesstyps zur Beschreibung der Preisentwicklung hat jedoch einige Konsequenzen, die bei einem Vergleich mit realen Marktdaten ihre Anwendung im Bereich der Energiewirtschaft in Frage stellen:

(1.) Der Kursverlauf vieler gehandelter Energiearten entspricht keinem kontinuierlichen Wachstumspfad. (2.) Die Varianz der erwarteten zukünftigen Preise wächst nicht proportional mit dem betrachteten Zeithorizont. (3.) Die Preise der zu späteren Zeitpunkten fälligen Terminkontrakte haben eine geringere Volatilität als der aktuelle Kassapreis. (4.) Terminmärkte können gegenüber den Kassamärkten von einer Backwardation-Situation in eine Contango-Situation wechseln und umgekehrt. Ein solches dynamisches Verhalten kann in den finanzmarktorientierten Bewertungsmodellen nicht durch eine konstante Minderrendite δ erklärt werden.

Die Preisentwicklungen der meisten Energieträger zeigen gemäß Abbildung 2 ein im Zeitablauf ungefähr gleichbleibendes Preisniveau, so dass eine Beschreibung durch eine geometrische Brown'sche Bewegung – zusammenfassend – nur bedingt sinnvoll erscheint. Im vorliegenden Beitrag soll dieser, auch in der Realoptionsliteratur üblichen, Annahme nicht gefolgt werden. Vielmehr werden die bestehenden Bewertungsmodelle für Optionen und Terminkontrakte dahingehend erweitert, dass sie das Mean-Reverting Verhalten der Preisentwicklung berücksichtigen.

---

tierung der Preise für Öl und Gas erfolgt auf die gemeinsame Einheit *US-$ pro Gigajoule.*

7 Eine ausführliche Darstellung und mathematische Rechtfertigung für die Verwendung geometrischer Brown'scher Bewegungen zur Beschreibung des Kursverlaufs von Finanztiteln findet sich beispielsweise bei Hull (2000) in Kapitel 10.

Der arithmetische Mean-Reverting Prozess, dessen Beschreibung auf die Physiker Leonard S. Ornstein und George E. Uhlenbeck zurückgeht, wird durch folgende stochastische Differentialgleichung beschrieben

$$dx = \gamma \cdot (\vartheta - x) \cdot dt + \sigma \cdot dz \ .$$

Der Koeffizient γ in der Trendkomponente beschreibt die Geschwindigkeit des 'Regelvorgangs', mit der die Entwicklung des Prozesses nach einer Auslenkung wieder in Richtung des 'Schwerpunktwerts' ϑ zurückgeführt wird.

In Abbildung 3 sind die verschiedenen Prozessarten aufgeführt. Arithmetische und geometrische Prozessvarianten lassen sich über die Substitution $y(t) = \ln x(t)$ bzw. $x(t) = \exp[y(t)]$ ineinander überführen. Die Werte der arithmetischen Prozessvarianten $y(t)$ sind zu jedem zukünftigen Zeitpunkt T normalverteilt, die Werte der geometrischen Prozessvarianten $x(t)$ sind zu jedem zukünftigen Zeitpunkt T lognormalverteilt. Für die weitere Argumentation dieses Beitrags ist es wichtig, dass man diese Analogie zwischen den Beschreibungen der Brown'schen Prozesse und den Beschreibungen der Mean-Reverting Prozesse erkennt. Auf dieser Analogie aufbauend, können die bestehenden Bewertungsansätze für Finanztitel unter Berücksichtigung der spezifischen Preisentwicklung auf Commodities übertragen werden.

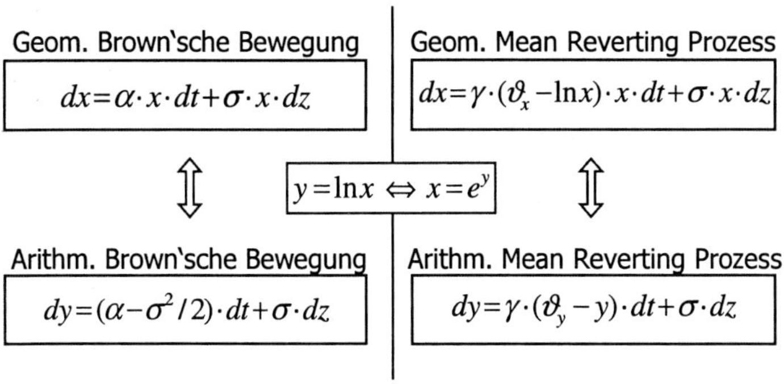

Abbildung 3: Übersicht der Prozessvarianten

4 Sicherungsbedarf

Mit der Liberalisierung der Strommärkte werden die Preise nicht mehr monopolistisch vorgegeben, sondern bilden sich auf Märkten durch Angebot und Nachfrage. Wie anhand der Abbildung 1 erläutert, führt dies zu einer unsicheren Entwicklung der Strompreise auf den Kassa- und Terminmärkten. Regionale Verteiler und industrielle Endkunden als Nachfrager auf den Strommärkten sind jedoch in der Regel an kalkulierbaren Strompreisen auf niedrigem Niveau interessiert. Auf der anderen Seite des Markts sind die Stromproduzenten an kalkulierbaren Preisen und Mengen interessiert, da sie aus den Verkaufserlösen getätigte Investitionen bezahlen müssen und eine stabile Planungsgrundlage für die Zukunft benötigen.

Die bislang etablierten Strombörsen zeichnen sich durch volatile Kassa- und Terminkurse aus. Hieraus entsteht für beide Marktparteien im Hinblick auf die Glättung der jährlichen Cash-Flows die Notwendigkeit zur Sicherung des Strompreises.

In Abbildung 4 sind alle in der Elektrizitätswirtschaft gebräuchlichen Hedgingvarianten entlang einer Geraden aufgeführt. Die Sicherungsmöglichkeiten erstrecken sich von der Bildung eines Staatsbetriebs, bei dem alle Risiken vom Endverbraucher getragen werden müssen, bis hin zum Handel auf den Kassamärkten, bei dem alle Risiken vom Unternehmen zu tragen sind. Im oberen Bereich der Darstellung sind Kriterien aufgeführt, die um so ausgeprägter zur Geltung kommen, je weiter rechts das gewählte Sicherungsinstrument auf der Geraden liegt. Im unteren Teil der Graphik sind hingegen die Kriterien genannt, welche die Sicherungsstrategien weiter links auf der Geraden auszeichnen.

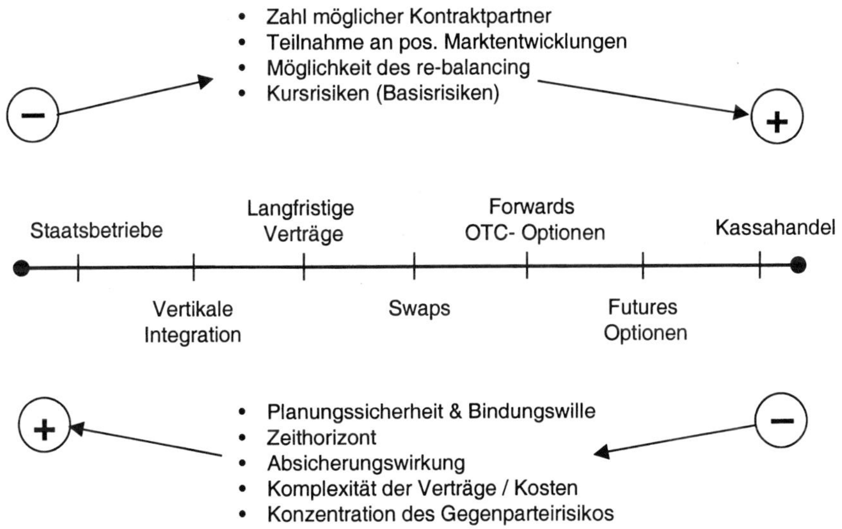

Abbildung 4: Alternative Sicherungsinstrumente[8]

---

[8] Die Grenzen zwischen den einzelnen Sicherungsinstrumenten und den mit ihnen ver-

Mit der zunehmenden Öffnung der Elektrizitätswirtschaft verlagert sich das Hauptinteresse auf Sicherungsstrategien im mittleren und rechten Teil der Geraden. Der Wille zur Aufspaltung vertikal integrierter Unternehmen sowie die Kündigung langlaufender Verträge, die häufig mit einer Staatsgarantie versehen waren, dokumentieren diesen Paradigmenwechsel. Durch die Liberalisierung findet eine Re-Allokation der Risiken der Stromerzeugung statt. Während früher alle Risiken durch den Endverbraucher getragen wurden, werden sie jetzt an Märkten gehandelt. Ziel ist es, die Risiken möglichst weit aufzuspalten und an die Marktteilnehmer weiter zu reichen, welche sie am besten tragen können.

Die interne Nutzung von Flexibilität stellt eine weitere Möglichkeit dar, die Preisrisiken eines Stromproduzenten zu hedgen. Diese Alternative der Sicherung ist jedoch nur dann sinnvoll,

- wenn die erreichte Absicherungswirkung durch kein anderes gehandeltes Instrument erreicht werden kann, oder
- wenn eine kostengünstigere Sicherung als mit einem gehandelten Hedgingprodukt möglich ist.

Im weiteren Verlauf dieses Beitrags ist deshalb zum einen die Frage hinsichtlich der Lage des Sicherungsinstruments 'Flexibilität' auf der Geraden in Abbildung 4 zu beantworten, zum anderen die Möglichkeiten der komplementären bzw. substitutiven Nutzung bezüglich anderer Sicherungsstrategien.

5 Sicherung über externe Instrumente

Die Liberalisierung des Elektrizitätssektors hat dazu geführt, dass sich die Anbieter von Strom mit risikobehafteten Kursentwicklungen auf der Eingangs- und der Ausgangsseite der Produktion konfrontiert sehen. Nach der Lösung aus der staatlichen Obhut und der gesetzlich geforderten De-Integration, können die Stromanbieter ihre Cash-Flows gegen Preisrisiken mit den verbleibenden Sicherungsinstrumenten im rechten Abschnitt der Gerade von Abbildung 4 sichern. Neben bilateralen vertraglichen Vereinbarungen bieten die neu gegründeten Strombörsen erste Produkte zur Erfüllung dieses Sicherungswunsches an. Ähnlich der Entwicklung auf anderen Energiemärkten werden die Betreiber der Strombörsen weitere Produkte lancieren, die den Sicherungswünschen der Marktteilnehmer noch besser

---

bunden Verträgen sind fließend. Sowohl die absolute Lage auf der Geraden, als auch die relative Lage der Instrumente zueinander stellen nur Anhaltspunkte dar. Sie können mit den spezifischen Ausprägungen der einzelnen Instrumente variieren.

entsprechen.[9] Im folgenden werden sowohl einige etablierte als auch einige neuere Preissicherungsvarianten kurz vorgestellt.

Der Abschluss langfristiger Liefer- und Abnahmeverträge stellt eine Form der Absicherung dar, die in der Vergangenheit im Bereich der Rohstoffförderung und der Energiebereitstellung große Verbreitung gefunden hatte. Die Bedeutung solcher bilateralen Verträge wurde in den letzten 10 bis 15 Jahren durch die Etablierung von Swap- und Terminmärkten zurückgedrängt.

Für die Gas- und Ölmärkte werden von Investmentbanken und spezialisierten Energiehändlern Swap-Verträge offeriert. Auch in der Elektrizitätswirtschaft wurden in letzter Zeit vermehrt Swaps abgeschlossen. In der Energiewirtschaft kommen hierbei verbreitet 'Differential Swaps' bzw. 'Spread Swaps' zur Anwendung.[10] Bei einem 'Differential Swap' in der Stromwirtschaft vereinbaren die Swap-Parteien einen festen Betrag für die Differenz zwischen Strom- und Gaspreis. Je nachdem, ob die tatsächliche Differenz der Kurswerte über oder unter dieser vereinbarten Schwelle liegt, werden Nettozahlungen in die eine oder andere Richtung fällig. Da sich 'Differential Swaps' auf zwei Basiswerte beziehen, ist es möglich, eine ursprünglich eingegangene Verpflichtung bezüglich des einen Basiswerts zugunsten des anderen Basiswerts zu tauschen.[11]

Terminkontrakte bilden zurzeit die wesentlichen Instrumente, die zur Sicherung der Energiepreise genutzt werden können. Für den Terminhandel von Strom werden sowohl Forwards als auch Futures angeboten. Aus Sicht der Marktteilnehmer häufig genannte Nachteile von Futures sind die starren Strukturen sowie die erforderlichen Margenzahlungen in Zeiten hoher Volatilität. Standardisierte Forward-Kontrakte, die in Detailfragen angepasst werden, können die individuellen Wünsche der Marktteilnehmer besser berücksichtigen. Die Handelbarkeit dieser Kontrakte geht hierbei jedoch weitgehend verloren. Es ist ein geeigneter Kompromiss zwischen der Zahl möglicher Kontraktpartner – auch im Hinblick auf eine vorzeitige Auflösung des Vertrags –, der Höhe des verbleibenden Basisrisikos, sowie den Kosten und Nutzen der erzielten Absicherung zu suchen. Für Futures auf die Ware 'Strom' gibt es – wie für andere Energieformen auch – einen aktiven Handel nur bis zu einer Laufzeit von einigen Monaten.

---

9 Gemäß den Ausführungen von Brinkmann/Rabinovitch (1995) scheiterten in der Vergangenheit viele Angebote der Warenterminbörsen. Als eine Hauptursache für das geringe Interesse führen sie die häufig geringe Korrelation der Terminpreisentwicklung mit dem Kassamarktpreis an. Die Entwicklungschancen von Terminmärkten für die Ware 'Strom' diskutieren Tussing/Hatcher (1994).

10 Für die Öl- und Gaswirtschaft hat sich die Bezeichnung 'Crack (Spread) Swap' eingebürgert. Bezieht sich der 'Differential Swap' auf die Differenz zwischen Gas- und Strompreis, so ist die Bezeichnung 'Spark (Spread) Swap' gebräuchlich.

11 Durch Abschluss eines 'fixed-for-floating' Commodity Swaps auf der Basis des Ölpreises und anschliessendem Engagement in einem 'Differential Swap' 'Öl-Gas', resultiert für den Inhaber dieser verbundenen Position ein gewöhnlicher 'fixed-for-floating' Commodity Swap bezüglich Gas.

Swaps, Forwards und Futures sind, ebenso wie die meisten bilateralen Verträge, in ihrer Grundform symmetrische Sicherungsinstrumente. Die Absicherung einer negativen Kursentwicklung ist mit der Aufgabe der Möglichkeit, an positiven Marktentwicklungen teilzunehmen, verbunden. Optionen bieten eine asymmetrische Sicherung in der Form an, dass sie zwar gegen negative Entwicklungen schützen, gleichzeitig aber die Teilnahme an positiven Entwicklungen ermöglichen. Allerdings ist diese Asymmetrie durch Zahlung einer Optionsprämie zu erkaufen.

An der NYMEX werden seit 1996 Optionen auf Elektrizitätsfutures gehandelt. Die nordische Strombörse NORDPOOL bietet Optionen seit Mitte 1999 an. Als börsennotierte Produkte weisen sie standardisierte Kontraktspezifikationen auf. Neben den gewöhnlichen Call- und Put-Optionen haben sich auf dem OTC-Markt auch kompliziertere Strukturen etabliert. Diese beziehen sich häufig auf zwei Basiswerte, um eine kostengünstigere Sicherung der gesamten Stromerzeugung zu ermöglichen als dies mit einzelnen Optionen möglich wäre. Auch an den Strombörsen werden mit wachsender Teilnehmerzahl ähnliche Produkte erwartet. Die Einführung einer Spread-Option mit den Basiswerten Strom und Gas bildet hierbei einen Anfang. Sie gestattet es den Stromproduzenten, sowohl den Erwerb der Primärenergie als auch den Verkauf des Stroms simultan zu sichern.

6 Sicherung durch interne Flexibilität

Der Aufbau realwirtschaftlicher Flexibilität versetzt das Unternehmen in die Lage, auf Veränderungen risikobehafteter externer Größen durch interne Anpassungen zu reagieren. Gelingt es, durch diese Anpassungen die möglichen negativen Auswirkungen einer unsicheren Entwicklung zu kompensieren, so kann auf eine Absicherung über den Markt verzichtet werden.

6.1 Flexibilitäten eines Stromproduzenten

Im Bereich der Elektrizitätswirtschaft entsteht der Sicherungsbedarf aus den risikobehafteten Kursentwicklungen der verwendeten Primärenergien und des produzierten Stroms. Dieser Sicherungsbedarf kann in Teilen durch die Nutzung realwirtschaftlicher Flexibilität abgedeckt werden. Zum einen sollte der Stromproduzent die Produktion nur solange aufrecht erhalten, wie die Spanne zwischen den Erlösen aus dem Verkauf des Stroms und den Kosten für den Erwerb der Primärenergie einen wirtschaftlichen Betrieb ermöglicht. Wirtschaftlich ist der Betrieb dann, wenn sowohl die übrigen Betriebskosten gedeckt sind, als auch eine angemessene Verzinsung des eingesetzten Kapitals sichergestellt werden kann. Besteht die Möglichkeit, die Produktion temporär still zu legen, so sollte sie genutzt werden, falls der Strompreis den Schwellenwert eines wirtschaftlichen Betriebs des Kraftwerks unterschreitet.

Zum anderen kann die Befeuerung eines kalorischen Kraftwerks so ausgelegt werden, dass die Verwendung mehrerer Brennstoffarten möglich ist. Hierdurch wird es dem Betreiber gestattet, jeweils den Brennstoff einzusetzen, der am günstigsten bezogen werden kann. Mögliche substitutive Brennstoffe sind Öl, Gas und Kohle. Die Nutzung dieser Wahlmöglichkeit setzt voraus, dass die Anlage auf alternative Befeuerungen vorbereitet ist. Betroffen hiervon ist sowohl die eigentliche Befeuerungseinheit als auch die nachgelagerte Abgasreinigung. In der Regel ist diese flexible Auslegung der Anlage teurer als die Spezialisierung auf einen einzelnen Brennstoff. Diese Kosten müssen im Vergleich der Nutzung von Flexibilität mit anderen Hedgingstrategien berücksichtigt werden. Erst wenn der am günstigsten zu beziehende Brennstoff teurer ist als die mit der Stromproduktion zu erzielenden Erlöse – abzüglich der Betriebs- und Kapitalkosten –, sollte eine temporäre Produktionsstilllegung erwogen werden. In Abbildung 5 sind die Betriebsvarianten des Kraftwerks nochmals symbolisch zusammengefasst.

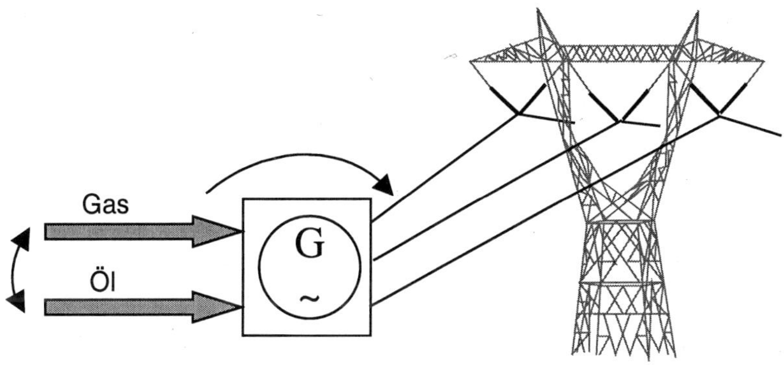

Abbildung 5: Flexibilitäten eines Stromproduzenten

Ein Wechsel zwischen den Zuständen ist mit Kosten verbunden. Sie resultieren bei einem Brennstoffwechsel im Wesentlichen aus der Umrüstung der Anlage, den Kosten des Wechsels des Brennstoffbezugs und dem Ertragsausfall während des Wechselvorgangs. Die Wechselkosten beeinflussen die Entscheidung, wann ein Zustandswechsel vorzunehmen ist. Je höher sie ausfallen, desto größer ist die Tendenz, im aktuellen Zustand zu verbleiben. Bei einer temporären Stilllegung bzw. bei der Wiederinbetriebnahme der Anlage fallen ebenfalls Rüst- und Bezugskosten an. Die wesentliche Kostenkomponente resultiert hier jedoch aus dem Verschleiß der Anlage aufgrund der Temperaturwechsel.

Die Flexibilität, angesichts der risikobehafteten Kursentwicklung eines oder mehrerer Basiswerte wiederholt zwischen verschiedenen Betriebszuständen wechseln zu können, kann durch den Ansatz der Ringtauschoption marktorientiert bewertet werden.

6.2 Ringtauschoption

Das Konzept der Ringtauschoption wurde erstmals von Brennan/Schwartz (1985) im Zusammenhang mit dem Abbau eines natürlichen Vorkommens vorgestellt. Hierbei wird der Inhaber einer Mine betrachtet, die ein auf dem Markt gehandeltes Gut fördert. Durch eine gewisse Flexibilität der Anlage besitzt der Mineninhaber die Möglichkeit, den Abbau des Commoditys temporär einzustellen (im Folgenden als Zustand Z^{I} bezeichnet). Er wird diese, mit konstanten Kosten K_1 verbundene, Stilllegungsoption immer dann wahrnehmen, wenn der Preis $x(t)$ des Commoditys unter eine Schwelle $\underline{x}$ sinkt.[12]

Steigt der Preis wieder über eine Schwelle $\overline{x}$ an, so wird der Minenbesitzer das mit konstanten Eröffnungskosten K_2 verbundene Recht ausüben und den Abbau wieder aufnehmen (Zustand Z^{II}). Fällt der Marktpreis zukünftig wieder unter die Schwelle einer lohnenden Produktion, kann erneut eine temporäre Stilllegung mit anschließender Wiederinbetriebnahme erfolgen. Die Flexibilität der Anlage stellt die wiederholte Wechselmöglichkeit zwischen den Betriebszuständen 'Mine offen' (Z^{II}) und 'Mine geschlossen' (Z^{I}) sicher.

Abbildung 6 stellt die Zustandswechsel bei Überschreiten der Schwellenwerte $\overline{x}$ und $\underline{x}$ graphisch dar. Zum Zeitpunkt T_1 überschreitet der Preis des Commoditys den Schwellenwert $\overline{x}$. Der Minenbesitzer nutzt seine Flexibilität und beginnt mit der Produktion. Auch wenn der Preis $x(t)$ im weiteren Verlauf wieder unter die Schwelle $\overline{x}$ fällt, setzt er die Förderung fort. Erst mit Unterschreiten des unteren Schwellenwerts $\underline{x}$ zum Zeitpunkt T_2 stellt der Minenbesitzer den Abbau ein. Der nächste Zustandswechsel und damit die Wiederaufnahme der Produktion erfolgt zum Zeitpunkt T_3, wenn der Schwellenwert $\overline{x}$ abermals überschritten wird.

---

12 Während viele Preismodelle für Realoptionen ihren gedanklichen Ursprung in der finanzwirtschaftlichen Literatur haben, liegt mit der Ringtauschoption ein eigenständiger Bewertungsansatz vor, der keine Analogie zu einem gehandelten Produkt der Finanzmärkte besitzt.

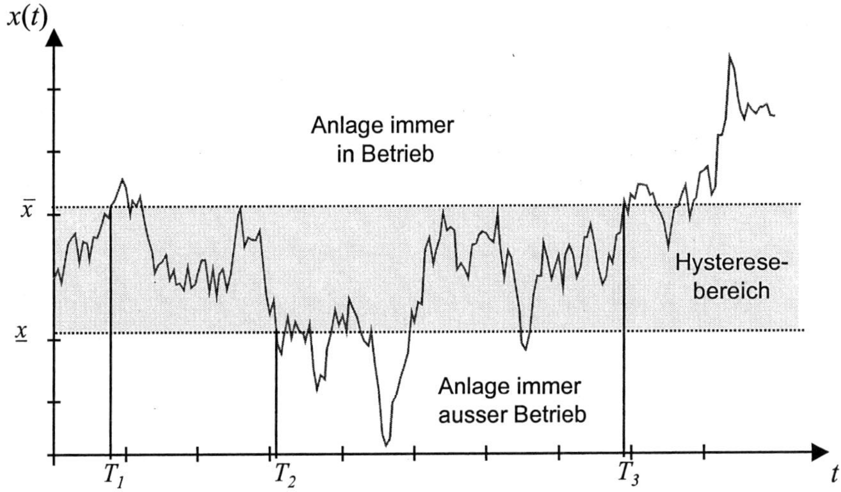

Abbildung 6: Wechselschwellen und Graph der Preisentwicklung $x(t)$

Befindet sich die Anlage in Zustand Z^{I}, so erfolgt ein Wechsel in Zustand Z^{II} erst dann, wenn der steigende Preis $x(t)$ den Schwellenwert $\overline{x}$ erreicht. Produziert die Anlage anschliessend in Zustand Z^{II}, so muss der Preis zunächst wieder unter den Schwellenwert $\underline{x}$ fallen, bevor die Anlage ausser Betrieb genommen wird. Somit ist für das Preisintervall $[\underline{x};\overline{x}]$ keine eindeutige Aussage hinsichtlich des aktuellen Zustands der Anlage möglich. Dieser Bereich wird als Hystereseschleife bezeichnet. Das Verhalten ist aus anderen ökonomischen Beobachtungen bekannt und entspricht der Einführung von Transaktionskosten.

Der von BRENNAN/SCHWARTZ entwickelte Bewertungsansatz der Ringtauschoption ermöglicht es, den Wert des wiederholten Wechselrechts zu bestimmen. Dieser hängt wesentlich von der Preisentwicklung des geförderten Guts ab. Je höher der Preis ist, um so größer ist der Anreiz eines kontinuierlichen Betriebs der Mine. Der Wert der Möglichkeit einer temporären Stilllegung schwindet. Entwickelt sich der Preis des Guts jedoch immer mehr in Richtung der Schwelle, eines gerade nicht mehr lohnenden Abbaus, so steigt der Wert der Möglichkeit einer Unterbrechung der Förderung. Ziel der Arbeit von Brennan/Schwartz ist die Bestimmung eines optimalen Investitionszeitpunkts in eine Mine, deren Betrieb dem Besitzer gewisse Wahlrechte lässt.

Der Ansatz der Ringtauschoption wurde von verschiedenen Autoren aufgegriffen und auf ähnliche zeitkontinuierliche Investitionsentscheidungen übertragen.[13] Die

13 Vgl. Dixit (1989), Kulatilaka (1993) und Mello/Parsons/Triantis (1995). Die Modelle nehmen jeweils an, dass der Basiswert bzw. die Basiswerte jeweils durch eine geometrische Brown'sche Bewegung beschrieben werden.

Möglichkeit eines wiederholten Wechsels zwischen verschiedenen Zuständen kann von einem produzierenden Unternehmen auch dazu genutzt werden, auf ungünstige externe Entwicklungen, welche die Unternehmensziele gefährden, zu reagieren. Martha Amram und Nalin Kulatilaka weisen in ihrem 1999 erschienenen Buch ebenfalls auf diesen Aspekt hin.[14]

6.3 Wert der Flexibilität

Aus der Bewertung des wiederholten Wahlrechts lässt sich der marktorientierte Wert der Flexibilität einer Anlage ableiten. Dieser Wert stellt aus Sicht des Markts eine obere Grenze für die zusätzlichen Aufwendungen dar, welche für eine flexible Anlage gerechtfertigt sind. Er kann ermittelt werden, indem die flexible Anlage einer gleichwertigen aber unflexiblen Anlage gegenüber gestellt wird. Die Differenz der Werte beider Anlagen ist dann ein Maß für die Flexibilität, welche aus der Möglichkeit des wiederholten Wechsels zwischen verschiedenen Zuständen resultiert.

Verfügt das produzierende Unternehmen nicht über die Möglichkeit, die Anlage temporär stillzulegen, so muss die Produktion auch bei einer ungünstigen Preisentwicklung des Basiswerts $x(t)$ fortgeführt werden. Das Unternehmen besitzt hinsichtlich des risikobehafteten Preises keine Flexibilität. Betrachtet man einen unendlichen Zeithorizont, so bestehen die Anlage und die Lieferverpflichtung zu Marktpreisen bis in alle Ewigkeit fort.[15] Der Wert $\Lambda^{fix}(x)$ dieser unflexiblen Anlage ergibt sich durch diskontieren aller zukünftigen Cash-Flows .

Der Wert der Flexibilität errechnet sich als Differenz des Wertes $\Omega(x)$ der flexiblen Anlage und des Wertes $\Lambda^{fix}(x)$ der unflexiblen Anlage. Da sich der Wert der flexiblen Anlage danach bemisst, in welchem der zwei möglichen Zustände Z^{I} – Wert $\Omega^{I}(x)$ bei temporärer Stilllegung – oder Z^{II} – Wert $\Omega^{II}(x)$ bei Betrieb – die Anlage aktuell betrieben wird, kann aufgrund der Hysterese nur eine untere Grenze für den Wert der Flexibilität bestimmt werden. Diese ergibt sich aus

$$V^{flex}(x) = \min\left\{\Omega^{I}(x);\Omega^{II}(x)\right\} - \Lambda^{fix}(x) .$$

Der Wert der Flexibilität ist vom aktuellen Strompreis des Basiswerts $x(t)$ abhängig. Dies entspricht dem erwarteten Optionscharakter der Absicherung. Der tatsächliche Wert der Flexibilität ist aufgrund der begrenzten Lebensdauer jeder technischen Anlage geringer als der ermittelte.

---

14 Vgl. Amram/Kulatilaka (1999), Kapitel 17 Combining Real and Financial Flexibility.

15 Die Annahme eines unendlichen Zeithorizonts sowohl für die Lebensdauer der Anlage als auch für die Lieferverpflichtungen ist erforderlich, um die Zeitkomponente in der Ableitung des Bewertungsmodells vernachlässigen zu können.

Alle auf der Arbeit von Brennan/Schwartz aufbauenden Veröffentlichungen unterstellen, dass der Basiswert sinnvoll durch eine geometrische Brown'sche Bewegung beschrieben wird. Hierdurch wird die Ableitung eines geschlossenen Gleichungssystems möglich. In Abschnitt 3.3 wurde jedoch erläutert, dass dieser Prozesstyp keine realitätsnahe Beschreibung der Energiepreise zulässt. Das Bewertungsmodell der Ringtauschoption kann dahingehend erweitern werden, dass es auch die Bewertung für einen Basiswert erlaubt, welcher durch einen geometrischen Mean-Reverting Prozess beschrieben ist. Fragestellungen dieser Art – es handelt sich um verknüpfte Probleme optimalen Stoppens – können dann nur noch numerisch gelöst werden.

6.4 Bewertung der Flexibilität: Ein Beispiel

Nehmen wir an, ein Stromproduzent habe die Möglichkeit, in Abhängigkeit der Strompreisentwicklung ans Netz zu gehen (Zustand Z^{II}) oder die Produktion temporär einzustellen (Zustand Z^{I}). Er kann somit zwischen zwei Zuständen nach Maßgabe der Strompreisentwicklung im eigenen Bereich entscheiden. Die Preisentwicklung lässt sich hierbei geeignet durch einen geometrischen Mean-Reverting Prozess $x(t)$ beschreiben.

Für das Beispiel wurden die Kosten der Zustandswechsel mit K_1=60'000 US-$/MW und K_2=60'000 US-$/MW spezifiziert. Ist die Anlage in Betrieb, so kann der Strom mit konstanten Kosten $k = 30$ US-$/MWh produziert werden. Der durchschnittliche Preis des Stroms beträgt dann $\bar{x} = \exp(\vartheta_x) = 36$ US-$/MWh.[16]

Mit diesen Größen ergeben sich die in Abbildung 7 dargestellten Graphen der Wertfunktionen $\Omega^{I}(x)$ und $\Omega^{II}(x)$ der beiden Zustände Z^{I} und Z^{II}.[17] Auf der Abszisse ist der Strompreis in US-$/MWh aufgetragen. Auf der Ordinate wurde der Wert der Anlage in den beiden Zuständen Z^{I} und Z^{II} eingezeichnet. Als Einheit wurde 1'000 US-$/MW gewählt.[18]

---

[16] Für die weiteren Parameter gelten folgende Werte (jeweils mit den üblichen Einheiten): 'Regelparameter' $\gamma = 0.1$, Volatilität $\sigma = 0.3$, risikofreier Zinssatz $r = 0.1$ und Marktpreis des Risikos für Strom $\lambda = 0$.

[17] Der Algorithmus für die nummerische Bewertung der Ringtauschoption wird in Amend (2000) entwickelt.

[18] Diese Skalierungen sind auch für die folgenden Diagramme dieses Abschnitts gültig.

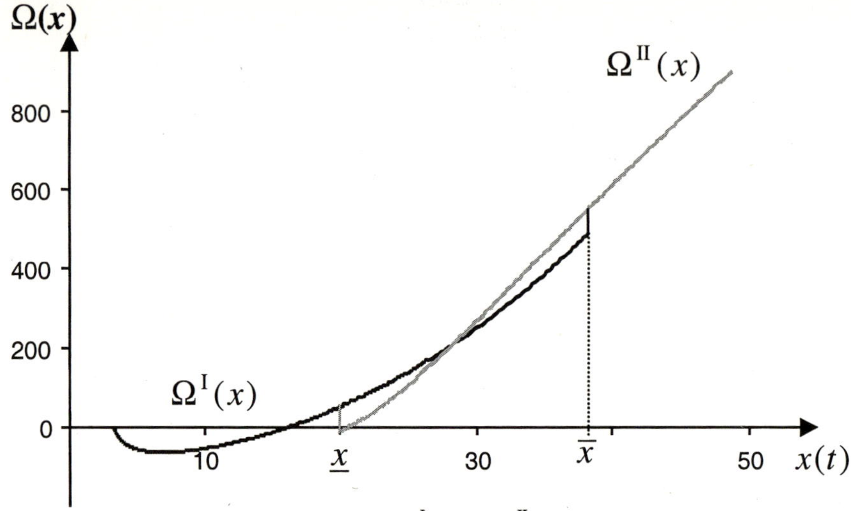

Abbildung 7: Graphen der Wertfunktionen $\Omega^{\mathrm{I}}(x)$ und $\Omega^{\mathrm{II}}(x)$

Die untere Wechselschwelle $\underline{x}$, bei deren Unterschreiten die Produktion aufgegeben wird, liegt bei $\underline{x} = 19.90$ US-\$/MWh. Wurde die Anlage in Betrieb genommen, erfolgt die temporäre Stilllegung also erst, wenn der Strompreis erheblich unter dem 'Schwerpunktswert' $\exp(\vartheta_x)$ liegt. Die Aufnahme der Stromerzeugung erfolgt, wenn der Strompreis die Schwelle $\overline{x} = 38.32$ US-\$/MWh übersteigt. Wird der Verschleiß der Anlage vollständig in den Wechselkosten berücksichtigt, so geben diese Schwellenwerte die ertragsoptimale Fahrweise der Anlage in Abhängigkeit der Strompreisentwicklung vor.

Im Unterschied zu gehandelten Wahlrechten ist es jetzt möglich, dass sich für die Zustände Z^{I} und Z^{II} negative Werte ergeben. Grund hierfür ist die Berücksichtigung der laufenden Produktionskosten in Höhe von $k = 30$. Durch die Koppelung beider Zustände über die Wechselkosten kann dies, je nach Wahl der Parameter, zu negativen Werten $\Omega^{\mathrm{I}}(x)$ und $\Omega^{\mathrm{II}}(x)$ führen.

6.5 Wert der Flexibilität

Der Wert der Flexibilität kann durch den Vergleich der flexiblen Anlage mit einer starren Anlage ermittelt werden. In Abbildung 8 ist hierzu neben den beiden Wertfunktionen $\Omega^{\mathrm{I}}(x)$ und $\Omega^{\mathrm{II}}(x)$ auch der Kurvenverlauf $\Lambda^{fix}(x)$ eingetragen, welcher den Wert der Anlage ohne temporäre Unterbrechungsmöglichkeit beschreibt. Die Funktion $\Lambda^{fix}(x)$ ergibt sich als diskontierte Summe aller zukünftigen Cash-Flows. Sie nimmt für $x(t) = 0$ ihren kleinsten Wert an. Für große Werte $x(t)$ konvergiert sie gegen $\Omega^{\mathrm{II}}(x)$. Über den gesamten Bereich der möglichen Strompreise $x(t)$ gilt die Bedingung $\Lambda^{fix}(x) < \min\left\{\Omega^{\mathrm{I}}(x);\Omega^{\mathrm{II}}(x)\right\}$, d.h. der Wert der Flexibilität ist für alle $x(t)$ positiv.

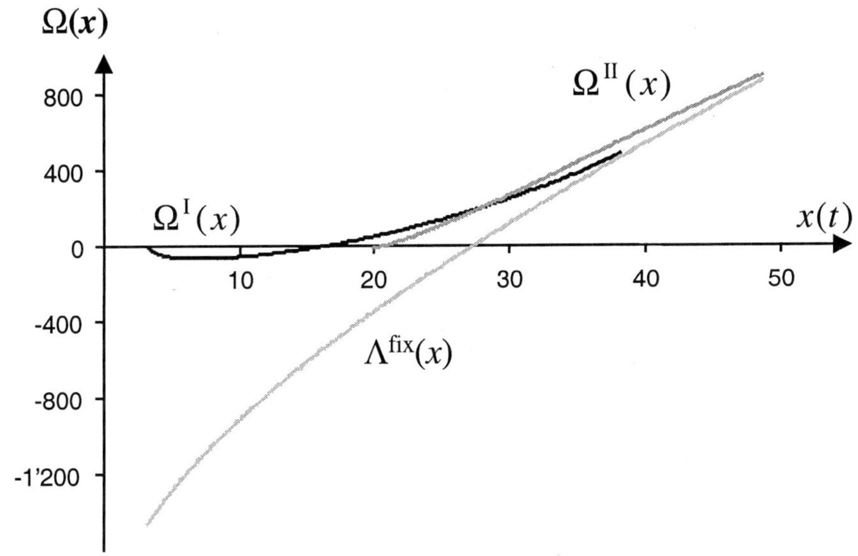

Abbildung 8: Vergleich einer starren und einer flexiblen Anlage

Besteht die Anlage und die Lieferverpflichtung zu Marktpreisen bis in alle Ewigkeit fort, so lässt sich der aktuelle Wert der Flexibilität durch Differenzenbildung gemäß

$$V^{flex}(x) = \min\left\{\Omega^{\mathrm{I}}(x);\Omega^{\mathrm{II}}(x)\right\} - \Lambda^{fix}(x)$$

numerisch ermitteln. Aus Sicht des Stromproduzenten ergibt sich die in Abbildung 9 aufgetragene Wertentwicklung der Sicherung durch interne Flexibilität. Der Graph von $V^{flex}(x)$ ähnelt dem Gewinn/Verlust-Diagramm eines Puts. An den Schwellenwerten $\overline{x}$ und $\underline{x}$ weist er Sprungstellen auf, deren Höhen durch die Kosten der Zustandswechsel K_1 und K_2 bestimmt sind. Tatsächlich garantiert die Flexibilität der Anlage auch ein ähnliches Recht wie ein Put, da der Stromproduzent temporär auf die Lieferung der Primärenergie zum Preis von $k = 30$ verzichten kann. Die temporäre Stilllegung der Anlage ist somit immer auch mit einem Lieferstopp der Primärenergie verbunden.

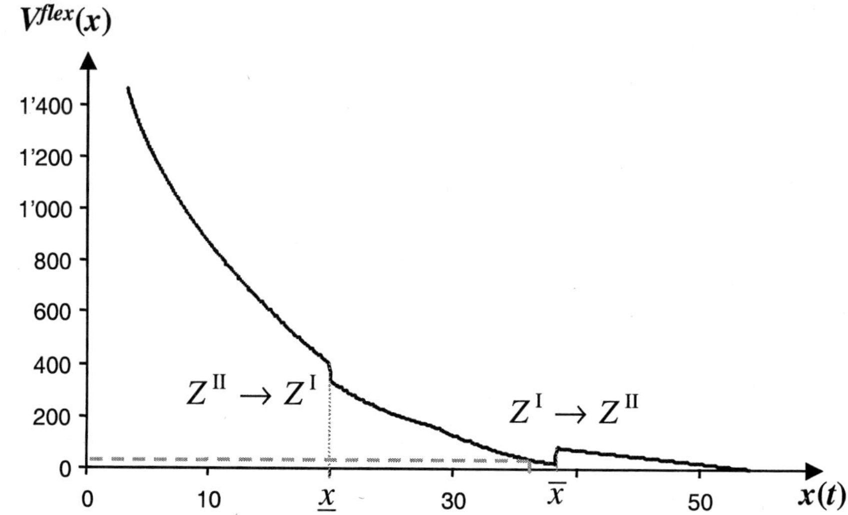

Abbildung 9: Wert der Flexibilität

Während ein gehandelter Put nur ein Wahlrecht für eine Periode verbrieft, erstreckt sich die Absicherungswirkung der Ringtauschoption auf die gesamte Lebensdauer der Anlage. Die Flexibilität der Anlage nimmt für $x = 0$ ihren maximalen Wert $V^{flex}(x = 0) = k/r = 2'628'000$ US-\$/MW an, weil die Aufrechterhaltung der Produktion hier den größten Verlust verursacht.

Der tatsächliche Wert der Flexibilität ist aufgrund der begrenzten Lebensdauer jeder technischen Anlage geringer als der ermittelte. Da jedoch der Wertzuwachs der Anlage durch zusätzliche Wechselrechte in ferner Zukunft ebenso gegen den Wert Null geht wie der Einfluss zukünftiger Erträge, dient der errechnete Wert als guter Schätzer für eine Anlage mit einer Laufzeit von mehreren Jahren. Im Bereich des Kraftwerkbaus ist diese Voraussetzung gewöhnlich gegeben.

Die zusätzlichen Aufwendungen K_{flex} für den Erwerb einer flexiblen Anlage sind dem Wert der Sicherung gegenüberzustellen. Folgt man bei dieser Entscheidung der Argumentation, dass nicht der aktuelle Preis $x(t)$ des Stroms für den Erwerb einer flexiblen Anlage maßgeblich ist, sondern der längerfristige durchschnittliche Preis, so ist $x' = \exp(\vartheta_x)$ zu wählen. Der Wert der Flexibilität entspricht dann $V^{flex}(x')$. Liegen die Kosten K_{flex} für den Erwerb der 'Flexibilität' unter diesem Betrag, so kann der Stromproduzent im Sinne einer marktorientierten Bewertung einen Kostenvorteil realisieren: Aus Sicht des Marktes ist der Erwerb der Flexibilität günstiger als der Wert der damit erzielten Absicherungswirkung.

Bezogen auf das Beispiel errechnet sich mit $x' = 36$ US-\$/MWh der Wert der Flexibilität auf einem arbitragefreien Markt zu $V^{flex}(x') \approx 40'000$ US-\$/MW. In Abbildung 9 ist dieser Wert durch eine hellgrau gestrichelte Linie auf der Ordinate abgetragen. Bei durchschnittlichen Baukosten von 1,8 Mio. US-$ pro Megawatt Kraftwerksleistung, dürfen die zusätzlichen Aufwendungen für eine flexible Anlage somit ungefähr 1/45 der Baukosten einer starren Anlage betragen. Im Beispiel ist der Betrag für technische Einrichtungen zu verwenden, die ein kurzfristiges An- und Abfahren des Kraftwerks ermöglichen. Bei der Interpretation ist zu beachten, dass sich die Sicherungswirkung über die gesamte Lebensdauer der Anlage erstreckt. Zusätzlich sind die in Form der Wechselkosten anfallenden laufenden Kosten der Nutzung von Flexibilität zu beachten.

6.6 Kosten & Nutzen interner Flexibilität

Die Flexibilität ermöglicht es dem Stromproduzenten, an positiven Marktentwicklungen teilzunehmen, ohne die Nachteile eines symmetrischen Sicherungsinstruments bei negativen Kursentwicklungen tragen zu müssen. Er kann diese interne Sicherung ohne Gegenpartei realisieren. Aufwendige Vertragsgestaltungen und Risiken aus bilateralen Verträgen müssen somit nicht beachtet werden. Der durch die Nutzung von Flexibilität mögliche Sicherungsumfang wird in der Regel schon während der Planungsphase bestimmt und ist für die gesamte Lebensdauer der Anlage gültig.

Die Sicherung mittels Flexibilität führt zu einer Risikoteilung zwischen dem Stromproduzenten und dem Markt: Innerhalb eines Zustands muss der Stromproduzent die Preisveränderungen tragen. Kommt es hingegen zu einem Zustandswechsel, muss der Markt entweder die substitutive Primärenergie bereitstellen oder die variierenden Stromlieferungen kompensieren. Die Kosten für die Weitergabe der Risiken an den Markt sind hierbei ex ante nicht bekannt. Je nach Preisentwicklung der Basiswerte können gemäß dem Modell der Ringtauschoption nur wenige oder aber sehr viele Zustandswechsel sinnvoll sein.

Dies führt auf Seiten des Stromproduzenten zu einer geringen Planungssicherheit.[19] Im Gegensatz dazu ist die Prämie beispielsweise eines Collars bereits bei Vertragsabschluss bekannt. Allerdings ist die Sicherungswirkung bei gehandelten Hedgingprodukten immer zeitlich begrenzt. Wird eine Verlängerung des Collars notwendig, so kann dies unter Umständen nur zu schlechteren Konditionen erfolgen. Somit sind auch die Kosten dieser Sicherung längerfristig nur bedingt kalkulierbar.

Berücksichtigt der Stromproduzent die Möglichkeit, die Stromproduktion auszusetzen und die Anlage temporär still zulegen, so ist auch die Höhe der jährlichen Erträge unbekannt. Die Sicherungscharakteristik dieser Nutzung von Flexibilität entspricht dann einem Put auf den Stromverkauf der gesamten erzeugten Menge

[19] Auf der Basis historischer Kursinformationen können Anhaltspunkte gewonnen werden, wie häufig zukünftig mit einem Zustandswechsel zu rechnen ist.

eines Zeitabschnitts. Der Ausübungspreis des Puts ist hierbei in Höhe der Produktions- und Kapitalkosten zu wählen, um sicherzustellen, dass kein negatives Ergebnis erwirtschaftet wird. Aufgrund der asymmetrischen Sicherungswirkung sowohl des Puts als auch der temporären Stilllegung der Anlage, werden die Cash-Flows nach unten abgesichert. Ihre endgültige Höhe ist im Vorfeld nicht bekannt.

Im Gegensatz zu Swaps oder längerfristigen Verträgen verfügt der Stromproduzent bei einem Engagement an den kurzfristigen Märkten über keine Versorgungs- und/oder Abnahmegarantien zu den gewünschten Preisen. Die mittelfristige Nutzung bzw. Auslastung einer Anlage kann somit nicht garantiert werden, mögliche Investitionen können unter Umständen nicht aus dem Betrieb der Anlage amortisiert werden. Tendenziell sind flexible Anlagen daher nur in Verbindung mit anderen Sicherungsinstrumenten interessant, wenn sie durch eine Projektfinanzierung realisiert werden sollen. Der erforderliche Rückfluss der Investitionsmittel kann alleine durch die Wahrnehmung von Wahlrechten nicht garantiert werden.

Neben einer marktorientierten Kosten-Nutzen-Analyse bezüglich des Einsatzes von Flexibilität als Sicherungsinstrument müssen, im Sinne einer umfassenden Beurteilung, zusätzlich auch mikro- und makroökonomische Konsequenzen berücksichtigt werden. Diese werden im folgenden Abschnitt erörtert.

7 Interne Flexibilität vs. externe Sicherung

Aus der Sicht des Risikomanagements eines produzierenden Unternehmens ist die Nutzung von Flexibilität nur dann interessant, wenn zum einen der Nutzen mindestens die Kosten aufwiegt, zum anderen die verfolgten Ziele mit dieser Sicherungsvariante erreicht werden können.

7.1 Mikroökonomische Aspekte

Die Nutzung von Flexibilität zielt auf die Teilnahme an vorteilhaften Marktentwicklungen ab, während negative Entwicklungen durch die Möglichkeit einer wiederholten Stilllegung umgangen werden können. Die Kosten, die bei jedem Zustandswechsel anfallen, sind die Ausübungskosten der jeweiligen Wechseloption. Eine Optionsprämie, die bei Begründung des Wechselrechts an einen Optionsgeber zu zahlen wäre, fällt nicht an. Der Markt tritt als Ganzes in die Funktion des Stillhalters, indem er eine zusätzliche Nachfrage bzw. ein zusätzliches Angebot kompensiert.

Verfügt ein Stromproduzent sowohl über die Möglichkeit der Nutzung interner Flexibilität, als auch über die Möglichkeit einer Sicherung am Markt, so kann er beide Hedgingstrategien miteinander kombinieren.[20] Ein Beispiel ist die Kombination eines Puts auf den produzierten Strom mit der zuvor erörterten Möglichkeit der temporären Produktionsstilllegung. Fällt der Strompreis unter den Ausübungspreis des Puts, so ist der Stillhalter zu einem Ausgleich verpflichtet, der die Kontinuität der Einnahmen des Stromproduzenten sicherstellt. Durch das große Produktionsvolumen sind die Kosten dieser Sicherung über den Markt jedoch sehr hoch. Sie lassen sich vermindern, indem der Stromproduzent bei weiter fallenden Preisen die Anlage temporär schließt. Hierdurch wird es ihm möglich, auf einen Teil der ursprünglichen Absicherung durch ein 'knock out'-Feature der Option zu verzichten. Dies reduziert die Kosten der Absicherung über den Markt. Eine solche Strategie ist sinnvoll, wenn das An- und Abfahren der Anlage mit größeren Kosten verbunden ist, und nur bei nachhaltigen Preisverschiebungen erwogen werden sollte.

Durch die Kombination interner Flexibilität mit externen Hedgingprodukten kann auch eine langfristige Sicherung auf der Basis kurzfristiger, gehandelter Kontrakte mit einem geringeren Basisrisiko dargestellt werden: An den Energiebörsen existiert ein liquider Markt nur bis zu Kontraktlaufzeiten von einigen Monaten. Längerfristige Sicherungen müssen, falls sich keine andere Alternative anbietet, durch Überrollen kurzfristiger Verträge realisiert werden. Zu jedem Überrollzeitpunkt der Verträge existiert jedoch ein Basisrisiko. Dieses kann durch die Nutzung von Flexibilität reduziert werden, da mit dem Überrollen der Kontrakte auch immer ein Wechsel der Betriebsart vorgenommen werden kann. Durch die Beschränkung der Zustandswechsel auf die Überrollzeitpunkte wird die mögliche Anzahl von Wechselvorgängen und damit die Höhe der aggregierten Wechselkosten begrenzt. Durch diese Strategie wird es möglich, die kurzfristige Absicherung am Markt darzustellen, während die langfristige Sicherung durch Flexibilität innerhalb des Unternehmens realisiert wird.

Die Verknüpfung von interner Flexibilität mit gehandelten Standardprodukten der Energiemärkte ermöglicht es oftmals auch, den teuren Erwerb von spezialisierten Spread-Produkten zu umgehen. Zusätzlich wird das Gegenparteirisiko solcher Produkte weitgehend eliminiert, da der börsliche Handel genutzt werden kann und keine langfristigen bilateralen Bindungen eingegangen werden müssen. Bei der Ermittlung der optimalen Fahrweise des Kraftwerks ist dann der Einfluss beider Sicherungen zu berücksichtigen.

---

20 Mello/Parsons/Triantis (1995) führen dies auf Seite 26 wie folgt aus: 'The firm's need for hedging is directly related to the degree of production flexibility, and the production plan it chooses is a function of the financial hedging strategy it employs. Consequently, the firm's ability to exploit its competitive position depends upon the degree to which its flexibility is matched with an appropriate hedging strategy.'

7.2 Flexibilität und Arbitrage

Bisher wurde die Nutzung von Flexibilität nur aus der Sicht eines Marktteilnehmers beurteilt, der eine offene Position absichern möchte. Die Möglichkeit, zwischen verschiedenen Zuständen wechseln zu können, kann aber auch zur Arbitrage genutzt werden. Im Strommarkt werden temporäre Abweichungen des Kassapreises vom 'Schwerpunktswert' ϑ_x gewöhnlich innerhalb einer gewissen Frist ausgeglichen (Abbildung 1). Ist es dem Stromproduzent möglich, seine Anlage mit kurzer Vorlaufzeit in Betrieb zu nehmen, so kann er einen Nachfrageüberhang zur Erzielung überdurchschnittlicher Erlöse nutzen. Während den heutigen Pumpspeicherkraftwerken vor allem die Aufgabe der Versorgungssicherheit zukommt, können sie zukünftig gezielt zur Nutzung dieser temporären Arbitragemöglichkeiten eingesetzt werden. Aufgrund der im Vergleich sehr viel niedrigeren Investitionskosten und des höheren Wirkungsgrads dürfte Gasturbinen hinsichtlich dieser realwirtschaftlichen Arbitrage jedoch eine dominierende Stellung zukommen.

Es handelt sich bei dieser realwirtschaftlichen Maßnahme um eine 'einseitige Arbitrage', da aufgrund der Besonderheiten der Ware 'Strom' nicht die Möglichkeit besteht, Preisschwankungen nach unten durch temporäre Lagerung auszugleichen. Erst mit gehandelten Hedgingprodukten, die den Stromankauf oder -verkauf für einzelne Tage verbriefen, kann eine 'zweiseitige Arbitrage' durch Leerverkäufe auf Termin realisiert werden. Treten immer mehr Stromanbieter am Markt auf, die temporäre Preisspitzen durch realwirtschaftliche Arbitrage eliminieren, so wird der Strompreis immer schneller wieder in die Nähe des 'Schwerpunktwerts' zurückgeführt. Der Wert einer flexiblen Anlage aus Sicht des einzelnen Arbitrageurs wird immer geringer.

7.3 Makroökonomische Aspekte

Die Nutzung von Flexibilität ist dann vorteilhaft, wenn die resultierenden Zahlungsströme in Abhängigkeit der risikobehafteten Kursentwicklungen der Basiswerte nicht durch gehandelte Instrumente des Marktes repliziert werden können. Aus Sicht eines Hedgers eröffnet sich eine neue Möglichkeit der Sicherung offener Positionen, aus Sicht des Arbitrageurs ergeben sich attraktive Gewinnchancen. Die Integration der verschiedenen Strommärkte hat hierbei für die Beurteilung eine wesentliche Bedeutung. Gleichzeitig muss ihre Verknüpfung mit den Märkten anderer Energiearten beachtet werden. Im Vergleich mit den etablierten Märkten für Zins- und Devisenprodukte befinden sich die Energiemärkte erst im Aufbaustadium. Sowohl die Produktvielfalt als auch die Zahl der Marktteilnehmer ist noch relativ gering.

In den U.S.A. werden Strompreise für mehrere, geographisch separierte Hauptverteiler – die sogenannten 'Hubs' – veröffentlicht. Den Kursentwicklungen an diesen

'Hubs' liegen vergleichbare saisonale Einflüsse zugrunde. Auch sind sie ähnlich von Schwankungen der Primärenergiepreise betroffen. Dies führt über längere Zeiträume zu einer Angleichung der Kursbewegungen. Vergleicht man die Kursverläufe jedoch auf kurze Sicht, so ergibt sich nur eine geringe Koppelung.

Die Preisdifferenzen sind durch ein unterschiedliches Verhältnis von Angebot und Nachfrage an den einzelnen 'Hubs' begründet. Im Gegensatz zu den weitgehend integrierten Märkten für Zins- und Devisenprodukte kann zwischen diesen Hauptverteilern kein Ausgleich des jeweiligen Überhangs erfolgen und sich somit kein gemeinsamer Preis herausbilden. Für einen physischen Ausgleich wären Überlandleitungen auf hohen Spannungsebenen erforderlich, die den Transport über weite Strecken sicherstellen. Aufgrund der Übertragungsverluste des leitungsgebundenen Transports ist die maximale Distanz wirtschaftlicher Stromlieferungen jedoch auf einige hundert Kilometer beschränkt.

An der NYMEX werden aktuell Terminkontrakte für Strom der Hauptverteiler California-Oregon-Border (COB) und Palo Verde (PV) sowie Optionen auf diese Kontrakte gehandelt. Es gibt bislang nur sehr wenige Angebote, welche die Preisrisiken für Marktteilnehmer absichern, die nicht innerhalb der Verteilungsgebiete dieser beiden 'Hubs' liegen. Im Gegensatz dazu weisen die Märkte für Öl und Gas in den U.S.A. eine höhere Integration auf. Seit der Einführung von Terminkontrakten auf Gaslieferungen am Verteiler 'Henry Hub' und der kontinuierlichen Bereitstellung von Preisinformationen durch die NYMEX, hat sich die Preisgestaltung anderer Hauptverteiler zunehmend angeglichen.[21] Eine ähnliche Entwicklung könnte auch auf den Elektrizitätsmärkten einsetzen, wenn sich immer mehr Marktteilnehmer auf den Preis eines Hauptverteilers als Referenz einigen.

Eine verbesserte Integration der Elektrizitätsmärkte kann auch in Form eines erweiterten Produktangebots der Strombörsen erfolgen. Durch die Einführung von gehandelten Spread-Produkten ist eine Arbitrage von Bewertungsunterschieden zwischen den Märkten möglich. Hierdurch wird eine Angleichung der Preise bzw. die Bildung fester Preisrelationen zwischen den Märkten erreicht. Zu diesen Produkten zählen Intramarket-Spreads, die aus zwei Basiswerten eines Marktsegments gebildet werden, Intermarket-Spreads, die aus zwei Produkten verschiedener Segmente des Energiemarktes gebildet werden, und Interexchange-Spreads, die eine Arbitrage zwischen den verschiedenen Strom- bzw. Energiebörsen ermöglichen. Da jedoch das Handelsvolumen in den recht fragmentierten Märkten nicht überall eine hinreichende Liquidität erreichen wird, muss auch mittel- bis langfristig von einer begrenzten Integration der Energiemärkte ausgegangen werden.

---

21 De Vany/Walls zeigen anhand von Preisinformationen verschiedener Hauptverteiler des Gasnetzes, dass sich die Preise seit der Marktöffnung angeglichen haben bzw. feste Preisrelationen zwischen den 'Hubs' entstanden sind (vgl. De Vany/Walls (1994), S. 86–89).

Die unzureichende Integration der Märkte hat im Hinblick auf die Nutzung von Flexibilität zu Sicherungszwecken vor allem zwei Konsequenzen: Zum einen resultiert für einen Stromproduzenten außerhalb des Einzugsgebiets der Hauptverteiler, auf deren Preisinformationen Terminkontrakte gehandelt werden, ein erhebliches Basisrisiko, falls er den Verkauf seiner erzeugten Energie mit diesen Kontrakten absichert. Durch die interne Wahl des Betriebszustands kann er der spezifischen Entwicklung des Strompreises in seiner Region besser gerecht werden. Mit dem weiteren Ausbau des Stromhandels dürfte die Höhe der verbleibenden Basisrisiken zukünftig jedoch immer geringer werden.

Zum anderen kann er durch die substitutive Verwendung verschiedener Brennstoffe auf unterschiedliche Preisentwicklungen der Primärenergiemärkte seiner Region reagieren. Der Übergang von einer reinen Absicherung zur Nutzung von Arbitragemöglichkeiten ist hierbei fließend.

Der Nutzen, den ein individueller Marktteilnehmer aus der Vorhaltung von Flexibilität ziehen kann, wird um so geringer, je größer die Flexibilität des Gesamtsystems ist. Mit einer steigenden Anzahl von Kraftwerken und anderen Unternehmen, welche die Möglichkeit haben, substitutive Energiearten zu nutzen, gleichen sich die Preisentwicklungen dieser Energien immer stärker an. Preisdifferenzen werden durch den Brennstoffwechsel einzelner Marktteilnehmer relativ kurzfristig ausgenutzt. Es entsteht ein realwirtschaftlicher Ausgleich der Preise auf den Energiemärkten einer Region. Der Erwerb und die Vorhaltung von Flexibilität auf Seiten des Stromproduzenten werden hinfällig, wenn die Märkte weitgehend gekoppelt sind und nur noch sehr begrenzte Möglichkeiten zur realwirtschaftlichen Arbitrage bestehen.

8 Fazit

Auf den neu geschaffenen Märkten für Elektrizität stellt die Nutzung interner Flexibilität oftmals die einzige Möglichkeit zur Sicherung von Preisrisiken dar. Zwar werden bereits erste Hedgingprodukte an den Strombörsen angeboten, durch die fehlende Integration der Märkte bieten sie jedoch für einen lokal operierenden Stromproduzenten häufig nur einen geringen Schutz seiner offenen Positionen. Aufgrund der fehlenden Integration der Märkte kann aus einer Sicherungsstrategie auf der Basis gehandelter Kontrakte ein erhebliches Basisrisiko resultieren.

Der Stromproduzent kann seine interne Flexibilität auch zur realwirtschaftlichen Arbitrage nutzen. Je mehr Marktteilnehmer jedoch über diese Möglichkeit verfügen, um so stärker werden sich die Preisentwicklungen der verschiedenen Energiearten angleichen. Der Einsatz flexibler Anlagen durch einen größeren Kreis von Marktteilnehmern bewirkt gesamtwirtschaftlich eine engere Koppelung der Preisentwicklungen verschiedener Sektoren des Energiemarktes. Der Nutzen, den der einzelne Produzent aus seiner internen Flexibilität ziehen kann, sinkt. Der gleiche Effekt tritt ein, wenn immer mehr Anlagen dazu ausgerüstet werden, temporäre Nachfrageüberhänge durch kurzfristiges An- und Abfahren nutzen zu können.

Wenn zukünftig an den Strombörsen spezielle Spread-Produkte angeboten werden, welche einen ähnlichen Ausgleich der physischen Märkte 'auf dem Papier' ermöglichen, bleibt die realwirtschaftliche Arbitrage nur dann sinnvoll, wenn sie einen Kostenvorteil gegenüber den gehandelten Produkten verspricht. Eine analoge Aussage gilt für die Nutzung von Nachfrageüberhängen: Während heute die temporäre Inbetriebnahme einer Anlage noch überdurchschnittliche Gewinne verspricht, kann zukünftig ein An- und Abfahren 'auf dem Papier' möglich werden. Der Geschwindigkeits- und Kostenvorteil spricht hierbei für die Strombörsen.

Literaturhinweise

Amend, Frank (2000): Flexibilität und Hedging – Realoptionen in der Elektrizitätswirtschaft, Paul Haupt Verlag, Bern

Amram, Martha; Kulatilaka, Nalin (1999): Real Options – managing strategic options in an uncertain world; *Harvard Business School Press*, Boston

Brennan, Michael J.; Schwartz, Eduardo S. (1985): Evaluating natural resource investments, in: *Journal of Business*, 58 (2), 135–157

Brinkmann, Emile J.; Rabinovitch, Ramon (1995): Regional limitations on the hedging effectiveness of natural gas futures, in: *The Energy Journal*, 16 (3), 113–124

De Vany, Arthur; Walls, W. David (1994): Open access and the emergence of a competitive natural gas market, in: *Contemporary Economic Policy*, 12, 77–96

Dixit, Avinash K. (1989): Entry and exit decisions under uncertainty, in: *Journal of Political Economy*, 97 (3), 620–638

Economist (1999): A raw deal for commodities, in: *The Economist*, April 17th 1999, 95-96

Fusaro, Peter C. (1998): Energy risk management – hedging strategies and instruments for the international energy markets; McGraw-Hill, Boston et.al.

Hansen, Ulf (1998): Technological options for power generation, in: *The Energy Journal*, 19 (2), 63–87

Hull, John C. (2000): Options, Futures, and other derivative securities, 4th edition, Prentice-Hall International, Englewood Cliffs, N.J.

Jamson, Robert (Hrsg.) (1995): Managing Energy Price Risk, *Risk Publications*

Jarrow, Robert; Maksimovic, Vojislav; Ziemba, William T. (Hrsg.) (1995): Handbooks in Operations Research and Management Science – Vol. 9, Finance, North Holland

Joskow, Paul L. (1998): Electricity sectors in transition, in: *The Energy Journal*, Vol.19, Nr.2, S.25–52

Kulatilaka, Nalin (1993): The value of flexibility – the case of a dual-fuel industrial steam boiler, in: *Financial Management*, Nr. 3, S. 271–280

Lund, Diderik; Øksendal, Bernt (Hrsg.) (1991): Stochastic models and option values – applications to resources, environment and investment problems; North-Holland

Mello, Antonio S.; Parsons, John E.; Triantis, Alexander J. (1995): An integrated model of multinational flexibility and financial hedging, in: *Journal of International Economics*, Nr. 39, S. 27–51

Pearson, Neil D. (1995): An efficient approach for pricing Spread Options, in: *Journal of Derivatives*, Vol. 3, Nr.3, S. 76–91

Pilipovic, Dragana (1998): Energy Risk – valuing and managing energy derivatives, Mc-Graw-Hill, Boston et.al.

Schwartz, Eduardo S. (1997): The stochastic behaviour of commodity prices – implications for valuation and hedging, in: *Journal of Finance*, Vol. 52, Nr.3, S. 923–973

Sick, Gordon (1995): Real Options, in: Jarrow/Maksimovic/Ziemba, S. 631–691

Tseng, Chung-Li; Barz, Graydon (1998): Short-term generation asset valuation, Working Paper, University of Maryland

Tussing, Arlon R.; Hatcher, David B. (1994): Prospects for an electricity Futures market, in: *Resource Policy*, Vol. 20, Nr. 2, S. 135–141

Bewertung von Realoptionen in globalen Produktions- und Logistiknetzwerken[1]

Prof. Dr. Arnd Huchzermeier

University of Pennsylvania, The Wharton School, Operations and Information Management Department, Philadelphia 19104, Pennsylvania, USA

Real Options Group LLC, London W1R 7HB, United Kingdom

Wissenschaftliche Hochschule für Unternehmensführung (WHU), Otto-Beisheim-Hochschule, Lehrstuhl für Produktionsmanagement, 56179 Vallendar

Zusammenfassung: Globale Unternehmensnetzwerke – wenn man sie denn als Realoption betrachtet – bieten die Möglichkeit, Risiken viel effektiver und effizienter zu "hedgen", d.h. den Unternehmenswert zu steigern und das Verlustrisiko zu reduzieren. Dies kann prinzipiell durch die Ausnutzung von operativer Flexibilität geschehen, z.B. durch die (Re-)Distribution von Produkten auf die attraktivsten Märkte. Im allgemeinen gilt jedoch, dass ein Fokus auf eine Optimierung der Supply Chain allein zu einer Reduzierung des Unternehmenswertes führen kann. Die Möglichkeit der Ausnutzung von Managementflexibilität hingegen verlangt die explizite Berücksichtigung von Wechselkurs-/Preis- und Nachfragerisiken sowie den Aufbau und die Koordination von sogenannten reaktiven Kapazitäten. Anhand einer Harvard-Fallstudie zeigen wir anschaulich, dass mit Hilfe eines solchen globalen Produktions- und Logistiknetzwerkes das Verlustrisiko – auch ohne finanzielles Hedging – auf Null reduziert werden kann und gleichzeitig sich die erwartete Rendite des Unternehmens – gemessen in Prozent vom Jahresumsatz – auf einen mindestens zweistelligen Betrag steigern läßt. Es werden Bewertungsmethoden für die Unterstützung der strategischen Planung von globalen Produktions- und Logistiknetzwerken skizziert und operative Strategien zum langfristigen Unternehmenswachstum diskutiert.

Schlüsselworte: Operative Flexibilität, Managementflexibilität, Supply Chain Management, Supply Chain Optimierung, Shareholder Value Maximierung, Monte Carlo Simulation, Wechselkursrisiko, Preis- und Nachfragerisiko, Realoptionen, Operatives Hedging

---

1 Unterstützt durch das Forschungsprojekt „Global Supply Chain Strategy Planning: Management Tools and Field Research" des TransCoop 1997/I Programms des Deutsch-Amerikanischen Akademischen Konzils (DAAK) in Bonn.

1 Management von Flexibilität in globalen Produktions- und Distributionsnetzwerken[2]

Seit 1998 müssen Unternehmen nach dem KonTraG (Gesetz zur Kontrolle und Transparenz) über ein integriertes Risikomanagementsystem verfügen. Es besteht allgemein ein Konsensus darüber, dass Unternehmensrisiken sich nicht allein durch gängige Finanzinstrumente, wie z.B. Optionen, Futures und Forwards, effektiv bzw. langfristig reduzieren lassen. Dies liegt zum einen daran, dass diese Finanzinstrumente das nominale Preisrisiko und nicht das reale Preisrisiko bzw. strukturelle Risiken abdecken (Coppé et al. (1997)), und zum anderen daran, dass die Cash-Flow Volatilität durch diese Art des Hedgings zu- statt abnehmen kann (Copeland und Yoshi (1996)).

Globale Unternehmensnetzwerke – wenn man sie denn als Realoption betrachtet – bieten die Möglichkeit, Risiken viel effektiver und effizienter zu "hedgen", d.h. den Unternehmenswert zu steigern und das Verlustrisiko zu reduzieren. Dies kann prinzipiell durch die Ausnutzung von operativer Flexibilität geschehen, z.B. durch die (Re-)Distribution von Produkten auf die attraktivsten Märkte. Im Allgemeinen gilt jedoch, dass ein Fokus auf eine Optimierung der Supply Chain allein zu einer Reduzierung des Unternehmenswertes führen kann. Die Möglichkeit der Ausnutzung von Managementflexibilität hingegen verlangt die explizite Berücksichtigung von Wechselkurs-/ Preis- und Nachfragerisiken sowie den Aufbau und die Koordination von sogenannten *reaktiven* Kapazitäten.

Anhand einer Harvard-Fallstudie zeigen wir anschaulich, dass mit Hilfe eines solchen globalen Produktions- und Logistiknetzwerkes das Verlustrisiko –auch ohne finanzielles Hedging– auf Null reduziert werden kann und gleichzeitig sich die erwartete Rendite des Unternehmens –gemessen in Prozent vom Jahresumsatz– auf mindestens einen zweistelligen Betrag steigern läßt. Es werden Bewertungsmethoden für die Unterstützung der strategischen Planung von globalen Produktions- und Logistiknetzwerken skizziert und operative Strategien zum langfristigen Unternehmenswachstum diskutiert.

Im folgenden Kapitel werden kurz die generischen Typen von Realoptionen beschrieben. Im dritten Kapitel wird in einem einfachen Anwendungsbeispiel gezeigt, wie der Optionswert von operativer Flexibilität und von Managementflexibilität bestimmt werden kann. Im vierten Kapitel wird ein erweiterter Überblick über die strategische Planung des Einsatzes von Realoptionen zur Maximierung des Unternehmenswertes und zur Reduzierung des Verlustrisikos gegeben. Das fünfte Kapitel diskutiert mögliche Gründe, warum der Einsatz von Realoptionen in deutschen Unternehmen noch nicht so ausgeprägt ist wie andernorts.

---

2 Die dargestellten Inhalte dieses Kapitels wurden vom Autor wiederholt in MBA und Top Executive Programmen u.a. an der Graduate School of Business, der University of Chicago und der Wharton School, der University of Pennsylvania gelehrt.

2 Operative Flexibilität und Managementflexibilität

2.1 Operative Flexibilität

Multinationale Unternehmen, z.B. in der Automobilindustrie, setzen immer häufiger ihre globalen Produktions- und Distributionsnetzwerke gezielt zur Maximierung des Unternehmenswertes und zur Reduktion des Verlustrisikos ein. Dies geschieht primär durch eine zunehmende Standardisierung der Endprodukte, z.B. durch Plattformstrategien (Cornet (2000)) oder Produktbündelungsstrategien (Fürderer (1996)), oder eine zunehmende Vernetzung der internationalen Produktionsstätten (Jordan und Graves (1995), MacCormack et al. (1994)). Bei Veränderungen in den Wechselkursen oder der Nachfrage werden dann die Kundenaufträge neu auf die verfügbaren Werke verteilt und Kapazitäten kurzfristig ab- oder aufgebaut (The Wall Street Journal Europe (1998)).

Aufgrund des anhaltend starken Yens sowie des britischen Pfundes sehen sich einige japanische Automobilhersteller derzeit gezwungen, ihre Werke nach Euroland zu verlagern (Financial Times (2000)). Der Grund für diese Auslandsinvestitionen liegt wohl darin, dass lokale Anbieter von Automobilen, u.a. europäische Unternehmen, ihre Preise nicht anheben (müssen) und somit ihren Marktanteil gegenüber den zumeist Export-orientierten Konkurrenten weiter ausbauen können. Aufgrund des starken Preisdrucks ist jedoch die Rentabilität von kapitalintensiven und wenig skalierbaren Investitionen gefährdet, so dass die Exporteure zunehmend gezwungen sind, sogenannte Wechseloptionen auszuüben.

Prinzipiell unterscheidet man unter den folgenden fünf Typen von Realoptionen: i) Warteoption (option-to-wait), ii) Terminierungsoption (option-to-exit), iii) Expansionsoption (option-to-expand), iv) Kontraktionsoption (option-to-contract) sowie v) Wechseloption (option-to-switch). Für eine Einführung in das Thema der Bewertung von Realoptionen verweisen wir auf aktuelle Referenzen (Amram und Kulatilaka (2000), Luehrmann (1997), Trigeorgis (1997)).

Bezogen auf globale Produktions- und Distributionsnetzwerke werden primär verfügbare Kapazitäten für die Produktion bzw. die Distribution mengenmäßig, d.h. entsprechend der Nachfrage, angepasst. Dabei besitzen die Wechseloptionen in globalen Produktions- und Logistiknetzwerken eine besonders wichtige Rolle: zum einen können die internen und externen Bezugsquellen für Rohstoffe, Komponenten, Halberzeugnisse und Endprodukte jederzeit verändert werden. Zum anderen können ganze Standorte verlagert werden bzw. neue Lieferanten zertifiziert werden.

Der Vorteil von Realoptionen – im Gegensatz zu Finanzoptionen – besteht nun ganz allgemein darin, dass sie i) oftmals kostengünstiger sind, da sie nicht als Instrument des Risikomanagements in effizienten Finanzmärkten gehandelt werden, ii) langfristiger wirken, da sie in der Regel nicht nur für eine kurze Frist angeschafft werden, und iii) nicht auf Lokalitäten mit handelbaren Währungen bzw. liquiden Finanzmärkten beschränkt sind.

Zur Veranschaulichung für den möglichen Einsatz von Realoptionen sollen folgende zwei Beispiele dienen.

In einer Managementdiskussion bei einem führenden Hersteller in der deutschen Automobilindustrie ergab sich folgende Problematik. Das Unternehmen hatte mehrfach versucht, ein Montagewerk in Russland zu installieren. Der Vorschlag scheiterte aber immer wieder im Vorstand. Zu diesem Zeitpunkt fuhren bereits Hunderttausende von Fahrzeugen der entsprechenden Marke in Russland, es gab aber weder ein Servicenetzwerk noch eine Fertigung. Das Unternehmen ging zudem von einer starken Zunahme der Nachfrage aus, da es sich um eine sehr beliebte Luxusmarke handelt. Die Entwicklung des Rubels (zum Euro bzw. DM) bereitete aber den verantwortlichen Managern immer wieder Kopfschmerzen. Kernproblem war, dass dieses global-operierende Unternehmen nur auf Exportstrategien (von Deutschland aus) fokussiert war. Eine Vernetzung der internationalen Werke und eine Standardisierung der Logistikprozesse verhalfen dem Unternehmen, den Wert von Wechseloptionen zu realisieren und das Montagewerk in Russland erstmalig finanziell zu rechtfertigen.

Ein internationaler Automobilzulieferer einer Hauptkomponente wurde aufgefordert, sich um einen Auftrag für ein Plattformauto eines führenden Herstellers zu bewerben. Dieses Auto sollte erst in drei Jahren für dann insgesamt sieben Jahre auf nahezu allen Kontinenten gefertigt werden. Es wurde gefordert, die vier Produktvarianten auf Basis der gesamten Produktlebenszeit des Fahrzeugs jeweils mit einem Festpreis anzubieten. Der Automobilhersteller bestimmte den Preis letztendlich auf Basis von umfangreichen Studien der Produktivität und der Istkosten in allen seinen Werken. Damit lag das Unternehmen erheblich über dem besten Angebot und verlor den Kontrakt, der den Jahresumsatz um mehr als 50% gesteigert hätte. Der Gewinner der Ausschreibung aber ging nach nur sechs Monaten in Konkurs, ohne ein einziges Teil geliefert zu haben (Smith (2000)).

Die relevante Literatur beschränkt sich auf nur wenige Quellen. So wird entweder auf die Analyse des Nachfragerisikos zur Optimierung der Produktions- und Logistikentscheidungen fokussiert (Cohen und Lee (1989)) oder die Standortwahl auf Basis des nominalen Wechselkursrisikos dynamisch bestimmt (Kogut und Kulatilaka (1994)). Eine simultane Betrachtung der Komplexität von globalen Produktions- und Logistiknetzwerken unter Unsicherheit kann erst durch die Realoptionsanalyse effektiv unterstützt werden (Huchzermeier (1991)).

2.2 Managementflexibilität

Wesentlich wichtiger als das Management von (Des-)Investitionen von Kapazitäten ist die Nutzung von Markt- bzw. Kundeninformationen innerhalb von globalen

Produktions- und Distributionsketten. Unternehmen in der Computerindustrie, wie z.B. Hewlett-Packard, haben sehr erfolgreich das Konzept des Postponements implementiert: Es werden generische Produkte, nachdem die Kundennachfrage in den einzelnen Märkten bekannt geworden ist, mit den erforderlichen Komponenten ausgerüstet und danach ausgeliefert (Lee und Billington (1997)). Der Vorteil einer solchen Strategie liegt darin, dass das Bestandsrisiko minimiert werden kann bzw. der Grad der Produktverfügbarkeit steigt, die Kosten für Re-Distribution bzw. Sonderverkäufe von Produkten sinken, und, am aller wichtigsten, attraktive Märkte mit dem höchsten Preisniveau bevorzugt bedient werden können.

Prinzipiell lassen sich zwei Typen von Realoptionen identifizieren, die eine Nutzung von Markt- bzw. Kundeninformationen explizit vorsehen: Die Verzögerungsoption (option-to-postpone) und die Verbesserungsoption (option-to-improve). Bei der Verzögerungsoption gilt es, Marktinformationen so weit wie möglich vom Kunden bis hin zum Lieferanten zu kommunizieren, um dann Nachfrage-synchron produzieren zu können. Unter Berücksichtigung von relativ kurzen Lieferzeiten, die in der Regel eingehalten werden müssen, wird diese Strategie nur in den Fertigungsstandorten oder den Regionallagern umsetzbar sein. Die Verbesserungsoption gibt den Unternehmen ebenfalls die Möglichkeit, bei Bedarf Produktbündel anzubieten, um erhöhte Konsumentenrenten in preis-insensitiven Märkten abschöpfen zu können, bzw. Produkte zu entbündeln, um auch preissensitive Marktsegmente abzudecken. Somit kann der Unternehmenswert durch eine dynamische Preisgestaltung maßgeblich gesteigert werden.

Die relevante Literatur in diesem Bereich beschränkt sich ebenfalls auf nur wenige aktuelle Referenzen (Cohen und Huchzermeier (1999a, 1999b), Huchzermeier (1999)).

2.3 Strategische Risikoanalyse

Im Folgenden werden wir kurz auf die Problematik der Vorhersage von nominalen Wechselkursen bzw. realen Preisen sowie die Bestimmung von Prognosen für die Markt- bzw. Kundennachfrage eingehen. Basis eines jeden Optionspreismodells ist i) die Analyse der stochastischen Eigenheiten der verschiedenen Arten von Unsicherheiten sowie ii) die Bestimmung bzw. Begrenzung der Anzahl an Risikofaktoren, um so die optimale Politik zur Ausübung von operativer Flexibilität bzw. Managementflexibilität als Option zur Steigerung des Unternehmenswertes und der Reduktion des Verlustrisikos analysieren zu können (Courtney et al. (1997), Gerwin (1993)).

2.3.1 Wechselkursrisiken

Im allgemeinen wird angenommen, dass Veränderungen in den Wechselkursen nicht vorhersagbar sind und lediglich der Mittelwert der erwarteten Veränderung (drift) und die Volatilität (volatility) bestimmt bzw. abgeleitet werden kann (Giddy (1994)). Somit übernehmen wir eine Standardannahme in der Literatur über internationale Finanzmärkte, die besagt, dass in effizienten Märkten Wechselkurse nicht punktgenau vorhersagbar sind, jedoch die Verteilung um einen Erwartungswert zentriert ist.

Die erwartete Veränderung eines Wechselkurses entspricht dabei exakt der Differenz in den quotierten Zinsraten für Währungseinlagen. Diese werden bis zu einer Laufzeit von 30 Jahren quotiert, siehe u.a. die Rubrik Euro-Currency-Deposit Rates in der Financial Times. Diese Gleichgewichtsbedingung muss langfristig gelten, denn sonst wäre eine sogenannte Financial-Arbitrage-Politik systematisch möglich, d.h. Investoren könnten durch den Umtausch von lokalem Geld in fremde Währung ohne Risiko ein Vermögen verdienen. Die Volatilität der Wechselkurse läßt sich zum einen durch Analyse von historischen Daten bestimmen bzw. aus den aktuellen Quoten für Optionen auf die relevanten Wechselkurse ableiten.

Jede Verteilung zukünftiger Wechselkurse läßt sich dann durch ein binomiales Szenariomodell approximieren, wobei die Eintrittswahrscheinlichkeiten einer Gewichtung der Szenarien entsprechen. Zukünftige Realisierungen der korrelierten Wechselkurse werden dann in mehr-periodigen und multi-dimensionalen Szenariobäumen (sogenannte scenario oder lattice trees) abgebildet, um komplexe Investitionspolitiken mit fixen Wechselkosten bewerten zu können. Multi-nomiale Verfahren – zur Reduktion der Komplexität des Szenariobaumes – müssen bei der Analyse von mehreren Wechselkursen angewandt werden (Huchzermeier und Cohen (1996)). Sind die Investitionspolitiken bekannt oder nur in geringer Anzahl vorhanden, so können sinnvollerweise Monte-Carlo-Simulationen für die Bewertung von Realoptionen verwendet werden (Huchzermeier (2000a, 2000b)). Der Vorteil gegenüber Szenariobäumen ist, dass eine Verteilung der Zielfunktion, z.B. Gewinn-nach-Steuern, angezeigt wird, und nicht nur ein Mittel- oder Erwartungswert (der das Verlustrisiko "verschweigt").

Im folgenden Kapitel wird nicht mehr auf die Bestimmung von Optionswerten mittels Szenariobäumen eingegangen, sondern ausschließlich Monte Carlo Simulationen zur Analyse von operativer Flexibilität und von Managementflexibilität verwendet (Vose (1996)).

2.3.2 Preis- und Nachfragerisiken

Das reale Preisrisiko wird durch die Nutzung von sogenannten Wechselkurselastizitäten abgebildet, wie sie von internationalen Wirtschaftsinstituten gesammelt werden. Dies bedeutet, dass für jedes durch Monte-Carlo-Simulation erzeugte Szenario an Wechselkursen ein eindeutiger Preis für alle Waren und Dienstleistungen abgeleitet werden kann. Setzt man eine Preis-Nachfragefunktion voraus, so kann zu jedem Preis eindeutig ein Wert für die erwartete Nachfrage bestimmt werden. Oftmals wird jedoch angenommen, dass Unternehmen primär am Erhalt ihres relativen Marktanteils interessiert sind und deshalb der erwartete Absatz nicht variiert. Das Risiko der Nachfrage wird dann in der Regel als statistische Verteilung, z.B. Normal- oder Lognormalverteilung, um diesen prognostizierten Mittelwert modelliert. Somit lassen sich alle drei Risikoarten systematisch aus dem simulierten Szenario für Wechselkursraten ableiten.

Es gilt an dieser Stelle festzuhalten, dass alle Inputs für die strategische Risikoanalyse, d.h. i) Mittelwert und Verteilung der simulierten Wechselkurse, ii) die Preiselastizitäten und iii) die Volatilität der Nachfrage, sich auf Basis von empirischen Daten bestimmen lassen und somit die Vorhersage der Szenarien eine maximale Validität besitzt.

2.3.3 Operatives und finanzielles Risikomanagement

Operatives Hedging wird – aus den oben genannten Gründen – von multinationalen Unternehmen in der Regel bevorzugt. In bestimmten Szenarien kann jedoch ein finanzielles Hedging verhindern, dass die Terminierungsoption, die meistens mit erheblichen Kosten verbunden ist, ausgeübt werden muss. Demnach kann generell festgestellt werden, dass eine Kombination aus operativem und finanziellem Hedging zu einer weiteren Steigerung des Unternehmenswertes und einer Reduktion des Verlustrisikos beitragen kann. Im Folgenden werden wir nicht weiter auf diesen wichtigen Aspekt des Risikomanagements eingehen.

2.3.4 Realoptionen als wichtiges Instrument der strategischen Planung

Es gilt an diesem Punkt festzuhalten, dass die Komplexität von globalen Produktions- und Distributionsnetzwerken (mehrere Stufen in der Supply-Chain, mehrere Produkte, mehrere Standorte, mehrere Technologien) in Kombination mit multidimensionalen Szenariobäumen (mehrere Währungen) und bei hohen Investitionen (fixe Kosten für den Unterhalt von Kapazitäten, Aktivierungs- und Stilllegungskosten) auf heutigen Rechnerarchitekturen elegant zu modellieren sind. Die Optionswerte von operativer Flexibilität und/ oder Managementflexibilität werden dann mit ganz ähnlichen Verfahren, wie sie bei der Entscheidungsbaumanalyse (decision tree analysis) verwendet werden, bestimmt. Alternative Verfahren zur Bestimmung von Optionswerten stehen in der Regel nicht zur Verfügung, da mehrere Arten und multiple Quellen von Risiken simultan modelliert werden müssen (Cohen und Mallik (1997)).

Somit besteht das eigentliche Kernproblem für das strategische Risikomanagement nicht in der Bewältigung der Komplexität der Modelle, sondern erfordert vielmehr eine genaue Analyse der technischen und finanziellen Möglichkeiten bezüglich des (Re-)Designs der Produkte und des globalen Produktions- und Distributionsnetzwerkes zur Anpassung operativer Flexibilität bzw. die Möglichkeit der Zuführung von Kunden- bzw. Marktinformationen entlang der Stufen des Unternehmensnetzwerkes zur Steigerung von Managementflexibilität. Nachdem MBA Studenten bzw. Manager verstanden haben, dass Prozess- und Produktwissen der Schlüssel zum Erfolg ist, sind sie in der Regel sehr motiviert und kreativ in der Identifizierung weiterer Potenziale bzw. Strategien zur Ausnutzung von operativer Flexibilität und von Managementflexibilität.

3 Managementfallstudie APPLICHEM

Globale Produktions- und Distributionsnetzwerke verfügen über einen maximalen Grad an operativer Flexibilität, wenn flexible Technologien eingesetzt werden und alle Absatzmärkte von jedem verfügbaren Standort bedient werden können. Globale Risiken können daher gezielt genutzt werden, um den Unternehmenswert weiter zu steigern und das Verlustrisiko zu reduzieren. Im Folgenden wird gezeigt, dass durch den Einsatz von Managementflexibilität das Verlustrisiko maßgeblich reduziert oder sogar ganz eliminiert werden kann.

Als Illustration für den Einsatz von Realoptionen verwenden wir die Harvard Fallstudie Applichem (Flaherty (1985)). Das Unternehmen produziert und vertreibt in sechs verschiedenen Ländern das chemische Produkt 'Release-Ease', das beim Spritzgießen verwendet wird, um die verwendeten Formen schnell von Rückständen zu befreien. Die Werke unterscheiden sich primär in ihrer Größe und der angebotenen Verpackungsvielfalt. Konsequenterweise sind die Produktivitäten sehr unterschiedlich. Der jährliche Umsatz beträgt ca. 8,07 Mio. USD und die Summe aus variablen und fixen Kosten plus Zahlung von Importzöllen liegt bei 7,87 Mio. USD. Die fixen Kosten von insgesamt 0,41 Mio. USD für die Verpackungsanlagen werden im folgenden vernachlässigt, um Transfereffekte durch Fixkostenallokationen zu vermeiden. Die verfügbare Kapazität übersteigt die Nachfrage um ca. 25%. Die Aufgabenstellung an die Studenten bzw. Executives lautet, eine Unternehmensstrategie zu entwickeln.

Die Ausgangssituation ist typisch für viele Unternehmen: Enormer Kostendruck, hoher Grad an Automatisierung, kein Gewinn, keine Wachstumsmärkte in Sicht und fehlende finanzielle Reserven, um die Entwicklung neuer Produkte finanzieren zu können. Die Überlebenschance des Unternehmens erscheint angesichts der finanziellen Situation nahezu aussichtslos. Tabelle 1 gibt eine Übersicht über die Zuordnung der Produktionsstätten zu den Absatzmärkten.

Tabelle 1: Eine ineffiziente Logistik und hohe Variantenvielfalt belasten das Unternehmensergebnis

Von/Nach	Mexiko	Kanada	Venezuela	Deutschland	USA	Japan	Kapazität
Mexiko	3,0	0,0	6,3	0,0	0,0	7,9	22,0
Kanada	0,0	2,6	0,0	0,0	0,0	0,0	3,7
Venezuela	0,0	0,0	4,1	0,0	0,0	0,0	4,5
Deutschland	0,0	0,0	5,6	20,0	12,4	0,0	47,0
USA	0,0	0,0	0,0	0,0	14,0	0,0	18,5
Japan	0,0	0,0	0,0	0,0	0,0	4,0	5,0
Nachfrage	3,0	2,6	16,0	20,0	26,4	11,9	

3.1 Supply Chain Management

Unternehmen fokussieren heute primär auf das Management des Material- sowie des Informationsflusses einschließlich der Zahlungsströme (Cash Flows) entlang der Supply-Chain, d.h. vom Verkauf über die Distribution, die Produktion bis hin zu den Lieferanten. Ziel ist es, die Kosten einschließlich Kapitalbindungskosten und Opportunitätskosten (total supply chain costs) zu reduzieren, d.h. die Produktivität zu maximieren und Kapazitäten sowie Lagerbestände zu minimieren (Tayur et al. (1999)). Dies geschieht zum Beispiel durch Benchmarking der Prozesse, die Koordination der Produzenten und der Händler bezüglich Promotionen und die zunehmende Transparenz von Verkaufsinformationen. Diese Art von Managementstrategie muss jedoch nicht unbedingt zu einem Wettbewerbsvorteil führen, da in der Regel nur ein geringer Grad an operativer Flexibilität ausgenutzt wird.

Im Fall von Applichem ist das Verbesserungspotenzial entlang der Supply Chain auf den Wissenstransfer bezüglich der Effizienz der Prozesse begrenzt. Es werden prinzipiell sechs Absatzmärkte von sechs Standorten aus beliefert. Die Produktivität in den einzelnen Werken ist sehr unterschiedlich und ein Kostenvergleich (benchmarking) zeigt, dass kleine Werke ebenfalls einen hohen Ertrag (yield) für einen der Hauptwirkstoffe erzielen können. Dieser Wirkstoff ist für einen großen Anteil an den Materialkosten verantwortlich. Leider können nur marginale Verbesserungen in der Kostenstruktur durch den Transfer von Prozesswissen erzielt werden, d.h. eine Reduktion der Kosten um 0,03 Mio. US$.

3.2 Supply Chain Optimierung

Die Optimierung der Supply Chain geschieht in der Regel auf Kostenbasis. Unternehmen können einen Wettbewerbsvorteil durch die Zunahme an internationalen

Logistikbeziehungen erzielen, so dass Skaleneffekte bzw. Verbundeffekte in der Produktion und/oder Logistikdienstleistungen ausgenutzt werden können. Dies führt in der Regel zu weiteren Reduktionen von Kapazitäten. Oftmals wird jedoch nur eine statische Betrachtungsweise angewendet, d.h. Logistikbeziehungen und/oder Produktzuweisungen zu Werken werden relativ selten oder nur in großen Zeitabständen durchgeführt. Dies entspricht – im Extremfall – nur der einmaligen Ausnutzung von operativer Flexibilität. Das Unternehmen Digital Equipment Corporation (DEC) und viele andere Unternehmen in der globalen PC-Industrie haben ihre Produktionskapazitäten mit Hilfe von externen Beratern optimiert und radikal reduziert (Arntzen et al. (1995)).

Im Fall von Applichem resultiert eine Optimierung der globalen Logistikflüsse in einem signifikanten Effizienzgewinn, der jedoch nicht ausreicht, um das Unternehmen aus der momentanen Verlustsituation zu führen. Die Summe der direkt den Produkten zurechenbaren Kosten beträgt nun lediglich 7,41 Mio. USD (dies beinhaltet nicht die fixen Kosten plus Steuerzahlungen auf den Gewinn). Die meisten Studenten und Executives schlagen daher vor, ungenutzte Werke zu schließen, in diesem Fall das Werk in Japan. Da das japanische Werk auch das innovativste ist, fokussiert oftmals die hitzige Debatte darum, mögliche Verluste durch Wissenstransfer bzw. mangelnde Prozessoptimierung zu vermeiden.

3.3 Shareholder Value Maximierung

Die Optimierung des globalen Produktions- und Logistiknetzwerkes kann anstatt auf Kostenbasis, auch auf Basis von Gewinn-nach-Steuern geschehen. Dazu werden die Deckungsbeiträge, d.h. die Differenz aus Marktpreisen minus variable Logistikkosten und Importzöllen, mit den länderspezifischen Steuersätzen belastet. Zudem kann das Unternehmensrisiko explizit modelliert werden, nämlich durch die wiederholte Simulierung von verschiedenen Nachfrage- und/ oder Wechselkurs- bzw. Preisszenarien.

Im Fall von Applichem führt eine solche Analyse der globalen Produktions- und Distributionsnetzwerke zu ganz ähnlichen Resultaten, d.h., der Standort Japan ist weiterhin zu teuer. Der Gewinn-nach-Steuern kann auf 0,37 Mio. US$ durch Optimierung der Logistikflüsse gesteigert werden. Zudem erkennen manche Studenten, dass die Verluste des Unternehmens primär durch den Import von Produkten nach Venezuela entstehen. Eine Aufgabe dieses Marktes hat zur Konsequenz, dass zwei weitere Standorte geschlossen werden können, in diesem Fall die Werke in Kanada und Venezuela. Der erwartete Gewinn-nach-Steuern steigt durch die Werksschließungen und Aufgabe eines Absatzmarktes weiter an, d.h. von ursprünglich 0,07 auf 0,57 Mio. US$ oder 7 % des Jahresumsatzes. Dies scheint die Maximallösung zu sein, und die Studenten bzw. Executives fühlen sich schon als brillante Unternehmenssanierer. Fragen nach dem Verlustrisiko wird meist ausgewichen. Studenten, die eine Risikoanalyse (s.u.) durchgeführt haben, verweisen darauf, dass der Mittelwert der Verteilung doch nach rechts verschoben werden konnte (siehe Abbildung 1). Somit sei auch das Verlustrisiko gesunken bzw. zumindest die ursprüngliche Verteilung nach rechts verschoben.

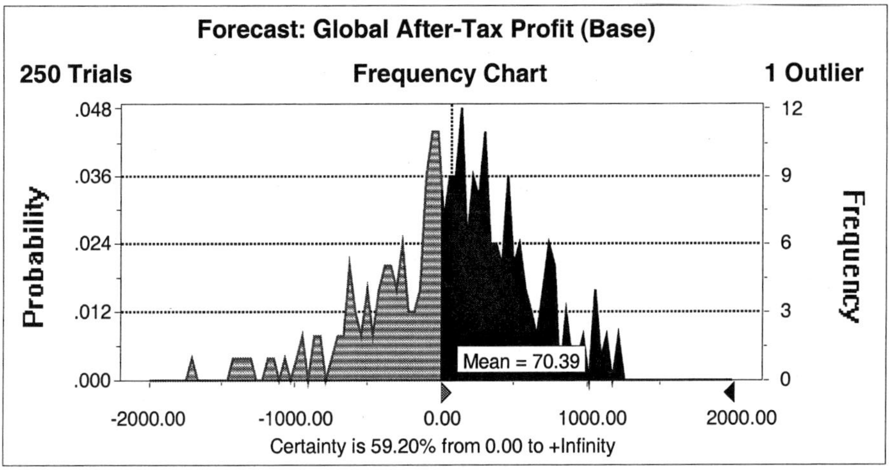

Abbildung 1: Das Wechselkurs-/Preisrisiko führt zu einem relativ hohen Verlustrisiko (Ausgangssituation)

Im allgemeinen würde man vermuten, dass der Optionswert eines globalen Produktions- und Distributionsnetzwerkes mit der Zunahme der Unsicherheit steigt. Dies wäre in direkter Analogie zu der Bewertung von Finanzoptionen, die mit höherem Grad des Risikos (gemessen an der Volatilität) auch wertvoller bzw. teurer werden. Dies ist jedoch nicht immer der Fall und führt vor allem bei knappen Kapazitäten zu einem stark sinkenden Unternehmenswert.

3.3.1 Nachfragerisiko

Berücksichtigt man zunächst nur das Nachfragerisiko, so beobachtet man, dass der Wert des Unternehmens relativ zu den Ergebnissen einer Analyse ohne Risiko, sinkt. Dies ist damit begründet, dass die vorhandenen Kapazitäten (in diesem Fall) nicht ausreichend sind, um die potenziellen Nachfrageerhöhungen vollständig abdecken zu können. Somit treten Fehlmengen auf, die sich negativ auf das Ergebnis auswirken. Steigt das Nachfragerisiko weiter an (dies entspricht im übrigen der Einschätzung der allermeisten Studenten bzw. Executives), so sinkt der Unternehmenswert weiter und das Verlustrisiko steigt dramatisch an.

3.3.2 Wechselkurs- und Preisrisiko

Der Einfluss des Risikos in den Wechselkursen und somit in den Marktpreisen kann ebenfalls anschaulich simuliert werden. Wie erwartet sind die Extremwerte in den Gewinnen, respektive Verlusten, extrem weit ausgeprägt. Während das

Gewinnpotenzial zunimmt, nimmt auch das Verlustrisiko (und somit auch das Insolvenzrisiko) proportional zu, siehe Abbildung 1. Der "rettende" Ansatz, d.h. die Bewertung mit Hilfe von Realoptionen, wird im folgenden Abschnitt präsentiert.

3.4 Operatives Risikomanagement und Hedging

Setzt man nun voraus, i) dass das Unternehmen die Nachfrage in den einzelnen Märkten nur dann befriedigen darf, wenn die Höhe bekannt ist und ein positiver Beitrag erwirtschaftet wird, ii) die Nachfrage in den preis-insensitiven bzw. attraktivsten Märkten zuerst und vollständig befriedigt wird, und iii) kein einziges der ursprünglich verfügbaren Werke geschlossen werden darf, so ergibt sich eine enorme Steigerung des Unternehmenswertes und eine dramatische Reduktion des Verlustrisikos.

Prinzipiell können drei Varianten an Preispolitiken unterschieden werden: i) das Produkt wird in lokaler Währung verkauft, ii) es besteht weltweit ein Einheitspreis, der unabhängig von den Wechselkursen ist, und iii) das Produkt wird in direkte Anlehnung an den US$-Preis verkauft (Huchzermeier (2000b)). Im folgenden werden wir lediglich den Effekt von Preisstrategie ii) untersuchen. Zudem untersuchen wir die Sensitivität in den Ergebnissen bezüglich der Anzahl verfügbarer Werke. Wir unterscheiden dabei drei Fälle: Fall a), alle Werke sind verfügbar, Fall b), das Werk in Japan ist geschlossen ("Studentenlösung") und Fall c), drei von sechs Werken sind geschlossen ("Super-Consultantlösung").

Es ist bemerkenswert, dass das Verlustrisiko in jedem der drei Fälle (und das innerhalb von nur einer Periode) auf Null reduziert werden kann, ohne dass Zusatzinvestitionen getätigt werden müssen, siehe Abbildung 2. Der erwartete Gewinn-nach-Steuern liegt in allen Fällen bei ca. 11 % des Jahresumsatzes, wobei Werte des Gewinns-nach-Steuern von über 10 % des Jahresumsatzes mit einer Wahrscheinlichkeit von ca. 60 % erreicht werden. Bei einem Kapitalzins von 10-12 % wird dabei eine Annuität[3] in der Höhe des gesamten Jahresumsatzes (= Gewinn-nach-Steuern geteilt durch den Kapitalzins) generiert. Dieses überaus positive Ergebnis erstaunt die Studenten und erfreut die Executives aufs Äußerste.

[3] Wert einer unendlichen Zahlungsreihe.

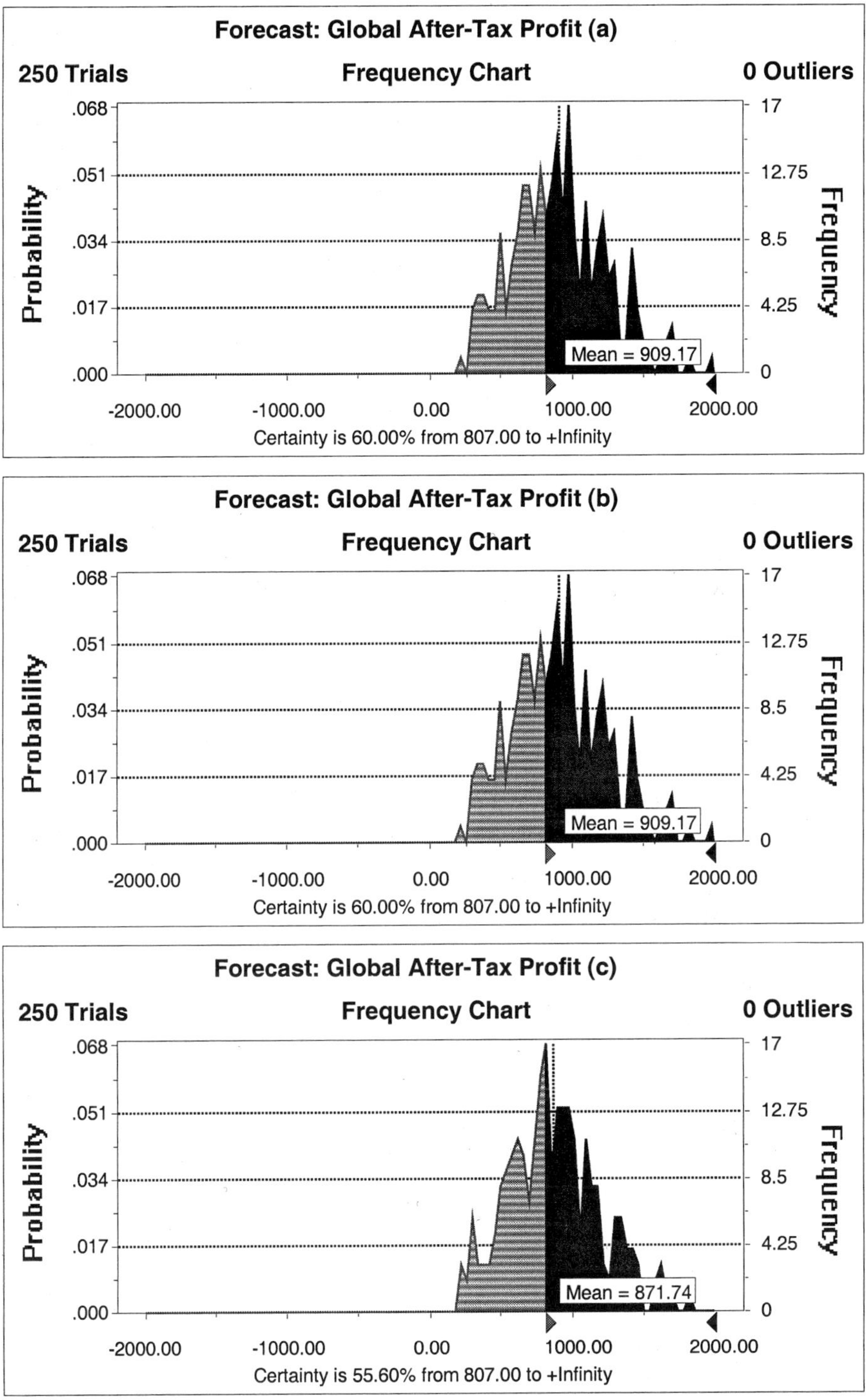

Abbildung 2: Der Gewinn-nach-Steuern nimmt mit der Anzahl an verfügbaren Standorten eindeutig zu

Der Optionswert des Werkes in Japan ist jedoch stets beim Nullwert (vergleiche Fall a) minus Fall b) in Abbildung 3) und kann somit ohne Bedenken geschlossen werden. Hingegen erzielen die Werke in Mexiko und Venezuela einen positiven Optionswert (vergleiche Fall b) minus Fall c) in Abbildung 3). Dies besagt, dass die Studentenlösung (Fall b)), der Super-Consultantlösung vorzuziehen ist (Fall c)). Dies ist jedoch nur dann der Fall, wenn die fixen Kosten für das Betreiben der Werke durch den Optionswert mehr als kompensiert werden.

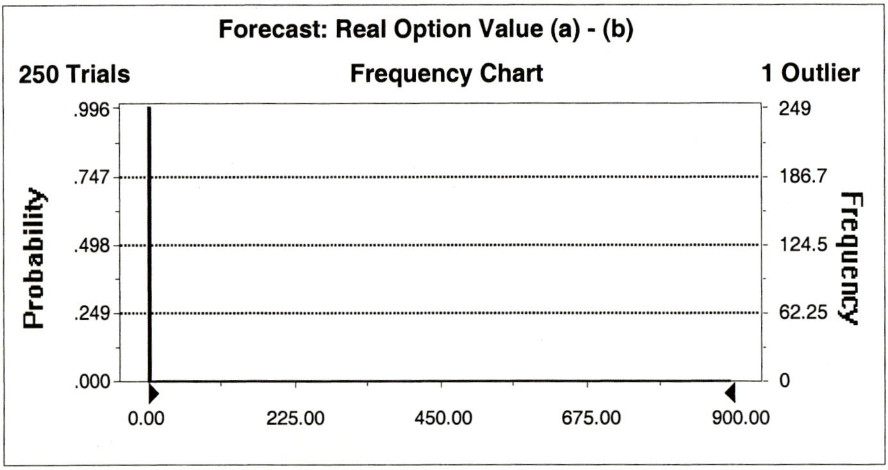

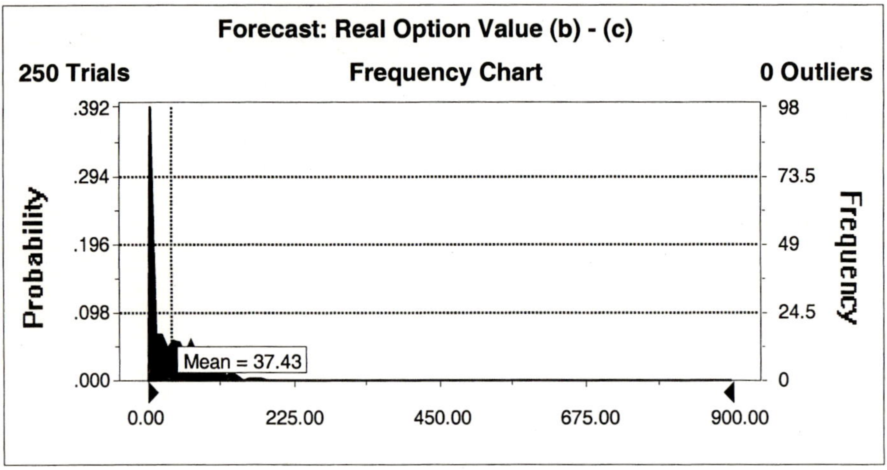

Abbildung 3: Zu “hohe” Investitionen in reaktive Kapazität reduzieren den Unternehmenswert

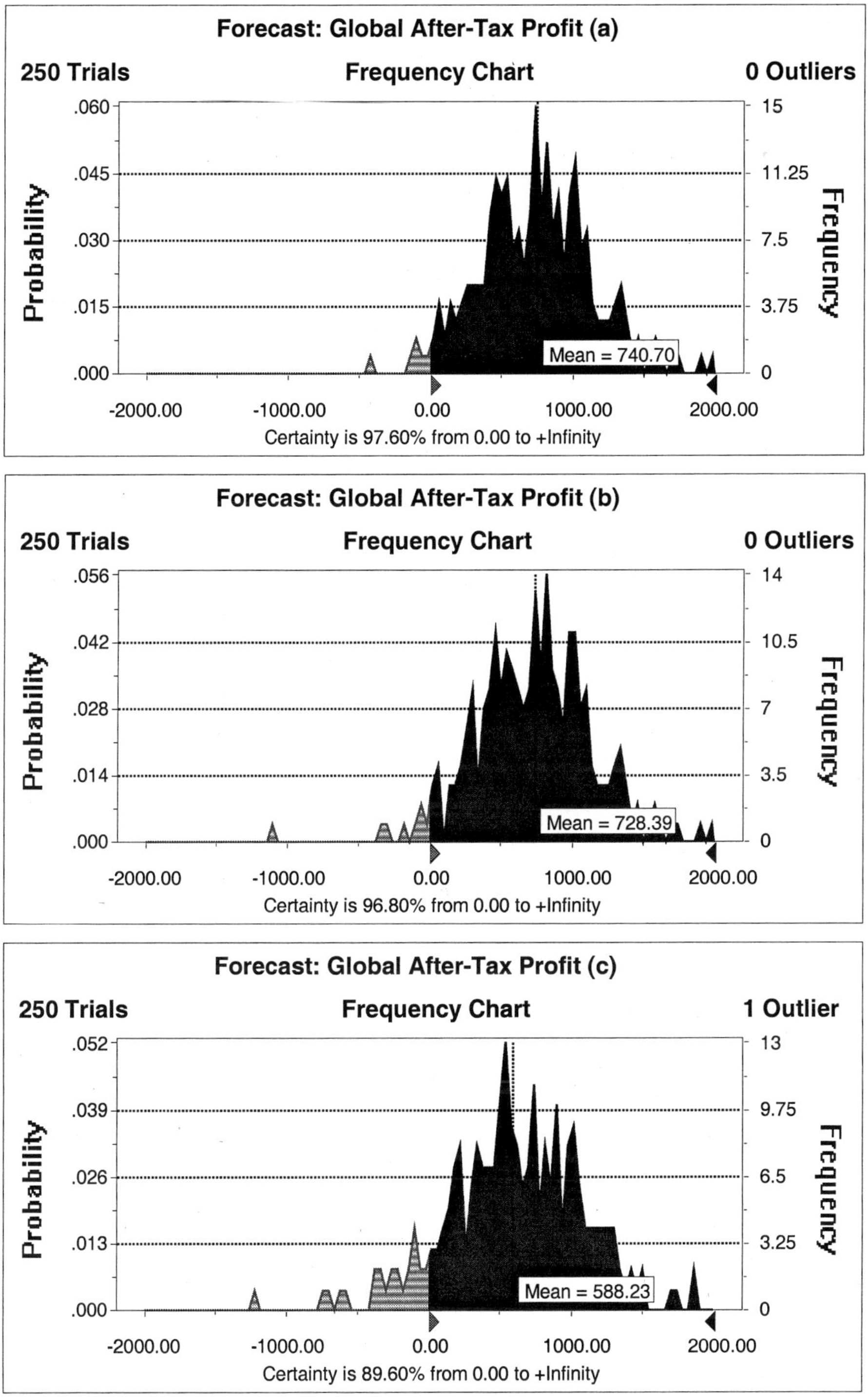

Abbildung 4: Der Gewinn-nach-Steuern hängt vom geforderten Servicegrad ab

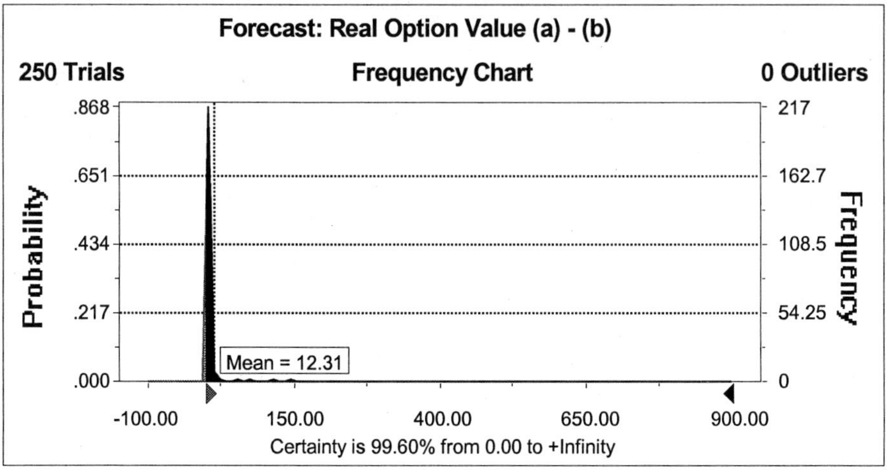

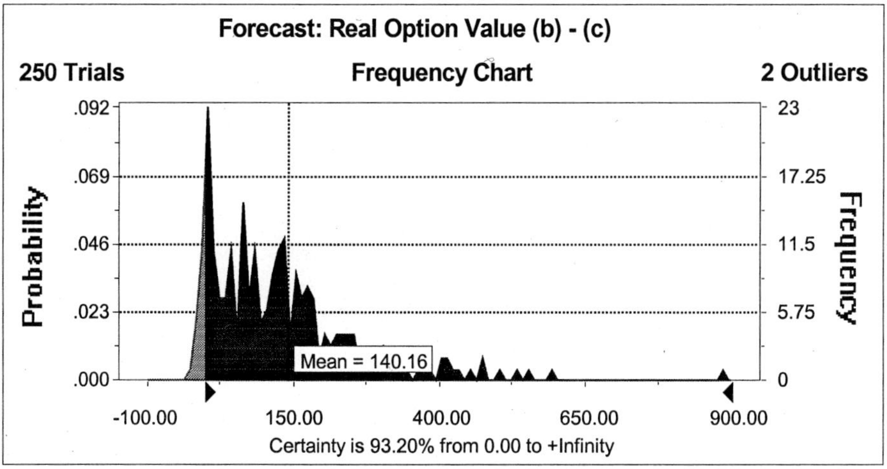

Abbildung 5: Höhere Serviceanforderungen steigern den Optionswert von reaktiver Kapazität

Auch wenn sich diese phantastischen Ergebnisse nahezu "spielerisch leicht" durch den Einsatz von Managementflexibilität generieren lassen, so sind sie bei weitem nicht trivial umzusetzen. Viele Unternehmen und Manager sind allein auf Kostenoptimierung fixiert und investieren somit nicht in reaktive Kapazität. Die Preisgestaltung wird selten in die Supply Chain Optimierung bzw. Analyse mit einbezogen. Als unmittelbare Konsequenz ergibt sich daraus, dass die Varianz in den positiven und negativen Cash Flows in den meisten Fällen (durch finanzielles Hedging) unabhängig von einander kontrolliert wird, damit das Verlustrisiko reduziert werden kann. In unserem Beispiel jedoch bewirkt die Varianz lediglich ein noch höheres Ansteigen des Gewinns-nach-Steuern und sollte deshalb auf keinen Fall gehedged werden.

Zum Vergleich haben wir eine der Annahmen geändert: die Nachfrage in allen Märkten muss immer bedient werden, auch wenn kein positiver Deckungsbeitrag erzielt werden kann, siehe Abbildung 4. Der Optionswert der zusätzlichen Werke steigt in diesem Fall stark an und das Werk in Japan erzielt sogar einen positiven Optionswert, siehe Abbildung 5. Dies bedeutet, dass der Optionswert von reaktiver Kapazität zunimmt, wenn die Markt- bzw. Kundenanforderungen steigen. In dem vorgestellten Fall muss das Unternehmen versuchen, einen 100%-igen Servicegrad zu erzielen. Dabei können negative Optionswerte auftreten. Dies erklärt sich dadurch, dass bei hoher Nachfrage und mehr verfügbaren Kapazitäten auch mehr negative Deckungsbeiträge erwirtschaftet werden. Im Fall c), wo insgesamt weniger Kapazität verfügbar ist, kann die überschüssige Nachfrage nicht bedient werden (und somit werden Verluste automatisch limitiert). Aber die monetären Vorteile überwiegen eindeutig die Nachteile, so dass insgesamt der erwartete Optionswert positiv ist.

Noch viel wichtiger ist die Erkenntnis, dass sich mit Hilfe von Realoptionen der Unternehmenswert real steigern und die Varianz der Cash Flows stark reduzieren lassen kann. Diese Sicht der Dinge ist nicht mit Portfoliomodellen, z.B. dem bekannten CAPM Modell (Schrage (1998)), vereinbar, wobei höhere Erträge nur auf Kosten von höherem Risiko erzielt werden können. In der Regel sind die Finanzrisiken zudem symmetrisch um den Mittelwert verteilt, d.h. sie erzeugen möglicherweise ein Verlustrisiko. In unserem Fall jedoch ist das Risiko in den Cash Flows nach oben hin offen, d.h. unbegrenzt, und nach unten hin beschränkt. Somit bringt eine zunehmende Erhöhung der Varianz einen positiven (statt negativen) Beitrag für den Unternehmenswert.

4 Realoptionen und Unternehmenswachstum

Manager haben eine Reihe an Möglichkeiten, den Wert ihrer Unternehmen durch operative Strategien maßgeblich zu steigern, u.a., durch

- **Aufbau eines globalen Lieferantennetzwerkes**: Die Verfügbarkeit von zertifizierten Lieferanten ist ein kostspieliger und langwieriger Prozess. Die vorgestellten Methoden lassen sich jedoch direkt auf die Bewertung derartiger Investitionen anwenden. Aufgrund der Tatsache, dass die Aktivitäten der Unternehmen nur einen relativ geringen Anteil an der gesamten Wertschöpfung besitzen, ist eine options-basierte Analyse der globalen Einkaufsstrategien (z.B. Festlegung der Währung für die Fakturierung und der garantierten Liefermenge) von größtem Interesse für Unternehmen.
- **Investitionen in reaktive Produktionskapazitäten**: In vielen Industrien entspricht die verfügbare Kapazität dem Mittelwert der prognostizierten Nachfrage. Bei hoher Nachfrage entstehen Fehlmengen. Eine Erhöhung der

reaktiven Kapazität steigert den Optionswert eines Unternehmens, wobei mit einem abnehmenden Grenzertrag zu rechnen ist. Inländische Standorte reduzieren das Verlustrisiko wegen der Möglichkeit der Fakturierung in lokaler Währung. Auslandsstandorte steigern den Unternehmenswert durch Ausübung der Wechseloption oder der Wachstumsoption.

- **Investitionen in flexiblere Fertigungssysteme**: Hierbei geht es nicht darum, dass jedes Werk die Fähigkeit besitzen sollte, alle Produkte herstellen zu können. Eine Verkettung der Werke, wie zum Beispiel bei General Motors, wo jedes Werk eigene Produkte und mindestens ein Produkt eines Schwesterwerkes produzieren kann, bewirkt, dass Nachfrageschwankungen in den Absatzmärkten effektiv aufgefangen werden können. Die Wechseloption führt zu erheblichen Effizienzgewinnen bei relativ niedrigen Investitionen.

- **Modulare Produktarchitekturen und Plattformstrategien**: Eine Flexibilisierung der Produktarchitektur in der Art, dass vorgefertigte Module zentral vorgehalten werden können, erlaubt eine schnelle Bedienung der Nachfrage in heterogenen Märkten/Kundensegmenten. Modulare Produktarchitekturen sind Investitionen in reaktive Kapazitäten vorzuziehen, wenn die Entwicklungskosten für Module geringer sind als die Investitionskosten in den Aufbau zusätzlicher Kapazitäten. Zudem können Module bzw. Plattformen leichter fremdbezogen werden, da sich die Unternehmung besser auf ihre Kernprozesse und -kompetenzen, nämlich das Management der Kunden-Lieferanten-Beziehung, konzentrieren kann.

- **Produktstandardisierung bzw. Produktbündelung**: Gemischte oder reine Produktbündelungen sind eine wesentliche Strategie für die Steigerung des Ertrags. Während eine reine Produktbündelstrategie eine Standardisierung und somit eine Reduktion des Nachfragerisikos bewirken kann, kann eine gemischte Produktbündelstrategie eine effektive Marktsegmentierung unterstützen. Diese Marktsegmentierung geschieht in der Regel auf Basis der Reservationspreise der Kunden- bzw. Marktsegmente (Fürderer et al. (1999)). Im globalen Kontext können durch diese kombinierten Produktdesign- und Preisstrategien stark unterschiedliche Preisniveaus ausgenutzt werden. Zudem besitzt die Unternehmung weiterhin die Möglichkeit der einheitlichen Produktgestaltung/Standardisierung bzw. der Preisreduktion durch Entbündelung der Produktoptionen. In beiden Fällen kann der Marktanteil der Unternehmung weiter ausgebaut bzw. gehalten werden.

- **Elektronische Märkte und Optionen auf Logistikdienstleistungen**: Zur Zeit werden neue Technologien für den Schwertransportbereich entwickelt. Das Unternehmen CargoLifter AG wird voraussichtlich ab dem Jahr 2005 erstmalig einen fliegenden Kran bereitstellen, der es Unternehmen erlaubt, schwere Lasten weltweit zu transportieren (Huchzermeier und Loch (1999)). Ein elektronischer Markt für den Handel von Optionen auf diese Luftschiffskapazitäten ist derzeit im Entstehen (Spinler et al. (2000), www.whu.edu/prod/ADVENTURES). Der Optionshandel liefert eine Finanzierung dieser kapitalintensiven Investitionen und ist Garantie für die Durchführung der Dienstleistungen. Ungenutzte Optionen auf Kapazitäten können dann in einem Spotmarkt gehandelt werden. Die Flexibilität von multinationalen Unternehmen läßt sich mit Hilfe dieser neuartigen Technologie ganz erheblich steigern.

- **Markt- bzw. Kunden-orientierte Entwicklung von Produkten**: Die Verknüpfung von Produktentwicklungsstrategien mit Informationen bezüglich der Kundenanforderungen führt ebenfalls zu einer erfolgreichen Produkteinführung (Huchzermeier und Loch (1999, 2001), Loch und Huchzermeier (2000)). Agile, d.h. options-basierte, Unternehmen entwickeln in der Regel mehr Projekte, d.h. üben die Abbruchoption aus. Zudem kann durch frühzeitige Investitionen die technische Performance des zu entwickelnden Produktes angehoben werden, um somit die Marktanforderungen zum Zeitpunkt der Markteinführung übertreffen zu können, d.h. die Unternehmen üben die Verbesserungsoption aus.
- Last but not least lassen sich unterschiedliche Marktsegmente, z.B. loyale und nicht-loyale Kunden, durch **Promotionen und ECR Strategien** gezielt ansprechen. Anhand von Scannerdaten können nachweislich Segmentgrößen bzw. Konsumraten bestimmt werden und die Zahlungsbereitschaft loyaler/Hochpreis-orientierter bzw. unloyaler/Niedrigpreis-orientierter Kunden geschätzt werden. Durch gezielte Preisreduktionen können zumeist neue Konsumenten zum Kauf von größeren Packungsgrößen bzw. einem erhöhten Konsumverhalten induziert werden (Huchzermeier et al. (2000)).

Der Fokus auf sogenannte Mikrosegmente durch Sammlung von Kunden- bzw. Verkaufsdaten wird in naher Zukunft immer mehr zunehmen und eine Basis für die Entwicklung neuer options-basierter Supply-Chain-Management Strategien für agile und globale Unternehmen bieten.

5 Paradigmenwechsel in der Praxis

Zusammenfassend kann gesagt werden, dass Realoptionen in nahezu unbegrenzter Menge in Unternehmen vorhanden sind und meistens wertvoller sind als Finanzoptionen, da sie in der Regel nicht in Finanzmärkten gehandelt werden. Um den Einsatz der Realoptionen in der Praxis jedoch vorantreiben zu können, muss zunächst einmal mit einer Reihe von *Management-Mythen* aufgeräumt werden.

Mythos 1: Supply-Chain-Management, d.h. das Management von *individuellen* Lieferanten-Kunden-Beziehungen, führt zu einer Steigerung des Optionswertes und somit dauerhaften Wachstums des Unternehmenswertes.

Mythos 2: Supply-Chain-Optimierung auf Kostenbasis *maximiert* den Optionswert eines globalen Produktions- und Logistiknetzwerkes und führt somit zum maximalen Unternehmenswert bei niedrigem Verlustrisiko.

Mythos 3: Operative Entscheidungen bezüglich der Kapazitätsplanung sollten *unabhängig* von internationalen Preisentscheidungen gemacht werden.

Mythos 4: Finanzmanagement ist *allein* für das Hedging gegen das Verlustrisiko verantwortlich und besitzt die effizientesten Tools.

Mythos 5: Die Zukunft (Wechselkurse, Marktpreise, Kundennachfrage) läßt sich *nicht* voraussagen, zumindest nicht mit einfachen Methoden, demnach sollte man nicht in reaktive Kapazität investieren.

Mythos 6: Inländische Investitionen besitzen *keinen* Optionswert und sind deshalb Auslandsinvestitionen immer vorzuziehen.

Mythos 7: Eine Portfoliostrategie, d.h. Investitionen in Produktionskapazitäten in *allen* Absatzmärkten, maximiert den Unternehmenswert und reduziert das Verlustrisiko.

Mythos 8: *Jegliche* Art von Unsicherheit erhöht den Wert einer Realoption und somit den Unternehmenswert.

Mythos 9: Der Wert einer Realoption ist immer *positiv*.

Mythos 10: Investitionen in Realoptionen sind *nicht lohnenswert* und deshalb weder ein Instrument der taktischen noch der strategischen Planung.

Der interessierte Leser erkennt sofort die Relevanz und die Problematik dieser Aussagen für die gängige Unternehmenspraxis, die primär funktional oder regional aufgestellt ist bzw. gewohnt ist, nur in Kostenmodellen zu denken. Ein noch viel größeres Problem liegt aber darin, dass immer wieder versucht wird, Bewertungsmodelle für Finanzoptionen direkt auf Realoptionen zu übertragen. Dies führt oftmals zu heftigem Widerstand der Manager, die die getroffenen Annahmen der Modelle nicht verstehen und die hergeleiteten Aussagen und Unternehmenspolitiken nicht nachvollziehen können.

Ein anderes Problem besteht auch darin, dass vielen Managern die Möglichkeit fehlt, Realoptionen effektiv und global einzusetzen. In vielen Unternehmen sind die Incentives wenig ausgeprägt, um ein adäquates, d.h. globales, Verhalten der Manager zu belohnen. Wie oben angedeutet, sollte es nicht primäres Unternehmensziel sein, die Kapazitäten herunterzufahren und nahezu 100% auszulasten.

Des weiteren haben Unternehmen erst langsam damit begonnen, Informationen über Kunden zu sammeln (zumeist über Kaufentscheidungen auf aggregiertem Niveau) und sind erst allmählich bereit, diese Informationen an andere Mitglieder der Supply-Chain (unaggregiert und ohne Verzug) zu kommunizieren. Dabei gehen vielfach wichtige Informationen bezüglich der Mikrostruktur der Märkte verloren.

In der vorangegangenen Diskussion setzten wir einen hohen Grad an Effizienz bezüglich des Prozess- und Informationsmanagements in einer Unternehmung voraus. Wenn interne Berichte aber durchschnittlich erst mehrere Monate nach dem abgelaufenen Quartalsende den Managern verfügbar gemacht werden und die strategische Planung nur gemeinsam mit dem Budgetplanungsprozess, d.h. einmal im Jahr durchgeführt wird, dann sind diese neuen Managementmethoden sicherlich nicht geeignet, das Cash Flow Risiko eines Unternehmens effektiv zu reduzieren, geschweige denn den Unternehmenswert zu steigern (Huchzermeier (2000c), www.bestefabrik.de). Betrachtet man aber das mögliche Potenzial, so könnte dies die bedeutendste Ressource für globale (Produktions-)Unternehmen werden. In diesem Falle ist jede Verzögerung der Anwendung von neuen Managementprinzipien extrem wertmindernd.

Literaturverzeichnis

Amram, M.; Kulatilaka, N. (1999), Real Options: Managing Strategic Investments in an Uncertain World, *Harvard Business School Press*

Arntzen, B.C.; Brown, G.C.; Harrison, T.P.; Trafton, L.L. (1995), Global Supply Chain Management at Digital Equipment Corporation, in: *Interfaces*, Januar-Februar, S. 69-93

Cohen, M.A.; Huchzermeier, A. (1999a), Global Supply Chain Management: A Survey of Research and Applications, in: Tayur, S.; Magazine, M.; Ganesh, R. (Hrsg.), Quantitative Models for Supply Chain Management, *Kluwer Academic Press*, S. 669-702

Cohen, M.A.; Huchzermeier, A. (1999b), Global Supply Chain Network Management under Price/Exchange Rate Risk and Demand Uncertainty, in: Muffato, M.; Pawar, K.S. (Hrsg.), Logistics in the Information Age, Proceedings of the 4th ISL conference, Florenz, Italien, S. 219-226

Cohen, M.A.; Lee, H.L. (1989), Resource Deployment Analysis of Global Manufacturing and Distribution Networks, in: *Journal of Manufacturing and Operations Management*, S. 81-104

Cohen, M.A.; Mallik, S. (1997), Global Supply Chains: Research and Applications, in: *Production and Operations Management*, Herbst, S. 191-210

Copeland, T.E.; Joshi, Y. (1996), Why Derivatives Don't Reduce FX Risk, in: *The McKinsey Quarterly*, Nr. 1, S. 66-79

Coppé, B.; Graham, M.; Koller, T.M. (1996), Are You Taking the Wrong FX Risk?, in: *The McKinsey Quarterly*, Nr. 1, S. 80-89

Cornet, A. (2000), Untersuchung von Plattformstrategien in der Automobilentwicklung, Dissertation, WHU, Otto-Beisheim-Hochschule, Vallendar, Mai 2000

Courtney, H.; Kirkland, J.; Viguerie, P. (1997), Strategy Under Uncertainty, in: *Harvard Business Review*, November-Dezember, S. 67-79

Flaherty, T.M. (1985), Applichem (A), Case Study 9-685-051/Teaching Note 5-S. 686-042, Harvard Business School

Fürderer, R.; Huchzermeier, A.; Schrage, L. (1999), Stochastic Option Bundling and Bundle Pricing, in: Fürderer, R.; Herrmann, A.; Wübker, G. (Hrsg.), Optimal Bundling: Marketing Strategies for Improving Economic Performance, Springer, S. 61-86

Fürderer, R. (1996), Option and Component Bundling Under Demand Risk: Mass Customization Strategies in the Automotive Industry, Gabler

Gerwin, D. (1993), Manufacturing Flexibility: A Strategic Perspective, in: *Management Science*, April, S. 395-410

Giddy, I.H. (1994), Global Financial Markets, D.C. Heath, S. 117-142

Huchzermeier, A. (2000a), International Operations and Technology Management: A Real Options Perspective, Vorlesungsskript, University of Pennsylvania, The Wharton School, Philadelphia, Pennsylvania, USA, Herbst

Huchzermeier, A. (2000b), The Real Option Value of Operational and Managerial Flexibility in Global Supply Chain Networks, in: Frenkel, M.; Hommel, U.; Rudolf, M. (Hrsg.), Risk Management: Opportunities and Challenges, Springer, S. 181-202

Huchzermeier, A. (2000c), Die Beste Fabrik – Industrial Excellence Award 2000, Proceedings des Internationalen Management Seminars an der WHU am 26. Mai 2000, WHU, Otto-Beisheim-Hochschule, Vallendar, Mai 2000

Huchzermeier, A. (1999), When to Mass-Customize and When to Mass-Produce: Using the Real Options Approach to Evaluate Product Variety and Pricing Decisions, in: Nagel, K.; Erben, R.; Piller, F. (Hrsg), Produktionswirtschaft 2000 - Perspektiven für die Fabrik der Zukunft, Gabler, S. 103-114

Huchzermeier, A. (1991), Global Manufacturing Strategy Planning under Exchange Rate Risk, Unpublished Ph.D. Dissertation, University of Pennsylvania, The Wharton School, Philadelphia, Pennsylvania, USA

Huchzermeier, A.; Cohen, M.A. (1996), Valuing Operational Flexibility under Exchange Rate Risk, in: *Operations Research*, Januar-Februar, S. 100-113

Huchzermeier, A.; Iyer, A.V.; Stolle, J. (2000), S.M.A.R.T.S.: Smart Shoppers and Retail Promotions, in: Corsten, D.; Jones, D.T. (Hrsg.), ECR in the Third Millenium: Academic Perspectives on the Future of the Consumer Goods Industry, Academic Partnership of the ECR Board of Europe, S. 42-45

Huchzermeier, A.; Loch, C.H. (2001), Project Management under Risk: Using the Real Options Approach to Evaluate Flexibility in R&D, in: *Management Science* (Special Issue on New Product Development), Januar 2001

Huchzermeier, A.; Loch, C.H. (2000), CargoLifter AG, INSEAD/WHU Fallstudie, gelistet in: European Case Clearing House, Großbritanien

Huchzermeier, A.; Loch, C.H. (1999), Evaluating R&D Projects as Learning Options: Why More Variability is Not Always Better, in: Wildemann, H. (Ed.), Produktion und Controlling, TCW Verlag, S. 185-197

Jordan, W.C.; Graves, S.C. (1995), Principles on the Benefits of Manufacturing Process Flexibility, in: *Management Science*, April, S. 577-594

Kogut, B.; Kulatilaka, N. (1994), Operating Flexibility, Global Manufacturing, and the Option Value of a Multinational Network, in: *Management Science*, S. 123-139

Loch, C.H.; Huchzermeier, A. (2000), Hiding behind risk in fear of innovation, in: *Financial Times/Special Issue on Mastering Risk*, Nr. 5, 23. Mai, S. 10-12 und erscheint in: Mastering Risk (Volume 1), Prentice Hall

Lee, H.L.; Billington, C. (1997), The Evolution of Supply Chain Management at Hewlett-Packard, in: *Interfaces*, September-Oktober, S. 42-63

Luehrmann, T.A. (1997), What's It Worth? A General Manager's Guide to Valuation, in: *Harvard Business Review*, Mai-Juni, S. 132-142

MacCormack, A.D.; Newman, L.J.; Rosenfield, D.B. (1994), The New Dynamics of Global Manufacturing Site Location, in: *Sloan Management Review*, Sommer, S. 69-80

Schrage, L. (1998), Optimization Modeling with LINGO, Lindo Systems, Chicago

Smith, R.R. (2000), Real Options Value in Strategic Supply Chain Management, Dissertation, WHU, Otto-Beisheim-Hochschule, Vallendar

Spinler, S.; Huchzermeier, A.; Kleindorfer, P.R. (2000), Capacity Allocation and Pricing of Capital Goods Production, Working Paper, WHU, Otto-Beisheim-Hochschule, Vallendar und University of Pennsylvania, The Wharton School, Philadelphia, Pennsylvania, USA, November

Tayur, S.; Magazine, M.; Ganesh, R. (Hrsg.) (1999), Quantitative Models for Supply Chain Management, *Kluwer Academic Press*

Trigeorgis, L. (1997), Real Options: Managerial Flexibility and Strategy in Resource Allocation, *MIT Press*

Vose, D. (1996), Quantitative Risk Analysis: A Guide to Monte Carlo Simulation, John Wiley

o.V. (2000) Mazda makes plans to build on its European sales platform, in: *Financial Times*, November 2000 o.V. (1998) Toyota Rethinks Strategy to Meet Global Shifts in Demand Amid Slump, in: *The Wall Street Journal Europe*, 6. Oktober 1998

Einsatz der Optionspreistheorie zur Bewertung von Softwareentwicklungsprojekten

Prof. Dr. Eberhard Stickel

Lehrstuhl für Allgemeine Betriebswirtschaftslehre, insbes. Wirtschaftsinformatik, Finanz- und Bankwirtschaft, Europa-Universität Viadrina Frankfurt (Oder), Postfach 1786, 15207 Frankfurt (Oder)

Zusammenfassung: Softwareentwicklungsprojekte sind aufgrund ihrer ausgeprägten Phasenstruktur und den damit verbundenen Flexibilitäten und Handlungsspielräumen für den Einsatz des Realoptionsansatzes gut geeignet. Dennoch sind einige wesentliche Einschränkungen zu beachten. Der folgende Beitrag zeigt Einsatzmöglichkeiten auf, geht aber auch auf Probleme und Defizite des Realoptionsansatzes in diesem Zusammenhang ein.

Schlüsselworte: Softwareentwicklung, Projektmanagement, Vorgehensmodell

1 Einleitung

Die wirtschaftliche Beurteilung von Softwareentwicklungsprojekten ist ein wichtiges aber zugleich äußerst schwieriges Problem. Aufgrund knapper Budgets, um die sich mehrere Projekte bewerben, müssen bereits im Vorfeld eines derartigen Entwicklungsprojektes Kosten- und Nutzeffekte abgeschätzt werden. Damit ein Vergleich zwischen unterschiedlichen Projekten möglich wird, sollten diese Kosten- bzw. Nutzeffekte darüber hinaus monetär bewertet werden.

Besondere Schwierigkeiten liegen nun einerseits in der Einmaligkeit, die charakteristisch für alle Projektvorhaben ist. Insofern ist es schwierig, im Rahmen der Projektaufwandschätzung Ähnlichkeiten zu bereits abgeschlossenen Projekten als Kalkulations- bzw. Prognosegrundlage für das neue zu schätzende Projekt heranzuziehen. Andererseits ist auch die Bestimmung der Nutzeffekte schwierig. Standen früher direkt realisierbare Kostensenkungspotenziale im Vordergrund, sind heute qualitative oder sogar strategische Nutzeffekte wesentliche Komponenten eines Entwicklungsprojektes. Dabei ist klar, dass insbesondere die monetäre Bewertung strategischer Effekte sehr schwierig ist.[1]

---

[1] Vgl. etwa Clemons (1991) oder Kettinger et al. (1994).

Der Realoptionsansatz kann natürlich diese Schwierigkeiten nicht eliminieren. Auch dieser Ansatz ist letztlich auf das Vorliegen von Zahlungsströmen bzw. auf Schätzungen vermeintlicher Zahlungsströme angewiesen. Im Folgenden wird aber deutlich, dass der Realoptionsansatz Handlungsspielräume, die in natürlicher Weise mit Entwicklungsprojekten verbunden sind, bei der Wertermittlung berücksichtigen kann. Typischerweise werden Softwareentwicklungsprojekte in einzelnen Entwicklungsphasen durchgeführt. Nach jeder dieser Phasen kann über die Weiterführung beziehungsweise den Projektabbruch entschieden werden. Zu diesen Entscheidungszeitpunkten liegt im Allgemeinen verbessertes Zahlenmaterial für die Kosten-/Nutzenschätzung vor, so dass präzisere Aussagen möglich sind. Gerade darin liegt der Hauptvorteil des Realoptionsansatzes.

Bei der Anwendung des Realoptionsansatzes ist dennoch Vorsicht geboten. Die oft gepriesenen Optionspreisformeln[2] basieren auf sehr restriktiven Annahmen, die bei vielen praktischen Anwendungen, insbesondere auch bei Softwareentwicklungsprojekten, nicht unbedingt erfüllt sind.

Im Folgenden wird zunächst unterstellt, dass grobe monetäre Schätzungen für Kosten- und Nutzeffekte in Form eines Projektzahlungsstroms vorliegen. In der Praxis wird dann im Allgemeinen auf Basis der Kapitalwertmethode eine Entscheidung über die Durchführung des Projektes gefällt. Anhand eines einfachen Beispiels wird im nächsten Abschnitt zunächst gezeigt, wie der Realoptionsansatz die Kapitalwertmethode ergänzen kann und wie man dadurch zu verbesserten Schätzergebnissen und Entscheidungsgrundlagen kommt. Im dritten Abschnitt wird das Binomialmodell zur Bewertung von Realoptionen vorgestellt. Dabei werden kritisch die zu unterstellenden Prämissen im Hinblick auf ihre Erfüllbarkeit speziell bei Softwareentwicklungsprojekten analysiert. Der vierte Abschnitt stellt Gemeinsamkeiten und Unterschiede des Realoptionsansatzes und der Kapitalwertmethode dar. Es wird sich zeigen, dass beide Methoden nicht konkurrieren, sondern sich im Gegenteil sehr gut ergänzen. Im fünften Abschnitt wird sehr detailliert auf den Realoptionsansatz in Verbindung mit Vorgehens- und Phasenmodellen eingegangen. Dabei ergeben sich wichtige (und teilweise überraschende) Konsequenzen für das Projektcontrolling. Schließlich wird im sechsten Abschnitt auf die Besonderheiten strategischer Entwicklungsprojekte eingegangen. Ein Ausblick im siebten Kapitel rundet den Beitrag ab.

2 Pilotprojekte als Einsatzbeispiel

Im folgenden Abschnitt soll anhand eines einfachen Beispiels die Leistungsfähigkeit des Realoptionsansatzes verdeutlicht werden. Pilotprojekte erfreuen sich bei

---

[2] Etwa die Black-Scholes-Formel, vgl. Copeland/Weston (1992), S. 267-269.

Unternehmen im Allgemeinen einiger Beliebtheit. Mit derartigen Projekten kann man beispielsweise wichtige Erfahrungen mit neuen Softwaretechnologien oder Entwicklungsmethoden bzw. -werkzeugen sammeln. Sind diese Erfahrungen positiv, so kann über weitere Investitionen in diesem Zusammenhang entschieden werden.

Hier zeigt sich bereits eine wesentliche Eigenschaft, die mit Pilotprojekten verbunden ist und einen ganz wichtigen Nutzeffekt darstellt: Zunächst wird mit relativ geringen Investitionen das Pilotprojekt begonnen. Nach Durchführung des Projektes kann man auf der Basis der dann vorliegenden Informationen und Erfahrungen über eine Weiterführung in größerem Umfange entscheiden. Es liegt in diesem Fall eine sogenannte Kapazitätsausweitungsoption vor.

Es zeigt sich nun, dass auf Basis der Kapitalwertmethode (selbst bei Vorliegen detaillierter Kosten-/Nutzenschätzungen) eine Durchführung von Pilotprojekten im Allgemeinen nicht sinnvoll ist.[3] Der Kapitalwert derartiger Projekte ist normalerweise negativ. Berücksichtigt man allerdings die mit den Pilotprojekten verbundenen Handlungsspielräume, so ergibt sich sehr oft ein völlig anderes Bild. Dies soll durch das nun folgende Beispiel verdeutlicht werden.

Zur Durchführung eines Pilotprojektes wird zum Zeitpunkt $t = 0$ eine Investition in Höhe von € 5000 getätigt. Zum Zeitpunkt $t = 1$ ist das Pilotprojekt beendet. Es besteht die bereits oben besprochene Kapazitätsausweitungsoption, indem eine Investition in Höhe von € 30000 getätigt wird. Zum gegenwärtigen Zeitpunkt ($t = 0$) rechnet man mit zwei möglichen Szenarien, falls die Kapazität ausgeweitet wird. Im günstigen Fall ergeben sich Rückflüsse[4] in Höhe von € 42000, im ungünstigen Fall nur € 18000. Das Unternehmen hält heute beide Umweltzustände für gleich wahrscheinlich. Der Kapitalkostensatz wird mit 10% angesetzt.

Betrachten wir zunächst eine Projektbewertung mit der Kapitalwertmethode. Zum Zeitpunkt $t = 1$ beträgt der erwartete Barwert der Rückflüsse

$$B_1 = \frac{1}{2}(18000 + 42000) = 30000.$$

Demnach errechnet sich für das Gesamprojekt ein Kapitalwert von

$$K = -5000 + [-30000 + 30000]/1{,}1 = -5000.$$

Da der Kapitalwert negativ ist, sollte das Pilotprojekt nicht durchgeführt werden.[5] Der Realoptionsansatz geht nun zunächst davon aus, dass der Entscheider zum

3 Vgl. Kambil et al. (1995).

4 Genauer handelt es sich um den Barwert der Rückflüsse, abdiskontiert auf $t = 1$.

5 Im Beispiel wurde ein Diskontierungszins von 10 % unterstellt. Dies ist allerdings für das Ergebnis nicht relevant, da sich die Zahlungen in der ersten Periode zu 0 addieren.

Zeitpunkt $t = 1$ zwei Handlungsmöglichkeiten besitzt. Er kann das Projekt weiterführen, indem er die zweite Rate investiert. Dies sollte er allerdings nur dann tun, wenn der günstige Umweltzustand mit Rückflüssen in Höhe von € 42000 eintritt. Im anderen Fall sollte das Projekt abgebrochen werden. Implizit wird also angenommen, dass sich die in Bezug auf den eintretenden Umweltzustand zum Zeitpunkt $t = 0$ herrschende Unsicherheit bis zum Zeitpunkt $t = 1$ aufgelöst hat.

Der sich unter Berücksichtigung des Handlungsspielraumes ergebende erweiterte Kapitalwert zum Zeitpunkt $t = 0$ beträgt nun

$$K_E = -5000 + \frac{1}{2} \cdot 0 + \frac{1}{2}\left(-30000 + 42000\right)/1{,}1 = 454{,}55.$$

Der erweiterte Kapitalwert ist positiv, das Projekt sollte also durchgeführt werden. Die Differenz zwischen dem erweiterten und dem „klassischen“ Kapitalwert beträgt € 5455,55. Dieser Betrag kann als Wert der Kapazitätsausweitungsoption interpretiert werden.

Präzise formuliert ist die Kapazitätsausweitungsoption eine Call-Option auf den Wert der Projektrückflüsse mit einem Basispreis von € 30000. Die erste Investitionsrate in Höhe von € 5000 kann als Kaufpreis der Call-Option interpretiert werden. Die Call-Option wird zum Zeitpunkt $t = 1$ gegen Zahlung des Basispreises ausgeübt, wenn der günstige Umweltzustand eingetreten ist, andernfalls verfällt sie wertlos.

Die Durchführung des Pilotprojektes konnte nicht mittels der „klassischen“ Kapitalwertmethode gerechtfertigt werden. Erst die Berücksichtigung der mit dem Projekt verbundenen Handlungsspielräume kann die Vorteilhaftigkeit bestätigen. Dieses Phänomen tritt bei nahezu allen Pilotprojekten auf und verdeutlicht die Wichtigkeit und Relevanz des Realoptionsansatzes.

Abschließend sollen nochmals die wesentlichen Prämissen, die der Rechnung zugrunde gelegt wurden zusammengestellt werden. Es wurde unterstellt, dass sich die bestehende Unsicherheit bis zum Fälligkeitstermin der Option aufgelöst hat. Diese Prämisse ist sicher idealisierend in Bezug auf die Realität. Man kann dennoch auch in der Praxis davon ausgehen, dass sich Unsicherheit sukzessive auflöst, so dass genauere Informationen zu einem späteren Zeitpunkt vorliegen. Allerdings werden diese Informationen immer noch mit einem Rest an Unsicherheit behaftet sein. Diesem Umstand kann man beispielsweise über Sensitivitätsanalysen Rechnung tragen. Das Vorliegen von Zahlungsströmen und die Verfügbarkeit eines Diskontierungszinssatzes sowie die Schätzung von Eintrittswahrscheinlichkeiten der durchgespielten Szenarien werden auch bei alleiniger Anwendung der „klassischen“ Kapitalwertmethode benötigt und stellen deshalb keine Besonderheiten des Realoptionsansatzes dar.

3 Das Binomialmodell

Im Folgenden wird eine Optionspreisformel, die auf relativ einfachen Prämissen beruht, hergeleitet.[6] Dazu betrachtet man ein auf einem Markt gehandeltes Gut, etwa die Aktie eines Unternehmens oder einen Rohstoff. Der Preis dieses Gutes zum Zeitpunkt $t = 0$ sei S. Es wird nun als nächstes postuliert, dass dieser Preis innerhalb einer Periode einem Binomialprozess folgt. Dies bedeutet, dass der Preis am Ende der Periode (das heißt in $t = 1$) entweder uS oder dS mit Faktoren $u > 1 > d$ beträgt.[7] Die Wahrscheinlichkeit für ein Ansteigen des Preises betrage p. Entsprechend ist dann $1 - p$ die Wahrscheinlichkeit für ein Nachgeben des Preises.

Es soll nun der Preis einer Call-Option zum Basispreis X und Verfalltermin $t = 1$ auf das zugrunde liegende Gut bestimmt werden. Dazu wird die Call-Option durch Kombination eines Kaufs/Verkaufs des zugrunde liegenden Gutes sowie einer Geldanlage/Geldaufnahme zum risikofreien Zinssatz r synthetisiert.[8] Abbildung 1 verdeutlicht die grundsätzliche Vorgehensweise und Notation.

Zunächst beachtet man, dass der Optionswert am Verfalltag im günstigen Fall[9]

$$C_u = \max\{uS - X, 0\}$$

beziehungsweise im ungünstigen Fall

$$C_d = \max\{dS - X, 0\}$$

beträgt. Es soll nun unterstellt werden, dass ein Anleger M Stück des Gutes sowie risikofreie Wertpapiere im Wert von B zum Zeitpunkt $t = 0$ erwirbt.[10] Der Wert seines Portfolios zum Zeitpunkt $t = 0$ beträgt dann $MS + B$.

---

6 Vgl. Cox et al. (1979).

7 Die Annahme $u > 1 > d$ ist nicht zwingend, vereinfacht jedoch die Interpretation. Im ersten Szenario steigt der Wert des Gutes auf uS, im zweiten Szenario fällt der Preis entsprechend auf dS.

8 Dies kann der Effektivzins einer Anleihe bzw. eines Geldmarktpapiers mit kongruenter Laufzeit sein.

9 Der Preis unseres Gutes steigt auf uS im günstigen Fall. Im ungünstigen Fall fällt der Preis auf dS. Im Allgemeinen verfällt die Option dann wertlos.

10 M und B können negativ sein. In diesem Fall bedeutet dies Leerverkauf beziehungsweise Geldaufnahme.

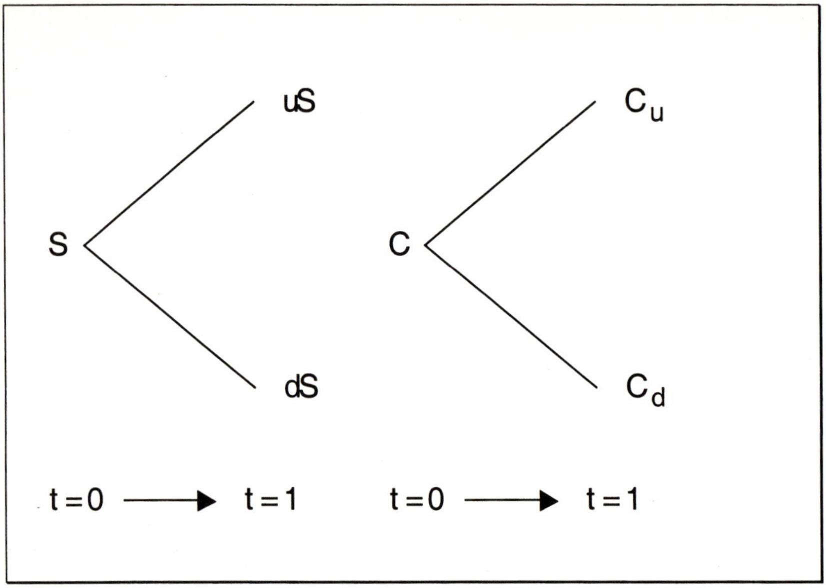

Abbildung 1: Wertentwicklung des Basisgutes (links) und der zugehörigen Option (rechts)

Tritt der günstige Umweltzustand ein, hat das Portfolio zum Zeitpunkt $t = 1$ den Wert

$$P_u = MuS + (1+r)B,$$

im ungünstigen Fall entsprechend

$$P_d = MdS + (1+r)B\ .$$

Dieses Portfolio soll nun zum Zeitpunkt $t = 1$ den gleichen Wert wie die betrachtete Option besitzen. Dann muss offenbar $P_u = C_u$ und $P_d = C_d$ gelten. Dies führt auf das lineare Gleichungssystem

$$uSM + (1+r)B = C_u$$
$$dSM + (1+r)B = C_d$$

mit den beiden Unbekannten M und B. Die Lösung dieses Systems ist dann durch

$$M = \frac{C_u - C_d}{S(u-d)}\ ,$$
$$B = \frac{uC_d - dC_u}{(u-d)(1+r)}$$

gegeben. Wählt man diese Werte für M und B, so hat das damit konstruierte Portfolio identische Auszahlungen in $t = 1$ wie die Call-Option. Auf einem effizienten Markt sollte dann aber der Wert dieses Portfolios dem Wert der Option zum Zeitpunkt $t = 0$ entsprechen.[11] Demnach ergibt sich für den Wert der Call-Option die Beziehung

$$C = MS + B = \frac{1}{1+r}\left(\frac{1+r-d}{u-d}C_u + \frac{u-1-r}{u-d}C_d\right).$$

Diese Formel soll nun auf das Beispiel des letzten Abschnitts angewendet werden. Der Basispreis der Call-Option beträgt $X = 30000$. Die Rückflüsse des Projektes betragen im günstigen Fall 42000, im ungünstigen Fall 18000 Geldeinheiten. Damit errechnet man leicht $C_u = 12000$ und $C_d = 0$. Als Zinssatz wurde $r = 10\ \%$ unterstellt. Zur Anwendung der Optionspreisformel benötigt man nun nur noch die Größen u und d. Bei der Herleitung des Modells wurde unterstellt, dass es ein handelbares Gut zum Preis S gibt. S entwickelt sich dann gemäß einem Binomialprozess zu $uS = 42000$ im günstigen und zu $dS = 18000$ im ungünstigen Fall. Wir unterstellen für den Moment, dass $S = 30000/(1+r) = 27273$ gilt. Dabei ist erneut $r = 10\ \%$ unterstellt. Dann errechnet man $u = 1{,}54$ und $d = 0{,}66$. Diese Werte liefern dann mit der Optionspreisformel das bereits aus dem letzten Abschnitt bekannte Ergebnis $C = 5455{,}56$.

Natürlich stellt sich die Frage, wie S bestimmt wurde. Dazu sollte man nochmals die Daten des letzten Beispiels betrachten. Dort wurde unterstellt, dass sowohl der günstige als auch der ungünstige Umweltzustand mit einer Wahrscheinlichkeit von $p = ½$ eintreten. Der erwartete Projektrückfluss zum Zeitpunkt $t = 1$ beträgt dann $B_1 = 30000$. Zinst man diesen Betrag mit dem Zinssatz r ab, so erhält man den „Kapitalwert" der Rückflüsse zum Zeitpunkt $t = 0$ zu $S = 27273$.

Obwohl in der Optionspreisformel die Eintrittswahrscheinlichkeiten der Szenarien nicht aufgetreten sind, wurden diese nun bei der Bestimmung von u beziehungsweise d über den Preis S benötigt. Dies ist immer dann notwendig, wenn kein beobachtbarer Marktpreis S für das Gut, das als Underlying einer Option fungiert, existiert.[12] Bei dem im letzten Abschnitt betrachteten Pilotprojekt dürfte es grundsätzlich sehr schwierig sein, ein entsprechend gehandeltes Gut, welches die Projektrückflüsse exakt repliziert, zu finden. Dann ist kein Marktpreis der Rückflüsse bestimmbar und die Kapitalwertmethode muss zur Ergänzung herangezogen werden. Dazu sind Eintrittswahrscheinlichkeiten der Szenarien zu schätzen und ein geeigneter Diskontierungszinssatz ist festzulegen. Dies verdeutlicht ein wesentli-

---

11 Ansonsten wäre Arbitrage möglich. Es bestünde dann die Möglichkeit risikoloser Gewinne über den risikofreien Zinssatz r. Aufgrund des Arbitrageprozesses würden sich die Werte des Portfolios und der Option dann angleichen.

12 Bei der Herleitung der Optionspreisformel wurde die Existenz eines beobachtbaren Marktpreises allerdings vorausgesetzt.

ches Problem des Optionsansatzes. Im nächsten Abschnitt wird darauf nochmals vertiefend eingegangen.

4 Kapitalwertmethode und Realoptionsansatz

Zur Durchführung der Kapitalwertmethode werden die nachfolgenden Daten benötigt:

- Detaillierte Zahlungsströme in den einzelnen Perioden während des gesamten Planungshorizontes.
- Festlegung eines Diskontierungszinssatzes r.

Da die Zahlungsströme risikobehaftet sind, stellen sie streng genommen Zufallsvariablen dar. In der Praxis wird dann oft zum Erwartungswert übergegangen.[13] Dazu ist die Schätzung einer Wahrscheinlichkeitsverteilung notwendig.

Da die Zahlungsströme risikobehaftet sind, ist der risikofreie Zinssatz nun kein korrekter Diskontierungsfaktor mehr. In einem Zweiperiodenmodell können korrekte Diskontierungsfaktoren etwa durch das Capital Asset Pricing Modell (CAPM) bestimmt werden.[14] Im Falle von drei und mehr Perioden ist dieses Modell nicht mehr anwendbar, die Bestimmung des korrekten Diskontierungszinssatzes wird zu einem schwierigen Problem.[15] Streng genommen müsste für jede Periode ein eigener risikoadjustierter Diskontierungsfaktor geschätzt werden. In der Praxis wählt man häufig den risikofreien Kapitalmarktzins (Laufzeit entspricht dem Planungshorizont) und addiert einen Risikozuschlag. Diese Methode ist allerdings mit großen Ungenauigkeiten behaftet.

Alternativ können die Zahlungsströme um eine entsprechende Risikoprämie vermindert werden. Als Diskontierungsfaktor wird dann der risikofreie Kapitalmarktzins (Laufzeit entspricht dem Planungshorizont) gewählt.

Auf den ersten Blick sieht es so aus, als ob alle diese Probleme der Kapitalwertmethode bei Anwendung des Realoptionsansatzes nicht auftreten. Der Realoptionsansatz benötigt bei Anwendung des Binomialmodells folgende Daten:[16]

- Detaillierte Zahlungsströme in den einzelnen Perioden während des gesamten Planungshorizontes,
- Schätzung der Parameter u und d des Binomialprozesses,

---

13 Vgl. Dazu nochmals die Vorgehensweise in Abschnitt 2.

14 Vgl. Copeland/Weston (1992), S. ff.

15 Vgl. Laux (1993).

16 Bisher wurde lediglich der Zweiperiodenfall betrachtet. In Abschnitt 5 wird das Binomialmodell für den Mehrperiodenfall verallgemeinert.

- Marktpreis des der Option zugrunde liegenden Underlyings,
- Risikofreier Zinssatz *r*.

Das Risiko, welches mit dem entsprechenden Underlying und damit auch mit der Option verbunden ist, wird jetzt vom Markt bepreist. Insofern kann auf Risikoprämien bzw. die Schätzung risikoadjustierter Diskontierungsfaktoren verzichtet werden.

Wesentlich ist dabei aber das Vorliegen eines Marktpreises für das der Option zugrunde liegende Underlying. Bereits im Falle des in Abschnitt 2 diskutierten Pilotprojektes ist es unwahrscheinlich, dass ein derartiges „marktgängiges" Gut, welches die Rückflüsse des Pilotprojektes exakt repliziert, existiert. Dann muss Risikoaspekten erneut im Rahmen der Schätzung von Diskontierungsfaktoren bzw. Risikoprämien Rechnung getragen werden.[17] In diesem Fall benötigen sowohl Kapitalwertmethode als auch Realoptionsansatz im Wesentlichen die gleichen Daten.

Als Fazit ist festzuhalten, dass der Realoptionsansatz kein Substitut für die Kapitalwertmethode darstellt. Vielmehr ergänzen sich beide Ansätze in idealer Weise. Dies gilt insbesondere dann, wenn kein marktfähiges Underlying existiert.

Der Realoptionsansatz liefert einen erweiterten Kapitalwert, der Handlungsspielräume explizit in die Bewertung aufnimmt und deshalb im Normalfall deutlich über dem „klassischen" Kapitalwert eines Projektes liegt.

5 Realoptionsansatz und Vorgehensmodelle

Moderne Softwareentwicklung wird heute normalerweise auf der Basis eines entwickelten Vorgehensmodells betrieben. Dazu wird der gesamte Entwicklungsprozess in einzelne Phasen aufgeteilt.[18] Im Folgenden wird ein sehr einfaches Vorgehensmodell bestehend aus den Phasen Planung, Analyse (im Sinne von implementierungsunabhängiger Erstellung eines Fachkonzeptes), Design und Implementierung unterstellt.

Investitionen in ein derartiges Projekt sind mehrstufig. Wir unterstellen idealisierend, dass diese Investitionen zu Beginn einer jeden Phase für diese Phase zu erbringen sind. Das gesamte Projekt kann dann, wie in Abbildung 2 geschehen, als Folge von Call-Optionen interpretiert werden. Genauer gilt: zu Beginn der Planungsphase ist eine Anfangsinvestition zu tätigen. Mit dieser Investition erwirbt man eine Call-Option auf die Rückflüsse des Projektes, wenn zu Beginn der Ana-

---

17 Für eine genauere Diskussion sei auf McDonald/Siegel (1984) verwiesen.

18 Vgl. Stahlknecht/Hasenkamp (1997), S. 252 ff.

lyse-, Design- bzw. Implementierungsphase weitere Investitionen getätigt werden. Insgesamt entsteht so eine Folge von Call-Optionen auf Call-Optionen, die man auch als Compound-Optionen bezeichnet.

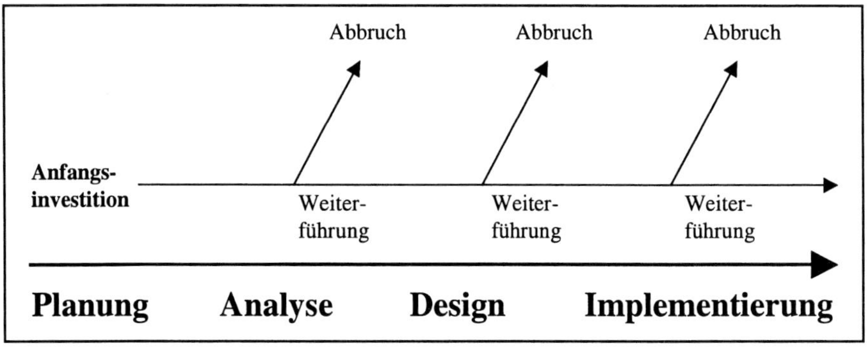

Abbildung 2: Entwicklungsprojekt als Compound-Option

Dabei hat die zweite bzw. dritte Option nur dann einen Wert, wenn die erste Option ausgeübt wird bzw. die erste und zweite Option ausgeübt werden. Eine isolierte Bewertung dieser Call-Optionen ist folglich nicht möglich. Dennoch ist die Bewertung mittels eines erweiterten Binomialmodells sehr einfach.

Im Folgenden soll dazu das bereits in Abschnitt 3 diskutierte Binomialmodell verallgemeinert werden. Es wird erneut das Vorhandensein einer Referenzanlage unterstellt, die den Wert der Projektrückflüsse exakt repliziert. Für diese Referenzanlage ist ein Marktpreis in $t = 0$ (Beginn der Planungsphase) verfügbar. Zu den Zeitpunkten $t = 1$ (Beginn der Analysephase), $t = 2$ (Beginn der Designphase) und $t = 3$ (Beginn der Implementierungsphase) kann jeweils über Weiterführung bzw. Abbruch entschieden werden. Ab dem Zeitpunkt $t = 4$ ergeben sich unsichere Projektrückflüsse, deren Wert durch die Referenzanlage repliziert wird. Die Referenzanlage soll erneut einem Binomialprozess folgen. Innerhalb einer Periode kann der Wert der Referenzanlage um einen Faktor u zunehmen bzw. um einen Faktor d abnehmen. Erneut wird $u > 1 > d$ unterstellt. Abbildung 3 verdeutlicht die Wertentwicklung, falls der Preis der Referenzanlage zum Zeitpunkt $t = 0$ S beträgt. Idealisierend soll angenommen werden, dass zu Beginn der Implementierungsphase alle Unsicherheiten bezüglich der Projektrückflüsse beseitigt sind. Dies bedeutet, dass bei Ausübung der letzten Call-Option keinerlei Unsicherheit mehr vorliegt. Diese Vorgehensweise wurde auch bei der Diskussion des Pilotprojektes in Abschnitt 2 angewendet.

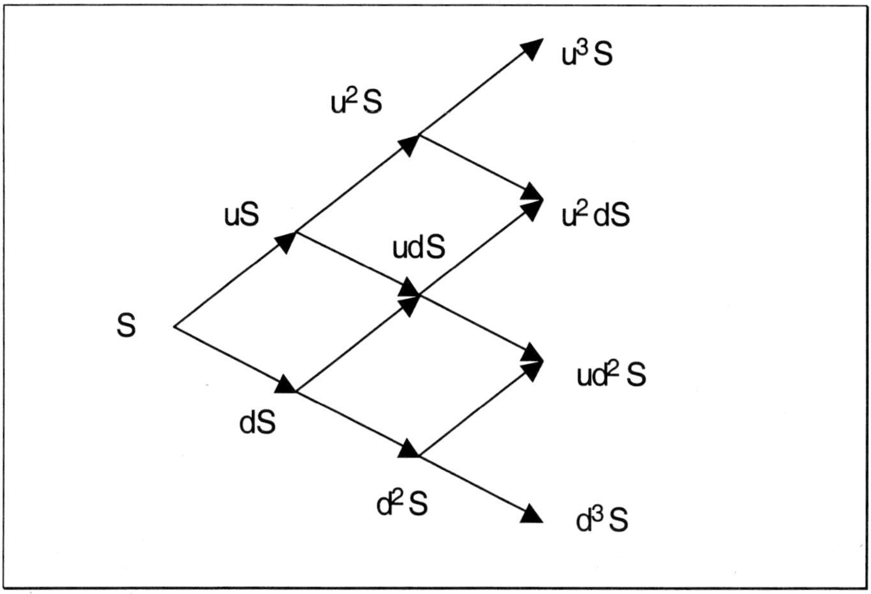

Abbildung 3: Binomialprozess für Phasenmodell

Mit I_t werden im Folgenden die Investitionen zum Zeitpunkt t bezeichnet. Für t = 1 und t = 2 ist dann I_t auch der Basispreis der jeweiligen Call-Option. I_3 entspricht dem Ausübungspreis der letzten Call-Option, I_0 dem zu zahlenden Optionspreis.[19] Die Bewertung des Optionspreises erfolgt nun rückwärts rekursiv. Dies ist in Abbildung 4 für die erste Stufe schematisiert. Hier sind die Werte von drei „einfachen“ Optionen zu bestimmen. Dies sind die Optionswerte zu Beginn der Designphase. Die so berechneten Werte fließen dann im zweiten Schritt der Rückwärtsrechnung zur Bestimmung der Optionspreise zu Beginn der Analysephase ein. Schließlich werden die Preise dieser beiden Optionen zur Berechnung des Wertes der Option zum Zeitpunkt t = 0 verwendet. Insgesamt muss die in Abschnitt 3 vorgestellte Optionspreisformel sechsmal angewendet werden.

19 Liegt der rechnerische Optionswert unter dem zu zahlenden Optionspreis, ist das Projekt nicht vorteilhaft, ansonsten sollte es durchgeführt werden. Diese Entscheidungsregel entspricht der Vorgehensweise des zweiten Abschnittes.

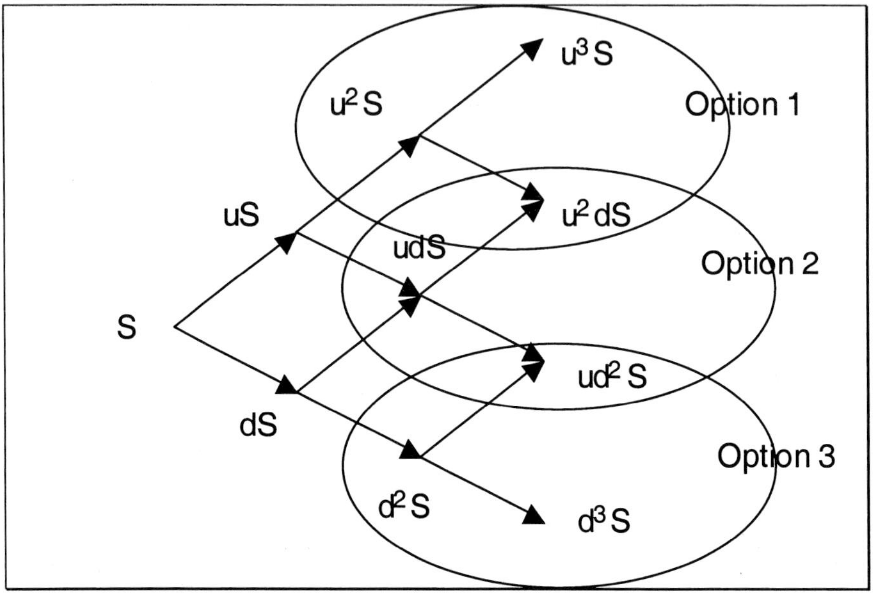

Abbildung 4: Rekursive Bewertung der Option

Die detaillierte Vorgehensweise und die einzelnen Rechenschritte[20] sollen nun anhand eines Beispiels verdeutlicht werden. Das Softwareentwicklungsprojekt eines Unternehmens erfordert eine Anfangsinvestition in Höhe von € 10000. Zu Beginn der Analysephase müssen zur Weiterführung € 100000, zu Beginn der Designphase € 80000 investiert werden. Schließlich sind für die Implementierung € 50000 anzusetzen. Der erwartete Wert der Projektflüsse, der abgezinst auf $t = 0$ dem Wert S der Referenzanlage entspricht, beträgt € 292820. Der Wert der Referenzanlage ist dann € 200000. Die Referenzanlage folgt einem Binomialprozess mit den Parametern $u = 1{,}2$ und $d = 0{,}7$, der Kapitalmarktzins für risikolose Anleihen mit vier Perioden Laufzeit beträgt wieder 10 %. Für den „klassischen" Kapitalwert des Projektes erhält man:

$$K = -10000 - \frac{100000}{1{,}1} - \frac{80000}{1{,}1^2} - \frac{50000}{1{,}1^3} + \frac{292820}{1{,}1^4} = -4591.$$

Da der Kapitalwert negativ ist, sollte das Projekt nicht durchgeführt werden. Der Realoptionsansatz bestimmt zunächst den Wert der Referenzanlage gemäß der Entwicklung in Abbildung 3. Man erhält die Daten von Abbildung 5.

20 Die Zahlenwerte werden auf volle € gerundet.

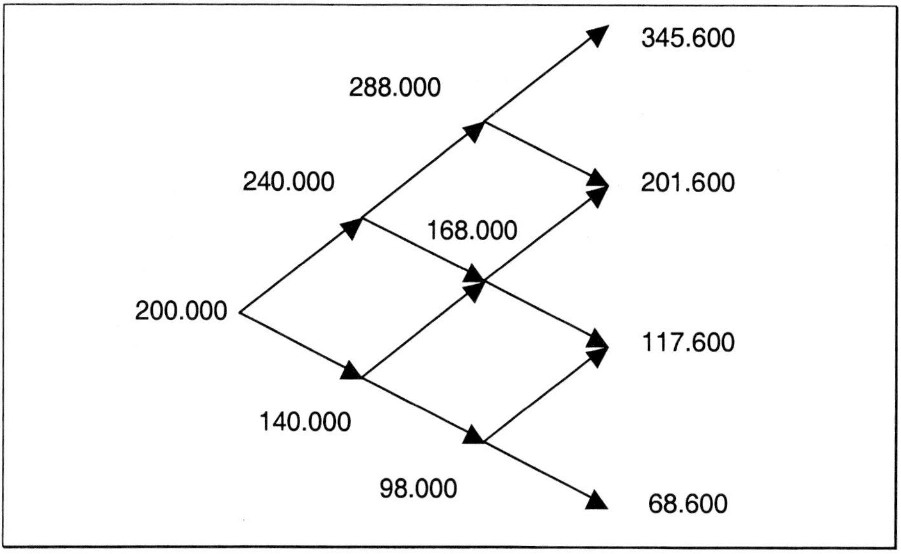

Abbildung 5: Wertentwicklung der Referenzanlage

Zur Berechnung der ersten Option in Abbildung 4 sind zunächst die Werte am Fälligkeitstermin zu bestimmen. Diese ergeben sich zu

$$C_u = \max\{345600 - 50000, 0\} = 295600\ ,$$
$$C_d = \max\{201600 - 50000, 0\} = 151600\ .$$

Daraus errechnet sich mit der Optionspreisformel aus Abschnitt 3 der Wert der ersten Option zu $C = 242546$. Davon ist $I_2 = 80000$ abzuziehen. Analog kann man die Werte der anderen beiden Optionen auf dieser Ebene berechnen. Abbildung 6 enthält die restlichen Optionswerte.

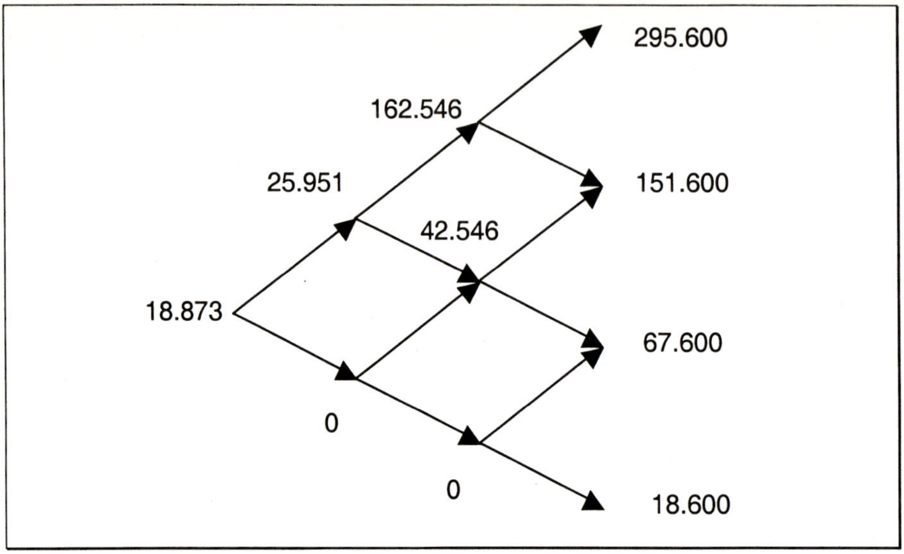

Abbildung 6: Optionswerte für Beispiel

Zur Illustration soll noch verdeutlicht werden, wie man den Wert 25951 in Abbildung 6 erhält. Die Auszahlungen am Verfalltag dieser Option sind C_u = 162546 und C_d = 42546. Setzt man diese Zahlenwerte in die Optionspreisformel ein, erhält man den Wert 125951. Davon ist wiederum I_1 = 100000 abzuziehen. Verbleibt nach Abzug der Investition ein negativer Betrag, wird dieser durch 0 ersetzt, da der Wert einer Option nie negativ sein kann.

Im vorliegenden Beispiel ergibt sich ein Optionswert von € 18873. Da dieser Wert über der Anfangsinvestition von € 10000 liegt, ist das Projekt vorteilhaft. Den Wert der Compound-Option erhält man durch Vergleich des „klassischen" und des erweiterten Kapitalwertes. Er ergibt sich zu € 23460. Erneut fallen die signifikanten Unterschiede zwischen beiden Kapitalwerten auf. Handlungsspielräume erhöhen auch hier in signifikanter Weise den Wert des Projektes.

Aus Abbildung 7 kann man auch ablesen, wenn das Projekt weiterzuführen bzw. abzubrechen ist. Ist zu Beginn der Analysephase ein „negativer" Umweltzustand eingetreten, wird das Projekt abgebrochen, andernfalls wird es weitergeführt. Danach wird das Projekt in jedem Falle durchgeführt.

Es zeigt sich, dass diese Aussage für eine große Anzahl von Projekten allgemeingültigen Charakter hat. In vielen Softwareprojekten liegt eine idealtypische Aufwandverteilung vor. Dies ist der Fall, wenn der höchste Aufwand in der Analysephase anfällt und die Aufwendungen in der Design- und Implementierungsphase monoton fallen. Genauer bedeutet dies die Gültigkeit der Beziehungen

$$I_0 < I_1 \ , \ I_1 > I_2 > I_3 \ .$$

Im vorliegenden Beispiel war diese Verteilung des Aufwandes gegeben. Immer dann, wenn dies der Fall ist, muss über ein Projekt nur zur Beginn der Planungs- und der Analysephase entschieden werden. Dieser Sachverhalt liefert wertvolle Hinweise für ein wirkungsvolles Projektmanagement bzw. Projektcontrolling.

Der skizzierte Ansatz kann auch auf evolutionäre Vorgehensmodelle (Prototyping) verallgemeinert werden. In diesem Fall erhöht sich typischerweise die Zahl der Phasen und damit die Zahl der einzelnen Zeitpunkte, an denen man über Abbruch bzw. Weiterführung des Projektes entscheiden kann.

6 Besonderheiten strategischer Informationssysteme

Bisher wurde davon ausgegangen, dass das Unternehmen über die mit Projekten verbundenen Handlungsspielräume ohne Berücksichtigung der Konkurrenz verfügen kann. Dies bedeutet, dass diese Realoptionen dem Unternehmen exklusiv zur Verfügung standen. Insofern ergibt sich die gleiche Situation wie bei den bekannten Optionen auf Aktien, Indizes o.ä.

Bei der Bewertung strategischer Informationssysteme müssen allerdings Reaktionen der Mitkonkurrenten berücksichtigt werden. Ziel strategischer Informationssysteme ist die Erlangung eines Wettbewerbsvorteils vor den Mitkonkurrenten. Dieser Wettbewerbsvorteil sollte möglichst lange verteidigbar sein.[21] Ist er dies nicht, das heißt gelingt es der Konkurrenz sofort mit einem gleichen oder ähnlichen System am Markt zu sein, so kann es passieren, dass insgesamt nur der Status Quo gewahrt bleibt. Dann waren die oft hohen Investitionen vergebens. Die Realoptionen stehen folglich im Falle strategischer Informationssysteme dem Unternehmen nicht mehr exklusiv zur Verfügung. Vielmehr wird der Wert einer Realoption in diesem Fall vom Verhalten der Mitkonkurrenten beeinflusst.

Die Bewertung derartiger Realoptionen ist schwierig und nur in rudimentärer Form gelöst. Es bedarf der Verbindung von Methoden der Optionspreis- und der Spieltheorie.

Zur Illustration betrachten wir den Fall zweier konkurrierender Unternehmen. Beide haben die Möglichkeit, über die Entwicklung geeigneter Informationssysteme dem Mitkonkurrenten Marktanteile abzunehmen. Falls allerdings beide Konkurrenten mit einem ähnlichen System am Markt sind, bleibt der Status Quo erhalten.

Nimmt man zunächst an, dass beide Unternehmen über das gleiche Know-how bezüglich der Entwicklung verfügen, so ergibt sich die in Tabelle 1 skizzierte Situation.

---

21 Vgl. dazu Kettinger et al. (1994).

Tabelle 1: Entwicklung bei Gleichverteilung von Know-how

		U2: Verzicht	U2: Entwicklung
U1	Verzicht	100, 100	50, 130
U1	Entwicklung	130, 50	80, 80

In der Tabelle sind die insgesamt vier möglichen Szenarien zusammengefasst. Falls beide Unternehmen auf die Entwicklung verzichten, bleibt der Status Quo – hier mit 100 Geldeinheiten für beide Unternehmen dargestellt – erhalten. Entwickelt etwa Unternehmen U2 während U1 verzichtet, so verschieben sich die Anteile zugunsten von U2 (von 100 auf 130), während U1 verliert (von 100 auf 50). Genau umgekehrt liegt der Fall, wenn U1 entwickelt und U2 verzichtet. Schließlich können beide Unternehmen die Entwicklung in Angriff nehmen. Dann bleibt die gleiche Verteilung, allerdings wegen der getätigten Investitionen jetzt auf niedrigerem Niveau, erhalten.

Können sich beide Unternehmen auf die Nichtentwicklung verständigen, fahren sie letztendlich besser, als wenn ein Unternehmen versucht, sich auf Kosten des Konkurrenten einen Vorteil zu verschaffen und der Konkurrent gezwungen ist, nachzuziehen. Diese Situation entspricht dem klassischen Gefangenendilemma der Spieltheorie.[22]

Das vorgestellte Beispiel verdeutlicht, dass Investitionen auch eine strategische Notwendigkeit darstellen können. Entwickelt beispielsweise U1 ein Informationssystem, so ist U2 gezwungen, möglichst schnell mit einer eigenen Entwicklung zu reagieren. Allerdings wird das Investitionsprojekt natürlich nie einen positiven (erweiterten) Kapitalwert aufweisen. Dies ist ggf. eine mögliche Erklärung für das Produktivitätsparadoxon der Informationstechnik.[23]

Die Situation kann sich grundlegend ändern, wenn keine Gleichverteilung des Know-hows vorliegt. Unterstellen wir beispielsweise, dass Unternehmen U1 nicht fähig ist, schnell auf eine Systementwicklung von U2 zu reagieren. In diesem Fall kann sich U2 mit der Entwicklung einen verteidigbaren Wettbewerbsvorteil schaffen.

Zusammenfassend ist festzuhalten, dass die Beurteilung derartiger Situationen sehr komplex ist. Zur Modellierung des Konkurrentenverhaltens wird im Allge-

22 Vgl. Rieck (1993), S. 35 ff.

23 Vgl. Stickel (1995).

meinen auf mikroökonomische Modelle zurückgegriffen.[24] In jedem Szenario kann dann der Wert der Realoptionen bestimmt werden. Durch spieltheoretische Analysen kann man schließlich bestimmen, ob ein Gleichgewichtspunkt vorliegt, der bei rationalem Verhalten der Beteiligten erreicht wird. Die Hauptschwierigkeit liegt aber oft darin, dass bei Zulässigkeit von Kooperation zwischen den Beteiligten andere Gleichgewichtspunkte als bei Kooperationsverbot vorliegen.

7 Zusammenfassung und Ausblick

Softwareentwicklungsprojekte sind mit diversen Handlungsspielräumen verbunden, die den Wert eines Projektes deutlich erhöhen können. Dies wurde im vorliegenden Beitrag anhand von zwei Beispielen illustriert.

Im ersten Beispiel wurden Pilotprojekte betrachtet. Der „klassische" Kapitalwert eines Pilotprojektes ist im Allgemeinen regelmäßig negativ. Demnach sollte das Projekt nicht durchgeführt werden. Diese Handlungsanweisung steht im Widerspruch zur Beliebtheit von Pilotprojekten in der betrieblichen Praxis. Die Kapitalwertmethode lässt die mit einem Pilotprojekt verbundenen Handlungsspielräume – das Projekt kann in größerem Rahmen fortgeführt werden, wenn positive Erfahrungen gesammelt werden konnten - außer Acht. Der Realoptionsansatz liefert einen erweiterten Kapitalwert, der dem Vorhandensein von Handlungsanweisungen Rechnung trägt.

Auch im zweiten Beispiel lag der Projektwert unter Berücksichtigung der durch die Mehrstufigkeit und die Phasenorientierung von Softwareentwicklungsprojekten vorhandenen Handlungsspielräume (Abbruch- bzw. Weiterführungsoptionen nach jeder Projektphase) deutlich höher als der „klassische" Kapitalwert.

Zur Berechnung der Optionswerte wurde das einfache Binomialmodell verwendet. Gerade die Einfachheit des Modells erlaubt den einfachen Praxiseinsatz. Rechenverfahren lassen sich mühelos über Tabellenkalkulationsprogramme oder einfache mathematische Spreadsheetanwendungen implementieren. Darüber hinaus ist fraglich, ob die Verwendung kontinuierlicher Verfahren genauere Ergebnisse liefern kann.

Der Realoptionsansatz basiert allerdings auf sehr restriktiven Prämissen, die speziell bei Softwareentwicklungsprojekten oft nicht erfüllt sind. Besonders gravierend ist die Annahme, dass die Projektflüsse durch einen marktgängigen Titel exakt repliziert werden. Wäre dies der Fall, würde der Realoptionsansatz mit wesentlich weniger Daten als die Kapitalwertmethode auskommen. Insbesondere könnte

24 Vgl. Behrens (1998).

auf Risikoadjustierungen verzichtet werden, da man bei der Bewertung auf Marktpreise zurückgreifen kann.

Bei Softwareentwicklungsprojekten ist die Möglichkeit der exakten Replikation der Projektrückflüsse durch einen gehandelten Titel sehr unwahrscheinlich. Deshalb bedarf es weiter subjektiver Schätzungen. In diesem Fall ergänzen sich Realoptionsansatz und Kapitalwertmethode in idealer Weise.

Die Bewertung strategischer Softwareentwicklungsprojekte ist ein komplexes Problem. Hier bedarf es der Kombination von Optionsbewertungsmodellen und spieltheoretischer Methoden, da die Handlungsoptionen dem Optionsinhaber nicht mehr exklusiv zur Verfügung stehen. Vielmehr wird ihr Wert durch das Verhalten von Konkurrenten beeinflusst.

Literaturverzeichnis

Behrens, S. (1998): Wettbewerbsorientierter Einsatz von Informationstechnologie. Peter Lang, Frankfurt a. M. u.a.

Clemons, E. (1991): Evaluation of Strategic Investments in Information Technology. Communications of the ACM, Vol. 34, Nr. 1, S. 22–36

Copeland, T. E., Weston, J. F. (1992): Financial Theory and Corporate Policy. 3rd Edition, Addison-Wesley, Reading MA

Cox, J.; Ross, S.; Rubinstein, M. (1979): Option Pricing: A Simplified Approach. *Journal of Financial Economics*, Vol. 7, S. 229–263

Kambil, A.; Henderson, J.; Moshenzadeh, H. (1995): Strategic Management of Information Technology Investments. In: Khosrowpour, M. (Ed.): Managing Information Technology Investments with Outsourcing. Idea Group Publishing, Harrisburg PA, S. 32-54

Kettinger, W. J.; Grover, V.; Guha, S. (1994): Strategic Information Systems Revisited: A Study in Sustainability and Performance. *MIS Quarterly*, 31–58

Laux, C. (1993): Handlungsspielräume im Leistungsbereich des Unternehmens: Eine Anwendung der Optionspreistheorie. *Zeitschrift für betriebswirtschaftliche Forschung*, Vol. 45, Nr. 11, S. 933–958

McDonald, R.; Siegel, D. (1984): Option Pricing When the Underlying Asset Earns a Below Equilibrium Rate of Return: A Note. *Journal of Finance*, Vol. 24, S. 261-265

Rieck, C. (1993): Spieltheorie. Gabler, Wiesbaden

Stahlknecht, P.; Hasenkamp, U. (1997): Einführung in die Wirtschaftsinformatik. 8. Auflage. Springer, Berlin, Heidelberg, New York

Stickel, E. (1995): Wettbewerbsorientierte Informationssysteme und Produktivitätsparadoxon. *Wirtschaftsinformatik*, Vol. 37, Nr. 6, S. 548–557

Bewertung eines Biotech-Start-ups mit dem Realoptionsansatz

Prof. Dr. Henry Schäfer und Bernd Schässburger

Lehrstuhl für Betriebswirtschaftslehre, insb. Finanzierung, Universität Siegen, Hölderlinstr. 3, 57068 Siegen.

Zusammenfassung: Ausgehend von den Problemen einer Anwendung der DCF-Methode auf innovative und wachstumsorientierte Unternehmen wird die Struktur der F&E-Projekte im Pharmasektor vor dem Hintergrund des Realoptionsansatzes entwickelt. Am Beispiel eines Biotech-Start-ups mit speziellem Geschäftsmodell wird die Realoptionsbewertung mit einem Compound Option-Modell umgesetzt. Erweiterungen dieses Modells zur Abbildung komplexerer Prozesseigenschaften werden zum Abschluss präsentiert.

Schlüsselworte: Unternehmensbewertung, Realoptionsansatz, Realoptionen, Biotech-Start-up, Wachstumsoptionen, F&E-Projekte.

1 Einleitung und Problematik

In der Informations- und Kommunikationstechnologie sowie dem forschungsintensiven Pharmasektor weisen eine Vielzahl von Geschäftsplänen von jungen Unternehmen und Gründungsunternehmen wegen ihres sequenziellen Aufbaus und des dort vorherrschenden höchst unsicheren Marktumfeldes den Charakter von Wachstumsoptionen auf. Bei solchen Bewertungskonstellationen sind die traditionellen Bewertungsmethoden auf Basis des Net Present Value und CAPM (DCF-Bewertung) nicht immer adäquat, da sie die besonderen Strukturelemente, wie vor allem potenzielle Wachstumsmöglichkeiten und Flexibilitäten der dort herrschenden Investitionslinien, meist ungenügend abbilden. Dadurch wird auch das Risiko statisch und daher nicht situationsgerecht bewertet.[1] Im hier vorliegenden Beitrag wird eine alternative Möglichkeit der Bewertung von solchen Unternehmen und Investitionslinien auf der Basis des Realoptionsansatzes (RO-Ansatzes) vorge-

---

1 Vgl. grundlegend Myers (1984), S. 6 ff. sowie Trigeorgis (1996). Vgl. hierzu auch Schäfer/Schässburger (2001), S. 1 ff.

stellt. Schwerpunkt der Ausführungen bildet die Anwendung realoptionsbasierter Bewertung auf ein Praxisbeispiel aus dem Biotechnologiesektor.

Vor dem Hintergrund der methodischen Schwachstellen von DCF-Modellen und CAPM ist derzeit (und wahrscheinlich auf absehbare Zukunft) die gängige Bewertungspraxis von Wirtschaftsprüfern zu sehen, bei der die DCF-Methodik (neben Ertragswertverfahren) verbreitet ist und neuerdings durch das CAPM ergänzt wird.[2] Auch im Investmentbanking und hier speziell bei Börseneinführungen spielen Unternehmensbewertungen auf DCF- und CAPM-Basis eine zentrale Rolle.[3]

Der Vorteil einer Anwendung von realoptionsbasierten Methoden, die bereits in verschiedenen Fallstudien dargelegt[4] und vereinzelt in praktischen Anwendungen vor allem zur Wertevaluierung von Forschungskooperationen und Akquisitionen eingesetzt wurden[5], lässt sich durch Skizzierung der Schwächen der DCF-Bewertung veranschaulichen. Es sind dies vor allem die fehlende Fundierung der quantitativen Erfassung der Flexibilität im Bereich der Wachstumsstrategien und operativen Handlungsalternativen sowie das Problem der Auswahl des risikoadäquaten Kalkulationszinssatzes.

Zur Demonstration dieser Kritikpunkte soll beispielhaft von einer typischen Investition in dynamischen, forschungsintensiven Branchen ausgegangen werden. Gängigerweise erwirbt ein auf derartigen Märkten operierendes Unternehmen, das in einer noch frühen Lebenszyklusphase Investitionen zum Zweck einer Produkteinführung tätigt, auch das notwendige spezifische Know-how, um (ausgereifte) Folgeprodukte lancieren zu können. Die Anfangsinvestition enthält die Möglichkeit, künftig weitere Investitionsprojekte aufzulegen und weist dadurch Merkmale einer leistungswirtschaftlichen Call Option auf. Aus Bewertungssicht sind für eine derartige Wachstumsstrategie zwei Aspekte wichtig:

- Für die Anfangsinvestition lässt sich **kein** adäquater Kalkulationszinssatz bezüglich der zukünftigen Zahlungsströme der Folgeinvestition finden, da sich durch die aus der ersten Investition gewonnenen Informationen aufgrund zwischenzeitlich eingetretener Umweltzustände oder proaktivem Management der Entscheidungsträger das Risiko (und damit der risikoangepasste Zinssatz) der zweiten Investition ändert.

Darüber hinaus führt eine pauschale Anwendung der Kapitalwertmethode auf das Optionsszenario nicht zu einer effizienten Entscheidungsfundierung, da das

---

2 Diese Einschätzung wird insbesondere auch begründet durch HFA 1999.

3 Vgl. Schäfer/Jacobs (2000), die in einer empirischen Erhebung der Bewertungs-Praxis bei Börseneinführungen von IPOs am Neuen Markt für die dortigen NEMAX 50-Werte eine Dominanz von DCF-Verfahren feststellen konnten.

4 Vgl. z.B. Kemna (1993), S. 259 ff.; Luehrman (1994), S. 94 ff. sowie Kellog/Charnes/Demirer (1999) und Pindyck (1988), S. 969 ff.

5 Vgl. Lewent (1994), S. 89 f.

investitionstheoretische Kalkül auf unvollständigen Prämissen aufbaut (wie nachfolgend verdeutlicht wird).

2 Beta-Faktor bei forschungsintensiven Wachstumsunternehmen

Akzeptiert man trotz aller fundamentalen Kritik an CAPM und der Informationseffizienz von Kapitalmärkten für empirische Zwecke Modell und Paradigma, so lassen sich mittels einer empirischen Analyse die eingeschränkte Aussagekraft von Beta-Faktoren für junge, forschungsintensive Wachstumsunternehmen illustrieren. Hierzu werden im Folgenden einige unterstützende Erkenntnisse aus eigenen empirischen Erhebungen geliefert.

2.1 Empirische Zweifel an aussagefähigen Beta-Werten

Der Beta-Faktor als Maß für die Risikoklasse der zu bewertenden Unternehmung erfasst ausschließlich das systematische Risiko eines risikotragenden Investitionsobjektes. Den Beta-Wert ermittelt man empirisch durch Umstellung der Bestimmungsgleichung für die erwartete Rendite einer Aktie bzw. börsennotierten Unternehmung *j* nach dem gesuchten Faktor *β*. Die Grundlage der Bestimmungsgleichung ist die geforderte Eigenkapitalrendite

$$\mu_{j,EK} = E(\tilde{r}_j) = i_f + (\mu_M - i_f) \bullet \beta_j$$

mit

$$\beta_j = \frac{\sigma_{j,M}}{\sigma_M^2} = \frac{\operatorname{cov}(\tilde{r}_j, \tilde{r}_M)}{\operatorname{var}(\tilde{r}_M)} = \rho_{j,M} \bullet \frac{\sigma_j}{\sigma_M}.$$ [6]

[6] Es gelten folgende Notationen:
i_f = risikofreier Zinssatz,
μ = erwartete Rendite,
β = Beta–Faktor,
σ, σ^2 = Standardabweichung, Varianz,
ρ = Korrelationskoeffizient,
M = Index des Marktportfolios,
r = Rendite,
j = Unternehmensindex mit j = 1,..., J.

Es ist für empirische Zwecke erforderlich, das CAPM nicht als Ex ante-, sondern als Ex post-Modell zu betrachten und in **Sharpe's Marktmodell** in der Version des **Single-Index-Modells** zu überführen. Hierdurch können historische Daten zur Schätzung der Modellparameter regressiert werden. Das Testmodell auf Indexbasis (wobei auf den Zeitindex zur Vereinfachung verzichtet wurde) in der **Version von Lintner/Douglas**[7] lautet:

$$R_j = \alpha_j + \beta_j \bullet R_M + \epsilon_j .$$ [8]

Es gelten die üblichen **Prämissen** für die Gültigkeit des Indexmodells.[9] Die Durchführung der Regression beruht auf der Kleinst-Quadrat-Methode (OLS-Schätzung).[10]

In einem **ersten Schritt** wurden Beta-Werte für etablierte Unternehmen geschätzt. Bei etablierten Unternehmen ist zu erwarten, dass die Beta-Schätzung wegen deren Steady State-Lage i.d.R. stabile Parameterwerte liefern wird. Dies konnte empirisch belegt werden, wie dies beispielhaft an den Beta-Schätzwerten für VW in Abbildung 1 deutlich wird.

Die VW AG repräsentiert ein Unternehmen im Steady State, d.h. es operiert in einem reifen Markt und einer Branche mit relativ stabilen Gewinn und Rendite prägenden Determinanten. Zudem weist ihr Handel in Sekundärmärkten eine hohe Liquidität aufgrund des Free Float auf, der durch hohen Streubesitz und signifikante Marktkapitalisierung gekennzeichnet ist.[11] In Abb. 1 weist das lineare Be-

---

7 Vgl. Elton/Gruber (1995), S. 346.

8 Die Schätzgleichung resultiert aus $R_j = R_F + \beta_j \bullet (R_M - R_F)$ und umgestellt zu $R_j = (1 - \beta_j)R_F + \beta_j \bullet R_M$. Es gelten:

j = Aktienindex mit 1,..., J

R_j = Rendite des j-ten Wertpapiers mit $E(R_j) = \mu_j$,

R_F = risikolose Rendite, die als zeitlich konstant angesetzt wird,

R_M = Rendite des Marktportefeuilles mit $E(R_M) = \mu_M$, bzw. als Rendite des Aktienindex, der die für alle Unternehmen relevanten Ereignisse erfasst,

ε_j = Störterm.

9 Vgl. Elton/Gruber (1995), S. 347f.

10 Aufgrund mehrerer vorteilhafter Eigenschaften gehen üblicherweise logarithmierte bzw. stetige Renditen in die Regression ein, die auf Performancebasis (d.h. inklusive Dividendenausschüttung und Kapitalveränderung) berechnet werden. Dadurch wird die gesamte Verzinsung des Anlagetitels erfasst. Für die Länge der Schätzperiode hat sich als sinnvoll erwiesen, aufgrund der Stationarität der ex post Renditeverteilung eine möglichst kurze Periodenlänge zu wählen, da theoretisch jede neue Information die Anlegererwartungen zumindest graduell ändern kann. Empirische Untersuchungen ergeben als geeignete Periodenlänge ein bis fünf Jahre. Damit gehen in die nachfolgend ausgeführte Schätzung pro Schätzzeitraum etwa 60 Wertepaare ein. Die Beta-Werte sind arithmetische Durchschnittswerte aus drei zeitversetzten Zeitreihen.

11 Vgl. Bank in Liechtenstein (1995), S. 41.

stimmtheitsmaß (R^2) für die untersuchten Zeiträume einen verhältnismäßig stabilen Verlauf in einer Bandbreite von 1,2 bis 1,4 auf.[12] Die empirisch nachgewiesene zeitliche Stabilität der ermittelten Beta-Werte berechtigt deren Verwendung als Risiko-Komponente in DCF-Verfahren.

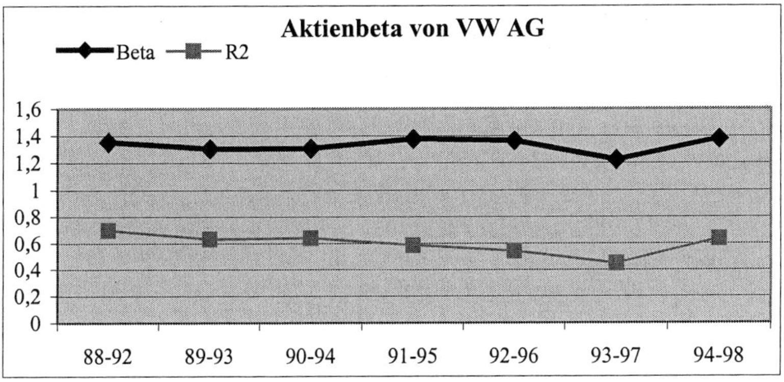

Abbildung 1: Beta-Werte der VW AG[13]

Im **zweiten Schritt** wurden Aktien-Beta-Werte für Unternehmen geschätzt, die auf jungen, wenig gereiften Märkten operieren. Derartige Märkte sind durch hohe Dynamiken und Anziehungskraft für neu in den Markt eintretende Unternehmen sowie hohe Wachstumsraten in den Unternehmensgewinnen (pro Aktie) gekennzeichnet. Zunächst wurde das Modelldesign insofern modifiziert, als zweiwöchige Periodenrenditedaten in die Regression eingingen und verschiedene – kürzere – Schätzperiodenlängen (zwei Jahre) gewählt wurden.[14] Eine weitere Besonderheit liegt im **Wechsel des Aktienmarktes**. Konnte bei den Schätzungen der Beta-Werte für Aktien etablierter Unternehmen noch auf den deutschen Aktienmarkt und dortige Aktienindizes zurück gegriffen werden, so erwies sich diese Vorgehensweise für wachstumsstarke, innovationsgetriebene Unternehmen als methodisch nicht durchführbar. Für das wenig verwertbare Datenmaterial waren neben den Auswirkungen signifikanter Illiquiditäts-Probleme insbesondere die kurzen Zeitreihen in den Aktienrenditen dieser Unternehmen verantwortlich. Aus diesem Grund wurde auf den US-Kapitalmarkt und dortige NASDAQ-Werte ausgewichen.

---

[12] Da sich die Schätzperioden mit jeweils zwölf Renditepaaren überlappen, ist zu beachten, dass die aufeinanderfolgenden Beta-Werte nicht vollständig unabhängig voneinander sein können.

[13] Quelle: eigene Berechnungen.

[14] Dieses Vorgehen sollte dem Umstand Rechnung tragen, dass die Möglichkeit von Strukturbrüchen bei jungen, forschungsintensiven Unternehmen aufgrund des gegenüber etablierten Unternehmen unsicheren Markt- und Wettbewerbsumfeldes wesentlich höher einzuschätzen ist.

Hier bestand das Datenproblem in sehr abgeschwächter Form, und es konnten Beta-Wert-Schätzungen für amerikanische Unternehmen der **Sektoren „Biotechnologie"** sowie **„Informationsverarbeitung"** durchgeführt werden. Als **Indexrendite** lag der **Standard & Poor's 500** (Performance-) Index zugrunde. Am Beispiel der Unternehmen Amgen Inc. und Oracle Corp. seien die Ergebnisse der Beta-Schätzungen mit der vorgestellten Methodik präsentiert. Zuvor seien zentrale Merkmalsbeschreibungen beider Unternehmen vorgestellt:

- Amgen Inc. ist ein in der Biotechnologie führendes Unternehmen mit selbst entwickelten und erfolgreich lancierten Produkten auf dem Markt, einschließlich zweier sehr umsatzträchtiger Arzneimittelprodukte. Darüber hinaus ist Amgen auf vielen verschiedenen Indikationsgebieten aktiv und verfügt über erfolgversprechende Produkte in den klinischen Testphasen. Der Umsatz entwickelte sich von 70 Mio. US $ in 1988 kontinuierlich auf über zwei Mrd. US $ in 1996. Gewinne werden seit 1990 erwirtschaftet.

- Oracle Corp. entwickelt und vermarktet Computer-Software-Produkte, inklusive Datenbank-Management und Netzwerk-Lösungen. Bei Datenbanksystemen ist Oracle der größte Anbieter weltweit. Die Marktkapitalisierung des Unternehmens entwickelte sich von etwas über einer Mrd. US $ Mitte 1988 auf etwa 22 Mrd. US $ Mitte 1997. Der Umsatz stieg in diesem Zeitraum mit erheblichen Wachstumsraten von etwa 280 Mrd. US $ auf rund 5,7 Mrd. US $.

Bei beiden Unternehmen handelt es sich um bekannte und in ihren jeweiligen dynamischen Marktsegmenten in mittlerweile große Marktkapitalisierungen hinein gewachsene Unternehmen. Dadurch konnten die Anforderungen an das empirische Datenmaterial von diesen (und vergleichbaren) Unternehmen am ehesten erfüllt werden.[15]

Aus Abbildung 2 sind für die beiden Unternehmen in den zugrunde liegenden Schätzperioden folgende Ergebnisse ersichtlich:

- Es liegen zeitlich sehr instabile Beta-Werte vor, die darüber hinaus nur eine vergleichsweise geringe statistische Güte aufweisen (relativ geringe Bestimmtheits-Maße). Zusätzlich könnten auf die Beta-Werte unsystematische Einflüsse wirken, was in den USA nicht mit dem ansonsten in Deutschland häufig anzutreffenden „Illiquiditätsproblem" auf dem Aktienmarkt erklärt werden kann, sondern andere Ursachen haben muss. Ferner kann das Vorliegen von Strukturbrüchen – selbst bei verkürzter Schätzperiode – nicht ausgeschlossen werden.

---

15 Vgl. auch Schäfer/Schässburger (2001), S. 5.

- Teilweise kommen Beta-Werte von nahe oder vollständig Null vor, die mit der umfassenden Forschungs- und Entwicklungstätigkeit der Unternehmen interpretiert werden können. Derartige Tätigkeiten bewirken investitionspolitisch i.d.R. eine Abfolge von Projekt-Sequenzen, weisen damit aus der Sicht eines Entscheidungsbaums Knotenpunkte auf und führen so zu asymmetrischen Veränderungen in den Dichtefunktionen in den zugrunde liegenden Projekten.

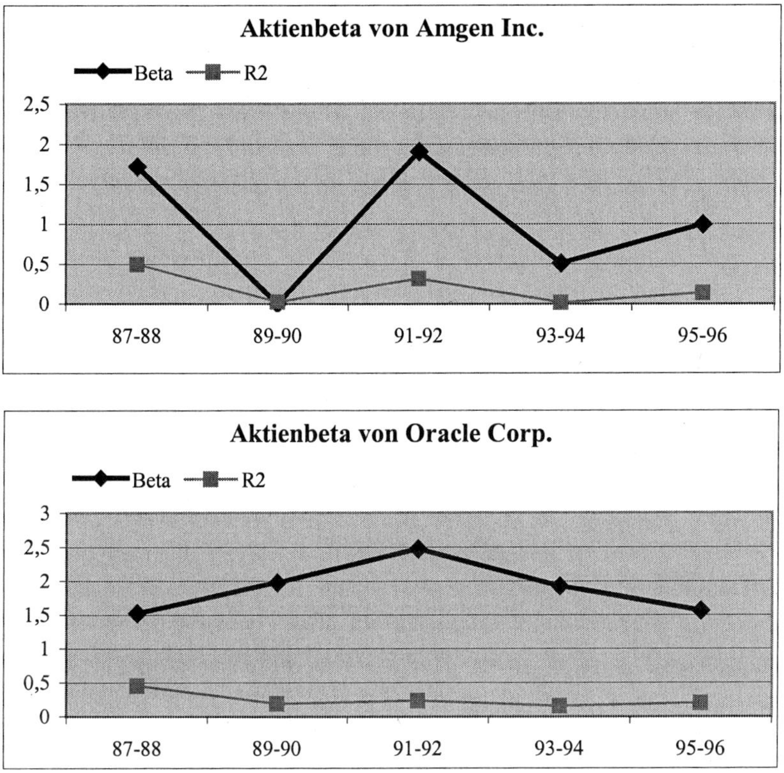

Abbildung 2: Beta-Werte der Unternehmen Amgen Inc. und Oracle Corp.[16]

Es zeigte sich im Rahmen weiterer empirischer Erhebungen, dass vorgenannte Probleme auch für andere vergleichbare Unternehmen auf den amerikanischen Aktienmärkten anzutreffen sind.[17] Die Verwendung reiner CAPM-basierter Marktmodelle für die Bewertung junger forschungsintensiver, wachstumsstarker

16 Quelle: eigene Berechnungen.

17 Vgl. hierzu auch die weiteren empirischen Ergebnisse in Schäfer/Schässburger (2001).

Unternehmen erscheint daher für die empirische Abbildung des systematischen Risikos eines Einzelwertes kaum, zumindest aber nur eingeschränkt möglich zu sein. Fehlende empirisch zuverlässige Beta-Werte stellen ihre Einsetzbarkeit in DCF-Verfahren der Unternehmensbewertung, zumindest für die betrachtete Unternehmensgruppe, in Frage.

Der empirische Hinweis auf die eingeschränkte Eignung von Beta-Werten rührt aus zentralen impliziten Annahmen des CAPM:

1. Als Ein-Perioden-Modell vermag es nur dann das Risiko kapitalmarktmäßig ausreichend zu erfassen, wenn die Risiko-Determinanten über die Zeit stabil sind. Dies kann unternehmenspolitisch so interpretiert werden, dass von einer über den Planungshorizont starren Unternehmensstrategie ausgegangen wird. Nur unter diesen Umständen ist das hierdurch begründete Risiko strategisch als weitgehend konstant anzusehen. Abweichungen von der Unternehmensstrategie bewirken demgegenüber eine **Veränderung** des Unternehmensrisikos – und zwar des **Gesamtrisikos** (bestehend aus systematischem und unsystematischem Risiko).
2. Ferner wird die im CAPM zugrunde gelegte Unsicherheit als **systematisches Risiko** mit symmetrischer Streuung der Renditen von Investitionsobjekten um deren Erwartungswert verstanden. Auch dies kann mit einer impliziten Starrheits-These bezüglich der Unternehmensstrategie begründet werden. Wenn jedoch Handlungsmöglichkeiten und Spielräume des Entscheidungsträgers bestehen, mit denen gezielt die Risikostruktur von Investitionsobjekten und damit der Standardnormalverteilung ihrer Renditen verändert werden kann, wäre es möglich, die negativen Rendite-Abweichungen vom Mittelwert zu reduzieren. Eine mit jeder strategischen Anpassung des Managements ausgelösten Veränderung der Symmetrie-Eigenschaft in der Rendite-Verteilung wandelt aber die statistische Grundlage der Berechnung von Beta-Werten im CAPM.

Die vorgenannten Kritikpunkte geben Anlass zur Vermutung, dass die Übertragung des CAPM zur Ermittlung einer Risikoprämie im Bereich risikobehafteter Unternehmensinvestitionen am ehesten durch das Investitionsverhalten in etablierten Unternehmen erfüllt sein dürfte. Für einen empirischen Beta-Wert wäre dann eine entsprechende Schätzgüte und zeitliche Stabilität zu erwarten. Im Gegensatz dazu wäre bei Unternehmen, die durch eine Vielzahl von strategischen Handlungsfreiheiten gekennzeichnet sind, das CAPM zur Risikoerfassung inadäquat, da weder **Risiko-Asymmetrie** noch **–Dynamik** berücksichtigt würden. Hinsichtlich der empirischen Beta-Werte wären demzufolge wenig brauchbare Ergebnisse zu erwarten, worauf die präsentierten Erhebungsresultate hindeuten.

Die Defizite des CAPM legen es nahe, die Bewertung junger forschungsintensiver Wachstumsunternehmen nicht mit Beta-adjustierten DCF-Verfahren durchzuführen. Die methodischen Defizite des CAPM erfordern eine methodische Alternative, die in der Optionspreistheorie gesehen werden kann. Die methodische Attraktivität dieses Wechsels im Paradigma liegt u.a. auch darin, dass die DCF-Methodik nicht aufgegeben werden muss, sondern komplettiert wird.

2.2 Cash-Flow- und Bewertungsimplikationen

Die Bewertung im Rahmen der DCF-Methodik bereitet vor allem deshalb Probleme, weil die Resultante, der NPV, auf einer ex ante vorgegebenen Basisstrategie mit starrer normalverteilter Streuung der erwarteten Projektbarwerte der Cash-Flows fußt. Hieraus resultiert eine inadäquate Bewertung bei solchen Investitionsobjekten, bei denen proaktives Management die Dichtefunktion von Cash-Flows innerhalb von Investitionsprojekten oder zwischen einzelnen Investitionsprojekten (Interprojekt-Flexibilität) verändern kann.

Die Folgen können Bewertungs-Verzerrungen mit folgenden Erscheinungsformen sein:

- systematische Unterbewertung langfristig angelegter Investitionsobjekte,
- unzureichende wertmäßige Erfassung strategischer Investitionsvorhaben,
- mangelnde Berücksichtigung der Flexibilität von vor allem sequenziellen Investitionsvorgängen.[18]

Der herkömmliche NPV der DCF- und CAPM-Methodik verkörpert den Unternehmenswert als **Assets in Place**, da er Entscheidungsflexibilitäten der Investoren nicht betrachtet. Die Anwendung des Realoptionsansatzes berücksichtigt demgegenüber, dass die Unternehmensführung bei derartigen Investitionen während der Laufzeit der Projekte Freiheitsgrade besitzt, mit denen es in Abhängigkeit von der tatsächlich eintretenden Entwicklung gezielt den Verlauf der Zahlungsströme wertsteigernd steuern kann. Diese optionalen (bedingten) Zahlungsstrukturen werden dann auf der Grundlage des Arbitrageprinzips bewertet. Hieraus resultiert ein erweiterter **(sog. aktiver) Unternehmenswert**, der die Optionskomponente einschließt. Bei vorhandenen proaktiven Spielräumen des Managements ist ein Unternehmenswert daher umfassender, nämlich als **erweiterter Unternehmenswert** zu betrachten, der aus Assets in Place und Realoption besteht. Voraussetzung für die Existenz einer Realoptions-Komponente ist, dass eine Investition durch folgende Merkmale gekennzeichnet ist:[19]

(1) Es muss sich um ein unsicheres Marktumfeld mit daraus folgender **hoher Investitionsunsicherheit** handeln, da ansonsten Handlungsmöglichkeiten des Managements und somit die Optionseigenschaften der Investition ihre Bedeutungen verlieren.

---

18 Vgl. u.a. Myers (1984).

19 Vgl. Schäfer (1999), S. 345 f.

(2) Die Investitionsentscheidung muss **zumindest teilweise irreversibel**, d.h. mit Sunk Costs („versunkene Kosten“) verbunden sein.

(3) Die Investitionsentscheidung muss zeitlich bis zu einem gewissen Grad **aufgeschoben** werden können und/oder die Investitionsausgaben erfolgen **diskretionär**.

Die Verbundbetrachtung, typischerweise von „pioneer venture“- und nachgelagerten „commercial venture“-Produkten in der Informationstechnologie oder auch anderen Branchen, lässt Investitionsvorhaben beispielsweise zu den gekennzeichneten sequenziellen, irreversiblen und unsicheren Investitionsvorgängen werden.[20] Auf der Grundlage der vorangegangenen Kritik zum CAPM-basierten DCF-Verfahren wird nachfolgend die realoptions-orientierte Bewertung anhand einer **Fallstudie** in **reduzierter Komplexität** entwickelt. Ausgangspunkt bildet der Business Plan des zu bewertenden Biotech-Start-Ups. Die sog. **Equity Story** basiert hierbei auf dem **Aufbau** einer **Kompetenz** in der **Auftragsforschung** und auf der **Auslizenzierung** eigener **entwickelter Produkte** in abgegrenzten Indikationsgebieten.

3 Allgemeine Überlegungen zur Bewertung von Biotech-Unternehmen

3.1 Optionsstrukturen von F & E-Projekten

Die Wertentwicklung von forschungsintensiven pharmazeutischen und auch den meisten Biotechnologie-Unternehmen ist eng verbunden mit der Markteinführung erprobter und anschließend patentierter Arzneimittel. Basis hierfür sind spezifische F & E-Projekte, die verschiedene vorgezeichnete Stadien durchlaufen. Da die Prozesseigenschaften dieser F & E-Projekte für die Bewertung mittels des Realoptionsansatzes zentral sind, werden sie nachfolgend am Beispiel der Medikamentenentwicklung in den USA skizziert. Darüber hinaus sind sie auch typisch für den deutschen Markt.[21]

Am Anfang steht die Grundlagenforschung, in der Wirkungszusammenhänge zu einer bestimmten Krankheit generiert werden. Daraufhin wird eine Substanz, das sog. „Lead Compound“, gesucht, die ein definiertes krankheitsverursachendes „Target“ in der gewünschten Weise beeinflusst. In der vorklinischen Stufe wird

---

20 Wobei die Option dann im Wesentlichen exklusiven Charakter haben muss.

21 Vgl. wie im Folgenden Dresdner Kleinwort Benson (1996), S. 11 sowie Verband der Chemischen Industrie e.V. (1996).

diese Substanz zunächst „in vitro" (d.h. außerhalb des lebenden Organismus) in Tiermodellen oder auch mit Hilfe anderer Verfahren untersucht. Sind die Ergebnisse der Versuche u.a. hinsichtlich Wirksamkeit und toxischer Nebenwirkungen vielversprechend, schließen sich nach entsprechenden Genehmigungen klinische Studien an. Die Studien werden in drei Phasen durchgeführt. In Phase I wird die Substanz erstmals am Menschen erprobt. Üblicherweise werden etwa zehn bis 100 gesunde Freiwillige einbezogen. Die Phase dient der Bestimmung von Sicherheit und Pharmakokinetik (Umwandlung, Verteilung und Ausscheidung) der Substanz. Die optimale Dosierung wird anschließend in Phase II bestimmt, und es erfolgt die erste Ermittlung der Wirksamkeit (im Allgemeinen anhand einer Gruppe von 50 bis 200 Patienten). Phase III dient der statistischen Bestimmung von Wirksamkeit und Sicherheit der Substanz. In dieser Phase kann auch bereits eine Untersuchung der Wechselwirkungen mit anderen Mitteln erfolgen. Die Testgruppe beträgt hier üblicherweise etwa 100 bis über 1000 Patienten.

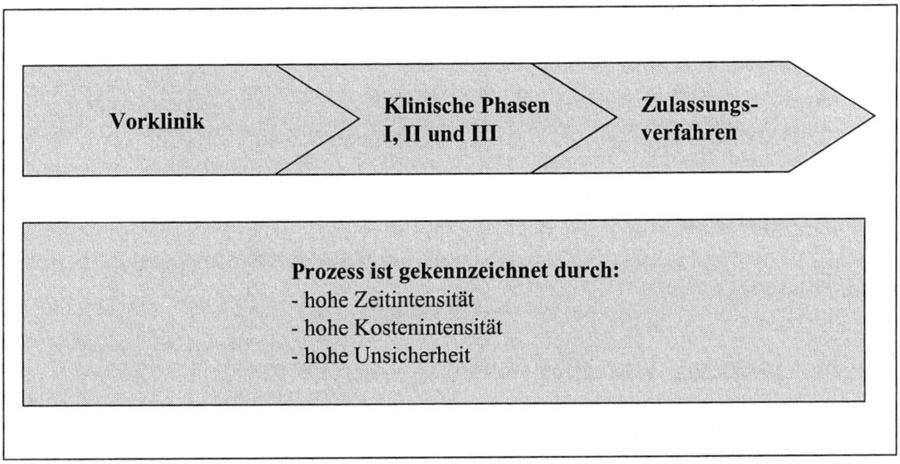

Abbildung 3: Prozess der Pharmaforschung am Beispiel Medikamentenentwicklung

Im Anschluss an die Studien folgt gegebenenfalls das behördliche Zulassungsverfahren. Für die Marktzulassung in den USA werden die Daten aus den vorklinischen und klinischen Studien sowie Informationen über den Herstellungsprozess in Form eines Antrags auf Zulassung einer neuen Substanz oder Erteilung einer Produktlizenz an die Arzneimittelbehörde eingereicht. Diese Angaben werden von einer Gutachterkommission geprüft, die eine Empfehlung zur Zulassung abgibt. Basierend auf dieser Empfehlung entscheidet dann die amerikanische Zulassungsbehörde U.S. Food and Drug Administration (FDA) über die Marktzulassung.

Der gesamte vor der Markteinführung zu durchlaufende Prozess ist sehr zeitaufwendig, kostenintensiv und der Erfolg hochgradig unsicher.[22] Andererseits kann eine erfolgreiche Patentierung und Markteinführung Produktumsätze von über einer Milliarde US$ pro Jahr und überdurchschnittlich hohe Netto-Margen, u. U. auch Quasi-Monopolrenten[23] generieren und auf diese Weise den Unternehmenswert vervielfachen. Als Beispiel hierzu kann die Entwicklung des börsennotierten amerikanischen Unternehmens Amgen Inc. dienen. Dessen zwei entwickelte biotechnologischen Präparate für Indikationen bei chronischem Nierenversagen und für den Indikationsbereich Chemotherapieschutz gehören zu den erfolgreichsten Produkteinführungen im Pharmasektor. [24]

Im investitionstheoretischen Verständnis weisen F & E-Projekte in den beschriebenen Strukturen den Charakter von optionalen Investitionen auf: Die F & E-Ausgaben lassen sich als Investitionen auffassen, die über den Studienverlauf der Medikamentenentwicklung ausschließlich durch Auszahlungen (auch bezeichnet als „cash burn values") mit stochastischem Ablaufende gekennzeichnet sind. Die F & E-Ausgaben führen erst nachfolgend über die möglichen Folgeprodukte im Anschluss an das generierte Wissen und die amtliche Zulassung zu positiven Einzahlungsüberschüssen. Der Verlauf der F & E-Tranchen entspricht (beispielsweise) einer Kette von Call Optionen. Bei jedem Phasenübergang und auch zwischendurch kann das Projekt nicht fortgesetzt werden und die weiteren „burn values" werden vermieden.

3.2 Implikationen für die Bewertung

Grundsätzlich dürfte der Nutzen aus der Anwendung des Realoptionsansatzes auf F & E-Projekte von ihrem Konkretisierungsgrad abhängen. So sind Projekte in der frühen Grundlagenforschung aufgrund ihrer höchst ungewissen Erfolgsaussichten nicht ausreichend quantifizierbar, um das erforderliche Bewertungskalkül zu ermöglichen. Dennoch kann der Realoptionsansatz als hilfreich auf der qualitativen Ebene eingesetzt werden. Je konkreter die Zielrichtung der Projekte über den Verlauf des F & E-Prozesses wird und zunehmend Erfahrungswerte vorliegen, desto nützlicher und entscheidungsrelevanter wird zudem die Anwendung der Realoptionsbewertung. Bei hinreichend konkretisierten Investitionsprojekten und relativ

---

22 „On average, it costs $ 359 million and takes ten years to bring a drug to market. Once there, seven out of ten products fail to return the cost of the company´s capital." Lewent (1994), S. 89.

23 Z.B. bis zum Ablauf der Patentfrist und dem Eintritt von Generikaherstellern bzw. möglichen alternativen Arzneien und Behandlungsmethoden.

24 Es handelt sich um die Präparate Epogen (für Indikationen bei chronischem Nierenversagen) und Neupogen (Indikationsbereich Chemotherapieschutz) mit Umsatzgrößen in 1996 von US$ 1,1 Mrd. bzw. US$ 1 Mrd., vgl. hierzu Dresdner Kleinwort Benson (1996), S. 5 und S. 14.

hoher Sicherheit über deren Wirtschaftlichkeit (was sich ggf. in Phase III bereits feststellen lässt), nähern sich die Bewertungen optionspreistheoretischer Modelle und solcher der DCF-Methodik an. Eine Anwendung der DCF-Methode reicht dann für Bewertungszwecke meist aus.

In Abbildung 4 gleichen F & E-Projekte am Ende des Zeitpfades im realoptionstheoretischen Sinn den sog. „Assets in Place", d.h. die Unternehmensstrategie bzw. das Geschäftsmodell verzichtet weitgehend auf künftige Freiheitsgrade. Die Gründe können in einer hinreichenden Unsicherheitsreduktion liegen (z.B. aufgrund von Markteinschätzung oder Patentschutz). Es besteht dann ausschließlich der **passive Unternehmenswert**.

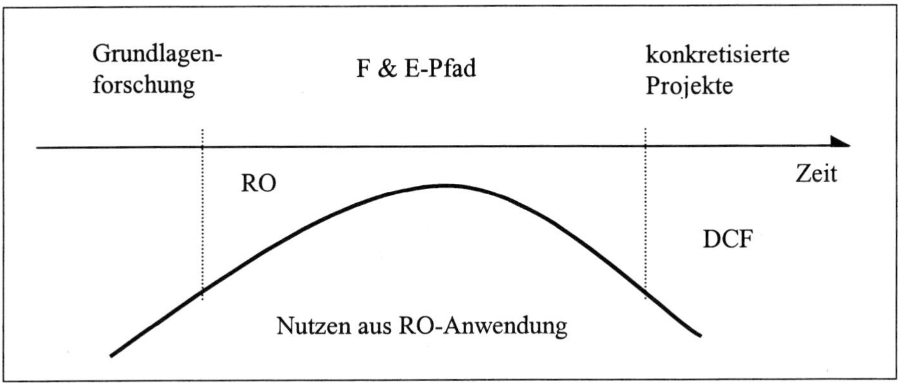

Abbildung 4: Grundsatzüberlegung, RO-Anwendung auf F & E-Investitionen

Von grundsätzlicher Bedeutung bei F&E im pharmazeutischen Sektor ist, dass neben den technologisch bedingten Ungewissheiten und Marktunsicherheiten regulatorische und politische Risiken bestehen, welche normalerweise eher das unsystematische Risiko determinieren und in der Bewertung berücksichtigt werden müssen. Grundsätzlich kann davon ausgegangen werden, dass diese Risiken als Summe der Marktrisiken (Market Risk) in gleicher Weise auf die Unternehmen eines Teilsegmentes innerhalb einer Branche wirken und sich demzufolge über beobachtbare Branchendaten (z.B. mittels der Volatilität eines entsprechenden Branchensubindizes) ableiten lassen. Anders dagegen muss die zweite Risikokategorie, bezeichnet als „privates Risiko" (Private Risk), im Einzelfall betrachtet werden. Dieses Risiko resultiert in den hier zugrunde gelegten Fällen v.a. aus der Fähigkeit des Managements und der Unternehmenseinheiten, die Unternehmensstrategie erfolgreich umzusetzen und die richtigen Maßnahmen einzuleiten. Diese Kategorie von Risiko ist daher grundsätzlich unternehmensindividuell zu sehen.[25] Unterscheiden sich diese unternehmensbezogenen Merkmale innerhalb der direk-

[25] Vgl. zu „Market Risk" und „Private Risk" Amram/Kulatilaka (1999), S. 54.

ten Wettbewerber wesentlich und liegt damit beim zu bewertenden Unternehmen ein signifikantes privates Risiko vor, so ist die Bewertung mit einem – wie nachstehend erläutert wird – „Tracking Error" verbunden.

3.3 Grenzen einer Anwendung des Realoptionsansatzes bei forschungsintensiven Unternehmen im Pharma-Bereich

Die Modellannahmen zur Bewertung der Investition als Realoption basieren auf der Contingent Claims Analysis und deren gleichgewichtstheoretischen Arbitragebeziehungen. Diese verlangen grundsätzlich, dass das der Option zugrunde liegende Basisobjekt existiert und wie die Realoption marktmäßig gehandelt wird, um damit über die Konstruktion des Hedge-Portfolios den Optionswert ableiten zu können.[26] Bei den meisten F&E-Projekten ist dies im Allgemeinen direkt nicht gewährleistet, da das Basisobjekt erst durch F&E-Ausgaben geschaffen werden soll. Es reicht jedoch für die Modellierung und Bewertung aus, wenn ein Vermögensgegenstand (Asset) mit derselben Risikostruktur an einem vollständigen und gleichgewichtigen Kapitalmarkt gehandelt wird.[27] Das Replizieren des Preispfades mittels der skizzierten Methode kann jedoch in bestimmten Bewertungsfällen mit einem „Tracking Error" verbunden sein.[28] Die unvollständige Korrelation zwischen Hedge- bzw. Tracking-Portfolio, resp. deren Vermögensgegenstände und dem zu bewertenden Investitionsobjekt können durch die privaten Risiken oder auch durch Basisrisiken verursacht werden. Ein Basisrisiko liegt vor, wenn die mangelnde Korrelation auf Unterschieden in Qualitäten, Lieferort oder –zeit bestehen und ist v.a. im Bereich der natürlichen Ressourcen relevant. Das Basisrisiko sorgt für einen weniger engen Zusammenhang zwischen dem Preispfad des Tracking-Portfolios und der Realoption, gleichwohl bleibt aber eine Orientierung des Risikos an Marktpreisdynamiken bestehen.[29] Im Gegensatz zum Basisrisiko wird das private Risiko von Einflussfaktoren bestimmt, die außerhalb des Preispfades eines Tracking-Portfolios liegen. Das private Risiko kann in bestimmten Fällen der Unternehmensbewertung eine signifikante methodische Schwachstelle bei der Übertragung des Hedge-Prinzips auf den Realoptionsansatz darstellen, gilt jedoch im Einzelfall als näherungsweise lösbar.[30]

Eine besondere Schwierigkeit resultiert im pharmanahen Bereich von Unternehmensbewertungen aus F & E-Projekten, die teilweise durch idiosynkratische Investitionen gekennzeichnet sind. Kann aus diesem Grund ein kausaler Bezug zu marktgehandelten Vermögensobjekten nicht eng genug hergestellt werden, sind die

---

26 Vgl. grundsätzlich Black/Scholes (1973), S. 637 ff.
27 Vgl. hierzu grundlegend Sick (1989), S. 10 ff.
28 Vgl. Schäfer/Schässburger (2000).
29 Vgl. Schäfer/Schässburger (2001).
30 Zu den eher pragmatischen Methoden vgl. Amram/Kulatilaka (1999), S. 98 ff.

Annahmen der Vollkommenheit und Vollständigkeit des Kapitalmarktes verletzt. In diesem Fall kann die Anwendung des Realoptionsansatzes erheblich erschwert bzw. sogar gänzlich in Frage gestellt werden. Es handelt sich hierbei um ein **grundsätzliches Problem**, das auch auf jeden anderen marktorientierten Investitionsbewertungsansatz zutrifft.[31] Allerdings lässt sich auch dann, falls die grundlegenden Bewertungsparameter der Realoption, wie Gegenwartswert (entspricht dem Aktienkurs), Volatilität, Ausübungspreis, etc., abgeleitet werden können, zumindest eine approximative Bewertung durchführen, die sinnvollerweise in eine Bandbreitenangabe über den Unternehmenswert einmündet.

4 Fallstudie zur Bewertung eines Biotech-Start-ups

4.1 Grundsätzliche Vorüberlegungen

Vor dem Hintergrund des zuvor beschriebenen Prozesses der Pharma-F & E wird nachfolgend die Bewertung anhand einer Fallstudie in reduzierter Komplexität entwickelt. Ausgangspunkt bildet die zeitliche Dichotomie des gesamten Investitionsprozesses in die Phase der Entwicklung von „pioneer venture"-Produkten und zeitlich nachgelagerten, kausal von „pioneer venture"-Produkten abhängigen „commercial venture"-Produkten. Folgende grundlegende Entscheidungs- und Zahlungsstromstruktur lässt sich daraufhin abbilden:

Zeitachse			
1. Phase		2. Phase	
Zeitpunkt t	t+1 Jahr	t+3 Jahre	t+3 und danach
Weiterentwicklung pioneer venture	Start-up Produktion pioneer venture	Entscheidung über Start commercial venture	Fertigstellung und anschließende Produktionsphase
⇒ Bewertungszeitpunkt (= Gegenwart)	⇒ Entscheidung über erste Investitionstranche	⇒ Entscheidung über zweite Investitionstranche	⇒ Ab hier werden positive FCF generiert (im Fallbeispiel unten nochmals unterteilt in 2 Perioden)

Abbildung 5: Phasenmodell einer Investition in Pharma–F&E

31 Vgl. hierzu z.B. Mason/Merton (1985), S. 38.

Mit der Entscheidung über die Weiterentwicklung und Realisierung der Vorlaufkosten entsteht die Investitionsoption. Es fallen dann zu zwei nachfolgenden Zeitpunkten Investitionsausgaben an, die aber in Abhängigkeit vom zwischenzeitlichen Informationszugang (und ggf. Unsicherheitsabbau) geleistet werden können. Die erste Tranche stellt damit sozusagen den Basispreis dar, um die nachgelagerte Option erhalten zu können; die zweite Tranche verkörpert den Basispreis für die dann verfügbaren Cash-Flows. In Bezug auf die Höhe des Finanzierungsvolumens zeigt sich die Bedeutung dieser Freiheitsgrade. Die Finanzierungskosten stellen den Ausübungspreis der Realoption dar. Aus den Erfolgsaussichten der aus den F & E-Projekten realisierbaren Absatzprodukte, quantifizierbar über Nachfrageszenarien, Margenentwicklungen etc., leitet sich die Volatilität der Cash-Flows (Projektvolatilität) ab. Der Projekt(bar)wert stellt den Basiswert dar. Damit ist konkret eine zweistufige Investitionsoption gegeben. Die typische Struktur der freien Cash-Flows aus dem Investitionsprojekt des untersuchten Bewertungsfalles kann wie folgt abgebildet werden:

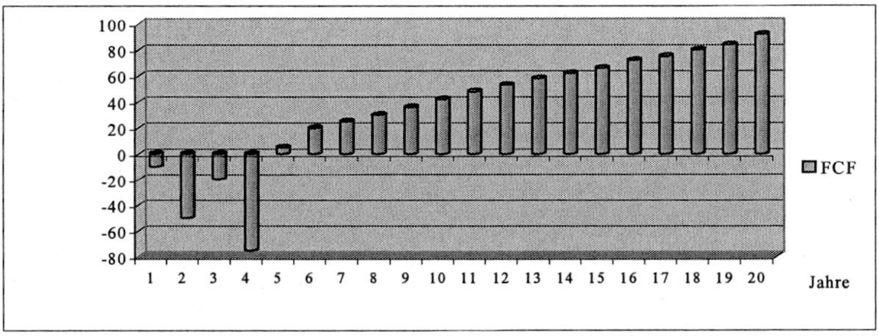

Abbildung 6: Typische Struktur der freien Cash-Flows (FCF) der Fallstudie[32]

Die freien Cash-Flows stellen dabei die positiven oder negativen Zahlungsüberschüsse in den einzelnen Perioden dar und werden weiter unten noch im Einzelnen erläutert.

Es kann im vorliegenden Fall der zweistufigen Investitionsoption vom Typ „Call auf Call" ein (eindeutiges) „Boom or Bust-Szenario" mit der sie kennzeichnenden zweigipfeligen Dichtefunktion ausgeschlossen und eine **Normalverteilung** der Barwerte unterstellt werden. Damit wird die Anwendung eines zeitkontinuierlichen Modells begründet und die Bewertung kann mittels analytischer formelgestützter Verfahren erfolgen.

[32] Diese Abbildung gibt nicht den tatsächlichen Zahlungsstrom wieder, sondern bildet die zugrunde liegenden Verhältnisse des konkreten Falles nur exemplarisch ab.

4.2 Realoptionsbewertung mittels der Compound Option-Methodik

Zum Zweck der zeitkontinuierlichen Bewertung von Handlungsmöglichkeiten mit Wachstumseigenschaften hat sich das Geske-Modell als geeignet erwiesen, das zur Bewertung von Compound Options entwickelt wurde.[33] Es lassen sich damit prinzipiell spezifische Eigenschaften einiger Realoptionsarten, zu denen auch die Wachstumsoptionen zählen, erfassen. Ausgehend von den grundlegenden Black/Scholes Bewertungsannahmen für eine einfache Call Option, c, leitet Geske für die Compound Option, C, auf die Option c, wobei für C der Fälligkeitstermin $T^*(T^* < T)$ und der Ausübungspreis X^* steht, nachstehende Differenzialgleichung $\frac{\partial C}{\partial t} + rS\frac{\partial C}{\partial S} + \frac{1}{2}\sigma^2 S^2 \frac{\partial^2 C}{\partial S^2} = rC$ für die Wertänderung von C in einem kleinen Zeitintervall ab, mit S als Optionsunderlying (z.B. Aktienkurs bzw. bei Realoptionen die diskontierten Brutto Cash-in-flows), σ als Standardabweichung von S und r als risikolosem Zinssatz. Es gelten dabei die folgenden Nebenbedingungen: $C_{T^*} = \max\left(c_{T^*} - X^*, 0\right)$, $0 \le t \le T^*$ und $0 \le S_t < \infty$. Aus Arbitragebeziehungen[34] ergibt sich die Bewertungsgleichung:

$$C_t = S_t M\left(a + \sigma\sqrt{(T^* - t)}, b + \sigma\sqrt{(T^* - t)}, \sqrt{(T^* - t)/(T - t)}\right)$$

$$- Xe^{-r(T-t)} M\left(a, b, \sqrt{(T^* - t)/(T - t)}\right) - X^* e^{-r(T^*-t)} N(a) \text{ mit}$$

$$a = \left(\ln\left(S_t / \overline{S}_t\right) + \left(r - \sigma^2/2\right)\left(T^* - t\right)\right) / \sigma\sqrt{(T^* - t)} \text{ und}$$

$b = \left(\ln\left(S_t / X\right) + \left(r - \sigma^2/2\right)(T - t)\right) / \sigma\sqrt{(T - t)}$, wobei M die kumulierte Verteilungsfunktion einer standardisierten bivariaten Normalverteilung mit den Integrationsgrenzen a, b und $\sqrt{(T^* - t)/(T - t)}$ als Korrelationskoeffizienten darstellt. Im Unterschied zur Black/Scholes-Bewertungsgleichung für Plain-Vanilla-Optionen gehen zusätzlich die zwei Variablen der zugrunde gelegten Option X und T ein.

---

33 Vgl. Geske (1979), S. 63ff. und auch die Darstellung in Jarrow/Rudd (1983), S. 141f., sowie in Hull (2000).

34 Da die Risikoquelle der Optionspreisentwicklung – wie von Black/Scholes gezeigt – im stochastischen Aktienkursverlauf liegt, ist es aus diesem Grund möglich, durch Leerverkauf einer Option und gleichzeitigem Kauf einer bestimmten Anzahl von Aktien, ein Hedge-Portfolio zu bilden, mit dem der stochastische Prozess eliminiert wird. Um Arbitragemöglichkeiten auszuschließen, muss die Rendite des Portfolios dem sicheren Zinssatz entsprechen. Es lässt sich daher eine Lösung der Gleichungen herbeiführen.

Mit $\overline{S}_t$ ist der Aktienkurs bezeichnet, oberhalb dessen die Compound Option ausgeübt wird. Diese Variable lässt sich aus den Randbedingungen ableiten und entspricht derjenigen Schwelle des Anfangswertes der Einzahlung im Zeitpunkt (T*-t), zu dem der Optionswert dem Ausübungspreis in demselben Zeitpunkt entspricht. Dies hat folgende Konsequenzen:

- Liegt der aktuelle Wert der Einzahlung zum Verfallzeitpunkt (T*-t) über $\overline{S}_t$, wird die erste Option ausgeübt, d.h., die erste Investitionssequenz, bestehend aus dem „pioneer venture", wird installiert. Sofern diese Konstellation nicht gegeben ist, lässt man die Option verfallen.
- Wurde die erste Option ausgeübt, so wird zum Verfallzeitpunkt (T-t) die zweite Option vorgenommen (Installation des „commercial venture"), wenn der dann aktuelle Wert der Einzahlung über dem zweiten Ausübungspreis liegt. Ist dies nicht gegeben, wird die Option verfallen gelassen.

Im Anschluss an diese bewertungstechnischen Überlegungen wird der Geschäftsplan, d.h. die Investitionsstrategie des zu bewertenden Unternehmens erläutert. Das oben stehende Modell liegt dem später quantifizierten Investitionswert zugrunde. Es kann aufgrund des spezifischen Geschäftsmodells des betrachteten Unternehmens, der daraus resultierenden Cash-Flow-Struktur und des Vorhandenseins von objektivierten Marktdaten als adäquat angesehen werden.

4.3 Geschäftsplan des Biotech-Start-ups als Bewertungsgrundlage

Bei dem Bewertungsobjekt handelt es sich um ein sogenanntes „Toolbox-Unternehmen", welches eine Plattform von eigenen Technologien und Verfahren für die Pharmaforschung (fort-)entwickelt und anbieten wird. Das Geschäftsmodell des zu bewertenden Biotech-Start-ups basiert auf dem Aufbau einer Kompetenz in der Auftragsforschung und auf der Auslizenzierung eigener entwickelter Produkte in abgegrenzten Indikationsgebieten. Die Bewertung mittels RO-Methodik wird schrittweise entwickelt und die Parameter sind im Einzelnen abgeleitet. Aus der Unternehmensplanung, die aus den verschiedenen Szenarien bzgl. Umsatz, Ergebnis etc., abgeleitet wurden, resultiert in Abbildung 7 aufgeführte Reihe von freien Cash-Flows (FCF).[35]

---

[35] Auf die Wiedergabe der konkreten Werte wurde verzichtet, dargestellt ist nur die Struktur.

Umsatz- und Ergebnisplanung als Ausgangspunkt						
FCF-Struktur:						
1999	2000	2001	2002	2003	2004 – 2013	2014 – 2018
Negativer FCF	Negativer FCF	Negativer FCF	Negativer FCF	Negativer FCF	In jedem einzelnen Jahr resultiert ein positiver FCF.	In jedem einzelnen Jahr resultiert ein positiver FCF.

Abbildung 7: FCF des Geschäftsmodells

Das Unternehmen bewegt sich im direkten Wettbewerbsumfeld, ohne hinsichtlich der Managementqualität oder der F&E-Kompetenz negative Ausprägungen aufzuweisen. Ein nennenswertes privates Risiko muss daher nicht berücksichtigt werden. Die weiter unten abgeleiteten **Marktdaten** reichen zur Beschreibung des Risikos aus (in dem hier betrachteten Fall bestehend aus dem Marktpreisrisiko).

4.3.1 Zahlungsstromstrukturen

In den Jahren 1999 bis 2003 fallen ausschließlich negative freie Cash-Flows (FCF) an, die als Anlaufkosten für die Umsetzung des Geschäftsmodells zu interpretieren sind. In 2004 wird erstmals auf FCF-Basis der „Break-Even Point" erreicht, danach schließt sich eine Phase stetigen Umsatz- und FCF-Wachstums an. Die Länge dieser positiven FCF-Periode (1. Phase in Abb. 5) orientiert sich an dem Marktumfeld und der Patentsituation in dem relevanten Marktsegment. Es schließt sich daran eine weitere positive FCF-Periode (2. Phase) an – ebenfalls ausgerichtet an der konkreten Marktsituation, in der Umsatz und FCF jedoch nur in Höhe der Kapitalkosten wachsen (es wird insofern eine Marktkonsolidierung unterstellt). In dieser Phase werden auch keine Investitionen mehr vorgenommen. Das Unternehmen mit der unterstellten Investitionsstrategie endet anschließend, d.h. die Going Concern-Prämisse wird dann nicht mehr unterstellt.

4.3.2 Zentrale Entscheidungsknoten der Investitionskosten als Basispreise

Innerhalb des Zeitraums der **negativen** FCF-Reihe (bis 2003) bestehen zwei fixierte Termine (06/2000 und 06/2002), zu denen die Unternehmensführung anhand des zwischenzeitlichen Informationszuganges und der leistungswirtschaftlichen Projektstruktur über die Fortführung der Investition entscheiden kann. Allein aus der Zahlungsstruktur besteht theoretisch bei jeder Auszahlung diese Wahlmöglichkeit, jedoch kann davon abstrahiert werden bzw. ist eine Abstraktion hiervon aufgrund der Verbundstruktur meist geboten. In das Bewertungsmodell gehen daher nur diese beiden Zeitpunkte als Entscheidungstermine bezüglich der Fortführung der Investition ein. Die negativen freien Cash-Flows in den Jahren bis 2003 sind mit Zinseffekten auf diese beiden Zeitpunkte aus Gründen der Zweckmäßigkeit aggregiert. Der Termin 06/2000 repräsentiert die Entscheidung über die Ausübung bzw. den Kauf der nachgelagerten Option mit den zweckmäßigerweise auf diesen Zeitpunkt aggregierten negativen FCF (= Investitionskosten 1. Tranche). Der Zeitpunkt 06/2002 stellt den Entscheidungstermin über das Basisinstrument selbst dar mit den darauf aggregierten negativen FCF (= Investitionsausgaben 2. Tranche).

Werden die negativen und positiven unsicheren FCF-Werte entsprechend der traditionellen DCF-Methode auf den Bewertungszeitpunkt diskontiert, führt dies zu folgenden Ergebnissen (in Mio. US $):[36]

auf t_0 diskontierte Cash-out-Flows (1999-2003)	-25,3	(a)
auf t_0 diskontierte Cash-in-Flows (2004-2013)	31,5	(b)
auf t_0 diskontierte Cash-in-Flows (2014-2018)	16,5	(c)
Gegenwartswert im RO-Ansatz =	48,0	= (b)+(c)
Unternehmenswert nach DCF =	22,7	= (a)+(b)+(c)

Abbildung 8: Zentrale Teilergebnisse in Mio. US $

Die erwarteten Cash-in-Flows (wobei eine starre Unternehmensstrategie angenommen wird, also die Optionseigenschaft außer Acht gelassen wird) sind mit einem risikoadjustierten Kalkulationszinssatz von 14 % bewertet. Der Beta-Faktor wurde mit dem Wert 2 angesetzt.[37] Als Unternehmenswert nach DCF folgen hieraus US $ 22,7 Mio.

4.3.3 Berücksichtigung des Risikos im Realoptionsansatz

Die Summe der positiven Cash-Flows stellt den Gegenwartswert im RO-Ansatz dar und ist z.B. bei Finanzoptionen mit dem aktuellen Aktienkurs vergleichbar. Es verbleibt als Modell-Parameter das Risiko bzw. die Volatilität über den Gegen-

---

36 Obwohl die Ergebnisse nicht den realen Größen des tatsächlichen Falles entsprechen, sind die relativen Verhältnisse nahezu identisch. Der Vollständigkeit halber sei ferner darauf hingewiesen, dass in dieser Darstellung von einigen Bewertungsdetails und Besonderheiten abstrahiert wurde.

37 Hierbei sind die negativen Cash-Flows mit einem Finanzierungssatz von 8 % diskontiert.

wartswert der Brutto-Zahlungseingänge. In Abbildung 9 ist als Indikation für das Modell die Volatilität von vergleichbaren börsennotierten US-Unternehmen der Technologiebörse NASDAQ (Peer Group-Analyse) zur Herleitung der Projektvolatilität wiedergegeben.[38]

Diese Werte korrespondieren mit der abgeleiteten Schätzgröße hinsichtlich der Volatilität über die Umsatzerlöse und sonstigen Einnahmen aus der Investitionsstrategie. Es wird deshalb vorerst in der Unternehmensbewertung mit dem Realoptionsansatz eine Volatilität von 70 % verwendet. Die konkreten Modell-Parameter, mit denen anschließend der Unternehmenswert nach dem Realoptionsansatz mittels des Compound Option-Modells berechnet wird, lassen sich somit aus den vorangegangenen Überlegungen wie in Abbildung 10 skizziert belegen.

US-Unternehmen	jeweilige Volatilität p.a.
Gesellschaften aus der Peer Group mit hoher Volatilität	90 %
Gesellschaften aus der Peer Group mit mittlerer Volatilität	72 %
Gesellschaften aus der Peer Group mit niedriger Volatilität	65 %

Abbildung 9: Volatilität der Peer Group-Unternehmen

Input-Parameter für das Compound Option-Modell		**Parameter-wert**
Gegenwartswert (Aktienkurs)	⇒ über der Brutto Cash-in-flows	48 Mio. $
Basis für Compound Option	⇒ Investitionskosten 1. Tranche	ca. 8 Mio. $
Basis für nachgelagerte Option	⇒ Investitionskosten 2. Tranche	ca. 18 Mio. $
Fälligkeit 1. Tranche		06.2000
Fälligkeit 2. Tranche		06.2002
Volatilität	⇒ über die Brutto Cash-in-flows	70 %
risikoloser Zinssatz		5 %
Convenience Yield	⇒ negativer Dividendeneffekt i. S. von Opportunitätskosten für die Offenhaltung der Option	0,25 %

Abbildung 10: Modellspezifikation

[38] Eigene Berechnung sowie veröffentlichte Werte.

Der noch nicht erläuterte unten stehende Parameter, d. h. der im vorliegenden Fall angesetzte Dividendeneffekt von 0,25 % (entspricht 5 % der risikolosen Rate für das Hedge-Portfolio), berücksichtigt eine entsprechende Minderverzinsung während der Aufrechterhaltung der Freiheitsgrade der Investitionspolitik (infolge des Verlustes des Netto-Nutzens aus einer vorhandenen Betriebsbereitschaft).[39] Der für jede Optionsbewertung notwendige Ansatz des risikolosen Zinssatzes ist unproblematisch und wird hier bezogen auf den laufzeitadäquaten Kapitalmarktwert mit 5 % beziffert.

4.3.4 Bewertung mittels des Compound Option-Modells und Ableitung einer Wertbandbreite

Aus den oben stehenden Parametern resultiert bei Anwendung des Compound Option-Modells ein (aktiver) Unternehmenswert auf Realoptionsbasis von rund US $ 27,8 Mio. im Vergleich zum DCF-Wert von US $ 22,7 Mio. Die Wachstumsflexibilität dieses Geschäftsmodells bzw. der offenen Investitionsstrategie durch aktives Management erhöht den DCF-Wert damit um etwa 20 %.

Eine Sensitivitätsanalyse zur Absicherung des Ergebnisses liefert die nachstehenden Aussagen. Es wurden die in das Compound Option-Modell eingehenden Parameter hierfür jeweils um c. p. 10 % erhöht. Die resultierende Wertänderung ist bezogen auf US $ 27,8 Mio. jeweils abgetragen. Der größte Hebel auf den Unternehmenswert geht von den Brutto Cash-in-Flows aus. Wird der Wert des Biotech-Start-ups über eine 10 %-tige Variation dieser Größe sensitiviert, resultiert eine Bandbreite von US $ 25,5 bis 32 Mio. Aus diesen Erkenntnissen folgt, dass sich mit einiger Sicherheit der Wert des Unternehmens in dieser Bandbreite bewegt.

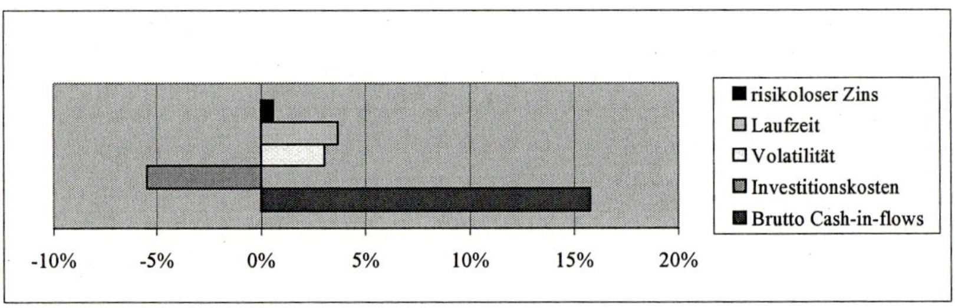

Abbildung 11: Sensitivitätsanalyse

---

39 Vgl. hierzu z.B. Pindyck (1991), S. 1120. Dieser Effekt kann wie erläutert in die Compound Options-Bewertung eingebaut werden, soll hier jedoch v.a. nur demonstrieren, dass Modifikationen des vorstehend beschriebenen Basismodells von Geske möglich sind und z.B. auch Wettbewerbsverhalten modelliert werden kann. Zur Ermittlung des hier gesuchten Unternehmenswerts ist die oben gezeigte Modifikation nicht zwingend.

4.4 Modellerweiterungen und -ergänzungen

Das angewendete optionsbasierte Modell der Unternehmensbewertung ist so konzipiert, dass die Spezifika des zugrunde gelegten Geschäftsmodells hinreichend abgebildet werden und der Unternehmenswert über das Compound Option adäquat - und mit verwendeten Marktdaten unterlegt - bestimmt wird. Die Optionsbewertung kann darüber hinaus nun stufenweise erweitert und ergänzt werden:

- Vielfach liegt bei innovativen wachstumsstarken Unternehmen des Pharmasektors nicht ausschließlich eine einzige und eindeutig zu handhabende Investitionssequenz mit Optionscharakter vor, insbesondere wenn man sich die eingangs erläuterten besonderen Prozessketten der F & E und die verschiedenen Risikoquellen vergegenwärtigt, sondern es kann eine Schar oder Kombination von (Wachstums- und/ oder Flexibilitäts-) Realoptionen existieren, die zudem unterschiedlich als Call- und Put-Optionen auftreten können. Bestehen zwischen einzelnen Realoptionen Interaktionen, muss das Wertadditivitätstheorem nicht mehr zwingend gelten. Interaktionen sind insbesondere dann als sehr hoch einzustufen, wenn die Wahrscheinlichkeit für die gemeinsame Ausübung existierender Optionen in einem Unternehmen hoch ist.[40]
- Des weiteren dürfte der Wert wachstumsstarker innovativer Unternehmen gegenüber demjenigen etablierter Unternehmen wesentlich stärker von neuen Produktentwicklungen getragen werden. Die zeitliche Entwicklung des Wertes von Investitionsobjekten wird unter diesen Umständen nur ungenügend durch stetige Diffusionsprozesse (wie die dem vorgestellten Modell inhärente geometrische Brownsche Bewegung) charakterisiert. Die zeitliche Änderung der Zufallsvariablen dürfte bei wachstumsstarken innovativen Unternehmen vielmehr durch Sprünge beschrieben werden, da deren Wertschöpfung besonders geprägt wird durch die hohe Bedeutung von Inventionen und Neuentdeckungen. Diese entwickeln sich i. d. R. aufgrund technischer Determinanten nicht stetig.
- Die besondere Struktur des Phasenverlaufes im Auftragseingang solcher Unternehmen ist ein weiterer Grund für Unstetigkeiten, da wegen des häufig noch deutlichen Entwicklungscharakters von neuen Produkten und Dienstleistungen (z.B. Spezialsoftware) seitens potenzieller Auftraggeber rechtlich unvollständige und implizite Verträge abgeschlossen werden, die zu einem späteren Zeitpunkt nicht zwingend planbar zu rechtlich verpflichtenden Auftragserteilungen führen.
- Wachstumsstarke innovative Unternehmen operieren ferner häufig auf Absatzmärkten, in denen sie ein zeitlich befristetes Monopol anstreben. Die im

---

40 Vgl. Trigeorgis (1993b), S. 202 ff. und zur Erläuterung der Interaktion anhand von Zahlenbeispielen Trigeorgis (1993a), S. 12 ff.

Unternehmen vorhandenen Realoptionen wären im Monopolfall exklusiver Art. I. d .R. sind Märkte aber (mehr oder weniger) bestreitbar, so dass Konkurrenten nach einer gewissen Zeit in den Markt eintreten können, was für den Monopolisten den Wertverlust seiner Realoptionen zur Folge haben wird.[41] Eine vorzeitige Ausübung der Realoption kann dann eine geeignete Strategie sein, um sich vor dem strategisch bedingten Wertverlust der Optionen zu schützen.

Der Wertepfad von Investitionen kann aufgrund der vorgenannten Umstände statt durch einen generalisierten Wiener Prozess adäquater durch reine Sprungprozesse („Pure Jump-Process") oder gemischte Prozesse erfasst werden. Die geometrische Brownsche Bewegung wird um Sprünge im Verlauf des Basiswertes ergänzt.[42]

Das Realoptionsmodell von Willner bietet sich hier als Erweiterung des bisherigen Grundmodells an. Das Willner-Modell operiert ebenfalls mit einer Compound Option. Betrachtet wird ein Start-up-Unternehmen, das sich aus einem einzigen Investitionsvorhaben zusammensetzt. Der Prozessverlauf für den Barwert der Zahlungsströme des zu installierenden Investitionsobjektes (dV/V) wird mittels eines Poisson-Prozesses modelliert:[43]

$$\frac{dV}{V} = \mu dt + (\gamma - \delta) d\Pi(Q)$$

mit

μ = Wachstumsrate des Barwerts V(t) ohne Sprünge,
dt = betrachteter Zeitabschnitt,
γ = prozentuale Änderung von V(t) bei einer Neuentdeckung im Unternehmen,
δ = prozentuale Reduktion von V(t) durch Markteintritt neuer Wettbewerber.

In obiger Gleichung stellt $\Pi(Q)$ den Poisson-Prozess dar, der die Sprünge mit der Intensität Q wie folgt simuliert:

$$d\Pi = \begin{cases} 1 & \text{mit Wahrscheinlichkeit } Qdt \\ 0 & \text{mit Wahrscheinlichkeit } 1 - Qdt \end{cases}$$

Die Sprunghäufigkeit wird von Willner beispielhaft mit der Anzahl beschäftigter Wissenschaftler im zu betrachtenden Unternehmen und die Sprungstärke mit der Qualifikation der Wissenschaftler bestimmt.[44] Zwischen den Sprüngen entwickelt sich der Barwert mit der Wachstumsrate $e^{-r(T-t)}$ (e = Eulersche Zahl) kontinuierlich,

---

41 Vgl. Gintschel (1999).

42 Vgl. grundsätzlich Hull (2000).

43 Vgl. Willner (1995), S. 227 ff.

44 Kann man unterstellen, dass die Neuentdeckungen des betrachteten Unternehmens nicht korreliert sind mit der Marktentwicklung und die Investoren Diversifikation betreiben, so besteht kein systematisches Risiko und der Optionspreisermittlung kann der risikolose Zinssatz zugrunde gelegt werden.

mit T als Fälligkeitszeitpunkt der Option. Der erweiterte Unternehmenswert (V_{er}) wird auf der Grundlage des Poisson-Verlaufs des Güterpreises darstellbar:

$$V_{er} = e^{-r(T-t)} \int_{a}^{\infty} (1 - a / V) \Gamma(Q / \upsilon, \lambda) dV + V_{NPV}$$

$$(= \text{Wert Wachstumsoption} + \text{Wert Assets in Place})$$

mit
a = Auszahlung, um nachfolgend die Zahlungsströme von V zu erhalten,
V = Barwert der Zahlungsströme des Investitionsprojekts,
Γ = Gamma-Verteilung,
λ = Parametern für die Sprunggenerierung (mit $\lambda > 1$),
ν = Sprungdämpfungsfaktor zur Erfassung.

5 Schlussbetrachtung

Die Realoptionsanalyse vermochte in der vorliegenden Fallstudie ein besseres Verständnis hinsichtlich der Werttreiber auf der Ebene einzelner Investitionsprojekte bzw. der gesamten Unternehmensebene zu vermitteln. Sie lieferte ferner wichtige Einsichten für den strategischen Wert. Im Gegensatz zum traditionellen Unternehmenswert aus der DCF-Methodik reagiert der aktive Unternehmenswert um so positiver, je höher das Risiko (gemessen an der Volatilität der Zahlungsströme), das gegenwärtige Zinsniveau (als Grundlage für den risikolosen Kalkulationszinssatz) und je länger die Laufzeit der Realoption (bestimmt aus der verbleibenden Entscheidungsdauer) ist.

Ansonsten differieren die Bewertungsinputs nicht wesentlich zu den in traditionellen DCF-Verfahren verwendeten Bewertungsparametern. Es stellen sich auch ähnliche Probleme diese abzuleiten, wobei aus der RO-Bewertung die beschriebenen Vorteile der fundierten Wertermittlung forschender Unternehmen unter Lösung des Zinsauswahlproblems resultieren.

Dargelegt wurde jedoch auch, dass die Bewertung von F & E-Projekten, für die kein Bezug zu marktgehandelten Vermögensobjekten hergestellt werden kann, zu Problemen führen dürfte. Mit asymmetrischen Informationsverteilungen könnten ferner Handlungsfreiheiten begründet werden, die bei abweichenden Zielsetzungen zwischen Kapitalnehmern und –gebern zu Prinzipal-Agent-Problemen führen. In einer noch frühen F & E-Phase haben Kapitalgeber oft nur eingeschränkte Möglichkeiten, den Risikogehalt hinreichend zu prüfen und zu beurteilen. Von der Lösung der zugrundeliegenden Anreizprobleme hängt es dann ab, ob vor allem

Venture Capital–Gesellschaften wegen endogener Unsicherheiten eine gewünschte Finanzierung leisten können.[45]

Bei der Bewertung kann darüber hinaus ein nicht zu unterschätzendes Problem folgen, falls die Realoption nicht in exklusiver Form dem Unternehmen vorliegt oder geschützt werden kann und somit eher einen allgemeinen Charakter hat. In diesem Zusammenhang werden dann Überlegungen zum Wettbewerbsverhalten und dementsprechende Modifikationen der Bewertungsmodelle erforderlich.[46] Da wachstumsstarke innovative Unternehmen auch auf Absatzmärkten operieren, die von Konkurrenten bestreitbar sind, kann die vorzeitige Ausübung der Realoption(en) solcher Unternehmen eine geeignete Strategie sein, um sich vor dem strategisch bedingten Wertverlust der Optionen zu schützen. Nach Trigeorgis ist dabei zu unterscheiden, ob die Ausübung (i) sofort erfolgt und den Markteintritt der Konkurrenz verhindern kann, (ii) trotz sofortiger Wahrnehmung nicht den Konkurrenzeintritt abwehrt, (iii) erst bei Fälligkeit der Option aber mit Konkurrenzeintritt erfolgt, (iv) direkt vor dem erwarteten Termin des Konkurrenzeintritts erfolgt und diesen dadurch verhindern kann.[47]

Insgesamt betrachtet ergeben sich aus der Bewertungssicht des Realoptionsansatzes neue und wertvolle Einsichten in die strategische Unternehmensführung, die zu verfeinerten Steuerungs- und Kontrollmöglichkeiten in Zukunft führen können.

Literaturverzeichnis

Amram, M.; Kulatilaka, N. (1999): Real Options. Managing Strategic Investments in an Uncertain World, Boston

Bank in Liechtenstein (1995): Es muss nicht immer Blue Chip sein. In: *Fakten und Meinungen,* III/95, S. 6-10, Frankfurt a. M.

Black, F.; Scholes, M., (1973): The Pricing of Options and Corporate Liabilities, in: *Journal of Political Economy,* Nr. 3, S. 637-654

Cochrane, J. H. (1999): New Facts in Finance, in: *Economic Perspectives*. Federal Reserve Bank of Chicago, Nr. 23, S. 36-58

Dresdner Kleinwort Benson (Hrsg.) (1996): Studie BB BIOTECH, Frankfurt a. M.

Elton, E. J.; Gruber, M. J. (1995): Modern Portfolio Theory and Investment Analysis, 5. Aufl., New York et. al.

Geske, R. (1979): The Valuation of Compound Options, in: *Journal of Financial Economics* Nr. 3, S. 63-81

---

[45] Vgl. Schäfer (1998).

[46] Zu Aspekten des Wettbewerbsverhaltens vgl. z.B. Trigeorgis (1991) S. 143 ff.

[47] Vgl. Trigeorgis (1991), S. 143 ff.

Gintschel, A. (1999): Ein allgemeines Binomialmodell zur Bewertung von Realoptionen, in: *Kredit und Kapital,* Nr. 1, S. 60-84

Haugen, R. A. (1995): The New Finance: The Case Against Efficient Markets, Englewood Cliffs

HFA (Hauptfachausschuss) des IDW (1999): Entwurf IDW Standard: Grundsätze zur Durchführung von Unternehmensbewertungen (IDW ES 1), in: *IDW-Fachnachrichten*, Nr. 3, S. 61-85

Hull, J. C. (2000): Options, Futures and Other Derivative Securities, 4. Aufl., New Jersey

Jarrow, R. A.; Rudd, A. (1983): Option Pricing, New Jersey

Kellog, D.; Charnes; J. M.; Demirer, R. (1999): Valuation of a Biotechnology Firm: An application of real-options methodologies. Paper presented to the 3rd Annual International Conference on Real Options 1999 in Wassenaar/Leiden (Netherlands)

Kemna, A. G. Z. (1993): Case Studies on Real Options, in: *Financial Management* Nr. 3, S. 259-270

Lewent, J. (1994): Scientific Management at Merck, in: *Harvard Business Review*, Nr. 1, S. 89-99

Luehrman, T. A. (1994): Financial Engineering at Merck, in: *Harvard Business Review*, Nr. 1, S. 94-97

Mason, S. P.; Merton, R. C. (1985): The Role of Contingent Claims Analysis, in: Altman, E.; Subrahmanyam, M.G. (Hrsg.): Recent Advances in Corporate Finance, Homewood, S. 7-54

Myers, S. C. (1984): Finance Theory and Financial Strategy, in: *Midland Corporate Finance Journal,* Nr. 1, S. 6-13

Pindyck, R. S. (1988): Irreversible Investment, Capacity Choice, and the Value of the Firm, in: *American Economic Review*, Nr. 5, S. 969-985

Pindyck, R. S. (1991): Irreversibility, Uncertainty, and Investment, in: *Journal of Economic Literature*, Nr. 3, S. 1110-1148

Schäfer, H. (1999): Unternehmensinvestitionen. Grundzüge in Theorie und Management, Heidelberg

Schäfer, H. (1998): Unternehmensfinanzen. Grundzüge in Theorie und Management, Heidelberg

Schäfer, H., Jacobs, M. (2000): Bewertung von IPOs des Neuen Marktes – empirische Analyse angewandter Bewertungskonzepte, Arbeitspapiere zu Finanzmärkten und Finanzdienstleistungen, 02/2000, Universität Siegen, Fachbereich Wirtschaftswissenschaften

Schäfer, H.; Schässburger, B. (2001): Bewertungsmängel von CAPM und DCF bei innovativen wachstumsstarken Unternehmen und optionspreistheoretische Alternativen, in: *Zeitschrift für Betriebswirtschaft*, Nr. 1, S. 1-23.

Schäfer, H.; Schässburger, B. (2000): Realoptionsansatz in der Bewertung forschungsintensiver Unternehmen – Anwendung am Beispiel eines Biotech Start-up, in: *Finanzbetrieb*, Nr. 9, S. 586-592

Sick, G. (1989): Capital Budgeting with Real Options, New York

Trigeorgis, L. (1991): Anticipated competitive Entry and Early Preemptive Investment in Deterable Projects, in: *Journal of Economics and Business*, Nr. 2, S. 143-156

Trigeorgis, L. (1993a): The Nature of Option Interactions and the Valuation of Investments with Multiple Real Options, in: *Journal of Financial and Quantitative Analysis*, Nr. 1, S. 1-20

Trigeorgis, L. (1993b): Real Options and Interactions with Financial Flexibility, in: *Financial Management*, Nr. 3, S. 202-224

Trigeorgis, L. (1996): Real Options: Managerial Flexibility and Strategy in Resource Allocation, Cambridge et. al.

Verband der Chemischen Industrie e.V. (Hrsg.) (1996): Textheft Biotechnologie/ Gentechnik, Frankfurt

Willner, R. (1995): Valuing Start-up Venture Growth Options, in: Trigeorgis, L. (Hrsg.): Real Options in Capital Investment: Models, Strategies, and Applications, Westport, S. 221-240

Real Option Valuation™: Synthese von Strategie und Wert Anwendungsbeispiel für ein Internet Portal*

Sigrid Krolle und Ulrich Oßwald[1]

Sigrid Krolle, Senior Managerin der Applied Decision Analysis–Gruppe bei PricewaterhouseCoopers in Frankfurt am Main

Ulrich Oßwald, Senior Consultant der Applied Decision Analysis–Gruppe bei PricewaterhouseCoopers in Frankfurt am Main

Zusammenfassung: Der vorliegende Beitrag stellt mit Real Option Valuation™ (ROV™) ein Verfahren vor, das Realoptionen im Rahmen komplexer Entscheidungsprobleme explizit berücksichtigt. ROV™ grenzt sich von den gängigen Vorschlägen zur Bewertung von Realoptionen dadurch ab, dass im Mittelpunkt die wertorientierte Strategiefindung steht. Diesem Ansatz liegt das Verständnis zugrunde, dass jede Strategie sich an ihrem Wertbeitrag messen lassen und den Kapitalgebern kommunizierbar sein muss. Ziel dieses Beitrags ist es daher nicht, die unterschiedlichen Optionspreismodelle auf ihre Realitätsnähe zur Beschreibung von Handlungsalternativen in einem Unternehmen zu diskutieren. Vielmehr wird mit ROV™ ein Verfahren vorgestellt, das die bewertungstheoretischen Möglichkeiten der Optionspreistheorie mit den Vorteilen einer Entscheidungsbaumanalyse verknüpft und somit der alleinigen Anwendung von Optionspreismodellen überlegen ist. ROV™ konzentriert sich auf die eigentliche Bewertungs- und Entscheidungsproblematik, denen sich Anleger und Unternehmen in einer Welt komplexer Unsicherheiten und einer Vielzahl, z.T. noch unbekannter Einflussfaktoren heute gegenüber sehen. Es trägt vor allem den Anforderungen Rechnung, die an ein Bewertungsmodell zu stellen sind, das als strategische Entscheidungsgrundlage dienen soll: Mit Hilfe der Entscheidungsbaumanalyse können Handlungsalternativen, maßgebliche Unsicherheiten und Werttreiber sowie Cashflow-Implikationen wesentlich transparenter strukturiert und ihr Wertbeitrag quantifiziert werden. Die Grundsätze der Optionsbewertung lassen sich dabei gleichzeitig

---

* Die im dritten Teil dargestellte Fallstudie wurde von Chris Dalton und Jochen Knollmann (PricewaterhouseCoopers Frankfurt am Main) auf der Grundlage eines von ihnen durchgeführten Beratungsprojektes erarbeitet.

1 Für hilfreiche Hinweise und Unterstützung möchten wir außerdem Christian Wulff (PricewaterhouseCoopers Frankfurt am Main) danken.

und konsistent integrieren[2], indem einerseits der optionsgerechte Zahlungsstrom modelliert als auch – sofern möglich - der Bewertungsgrundsatz der Optionspreistheorie (RNVR) [3] angewandt wird. Der Vorteil dieses Ansatzes liegt somit neben einer kapitalmarktkonformen Wertfindung in der Nachvollziehbarkeit und Kommunizierbarkeit innerhalb und außerhalb des Unternehmens. Er liefert gleichzeitig eine der wichtigsten Prämissen zur Bewertung von Optionen, die nämlich nur dann einen Wertbeitrag liefern können, wenn sie auch erkannt und wertsteigernd ausgeübt werden. Die Anwendung von ROV™ wird am praktischen Fallbeispiel eines internetbasierten Finanzportals illustriert.

Schlüsselworte: Realoptionen, Real Option Valuation™, ROV™, Entscheidungstheorie, Entscheidungsbaum, strategische Entscheidungsanalyse, Strategieberatung, strategische Beratung

1 Grenzen klassischer Bewertungsverfahren

1.1 Industrie im Wandel

In Europa verändert sich z.Zt. das Umfeld vieler Unternehmen und Branchen in einer bislang nicht gekannten Geschwindigkeit. Es entstehen neue Märkte und Branchen infolge des technologischen Fortschrittes und der Möglichkeiten moderner Kommunikationstechnologien. Bislang unter monopolartigen Bedingungen angebotene Leistungen werden im Rahmen von Deregulierungen sukzessive dem Wettbewerb zugeführt.

Die Dynamik des sich verändernden Umfeldes zwingt die bisher in diesen Märkten agierenden Unternehmen zu einer veränderten Sichtweise und ggf. strategischen Neuausrichtung. So ziehen sich die häufig noch als Mischkonzerne auftretende Großunternehmen auf ihre Kernkompetenzen zurück oder investieren verstärkt in neue zukunftsträchtige Geschäftsfelder. Notwendige Investitionen für die Entwicklung von neuen Produkten und Technologien müssen dabei ebenso wie der Kaufpreis für Unternehmen unter dem Aspekt ihres strategischen Wertbeitrags

2 Smith/Nau (1995).

3 Risk Neutral Valuation Relationship (RNVR) bezeichnet ein risikoneutrales Wertverhältnis zwischen dem sog. Underlying, von dessen Wertentwicklung der Wert des bedingten Anspruchs (Option) abhängig ist, und der Option. Dieser Bewertungszusammenhang kann durch ein risikofreies Portefeuille (Hedgeportefeuille) oder sogenannte risikoneutrale Wahrscheinlichkeiten beschrieben sein. Auf dieser Basis lässt sich eindeutig der Wert einer Option ermitteln, wenn bereits mit dem Underlying eine Bewertung hoch korrelierter Zahlungsströme zur Option durch den Kapitalmarkt vorliegt. Vgl. Brennan (1979).

zum Unternehmen beurteilt werden. Nur begrenzt verfügbare finanzielle Mittel oder Managementkapazitäten können es überdies erforderlich machen, aus verschiedenen Handlungsalternativen die optimale Auswahl zu treffen.

Die Unsicherheit über die künftige Gewinnentwicklung ist bei einem rasanten Wandel der Wettbewerbssituation und des z.T. unbekannten oder sich ändernden Verbraucherverhaltens in vielen Märkten gegenüber der Vergangenheit entschieden komplexer oder größer geworden.

Die traditionellen Investitionsrechnungen bilden solche notwendigen strategischen Neuausrichtungen, die mit hoher Unsicherheit der Rahmenbedingungen einhergehen und in vielfältige Handlungsalternativen münden, nur teilweise ab. Investoren verlangen mehr als bisher sowohl nachvollziehbar wertorientierte Investitionsentscheidungen als auch eine zukunftsweisende Geschäftsausrichtung. Deshalb werden intuitiv getroffene strategische Entscheidungen den Anforderungen der Kapitalmärkte bei zunehmender Konkurrenz um die knappen finanziellen Ressourcen nicht mehr gerecht.

1.2 Neue Herausforderungen fordern neue Methoden

Vor diesem Hintergrund ist es nicht verwunderlich, dass auch in Deutschland die Grenzen und Möglichkeiten der traditionellen Bewertungsmethoden, die bislang als Standardverfahren zur Beurteilung von Finanz- und Realinvestitionen akzeptiert wurden, wieder stärker diskutiert werden. Im Mittelpunkt der Kritik steht die in der Regel statische Abbildung unsicherer Zahlungsströme und die nur begrenzten Möglichkeiten, mit diesen Verfahren auch die Reaktionsfähigkeit des Managements auf sich verändernde Rahmenbedingungen sachgerecht abzubilden. Auch die üblicherweise aus der Vergangenheit fortgeschriebenen operativen Risiken und deren Bewertung durch den Markt werden dem oben beschriebenen Umfeld nicht mehr gerecht. So sind Prognosen der künftigen Cash-Flows bedeutend schwieriger geworden als in traditionellen und überschaubaren Veränderungen unterworfenen Branchen. Auch die bestehenden Handlungsmöglichkeiten und Verbundvorteile können erhebliche und entscheidungsrelevante Wertkomponenten darstellen.

Die Grenzen der herkömmlichen Methoden zeigen sich dementsprechend darin, dass die Bewertungen am Kapitalmarkt sowohl am Neuen Markt als auch bei den von diesem Wandel besonders betroffenen Branchen, wie z.B. dem Energiesektor oder der Telekommunikation, mit den traditionellen Methoden kaum nachzubilden sind. Aber auch strategische Entscheidungen in den Unternehmen sind auf der Basis traditioneller Investitionsverfahren schwer zu begründen und den Kapitalgebern zu kommunizieren. Diese neuen Anforderungen an die Unternehmensbewertung haben in jüngster Zeit die Diskussion um die Möglichkeiten der modernen Optionspreistheorie, wie sie erstmals von Black und Scholes[4] formuliert wurde, wieder aufleben lassen. Die Flexibilität in Form von Handlungsalternativen, die

4 Black/Scholes (1973).

dem Management hinsichtlich seiner Investitionsentscheidungen zur Verfügung stehen, werden in diesem Zusammenhang als realwirtschaftliche Optionen bezeichnet, da sie analog zu Finanzoptionen das Gewinnpotenzial vergrößern oder Verlustrisiken begrenzen.

Berücksichtigt man die charakteristischen Ähnlichkeiten zwischen Cash-Flows aus Finanzoptionen und Cash-Flows aus Investitionsprojekten mit Handlungsflexibilitäten (Realoptionen), so liegt der Gedanke nahe, die für die Finanzoptionen gefundenen Lösungsansätze auf die Bewertung von Realoptionen zu übertragen. Denn die übliche deterministische Schreibweise des Kapitalwertes als Ergebnis einer Discounted-Cash-Flow Analyse kann den Wert von Investitionsprojekten oder ganzen Unternehmen systematisch unterschätzen, wenn Handlungsoptionen gegeben sind.

In der Praxis zeigt sich jedoch, dass die Übertragung des für Finanzoptionen entwickelten Bewertungsansatzes auf Realoptionen erhebliche Probleme aufwirft und die Vernachlässigung von Flexibilitäten bei herkömmlichen Bewertungsverfahren nur ein Teilproblem beschreibt. Die explizite Berücksichtigung von Reaktionsmöglichkeiten innerhalb von Investitionsprojekten kann zweifellos erhebliche Wertrelevanz haben. Diese liegt aber in erster Linie in der richtigen Beschreibung der Cashflow-Implikationen von Optionen begründet. Die heutige Bewertungsproblematik liegt aber angesichts des sich rasant wandelnden Umfeldes schon in der Prognose und Analyse von Risikofaktoren, möglichen und wertsteigernden Handlungsalternativen sowie deren Cashflow-Implikationen. Die hierfür notwendige Transparenz schafft in erster Linie die Entscheidungsbaumanalyse und nicht die Optionspreistheorie. Die moderne Optionspreistheorie löst – unter bestimmten Prämissen[5] – dagegen vor allem die Frage nach dem angemessenen risikoadjustierten Zinssatz. Sie hat dann aber grundsätzlich auch Gültigkeit für Nicht-Optionen und erreicht damit ein breiteres Anwendungsgebiet als das der Flexibilitäten. Denn die Bestimmung von kapitalmarktgerechten Diskontierungssätzen ist ein Problem, das sich auch schon für unflexible Investitionsprojekte in einer sich wandelnden Industrie stellt, da alte Bewertungsparameter teilweise keine Gültigkeit mehr haben.

---

5 Diese notwendigen Prämissen sind für Realinvestitionen fast nie gegeben. Hierin liegt die eigentliche Begrenzung der Übertragbarkeit der modernen Optionspreistheorie auf Realoptionen.

2 Alternative: Realoptionsbewertung

2.1 Grundzüge der modernen Optionspreistheorie

Die Bewertung von Optionen folgt grundsätzlich den Prinzipien der traditionellen Investitionsrechnung. Insbesondere ergibt sich der Barwert einer Option aus der Diskontierung des erwarteten unsicheren Zahlungsstroms der Option mit dem die Risikoneigung des Kapitalmarktes berücksichtigenden Zinssatz. Das zentrale Problem lag bis zur Entwicklung der erstmals von Black und Scholes beschriebenen (partialanalytischen)[6] Gleichgewichtsmodelle allein in der Bestimmung dieses Diskontierungssatzes, wenn die Investorenpräferenzen nicht bekannt sind. Die ebenso einfache wie elegante Lösung folgte aus der Frage, in welchem Bewertungsverhältnis eine Option zwingend zu ihrem Bezugsgut (sog. Underlying) stehen muss, wenn die zustandsabhängigen Zahlungsströme einer Option einerseits eine vom Underlying abweichende Risiko/Chance Struktur aufweisen, andererseits aber mit den zustandsabhängigen Cash-Flows des Underlyings vollständig korreliert sind. Die Optionspreistheorie bedient sich zur Lösung dieser Frage entweder eines Hedgeportefeuilles oder der sogenannten risikoneutralen Wahrscheinlichkeiten, die aus jenem mit der Option korrelierten Underlying abgeleitet werden. Zentrales Argument ist, dass äquivalente Portefeuilles die gleiche Rendite erzielen müssen (Arbitragefreiheit)[7]. Kann aus Basisinstrument und Option ein nicht stochastischer Ertrag erzielt werden, folgt ein funktionaler Bewertungszusammenhang, der präferenzfrei ist. Der essentielle Gesichtspunkt der modernen Optionspreistheorie liegt somit in der Herleitung eines risikoneutralen Bewertungsverhältnisses zwischen einem bereits am Kapitalmarkt bewerteten und implizit die Investorenpräferenzen widerspiegelnden Wertpapiers (Underlying) und dem zu bewertenden Zahlungsstrom. Während die Lösung[8] von Black/Scholes noch unter sehr restriktiven Annahmen (z.B. Verteilung für die Entwicklung der Aktienrendite, kontinuierliche Anpassung des Hedgeportfolios) steht, haben verschiedene nachfolgende Autoren[9] gezeigt, dass der Bewertungszusammenhang von Black und Scholes auch erhalten bleibt, wenn kein kontinuierlicher Handel zur Bildung eines Hedgeportefeuille existiert. Der Vorteil ist, dass auch bedingte Ansprüche auf Vermögensgegenstände bewertet werden können, deren Preisdynamik verschiedenen stochastischen Prozessen folgen kann[10]. In der (zeitdiskreten) Schreibweise des Binomialansatzes lässt sich der Bewertungszusammenhang von Option und Basisinstrument durch sogenannte risikoneutrale Wahrscheinlich-

---

6 Vgl. Wilhelm (1978).

7 Vgl. zur Arbitragefreiheit auch Nietert/Wilhelm (1998).

8 Der Optionswert lässt sich mit in einer geschlossenen Formel als Funktion von fünf Parametern X (Ausübungspreis), S (Aktienkurs), σ (Volatilität), t (Laufzeit der Option) und r (sicherer Zinssatz) darstellen.

9 Rubinstein (1976).

10 Die gegenüber Black/Scholes geringeren Anwendungsrestriktionen dieser Schreibweise sind gerade für Realoptionen bedeutsam. Vgl. Cox/Ross (1976).

keiten darstellen. Risikoneutrale Wahrscheinlichkeiten sind Pseudowahrscheinlichkeiten („als ob" risikoneutral), mit deren Hilfe ein („Pseudo"-) Erwartungswert des unsicheren Zahlungsstroms berechnet wird, und der die Diskontierung mit dem risikofreien Zins erlaubt.

Der Lösungsweg der modernen Optionspreistheorie liegt also darin, aus bereits bewerteten unsicheren Zahlungsströmen auf der Basis des Duplizierungsgedankens oder risikoneutraler Wahrscheinlichkeiten den Wert anderer unsicherer Zahlungsströme abzuleiten. Dieser Lösungsansatz ist gerade deshalb für die Bewertung von operativen Cash-Flows und Realoptionen relevant, weil – anders als eine Vielzahl von Literaturbeiträgen vermuten lässt – als Underlying nicht zwingend das Bezugsgut selbst und dessen Bewertungsparameter erforderlich sind, sondern jedweder vom Kapitalmarkt bewertete, in bestimmter Weise korrelierter Zahlungsstrom zur Bewertung einer Option herangezogen werden kann. Ebenso wenig ist die Anwendung des optionspreistheoretischen Bewertungsverständnisses auf die Bewertung von Optionen beschränkt. Sie kann ebenfalls auf unsichere Cash-Flows generell angewandt werden, deren Entwicklung von am Kapitalmarkt bereits bewerteten Einflussfaktoren abhängt.

2.2 Chancen und Grenzen der modernen Optionspreistheorie für die Bewertung von Realoptionen

Die Erscheinungsformen von Realoptionen sind vielfältig. Sie können beispielsweise durch zeitliche Flexibilität (sog. Verschiebeoption), Flexibilität im Einsatz- oder Anwendungsbereich oder auch durch die Umkehrbarkeit von Investitionsentscheidungen gekennzeichnet sein[11].

Für die Bewertung einer solchen Option sind dann zwei Teilaspekte zu beachten: einerseits gilt es - anders als in der traditionellen Vorgehensweise der Discounted Cashflow Analyse - den Cashflow aus Investitionsentscheidungen nicht deterministisch, sondern unter Berücksichtigung der Reaktionsmöglichkeiten des Managements darzustellen. Zum anderen muss der hierzu adäquate Zinssatz bestimmt werden.

In der vielfältigen Literatur kristallisiert sich nun ein Konsens[12] dahingehend heraus, dass die Übertragung der Optionspreistheorie zumindest für einfache Realoptionen (beispielsweise Verschiebeoption) vergleichsweise unproblematisch sei. Das entscheidende bewertungstheoretische Problem der analogen Anwendung der Optionspreistheorie liegt aus unserer Sicht jedoch darin, dass die Lösungsansätze unbedingt die Existenz eines gehandelten, mit den zu bewertenden Zahlungsströmen hoch korrelierten Underlyings voraussetzen[13]. Die klassischen Lösungen der

---

[11] Bärtl/Brockmann (2000).

[12] Hommel/Pritsch (1999); Luehrman (1995).

[13] Die Grenzen der Übertragbarkeit der weiteren (Black-Scholes) Parameter im Hinblick auf Verteilungsannahmen, Fixierung des Bezugspreises oder Laufzeit der Option sei

Optionspreistheorie ziehen hierfür das naheliegendste Instrument heran, nämlich den Vermögensgegenstand, auf den die Option bezogen ist. Dies ist bei einer Finanzoption beispielsweise die Aktie. Bei einer Realoption könnte das potenzielle Investitionsprojekt (z.B. Fabrikbau), auf das sich die Option bezieht, als Underlying verstanden werden. Ein am Markt ablesbarer Wert hierfür existiert allerdings fast nie explizit. Befürworter der reinen Optionspreismodelle schlagen in einem solchen Fall vor, auf ein vergleichbares und bewertetes Projekt oder Unternehmen als Basisinstrument auszuweichen. Hier besteht allerdings die Gefahr der Doppelerfassung des Wertes von Optionen, die i.d.R. auch im Vergleichsunternehmen zu vermuten sind. Idealerweise sind diese in der Bewertung durch den Kapitalmarkt enthalten. Ein anderer Lösungsvorschlag[14] geht dahin, das komplexe Problem (die „Investition“) zunächst „künstlich“ in zwei Bestandteile, a) die Investition ohne Flexibilität, b) die Option (bspw. Möglichkeit zu verschieben), zu zerlegen. Aus a) wird ein „künstliches Underlying“ (im folgenden „Pseudounderlying“) abgeleitet, indem die prognostizierten Cash-Flows mit einem aus dem Kapitalmarkt abgeleiteten risikoadjustierten Zinssatz (WACC = Weighted Average Cost of Capital) diskontiert werden. Der Wert der Flexibilität (Realoption) wird dann analog zu einer Finanzoption unter Verwendung von Schätzwerten für die erforderlichen Parameter ermittelt. Diese Vorgehensweise verlagert aber nur das ursprünglich bei der Bewertung einer Option aufgetretene Problem, nämlich die Bestimmung eines risikoadjustierten und kapitalmarktkonformen Diskontierungssatzes, auf die Bewertung des Underlyings. Denn der Diskontierungszins zur Wertermittlung für das Pseudounderlying wird im Allgemeinen auf der Basis des CAPM und damit im Wesentlichen aus der Marktbeurteilung des Risikos von vergleichbaren börsennotierten Unternehmen abgeleitet. Hier entsteht für den Bewerter das oben bereits beschriebene Problem: Existiert ein äquivalentes börsennotiertes Risiko (Unternehmen), so hat dieses aller Wahrscheinlichkeit nach auch gleiche oder zumindest ähnliche Handlungsflexibilitäten, sonst wäre es nicht vergleichbar. Diese Flexibilitäten sind dementsprechend auch in der Marktbewertung des Risikos bereits teilweise oder vollständig berücksichtigt. Existiert ein solches nicht, verbleibt die einer Schätzung inhärente theoretische Ungenauigkeit[15] bei der Herleitung des Underlyings.

Das eigentliche Problem bei der Übertragung der Optionspreistheorie auf Unternehmen oder Investitionsprojekte wird also offensichtlich, wenn man sich noch einmal die Ursache des heutigen Bewertungsdilemmas und die Motivation für die Anwendung der Optionsbewertung auf Unternehmen vergegenwärtigt: Denn die Schwierigkeit liegt ja gerade darin, in einem sich zunehmend wandelnden Umfeld mit einer Vielzahl von Einflussfaktoren den Cashflow und dessen Risikoprofil schon einer unflexiblen Investition (ohne Optionen) zu beschreiben und den dazu-

---

an dieser Stelle nicht weiter hinterfragt, obwohl es auch hier einige fundamentale Kritikpunkte gibt.

14 Luehrman (1995); Hommel/Pritsch (1999).

15 Hier stößt die Übertragung der Optionspreistheorie an die Grenzen eines unvollkommenen und unvollständigen Kapitalmarktes.

gehörigen angemessenen Zinssatz aus vergleichbaren, am Kapitalmarkt bewerteten Projekten oder Unternehmen zu begründen.

Da auch der Wert einer Option nur durch die zwei Komponenten Cashflow und risikoadjustierter Zinssatz beschrieben ist und das Anliegen der gleichgewichtsorientierten Optionspreistheorie allein die Bestimmung dieses Zinssatzes ist, verbleibt das Problem, zu einer unsicheren Cashflow-Struktur den angemessenen Zinssatz zu finden. Versuche, aus einem starren Investitionsprojekt den Barwert mithilfe eines nur vage abschätzbaren WACC's zu konstruieren, können daher für die Mehrzahl der zu bewertenden Realoptionen nicht überzeugen. Denn entweder verbleibt eine gewisse Willkür mittelbar über die Konstruktion des Underlyings oder unmittelbar bei der Bewertung der Option. Zum anderen erscheint der Aufwand zugunsten einer Scheingenauigkeit nicht gerechtfertigt, wenn man Aspekte der Kommunizierbarkeit und modelltechnischen Lösbarkeit komplexer Entscheidungs- oder Bewertungsprobleme mit einer Vielzahl von Handlungsalternativen und Unsicherheiten einbezieht[16].

Während die wissenschaftliche Diskussion also im wesentlichen auf die unterschiedlichen Optionspreismodelle und deren Angemessenheit zur Beschreibung der Realität und der Ermittlung der notwendigen Preisbildungsparameter fokussiert ist, liegt das Bewertungsdilemma für die Praxis heute doch nur teilweise in der fehlenden Wertkomponente von Handlungsflexibilitäten bei der Anwendung der traditionellen Bewertungsansätze. Vielmehr besteht das Problem der Praxis darin, dass sowohl die handelnden Unternehmer als auch die Kapitalmarktteilnehmer zunächst ein Verständnis für die Werttreiber, die Einflussfaktoren und deren Risiko, ausgedrückt in der Streubreite der möglichen Wertausprägungen, entwickeln müssen, über die sich dann die Bewertung am Kapitalmarkt bilden muss. Nicht zuletzt setzt die Bewertung bestehender Optionen voraus, dass diese identifiziert sind und vom Management nicht nur zufällig richtig ausgeübt werden. Mit anderen Worten liegt unverändert das Bewertungsproblem weniger in der theoretisch korrekten Wertermittlung als in der Transparenz der möglichen Einflussfaktoren, der getroffenen Annahmen und deren Unsicherheitsgrad. Angesichts der Grenzen der Optionspreistheorie zur Bewertung von Realoptionen, sollte die Wertexaktheit nicht überfordert werden. Vielmehr sollte eine komplexe Methode vor allem einen Zugewinn an Verständnis der Werttreiber und Handlungsalternativen liefern, um den Anforderungen einer wertorientierten strategischen Entscheidungshilfe und der Kommunizierbarkeit zu genügen.

---

16 In Abhängigkeit der abzubildenden Risiken kann zweifelsohne die Wahl des Diskontierungssatzes als für das Bezugsgut oder die Option gültiger Parameter erhebliche Wertauswirkungen haben. Im Allgemeinen erhöht sich aber nur der Aufwand.

2.3 Ein alternatives Verfahren der Entscheidungsanalyse: Real Option Valuation™ (ROV™)

Die Alternative zu den in der Literatur diskutierten Ansätzen ist ROV™, ein analytischer Prozess zur Beurteilung von komplexen Entscheidungssituationen. ROV™ wurde in der Praxis als Beratungsansatz zur Unterstützung des Managements bei strategischen Entscheidungen entwickelt: Ziele sind die Schaffung von Transparenz (OpenFraming), die Identifikation und Bewertung möglicher Handlungsalternativen (Analyse) sowie die Herstellung einer quantitativen Argumentationsbasis (Interpretation) für komplexe unternehmerische Entscheidungen. Der Entscheidungsträger sucht Antworten auf Fragen nach der besten Handlungsalternative, den inhärenten Risiken und der optimalen Reaktion auf sich ändernde Rahmenbedingungen. Er fordert dabei die konsistente Berücksichtigung aller wesentlichen, verfügbaren Informationen.

Im Einzelnen lässt sich die ROV™-Methodologie als Prozess in drei Stufen darstellen (vgl. Abbildung 1).

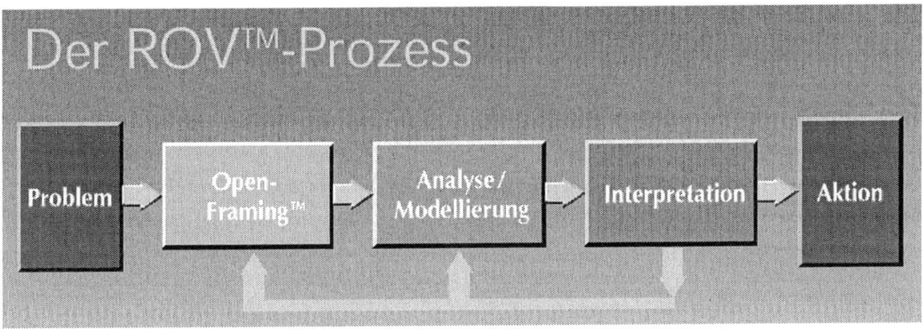

Abbildung 1: ROV™-Prozess

OpenFraming™: In einem ersten Schritt gilt es, die Problemstellung in ihrer Komplexität möglichst vollständig zu analysieren. Dazu müssen zunächst die Einflussfaktoren und Rahmenbedingungen (Märkte, Wettbewerber, Technologieentwicklung, etc.) sowie deren Interdependenzen erfasst werden. Mit Hilfe kreativer Techniken werden Entscheidungspyramiden, Strategietableaus und Einflussdiagramme erstellt.

Analyse: Im zweiten Schritt werden in einem Entscheidungsbaum Handlungsmöglichkeiten und deren Cashflow-Implikationen unter expliziter Darstellung der Einflussfaktoren modelliert. Mit Hilfe einer Sensitivitätsanalyse wird gegebenenfalls die Komplexität des Entscheidungsbaums auf ein Modell reduziert, das die relevanten Handlungsalternativen transparent werden läßt. Mögliche Wertausprägungen und Wahrscheinlichkeitsverteilungen der Inputparameter für das endgültige Modell basieren auf Marktanalysen, Informationen aus dem Zielunternehmen und der Zielbranche (Branchenexperten) sowie auf Einschätzungen des Kapitalmarktes. Die Bewertung (Diskontierung) erfolgt – soweit wie möglich – unter Berücksichtigung des Bewertungsgrundsatzes der Optionspreistheorie in der (zeit-)diskreten Schreibweise.

Interpretation: Ziel ist es, eine Empfehlung für eine optimale Projekt-Management-Strategie und den damit verbundenen aktuellen Wert des Projektes zu erarbeiten. Weiterhin werden die Werttreiber herausgestellt, die besonderer Beobachtung bedürfen, da deren Veränderung ggf. eine Anpassung der Strategie erfordert. Die variable Struktur des Entscheidungsbaums lässt eine Anpassung an sich im Zeitverlauf ändernde Rahmenbedingungen jederzeit zu. Die Transparenz der Modellparameter und die damit zusammenhängende Offenlegung aller zugrundeliegenden Annahmen vergrößern die Akzeptanz des Modells als Entscheidungsgrundlage.

Kernpunkt von ROV™ ist die vollständige Modellierung der Cash-Flows im Zeitverlauf unter Verwendung komplexer Entscheidungsbäume[17]. Optionen werden explizit modelliert, indem die Handlungsalternativen sowie kritische Einflussfaktoren (Unsicherheiten) in ihrer Auswirkung auf die einzelnen Cash-Flows erfasst werden. Die Beschreibung von Handlungsalternativen in dieser Form findet sich bereits in der traditionellen flexiblen Investitionsplanung oder sog. dynamischen Kapitalwertrechnung und wird in der Literatur häufig als nicht hinreichend zur Bewertung von Realoptionen angesehen[18]. Anders als in dieser traditionellen Vorgehensweise berücksichtigt ROV™ jedoch so weit wie möglich die Grundsätze der Optionsbewertung. Zum einen werden die aus der Flexibilität resultierenden Cash-Flows explizit, und zwar im Gegensatz zu den besprochenen, für Finanzoptionen abgeleiteten Lösungsansätzen nicht nur im Zeitverlauf, sondern unter gleichzeitiger Berücksichtigung von kritischen Einflussparametern dargestellt. Ein wesentlicher Mangel der im DCF üblichen deterministischen Bewertung von Investitionen ist damit behoben. Zum anderen wird das Bewertungsverständnis der Optionspreistheorie konsistent in die Entscheidungsbaumanalyse integriert. Allein eine naive Anwendung[19] der Entscheidungsbaumanalyse ist den reinen Optionspreismodellen unterlegen. Die naive Anwendung liegt dabei in der Übertragung eines Zinssatzes, der für die Bewertung eines starren Investitionsprojektes als adäquat angesehen wird, auf die Option. Diese ist jedoch naturgemäß durch ein höheres Risiko gekennzeichnet als ihr Bezugsgut. Die Integration der Options-

---

17 Zur Modellierung und Berechnung der komplexen Strukturen wird die Software DPL (Decision Programming Language) verwendet, die von ADA, einer Tochter von PwC, entwickelt wurde.

18 So kritisiert Tomaszewski (2000), dass der Zinssatz, gültig für das Underlying, aufgrund der abweichenden Risikostruktur für die Option nicht angemessen sei und bei Übertragung dieses Zinssatzes der Optionspreistheorie nicht entspricht; S.107 f. Vgl. auch Copeland/Weston (1988). Dies ist zwar richtig, allerdings kann mit Hilfe der risikoneutralen Wahrscheinlichkeiten der optionpreistheoretisch korrekte Zinssatz auch in der Entscheidungsbaumanalyse angesetzt werden. Vgl. hierzu Smith/Nau (1995).

19 Copeland/Weston (1988).

preistheorie in ROV™ gelingt jedoch, indem die am Kapitalmarkt vorhandenen Bewertungen von unsicheren Entwicklungen der Einflussfaktoren genutzt werden[20]. An dieser Stelle zeigt sich, dass die zeitdiskrete (binomiale) Schreibweise unter Verwendung risikoneutraler Wahrscheinlichkeiten nicht nur leichter kommunizierbar ist, sondern auch unmittelbar darauf verweist, dass nicht das Bezugsgut der Option selbst die Grundlage zur Bewertung von Optionen bilden muss. Vielmehr kann ein solcher Bewertungszusammenhang immer – auch für Nicht-Optionen – hergeleitet werden, wenn bereits bewertete Finanzinstrumente existieren, die isolierbare Risiken (Währungen; Rohstoffpreise u.ä.) der operativen Cash-Flows beschreiben. Bei hinreichend hoher Korrelation können die aus diesen Instrumenten abgeleiteten risikoneutralen Wahrscheinlichkeiten den zustandsabhängigen Zahlungsströmen der zu bewertenden Investitionsprojekte zugeordnet und die resultierenden Erwartungswerte mit dem risikofreien Zins diskontiert werden. Die Frage des angemessenen risikoadjustierten Zinssatzes ist somit implizit gelöst und die optionspreistheoretisch korrekte Bewertung kann unmittelbar in einem Entscheidungsbaum abgebildet werden, ohne den Wert des Bezugsgutes der Option konstruieren zu müssen. Solange also am Kapitalmarkt Einschätzungen zu einzelnen operativen Risikofaktoren in Form von hierauf gehandelten Wertpapieren existieren, können und müssen diese auch für eine konsistente Bewertung i.S. des Duplizitäts- oder Äquivalenzprinzips herangezogen werden und zwar unabhängig davon, ob die von diesen Einflussfaktoren abhängigen Cash-Flows aus flexiblen oder nicht flexiblen Investitionsprojekten folgen. Dementsprechend erfolgt die risikoadäquate Bewertung der Cash-Flows in ROV™ so weit wie möglich konsistent mit den in Kapitalmarktbewertungen implizit vorliegenden Risikoeinschätzungen. Man erkennt allerdings auch leicht, dass die vielfältigen und komplexen Einflussfaktoren operativer Cash-Flows nicht annähernd vollständig als isolierte Risiken im Kapitalmarkt[21] gehandelt werden und somit auch diese Vorgehensweise an Grenzen stößt. Existiert kein gehandeltes Underlying für einzelne Risiken oder das ganze Investitionsprojekt, so wird der adäquate Diskontierungszins auf „herkömmlichem Wege", d.h. auf der Basis des CAPM und vergleichbarer Unternehmen, bestimmt. Die Ausgestaltung unterliegt modelltechnisch keinerlei Restriktionen, so dass beliebige Ansätze gewählt werden, soweit sie in der Sache angemessen sind[22]. Der ermittelte „WACC" wird dann für das vollständige Investitionsprojekt inkl. Option angewandt[23]. Die einheitliche Diskontierung mit einem WACC erlaubt zwar keine exakte separate Bewertung von Option einerseits und Bezugsgut andererseits. Dies hat aber nur Relevanz im Hinblick auf die Verteilung des Gesamtwertes der Investition auf Investition ohne Option und die isolierte Option. Bezieht sich die Entscheidung auf die Investition als Ganzes, so ist die Aufteilung auf die künstlich getrennten Bestandteile für den Entscheidungsträger irrelevant.

---

[20] Smith/Nau (1995).

[21] Hierdurch ist u.a. die Unvollständigkeit des Kapitalmarktes beschrieben.

[22] Damodaran (2000).

[23] Es wird hierbei unterstellt, dass sich die Vergleichbarkeit der Risiken im Hinblick auf den angemessenen Diskontierungssatz (WACC) auch auf die vorhandenen Flexibilitäten erstreckt.

3 Fallstudie: Internet Portal

3.1 Ausgangslage

Nachdem die methodischen Grundlagen von ROV™ aufgezeigt wurden, soll nun im dritten Abschnitt des Beitrags der Einsatz von ROV™ an einem konkreten Beratungsprojekt dargestellt werden. Das Bewertungsobjekt ist das Internet-Startup-Unternehmen „Money.xxl“[24]. „Money.xxl“ ist ein Finanzportal, das umfassende finanzwirtschaftliche Informationen und Finanzdienstleistungen im Internet anbietet. Das Unternehmen wurde nach seiner Gründung vor etwa zwei Jahren schnell vom Markt akzeptiert und konnte sich nach rasanter Steigerung von Seitenzugriffen und Nutzerzahlen inzwischen in seinem Heimatland als Marktführer unter den internetbasierten Finanzdienstleistern positionieren.

Als Finanzportal bietet „Money.xxl“ in enger Kooperation mit einer führenden Wirtschaftszeitschrift veredelte Finanzinformationen auf seiner Internet-Site an. Die wesentlichen gegenwärtigen Leistungen des Startup-Unternehmens sind kundenindividuelles Portfoliomanagement und die Bereitstellung von Echtzeit-Börsenkursen. Bisher werden alle Dienstleistungen den Nutzern kostenlos zur Verfügung gestellt. Die Umsatzerlöse des Unternehmens setzen sich aus Werbeeinnahmen einerseits und aus Kommissionen für Kundenvermittlung an Online-Banken[25] andererseits zusammen. Aktuell decken die Umsätze etwa 30% der Kosten. „Money.xxl“ finanziert sich z. Zt. über Venture-Capital. In etwa zwei Jahren ist ein Börsengang bei gleichzeitigem Ausstieg des Risikokapitalgebers geplant.

Nach erfolgreichem Abschluss der Phase 1 der Geschäftsstrategie (Markteinführung des Unternehmens) plant das Unternehmen nun den Einstieg in die Phase 2: Der Kundenservice soll durch ein tieferes Informationsangebot (Online-Informationsservice) und einen höheren Veredelungsgrad der Finanzinformationen (individuelle, auf das Kundenportfolio zugeschnittene Finanzinformationen) erweitert werden. Dieses erweiterte Leistungsangebot soll allerdings kostenpflichtig („Subskriptionsmodell“) angeboten werden, während Basisinformationen (bspw. Börsenkurse) weiterhin kostenlos zur Verfügung stehen sollen. Geplant ist außerdem, die Marktführerschaft im Internet als Hebel für ein weiteres Geschäftsfeld zu nutzen: Gegen ein „Listing“-Entgelt können Fondsgesellschaften erweiterte Informationen über ihre Fonds für einen definierten Zeitraum auf der Internetsite von „Money.xxl“ präsentieren und als Vertriebsschiene nutzen. Die bereits erzielten Umsatzerlöse über Internetwerbung und Kommissionseinnahmen sollen durch den Ausbau der Marktanteile weiter erhöht werden. Auf der Grundlage dieser Strategieausrichtung wurde eine Ergebnisplanung aufgestellt, die erstmals

---

24 Der Name wurde aus Vertraulichkeitsgründen geändert. Das verwendete Zahlenmaterial wurde ebenfalls verfremdet.

25 Über sog. Hyperlinks wird eine Verknüpfung auf eine andere Website hergestellt.

in zwei Jahren ein positives Betriebsergebnis aufweist. Die geplante Geschäftsausrichtung („Subskriptionsmodell") ermöglicht einerseits Zusatzeinnahmen von zahlenden Nutzern („Subskriptoren"), beinhaltet andererseits aber auch wesentliche Risiken: Insbesondere für den Fall, dass sich im Internet der Trend hin zur kostenlosen Bereitstellung von veredelten Informationen fortsetzt, könnte die hohe Marktakzeptanz der von „Money.xxl" auch künftig kostenlos angebotenen Basisinformationen und damit die Einnahmen aus Werbung, Kommissionen und „Listing"-Entgelten gefährdet sein.

Eine alternative Strategie wäre, den erweiterten Service auch in Zukunft kostenfrei anzubieten („Freies Modell"). In diesem Szenario kann über den kostenlosen Service mit einer hohen Attraktivität der Website gerechnet werden. Über höhere Nutzerzahlen könnten demzufolge auch höhere Einnahmen aus Werbung, Kommissionen und „Listing"- Entgelten erzielt werden. Allerdings verursacht eine höhere Nutzeranzahl auch höhere Kosten für die Informationsbereitstellung und die Infrastruktur (technisches Equipment), während Subskriptionseinnahmen fehlen.

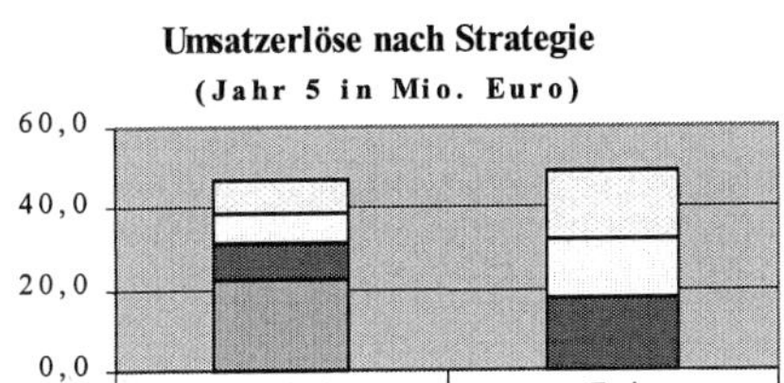

	Subskription	Frei
Kommissionen	8,4	16,8
Listinggebühren	7,0	14,0
Werbung	9,0	18,0
Subskriptionen	22,4	0,0

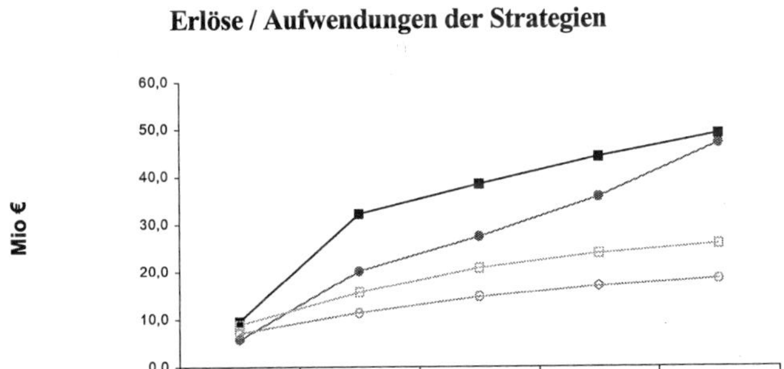

	1	2	3	4	5
Erlöse Sub.	5,8	20,0	27,3	35,6	46,8
Aufwand Sub.	7,1	11,3	14,6	16,8	18,3
Erlöse "Frei"	9,5	32,1	38,3	44,0	48,8
Aufwand "Frei"	8,8	15,6	20,7	23,7	25,6

Abbildung 2: Prognostizierte Umsatzerlöse und Aufwendungen für die beiden alternativen Geschäftsstrategien.

Die prognostizierte Entwicklung von Erlösen und Aufwendungen für die beiden alternativen Strategien ist in Abbildung 2 dargestellt. Es werden die unterschiedlichen Umsatzkomponenten der alternativen Strategien verdeutlicht. Im Geschäftsmodell „Frei" entfallen zwar Einnahmen aus Subskription, dafür sind die geplanten Erlöse aus Kommissionen, Werbung und Listing-Entgelten vergleichsweise höher. Grund hierfür ist die wesentlich höhere Anzahl an Nutzern. Die größere Nutzerzahl im „Freien" Modell verursacht jedoch auch vergleichsweise höhere Aufwendungen.

Das Management des Unternehmens will sich in seiner strategischen Ausrichtung möglichst frühzeitig festlegen, um für den geplanten Börsengang eine fundierte Equity-Story aufzeigen zu können. Bei der Suche nach der wertmaximierenden Strategie bewertete das Management des Unternehmens beide Alternativen mit Hilfe der klassischen DCF-Analyse[26] und kam zu folgenden Ergebnissen:

"Subskriptionsmodell"	€ 83 Mio;
„Freies Modell"	€ 67 Mio.

Auf den ersten Blick erscheint das Subskriptionsmodell klar überlegen. Bei einer näheren Analyse der Unternehmensbewertung blieben allerdings weitere entscheidungsrelevante Fragen offen:

- Welche Chance-/Risiko-Struktur ist mit den einzelnen Alternativen verbunden?
- Was sind die wesentlichen Risikofaktoren? Lassen sich diese genauer quantifizieren oder beeinflussen?
- Welche Handlungsflexibilitäten bieten die beiden Alternativen dem Management und wie wurden diese in der Bewertung berücksichtigt?

Lassen sich weitere Alternativen mit überlegener Chance-/Risiko-Struktur finden?

Aus dem (einwertigen) DCF-Modell konnten keine Antworten für die aufgeworfenen Fragen abgeleitet werden. Daher kam die ROV™-Methodologie zum Einsatz, auf deren Grundlage gleichzeitig eine fundierte, quantitative Argumentationsgrundlage für die strategische Ausrichtung erarbeitet wurde.

---

26 Im Gegensatz zur Entscheidungsbaumanalyse wurden in der klassischen DCF-Analyse den einzelnen Einflussfaktoren keine expliziten Wahrscheinlichkeiten zugeordnet und somit auch keine expliziten Erwartungswerte der Cash-Flows berechnet, weil die Zahlungsströme der Planungen jährliche Erwartungswerte darstellen (sollen).

3.2 OpenFraming™

Zunächst wurde OpenFraming™ durchgeführt. In einem zweitägigen Workshop wurde der relevante Rahmen des Problems abgesteckt. Dabei wurden unter Anwendung verschiedener Kreativtechniken die wesentlichen Einflussgrößen identifiziert, deren Interdependenz sowie mögliche Risiken analysiert und als Ergebnis in einem Einflussdiagramm visualisiert. Ein großer Teil des Workshops wurde in die Analyse von Handlungsspielräumen innerhalb der vom Unternehmen betrachteten Alternativen und die Identifikation zusätzlicher Handlungsoptionen investiert.

Eine übersichtliche und transparente Darstellung der Rahmenbedingungen der Branche, der Einflussfaktoren und deren Interdependenzen bietet das Einflussdiagramm (vgl. Abbildung 3).

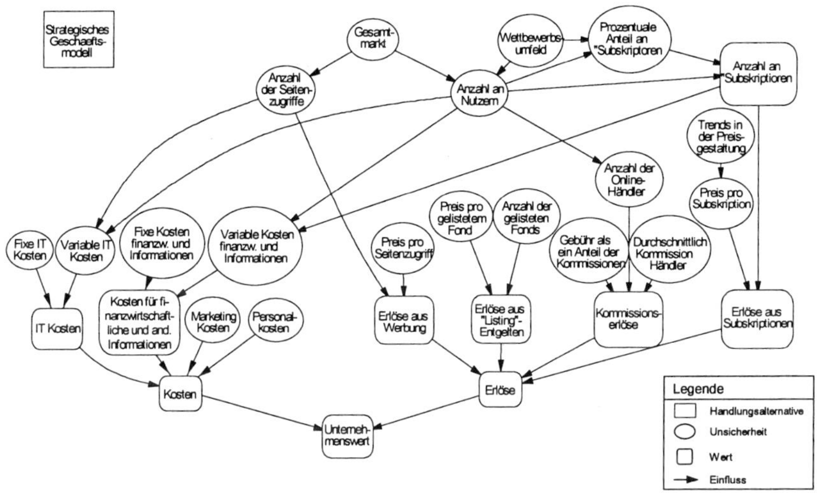

Abbildung 3: Einflussdiagramm der „Money.xxl“

Der Gesamtwert der jeweils zu beurteilenden Strategie wurde in Kosten- und Erlösbestandteile gegliedert und die verschiedenen, darauf einwirkenden Parameter dargestellt. Als ein wichtiger Werttreiber wurde die Entwicklung der Nutzerzahlen der „Money.xxl“ (vgl. auch das als Abbildung 5 wiedergegebene Tornadodiagramm) identifiziert, die wiederum primär vom Wettbewerbsumfeld und der Größe des Gesamtmarktes (Beschaffung von Finanzinformationen über das Internet bzw. Abwicklung von Finanztransaktionen über das Medium Internet) abhängt. Die Anzahl der Nutzer wiederum beeinflusst die Anzahl an „Subskriptoren“ (Nutzer des kostenpflichtigen Serviceangebots), die Anzahl an Online-Händlern sowie diverse Kostengrößen. Als wesentliche Unsicherheitsfaktoren sind außerdem die Preisentwicklungen im kostenpflichtigen Leistungsbereich („Subskriptionsmodell“), im Kommissions-, Fonds- und Werbungsbereich einerseits und die Kosten für Marketing und IT andererseits dargestellt. Die variablen IT-Kosten wiederum hängen primär von der Anzahl der Nutzer ab.

Die bei der Analyse identifizierten Handlungsflexibilitäten (Optionen) des Unternehmens lassen sich zunächst in die beiden folgenden Kategorien einteilen:

- **Wechseloptionen:** Bei einer strategischen Neuausrichtung zum gegenwärtigen Zeitpunkt kann „Money.xxl“ bis zum Börsengang in zwei Jahren neue Informationen über Zustände gewinnen, die aus heutiger Sicht als Unsicherheiten zu werten sind. Diese Lerneffekte kann das Unternehmen nutzen, um bei einem eventuell eintretenden Misserfolg der eingeschlagenen Strategie einen Strategiewechsel vorzunehmen.
- **Erweiterungsoptionen:** Das Unternehmen kann weitere Dienstleistungen über die bestehende Internetplattform anbieten. Es könnten beispielsweise Steuerberatungs-, Versicherungsdienstleistungen oder Vermittlungsleistungen von Immobilienfinanzierungen angeboten werden. Denkbar ist auch die geographische Expansion des Portals in andere europäische oder außereuropäische Länder. Hierfür wäre eine Übersetzung der Site in andere Sprachen und die Anpassung der Leistungen auf die Bedürfnisse der neuen Nutzer notwendig.

3.3 Analyse

Die in der OpenFraming™-Phase herausgearbeiteten Ergebnisse und Informationen wurden in einem komplexen Entscheidungsbaum zusammengestellt (vgl. Abbildung 4).

Der Entscheidungsbaum verdeutlicht die zeitliche Abfolge von Reaktionsmöglichkeiten sowie Risikofaktoren und deren mögliche Ausprägungen. Die Darstellung visualisiert die anstehende Entscheidung zu Beginn des ersten Jahres. „Money.xxl“ kann dabei zwischen den Geschäftsmodellen „Subskription“ oder „Frei“, dem Umfang des Leistungsangebots und der geographischen Reichweite des Angebots entscheiden. Im weiteren Verlauf des Entscheidungsbaums wird jedoch der Unterschied zu der klassisch deterministischen DCF-Analyse deutlich: Das Unternehmen kann zu Beginn des zweiten Jahres neu über das strategische Geschäftsmodell, den Umfang und die geographische Reichweite des Leistungsangebots entscheiden. Zu diesem Zeitpunkt kann es dann die gewonnenen zusätzlichen Informationen über die anfänglichen Unsicherheiten (hier insbesondere Anzahl der „Subskriptoren“) bei der Entscheidung berücksichtigen.

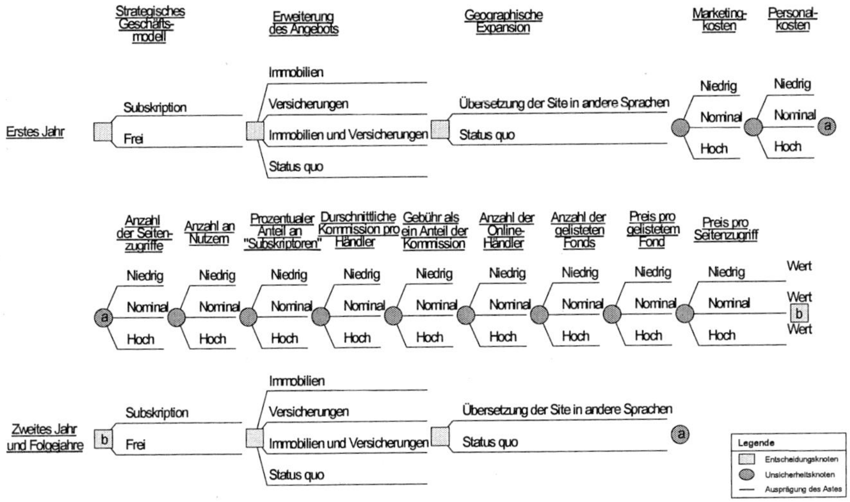

Abbildung 4: Entscheidungsbaum der „Money.xxl"

An dieser Stelle wird jedoch auch schnell deutlich, dass die Einbeziehung aller Handlungsalternativen und möglichen Risikofaktoren zu einer kaum noch lösbaren und nachvollziehbaren Komplexität führt. Bei einer Analyse des zweiperiodigen Modells müssten unter Annahme eines stabilen Zustands ab der dritten Periode über 1,3 Billionen Äste des Entscheidungsbaums näher betrachtet werden. Für die Bewertung wurde deshalb im nächsten Schritt der vorgestellte Entscheidungsbaum in seiner Komplexität reduziert. Bei der Auswahl wurde darauf geachtet, dass die entscheidungs- und wertrelevanten Parameter für die Analyse weiterhin berücksichtigt und richtig erfasst wurden.

Diese Auswahl erfolgte mittels einer Sensitivitätsanalyse, die die verschiedenen Unsicherheitsfaktoren auf ihre Wert- und Entscheidungsrelevanz hin untersucht. Ausgehend von einem DCF-Basismodell[27] wurden die einzelnen Einflussfaktoren jeweils innerhalb einer Bandbreite variiert, deren mögliche Ausprägung in Zusammenarbeit mit „Money.xxl" und Branchenexperten festgelegt wurde. Den Basiswert liefert das „Subskriptionsmodell", bei dem alle Parameter auf ihre Ausgangswerte gesetzt sind.

Im Tornadodiagramm (Abbildung 5) ist auf der x-Achse die Skala des Unternehmenswertes (€ Mio) abgetragen. Der Basiswert des „Subskriptionsmodells" (€ 83 Mio.) wird mit der vertikalen Linie angezeigt. Die einzelnen hellgrauen Balken verdeutlichen zunächst die Schwankungsbreite des Unternehmenswertes in Abhängigkeit des jeweils innerhalb der definierten Bandbreite variierten Unsicherheitsfaktors bei sonst unveränderten Konstellationen. Die größte Streubreite

---

[27] In diesem wurden noch keine Wahrscheinlichkeitsverteilungen berücksichtigt.

und den signifikantesten Einfluss auf den Unternehmenswert zeigt die Variable „Anzahl an Nutzern". Die Sensitivitätsanalyse zeigt auch, dass die Marketing- und Personalkosten weniger sensitive Variablen sind. Über Farbwechsel eines Balken werden im Tornadodiagramm die entscheidungsrelevanten Unsicherheiten hervorgehoben. So zeigt der Farbwechsel innerhalb der zweiten Variablen an, dass für den Fall eines geringen prozentualen Anteils an „Subskriptoren" unter wertmaximierenden Gesichtspunkten ein Strategiewechsel vom „Subskriptionsmodell" hin zum „Freien Modell" geboten ist. Unterhalb einer kritischen Menge an „Subskriptoren" stellt sich die Erlös- und Kostensituation im „Freien Modell" günstiger dar. Eine hohe „Anzahl gelisteter Fonds" verweist dagegen auf die Überlegenheit des „Freien Modells". Dies resultiert daraus, dass die mit diesem Geschäftsmodell verbundene höhere Nutzerzahl höhere Listingentgelte je Fonds erwarten lässt. Im Anschluss an die Sensitivitätsanalyse wurde ein fokussierter Entscheidungsbaum erstellt.[28]

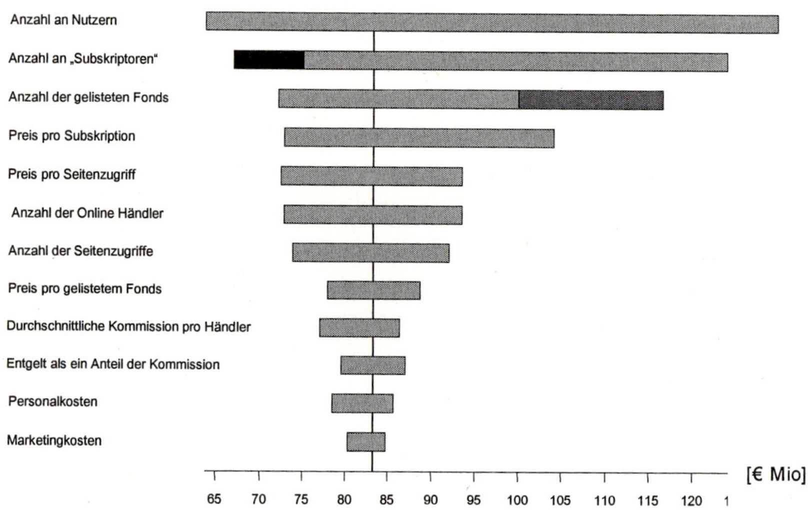

Abbildung 5: Tornadodiagramm: Zusammenfassung der Ergebnisse der Sensitivitätsanalyse

Im nächsten Schritt wurde den verbleibenden Einflussgrößen und jeweiligen Wertausprägungen wiederum unter Nutzung von Marktinformationen[29] und Expertenschätzungen Wahrscheinlichkeitsverteilungen zugeordnet.

---

[28] Eine solche Analyse gibt gleichzeitig Hinweise darauf, ob und in welchem Umfang eine tiefergehende Beurteilung der Inputparameter sinnvoll sein kann.

[29] Exemplarisch sei erwähnt, dass die Anzahl der Nutzer als Funktion des Gesamtmarktes internetfähiger Haushalte und des Anteils der an Finanzdienstleistungen aktiv interessierten Internetnutzer (potenzielle Kunden) modelliert wurde. Für den ersten Parameter wurden Studien zu aktueller Anbindung und erwarteter Penetrationsrate für das Internet direkt herangezogen. Für den zweiten Parameter wurden neben Prognosen über

In Abstimmung mit dem Management wurden die Erweiterungsoptionen vorerst nicht weiter analysiert. Unter Berücksichtigung der Wechseloptionen (das Unternehmen hat die Möglichkeit, sein Business-Modell an die Reaktionen des Marktes anzupassen, indem beispielsweise zunächst ein „Subskriptionsmodell“ verfolgt wird und bei fehlender Marktakzeptanz innerhalb der ersten zwei Jahre zum „Freien Modell“ gewechselt werden kann) ergibt sich der endgültige Entscheidungsbaum mit insgesamt vier Alternativen, die die beiden Ausgangsmodelle jeweils einmal deterministisch („Subskription“ und „Frei“) und einmal inklusive bestehender Handlungsoptionen („Flexibel/Subskription“ und „Flexibel/Frei“) beschreiben (vgl. Abbildung 6).

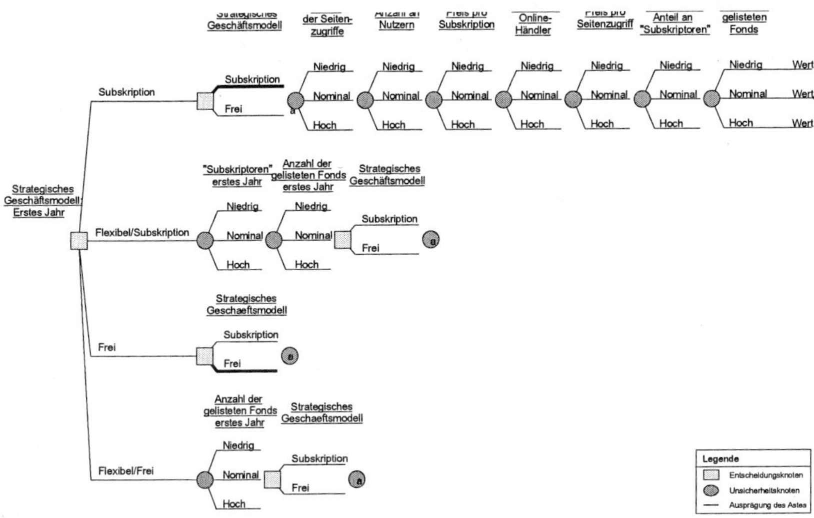

Abbildung 6: Endgültiger, schematischer Entscheidungsbaum der „Money.xxl“

Im obersten Ast wird die zu Beginn des ersten Jahres für das „Subskriptionsmodell“ getroffene Entscheidung festgeschrieben. Unabhängig davon, wie sich die Einflussgrößen entwickeln, wird die eingeschlagene Strategie als nicht mehr umkehrbar erfasst.

Die Einbeziehung von Reaktionsmöglichkeiten („Flexibel/Subskription“) berücksichtigt im Unternehmenswert, dass das Unternehmen zu Beginn der zweiten Periode entweder die „Subskriptionsstrategie“ beibehalten oder zur „Freien“ Strategie wechseln kann. Diese Entscheidung wird von den während des ersten Jahres gewonnen Informationen über die Entwicklung der Anzahl an „Subskriptoren“ und der „Anzahl der gelisteten Fonds“ (Informationsbereitstellung von Fondsge-

die Durchsetzung internetbasierter Finanzdienstleistungen und Schätzungen von „Money.xxl“ zusätzlich Statistiken über die Entwicklung der Marktakzeptanz von Online-banking verwendet.

sellschaften gegen Entgelt) abhängig gemacht. Der dritte Pfad bildet die Entscheidung für das „Freie Modell“ zu Beginn der ersten Periode bei gleichzeitigem Festhalten an dieser Strategie ab. Der unterste Ast „Flexibel/Frei“ skizziert die Entscheidung zu Beginn des ersten Jahres für das „Freie Modell“. Das erlernte Wissen während des ersten Jahres über die „Anzahl der gelisteten Fonds“ in diesem Zeitraum fließt in die Entscheidung zu Beginn des zweiten Jahres über die Strategie der Folgejahre ein. Entscheidet sich das Unternehmen zunächst für das Geschäftsmodell „Subskription“, kann somit gegenüber dem „Freien Modell“ ein zusätzlicher Lernfaktor genutzt werden.

Die Modellierung des Unternehmenswertes in einem Entscheidungsbaum trägt somit wesentlich zur Transparenz der Handlungsalternativen sowie deren Cashflow-Implikationen und maßgeblichen Werttreiber bei. Die Wertermittlung erfolgte hier nicht wie bei reinen Optionspreismodellen in zwei Stufen unter Auftrennung in ein starres Projekt und ein Underlying, sondern direkt durch Diskontierung der Cash-Flows. Für die betrachteten Einzelrisiken der „Money.xxl“ konnte kein Underlying[30] am Markt identifiziert werden, das die Verwendung von risikoneutralen Wahrscheinlichkeiten und die Diskontierung mit dem risikofreien Zins erlaubt hätte. Für die Diskontierung wurde für alle betrachteten Alternativen daher einheitlich ein risikoadjustierter Diskontierungszins (WACC) verwendet[31].

3.4 Interpretation

Die vollständige Berechnung des Entscheidungsbaumes mit seinen etwas über 56.000 Ästen liefert die Risikostruktur und die Erwartungswerte für die verschiedenen Alternativen (vgl. Abbildung 7).

Das Risikoprofil der „Money.xxl“ stellt die kumulierten Wahrscheinlichkeiten der möglichen Wertausprägungen der jeweiligen Strategie graphisch dar. Die Graphik zeigt die überlegene Strategie „Flexibel/Subskription“. Sie lässt sich am höchsten Erwartungswert bei gleichzeitig gegenüber dem „Subskriptionsmodell“ besserer Chance-/Risikostruktur erkennen. Der maximale Erwartungswert kann an der am weitesten rechts liegenden vertikalen Linie abgelesen werden (€ 97 Mio). Die gegenüber dem „Subskriptionsmodell“ bessere Chance-/Risikostruktur zeigt sich an den weniger stark vom Erwartungswert nach unten streuenden Werten (geringeres „Downside“-Risiko) bei annähernd gleicher Streuung nach oben („Upside“-Chance). Dies resultiert im wesentlichen aus der Möglichkeit, für die Wechseloption mit dem „Anteil an Subskriptoren“ und „Anteil gelisteter Fonds“ Lernfakto-

---

30 Der Begriff Underlying erstreckt sich hier nicht nur auf ein potenzielles Bezugsgut, sondern auf Finanzinstrumente, die Einzelrisiken des operativen Cash-Flows beschreiben. Die Übertragung der Optionspreistheorie stößt hier an die Grenzen eines unvollständigen Kapitalmarktes.

31 Durch die Anwendung eines WACC's verbleibt eine zu den Optionspreismodellen unter Konstruktion eines Underlying vergleichbare, nicht lösbare theoretische Unexaktheit. Vgl. hierzu auch Abschnitt 2.2.

ren berücksichtigen zu können. Dies begründet ebenfalls das geringere „Downside"-Risiko gegenüber der Strategie „Flexibel/Frei", die nur einen Lernfaktor hat.

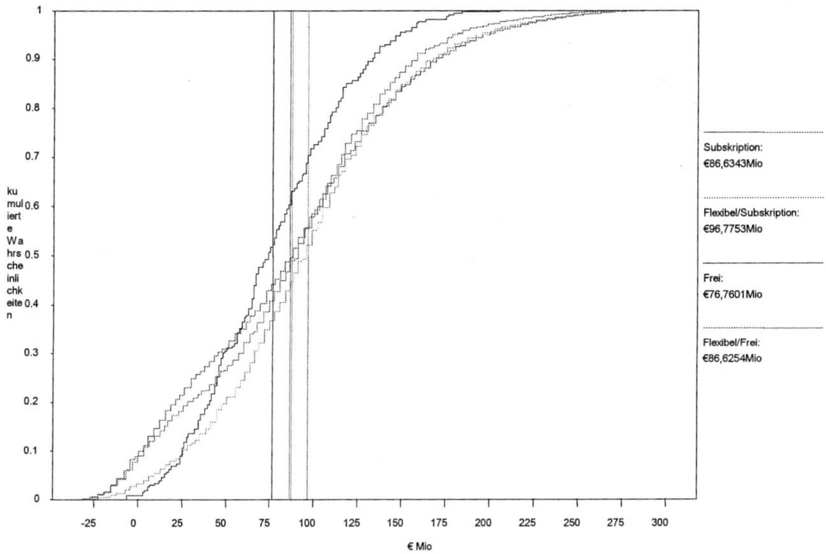

Abbildung 7: Risikoprofil

Hierdurch wird der Vorteil der expliziten Berücksichtigung der Unsicherheit nochmals deutlich. Die ökonomische Überlegenheit dieser Handlungsalternative resultiert aus der Möglichkeit, eine negative Entwicklung der Cash-Flows, verursacht durch fehlende Marktakzeptanz des Modells, frühzeitig zu beenden.

Neben dem Risikoprofil wurde dem Management der „Money.xxl" mit dem sogenannten „Policy Tree" ein weiteres Hilfsmittel zur Entscheidungsfindung gegeben (vgl. Abbildung 8). Aus Übersichtlichkeitsgründen wurde hier lediglich die Strategie „Flexibel/Subskription" bis zum Beginn des zweiten Jahres dargestellt. Vom „Policy Tree" können jedoch sämtliche bedingte Erwartungswerte („rollback values") und Eintrittswahrscheinlichkeiten der jeweiligen Ereignisse und die jeweils optimale Strategie (im Sinne von Wertmaximierung) mittels Hervorhebung der optimalen Entscheidung dargestellt werden. Im Ergebnis erhält man ein dynamisches, zukunftsorientiertes Entscheidungsmodell, das sich leicht in Bezug auf sich im Zeitverlauf anzupassende Risikoeinschätzungen aktualisieren lässt. Der „Policy Tree" ist deshalb auch mit einer Straßenkarte vergleichbar: Er beantwortet die Frage nach der richtigen zukünftigen Entscheidung, sobald sich die jeweilige Unsicherheit auflöst. Hier wird die in der Realität bestehende Lernfähigkeit berücksichtigt.

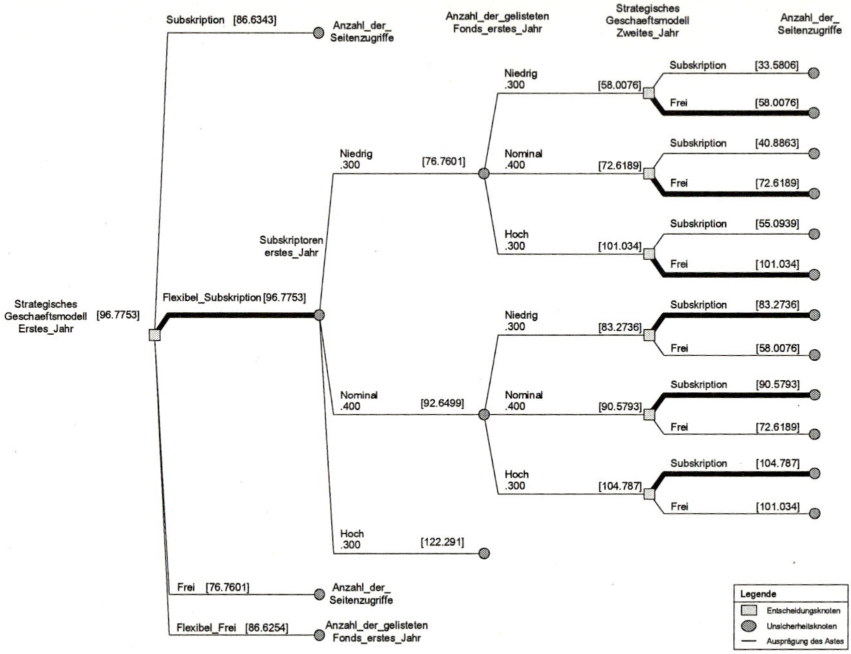

Abbildung 8: „Policy Tree“

Für „Money.xxl“ ergab sich, dass die optimale Entscheidung zu Beginn des ersten Jahres die Verfolgung einer „Subskriptionsstrategie“ ist. Für den Fall, dass sich die Marktakzeptanz des „Subskriptionsmodells“ während des ersten Jahres normal oder gut entwickelt (Ereignis: „hoch“ oder „nominal“), sollte die Strategie beibehalten werden. Nur bei schlechter Marktakzeptanz ist ein Strategiewechsel angezeigt.

4 Zusammenfassung

Die vorgestellte Fallstudie verdeutlicht, dass die heutigen Anforderungen an ein Bewertungsmodell über die reine Wertermittlung und damit der Frage nach der Bewertungsmethode hinausgehen. In einem sich rasant wandelnden Umfeld stehen viele Unternehmen vor einer strategischen Neuorientierung, die sich an ihrem Wertbeitrag messen lassen und den Kapitalgebern kommunizierbar sein muss. Gerade die Vielzahl neuer Einflussfaktoren und die damit verbundenen Prognoseprobleme erfordern ein hohes Maß an Transparenz und Nachvollziehbarkeit von Risikofaktoren, Werttreibern, Reaktionsmöglichkeiten des Managements und deren Cashflow-Implikationen. Diese Anforderungen erfüllt in erster Linie die Entscheidungsbaumanalyse. Die Optionspreistheorie kann konsistent integriert werden, löst aber – unter bestimmten Prämissen – vor allem die Frage nach dem risikoadäquaten Diskontierungssatz. So lag der Wert der ROV™-Analyse für „Money.xxl" - neben der gegenüber der deterministischen DCF-Analyse exakteren Wertermittlung – in erster Linie in der Absicherung einer strategischen Unternehmensentscheidung über das zu wählende Geschäftsmodell im Vorfeld des geplanten IPO's. Mit der Analyse der Risikofaktoren und Modellierung der Cash-Flows im Entscheidungsbaum sowie dem Risikoprofil der einzelnen Alternativen wurde eine transparente Entscheidungsgrundlage geschaffen. Die Identifikation und Beschreibung von Optionen, die in konkrete Handlungsempfehlungen mündete, schafft dabei erst die wichtigste Grundlage zur Bewertung von Optionen, die nur dann einen Wertbeitrag liefern können, wenn sie auch erkannt und wertsteigernd ausgeübt werden.

Literaturhinweise

Bärtl, O.; Brockmann, S. (2000): Wertorientierte Unternehmenssteuerung durch realoptionsbasierte Bewertung strategischer Entscheidungen – Fallstudie am Beispiel eines Kabelnetzbetreibers, in: Werte messen – Werte schaffen, Von der Unternehmensbewertung zum Shareholder-Value-Management, hrsg. von Arnold, H.; Englert, J.; Eube, S. 389-419

Black, F.; Scholes, M. (1973): The Pricing of Options and Corporate Liabilities, in: *Journal of Political Economy*, Vol. 81, S. 637-659

Brennan, M. (1979): The Pricing of Contingent Claims in Discrete Time Models, in: *The Journal of Finance*, Vol. 24, Nr.1, S. 53-68

Copeland, T.; Weston, J. F. (1988): *Financial Theory and Corporate Policy*, 3rd ed., Reading et al.

Cox, J. C.; Ross, S.A. (1976): The Valuation of Options for Alternative Stochastic Processes, in: *Journal of Financial Economics*, Vol. 3, S. 145-166

Damodaran, A. (2000): The Dark Side of Valuation: Firms with no Earnings, no History and no Comparables, Can Amazon.com be valued?, Working Paper, Stern School New York

Hommel, U.; Pritsch, G. (1999): Investitionsbewertung und Unternehmensführung mit dem Realoptionsansatz, in : Handbuch Corporate Finance, hrsg. von Achleitner, A.-K.; Thoma, G., Köln, S. 1-67

Luehrman, T. A. (1995): Capital Projects as Real Options: An Introduction, Discussion note, Harvard Business School, S. 1-11

Nietert, B.; Wilhelm, J. (1998): Arbitrage, Pseudowahrscheinlichkeiten und Martingale - ein didaktisch einfacher Zugang zur elementaren Bewertungstheorie für Derivate, Diskussionsbeitrag Nr. B-2-98 der wirtschaftswissenschaftlichen Fakultät der Universität Passau

Rams, A. (1999): Realoptionsbasierte Unternehmensbewertung, in: *Finanzbetrieb*, Vol.1, Nr. 11, S. 349-364

Rubinstein, M. (1976): The Strong Case for the Generalized Logarithmic Utility Model as the Premier Model of Financial Markets, in: *Journal of Finance,* Nr. 31

Smith, J. E.; Nau, R. F. (1995): Valuing Risky Projects: Option Pricing Theory and Decision Analysis, in: *Management Science*, Vol. 41, Nr. 5, S. 795-816

Tomaszewski, C. (2000): Bewertung strategischer Flexibilität beim Unternehmenserwerb: Der Wertbeitrag von Realoptionen, Frankfurt et al (Bochumer Beiträge zur Unternehmensführung und Unternehmensforschung, Bd. 57), zugl. Bochum, Univ., Diss. 1999, S. 107 f.

Wilhelm, J. (1978): *Zeitschrift Kredit und Kapital*, Nr. 11, S. 497–516

Bewertung von Markteintrittsoptionen unter Berücksichtigung des Wettbewerbs - dargestellt am Beispiel des polnischen Retail-Banking Markts

Dr. Jürgen Müller

McKinsey & Company, Taunustor 2, 60311 Frankfurt / Main

Zusammenfassung: Anhand des Markteintritts dreier Banken in den polnischen Retail-Banking Markt Mitte 1997 wird gezeigt, dass der Realoptionsansatz bei Projekten mit Flexibilität und unsicheren Umweltbedingungen eine bessere Beschreibung der Realität darstellt als die Kapitalwertmethode. Während der klar negative Nettobarwert die Investition im Rahmen der Kapitalwertmethode irrational erscheinen lässt, wird das Verhalten unter Berücksichtigung der projektinhärenten Flexibilitäten (Erweiterungs- und Abbruchsoption) mit Hilfe des Realoptionsansatzes rational nachvollziehbar. Durch Bewertung der Warteoption wird gezeigt, dass es für die Banken besser gewesen wäre, die Investition zu verschieben. Unter Berücksichtigung des oligopolistischen Wettbewerbs zwischen den drei Banken kann sogar der verfrühte Investitionszeitpunkt, sowie das nahezu gleichzeitige Vorgehen beim Markteintritt erklärt werden. Die Bewertung der Realoption im Retail-Banking Umfeld zeigt darüber hinaus, dass der Realoptionsansatz auch auf Dienstleistungsindustrien anwendbar ist – über die bisherigen Schwerpunkte in rohstoffbasierten Industrien hinaus.

Schlüsselworte: Realoptionen, Investitionsrechnung, Markteintritt, Spieltheorie, Retail-Banking, Dienstleistungsindustrie

1 Einführung

Während neue Technologien generell Umbrüche im unternehmerischen Umfeld und Handeln auf weltweiter Basis beschleunigen, wurden insbesondere die Länder in Zentral- und Osteuropa in kurzer Zeit einem enormen Wandel der gesellschaftlichen und wirtschaftlichen Rahmenbedingungen unterworfen. Flexibilität, also die Fähigkeit, Strategien kurzfristig an sich ändernde Umstände anzupassen, wird daher zunehmend zu einer Hauptwertschöpfungsquelle.

Unzulänglichkeiten herkömmlicher Ansätze der Investitionsrechnung wie z.B. der Kapitalwertmethode bei der Bewertung von Flexibilität in einem von hoher Unsicherheit geprägten Umfeld sind seit langem bekannt und diskutiert.[1] Tatsächlich beobachtbares, auf den ersten Blick jedoch widersinnig erscheinendes Verhalten, lässt diese Problematik besonders deutlich zu Tage treten. Ein Beispiel ist die nahezu gleichzeitige Entscheidung dreier polnischer Banken im Sommer 1997 in den polnischen Retail-Banking Markt zu investieren, obwohl der Nettobarwert einer solchen Investition stark negativ ist und diese somit abgelehnt werden müsste.

Diese, bis Ende 1998 tatsächlich realisierten Markteintrittsentscheidungen, werden im Folgenden analysiert. Es wird gezeigt, dass bei Berücksichtigung der mit dem Projekt verbundenen Flexibilitäten die Investitionsentscheidung rational erklärbar wird. Selbst das gleichzeitige Vorgehen beim Markteintritt lässt sich – obwohl für die jede einzelne Bank irrational – im Rahmen des oligopolistischen Wettbewerbs zwischen den drei Banken erklären.

2 Hintergrund

Im Sommer 1997 ist der polnische Retail-Banking Markt einerseits geprägt von struktureller Unprofitabilität aufgrund extrem geringer absoluter Volumina im Markt, bei andererseits hervorragender Entwicklungsperspektive aufgrund hoher Wachstumsraten. Während das persönliche Finanzvermögen bei Krediten nur 5 % und bei Einlagen sogar nur 1 % des Pro-Kopf Niveaus in Deutschland erreicht, lag im Zeitraum von 1992 bis 1996 das inflationsbereinigte Wachstum sowohl der Einlagen bei 11,7 % p.a. und des Kreditvolumens bei 34,7 % p.a. und übertraf somit klar das Wachstum des Gesamtbankmarktes mit 4,8 % p.a.

Markteintrittspotenzial war somit gegeben, zumal Polen bezüglich der Dichte des Distributionsnetzwerks[2] und der Servicequalität klare Lücken aufwies.

Mit den Banken Handlowy (BH), Bank Slaski (BSK) und BIG Bank Gdanski (BBG) stehen drei, von westlichen Finanzinstituten unterstützte Spieler bereit, die mit einem in Westeuropa und den USA erfolgreichen Konzept, basierend auf einem Multikanalangebot und kleinen, effizienten Zweigstellen, die Lücken schließen möchten, die von den bereits etablierten, staatlichen Spielern (PeKaO SA und PKO BP) offen gelassen wurden.

Die Markteintrittsinvestition ist sowohl geprägt von hoher Unsicherheit (Wie wird sich der polnische Markt in Zukunft entwickeln? Werden ausreichend hohe

---

1 Hommel/Müller (1999), Myers (1984), Kester (1984).

2 Bei Zweigstellendichte und Anzahl der Geldautomaten pro Kopf jeweils ca. 10 % der deutschen Werte.

Wachstumsraten beim persönlichen Finanzvermögen für ausreichend Gewinnpotenzial im Markt sorgen?) als auch von Flexibilität (Weitere Expansion bei positivem Marktumfeld vs. Abbruch bei enttäuschender Entwicklung). Daher bietet es sich an, gerade diese Investition im Rahmen des Realoptionsansatzes zu bewerten.

3 Sechsstufiges Modell zur Bewertung von Realoptionen

3.1 Abgrenzung Kapitalwert-Kriterium vs. Realoptionsansatz

Die Unzulänglichkeiten der Kapitalwertmethode bei der Bewertung von projektinhärenten Flexibilitäten bei hoher Unsicherheit werden im Rahmen des Realoptionsansatzes durch ein erweitertes Investitionskriterium beseitigt. Statt "investiere, falls Nettobarwert größer Null" gilt nun "investiere, falls der erweiterte Nettobarwert - die Summe aus Nettobarwert und Optionswert - größer Null". Wie auch in der folgenden Abbildung illustriert, zeigt das erweiterte Investitionskriterium klar, dass die Beziehung zwischen der traditionellen Barwertmethode und dem Realoptionsansatz komplementärer und nicht substitutiver Natur ist.

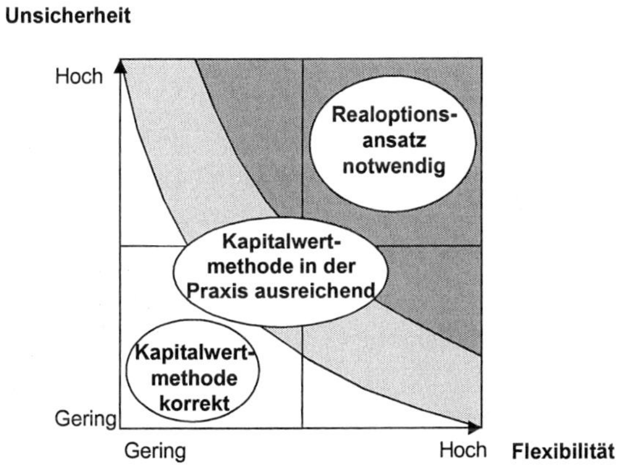

Abbildung 1: Abgrenzung Kapitalwertmethode vs. Realoptionsansatz

3.2 Sechsstufiges Bewertungsmodell für Realoptionen

Während bei der Bewertung von Finanzoptionen analytische Optionsmodelle, d.h., zeitstetige Ansätze mit geschlossener, formelbasierter Lösung, wie z.B. Black-Scholes, dominieren, setzt sich bei der Realoptionsbewertung zunehmend das zeitdiskrete Binomialmodell als Standardverfahren in der Praxis durch.[3] Häufig wird dabei der Projektwert selbst als unsicherer Faktor modelliert, entsprechend dem Aktienkurs bei Finanzoptionen.[4]

Das Binomialmodell beruht auf der grundlegenden Einsicht, dass die Zeit bis zum Verfall der Option in beliebig viele, gleich lange Zeitintervalle Δt unterteilt werden kann. In jedem dieser Zeiträume kann sich der Projektwert (S) um konstante Faktoren aufwärts (u) und abwärts (d) bewegen. Dies ermöglicht es, einen Preisbaum für die zukünftige Wertentwicklung des Projekts zu bestimmen.

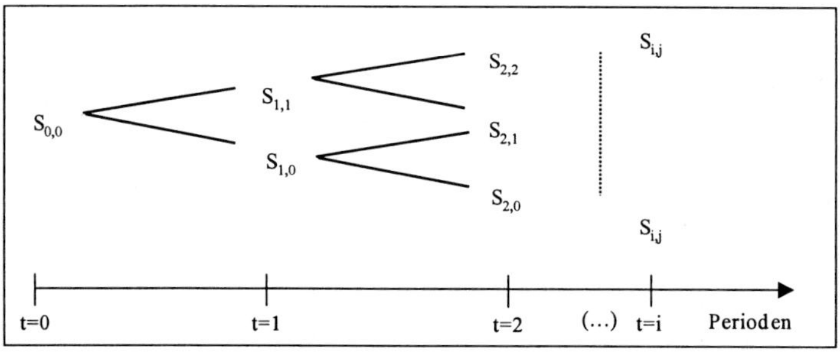

Abbildung 2: Schematische Darstellung des binomialen Preisbaums

Die Höhe der Aufwärts- und Abwärtsbewegung, d.h. das Ausfächern des Preisbaums, wird durch die Projektunsicherheit (Volatilität σ) bestimmt. Aus dem Verhältnis zwischen der Höhe der Aufwärts- und Abwärtsbewegung und der durch den risikolosen Zins (r) vorgegebenen erwarteten Wertentwicklung des Projekts[5], lässt sich die Eintrittswahrscheinlichkeit des Zustandes ableiten (p für Aufwärts- und $(1-p)$ für Abwärtsbewegung), so dass der Preisbaum letztendlich

---

3 Sick (1995), S. 668. Das Binomialmodell verwendet nur einfache, intuitiv nachvollziehbare mathematische Konzepte und bietet eine weitaus größere Flexibilität bei der Modellierung von komplexen Zahlungsströmen.

4 Dieser Ansatz wird in der Realoptionsliteratur als "Traded Asset Approach" bezeichnet im Gegensatz zum "Equilibrium Pricing Approach". Vgl. Müller (2000), S. 71ff.

5 Sowohl Finanz- als auch Realoptionsbewertung basiert auf dem Ansatz der risikoneutralen Bewertung. Für eine detaillierte Diskussion vgl. Hull (1993), S. 218-223.

alle möglichen Werte enthält, die das Projekt im Verlauf der Zeit annehmen kann, gewichtet mit ihren Eintrittswahrscheinlichkeiten. Formalisiert kann ein Preisbaum wie folgt hergeleitet werden:[6]

Wenn $S_{0,0}$ den aktuellen Wert des Projekts darstellt, so berechnet sich der Wert an Knoten j zur Zeit $i\Delta t$ als:

$$S_{i,j} = S_{0,0} \cdot u^j \cdot b^{i-j} \tag{1}$$

Um die Konvergenz des Binomial- und des Black-Scholes Modells für $\Delta t \to 0$ sicherzustellen, müssen die Variablen u, d und p folgendermaßen gewählt werden:

$$u = e^{\sigma\sqrt{\Delta t}}; \qquad d = \frac{1}{u} \qquad (2),(3)$$

$$p = \frac{a-d}{u-d} \quad \text{mit} \quad a = e^{r\Delta t} \qquad (4),(5)$$

Zur Bewertung der Realoption muss zu jedem Zeitpunkt $i\Delta t$, an dem eine Handlungsflexibilität zur Verfügung steht, die Ausübungsbedingung am jeweiligen Knoten des Preisbaums modelliert werden. Ausgehend von den Endknoten des Baums wird der Wert der Option durch rekursive Berechnung ermittelt. Im Ausübungszeitpunkt sind die optimalen Handlungen und damit verbundenen Zahlungsströme für die Option in den verschiedenen Umweltzuständen bekannt. Unter der Annahme der Risikoneutralität kann der Optionswert V am Knoten $i\Delta t$ als der mit dem risikolosen Zins abdiskontierte Erwartungswert zum Zeitpunkt $i+1$ berechnet werden. Bei Knoten mit Handlungsflexibilität muss jeweils die optimale Handlungsalternative bestimmt werden. Bei durchgängiger Anwendung kann so der aktuelle Optionswert $V_{0,0}$ ermittelt werden.

Um die systematische Analyse und Bewertung komplexer Realoptionen zu unterstützen, lässt sich, wie in Abbildung 3 dargestellt, das Vorgehen in sechs Einzelschritte zerlegen. Diese Strukturierung ist besonders wichtig für Anwendungen außerhalb des bisherigen Fokus der Realoptionsliteratur (rohstoffbasierte Industrien), da hier größere Spielräume bei der Ableitung der einzelnen Parameter zur Realoptionsbewertung bestehen.

---

[6] Die Spezifizierung folgt Hull (1993).

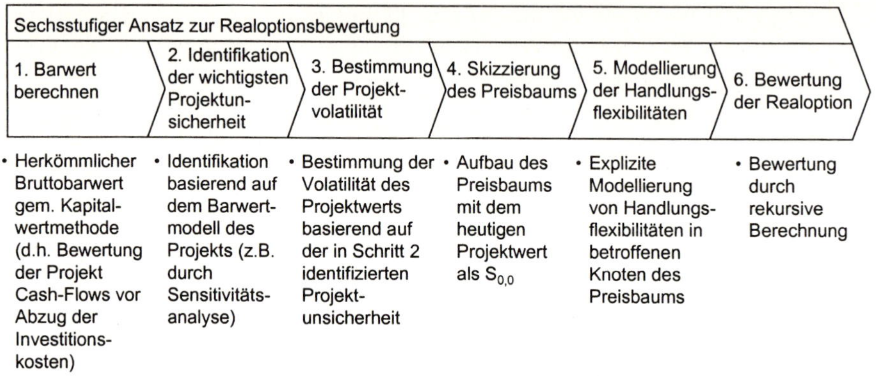

Abbildung 3: Sechsstufiger Ansatz zur Realoptionsbewertung

4 Bewertung des Markteintritts in den polnischen Retail-Banking Markt

4.1 Berechnung des Barwerts (Schritt 1)

Im Sommer 1997, anlässlich der Bekanntgabe der Investitionspläne haben alle drei Banken (BSK, BH und BBG) detaillierte Angaben zu Kosten und Gewinnerwartungen ihrer jeweiligen Markteintrittsmodelle bereitgestellt. Diese Informationen wurden in mehreren Analystenreports veröffentlicht[7] und bilden die Basis für die Ermittlung des Barwertes der Markteintrittsinvestition. Weitere, v. a. makroökonomische Daten wurden den Berichten der polnischen Zentralbank oder internationaler Forschungsinstitute entnommen.

Da alle drei Eintrittsmodelle sehr ähnlichen Charakter haben,[8] können die vorhandenen Daten zu einem einheitlichen Retail-Bank Simulationsmodell mit folgender Struktur verdichtet werden.[9]

---

7 Merrill Lynch (1998 a-c), Schroders (1998), Dresdner Kleinwort Benson (1998).

8 Multikanalbank mit weitgehend automatisierten Kleinstzweigstellen und Telefonbanking als unterstützendem Vertriebskanal, Distributionsnetz mit 200 Zweigstellen (3,5 Jahre Ausrollzeitraum) und Zielkundenbestand von 500.000 (erreicht nach 6 Jahren).

9 Für eine detaillierte Diskussion der Annahmen, Parameter und Ergebnisse des Bank Simulationsmodells vgl. Müller (2000), S. 108-149.

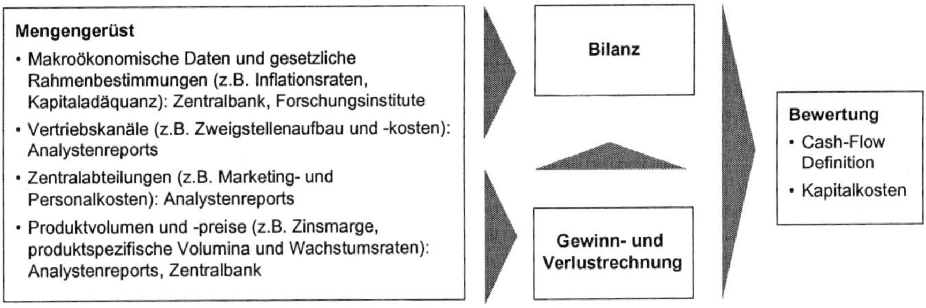

Abbildung 4: Struktur Bank Simulationsmodell

Die mit dem equity-Ansatz hergeleiteten Cash-Flows[10] werden mit Eigenkapitalkosten von 21,6% abgezinst[11] und resultieren in einem Nettobarwert der Investition von negativen PLN 79,1 Millionen. Unter der Kapitalwertmethode ist der Eintritt in den polnischen Retail-Banking Markt folglich abzulehnen.[12]

4.2 Bewertung der Unsicherheit (Schritte 2 & 3)

Die geringe absolute Höhe der Kundeneinlagen und –kredite stellt, wie bereits erwähnt, eine der Hauptursachen für die geringe Profitabilität im polnischen Retail-Banking Markt dar. Auch im Rahmen einer Sensitivitätsanalyse über 19 Faktoren erweisen sich die Wachstumsraten für Kundeneinlagen und –kredite als wichtigste exogene, also nicht direkt vom Management beeinflussbare, Unsicherheit[13] und werden daher als Parameter genommen, um die Unsicherheit beim Markteintritt in den polnischen Retail-Banking Markt zu modellieren.

---

10 Abweichend vom Entity-Ansatz, dem Standardvorgehen für produzierende Unternehmen werden Cash-flows für Banken mit dem Equity-Ansatz bestimmt (Copeland, Koller, Murrin (1992), S. 476ff.), da bei Banken durch Einlagenfinanzierung Wertschöpfung auch auf der Passivseite der Bilanz erfolgen kann.

11 Die Eigenkapitalkosten sind gemäss CAPM abgeleitet, mit einem risikolosen Zins von 17 %, einer Marktrisikoprämie von 6,3 % und einem beta-Faktor von 0,724.

12 Auch im Rahmen einer Sensitivitätsanalyse erweist sich der negative Wert als stabil. Zur detaillierten Analyse vgl. Müller (2000), S. 148f.

13 Zur detaillierten Darstellung der Sensitivitätsanalyse vgl. Müller (2000), S. 148f.

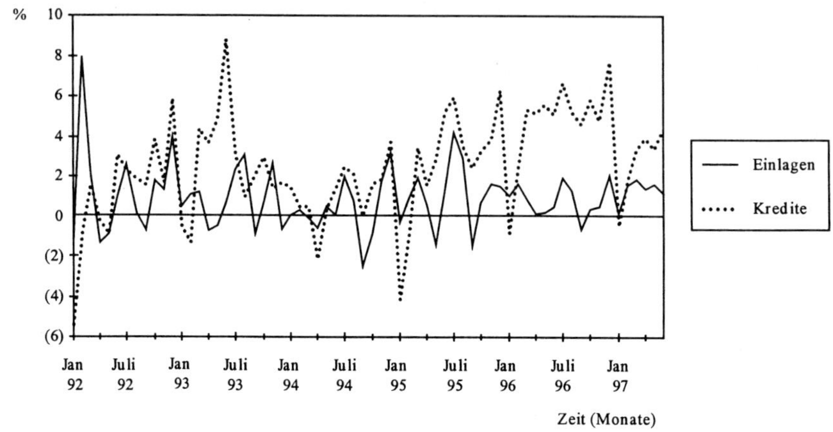

Abbildung 5: Historische Wachstumsraten (Einlagen/ Kredite) im polnischen Retail-Banking Markt

Die für die Realoptionsbewertung benötigte Größe ist die Projektunsicherheit (Volatilität des Projektwerts, induziert durch die bekannte, exogene Unsicherheit). Die Problematik bei der Schätzung dieses Parameters wird in der Literatur generell betont.[14] Daher werden drei alternative Ansätze zur Abschätzung der Projektunsicherheit genutzt:

- Zeitreihenmodellierung
- Simulation
- Kapitalmarktdaten vergleichbarer Unternehmen

Zeitreihenmodellierung: Dieser Ansatz versucht die Frage zu beantworten, welchen Wert das Projekt in der Vergangenheit, bei chronologischer Berücksichtigung der exogenen Unsicherheit, gehabt hätte. Dazu werden historische Wachstumsraten (getrennt für Einlagen und Kredite) als Parameter im Bank Simulationsmodell eingesetzt, um den jeweiligen Projektwert zu berechnen. Projektwerte werden also durch Extrapolation einer einzelnen historischen Wachstumsrate generiert. Dieses Vorgehen resultiert in einer Zeitreihe von Bruttobarwerten, die als historische Aktienkurse interpretiert und somit zur Berechnung der Kursvolatilität genutzt werden können.[15] Die geschätzte Volatilität des Projektwertes p. a. beträgt bei diesem Ansatz 82 %.[16]

[14] Davis (1998), Hommel/Müller (1999).

[15] Die Berechnung der annualisierten Volatilität folgt dem Standardvorgehen (vgl. Hull (1993), S. 215).

[16] Durch langfristige Extrapolation vierteljährlicher historischer Wachstumsraten resultieren extreme Unterschiede in Projektwerten. Der Schätzwert stellt daher in diesem Fall eine Obergrenze dar.

Simulation: In der Simulation werden die historischen vierteljährlichen Wachstumsraten von Einlagen und Krediten als Verteilung genutzt, aus denen die Wachstumsraten zum sukzessiven Einsetzen in das Bank Simulationsmodell (quartalsweise für den gesamten expliziten Modellierungszeitraum) gezogen werden. Durch dieses Vorgehen wird eine Vielzahl potenzieller Wachstumspfade und somit auch Projektwerte generiert. 2000 Iterationen ergeben eine stabile, rechtsschiefe Verteilung. Ihre Form ähnelt der lognormalen Verteilung, also der Standardverteilung für Aktienkurse. Die geschätzte Volatilität des Projektwertes beträgt bei diesem Ansatz 47,9 % p.a.[17]

Kapitalmarktdaten vergleichbarer Unternehmen: Da es an der Börse gehandelte polnische Banken gibt, die zumindest einen Teil ihres Geschäfts im Retail-Banking haben, ist es möglich, die Größenordnung der Volatilität mit tatsächlich messbaren Daten zu verifizieren. Im 3. Quartal 1997 betrug das ungewichtete Mittel der Volatilität aller 13 gehandelten polnischen Banken 53,5 % und 59,4 % im 4. Quartal.

Unter Berücksichtigung der Ergebnisse der drei Ansätze wird eine Projektvolatilität von 60 % angenommen. Die Breite der Spanne von 47,9 % bis 82 % zeigt, dass eine exakte Bestimmung nicht möglich ist und der Einfluss der getroffenen Annahme mit Hilfe von Sensitivitätsanalyse am Ergebnis überprüft werden muss.[18]

4.3 Bewertung der projektinhärenten Flexibilitäten – ohne Wettbewerb (Schritte 4, 5 & 6)

4.3.1 Darstellung der Optionen

Bei der Berechnung des Nettobarwerts von negativen PLN 79,1 Millionen wurde die implizite Annahme getroffen, dass nach erfolgter Investition die Retail-Bank ohne weitere Anpassungen operieren muss. Dies entspricht natürlich nicht der Realität. Falls sich der polnische Markt ausgesprochen gut entwickelt, besteht die Möglichkeit zur weiteren Expansion: die Filialdichte im Gesamtmarkt ist schließlich sehr gering und 200 Filialen können keine wirklich flächendeckende Präsenz sicherstellen (Erweiterungsoption). Im entgegengesetzten Fall besteht natürlich immer die Möglichkeit die Bank wieder zu schließen und soweit möglich, bereits getätigte Investitionen wieder zu Geld zu machen (Abbruchsoption).

---

17 Dieser Wert stellt eher eine Untergrenze dar. Wie in Abbildung 4 zu sehen, scheinen im historischen Verlauf entgegengesetzte Extreme in den Wachstumsraten dicht aufeinanderzufolgen. In dem auf Zufallsziehung beruhenden Ansatz wird diese volatilitätssteigernde Eigenschaft nicht reflektiert.

18 Vgl. Abschnitt 4.3.5.

Erweiterungsoption: Basierend auf polnischen Marktdaten lässt sich ableiten, dass 400 Zweigstellen notwendig sind, um die wichtigsten Ballungsräume abzudecken.[19] Diese Zahl deckt sich auch mit den angekündigten Expansionsplänen der Banken, so dass die Erweiterungsoption als Ausbau des Filialnetzes um weitere 200 Zweigstellen definiert wird. Diese Option steht dem Management nach Aufbau des Basisnetzwerks Anfang 2002, für 10 Jahre zur Verfügung. Es wird weiterhin angenommen, dass die Investitionskosten für den Aufbau der zweiten Tranche mit PLN 195,8 Millionen um ca. 30 % geringer sind als für das Basisnetzwerk, was vor allem auf Einsparungen in der Planungsphase und bei Marketingkosten zurückzuführen ist.

Abbruchsoption: Eine Abbruchsoption ist vor allem für Projekte wertvoll, die einer alternativen Nutzung zugeführt werden können, oder bei denen ein Sekundärmarkt existiert. Dies ist bei einer Bank nicht der Fall, da sich bei einer schlechten Gesamtmarktlage auch keine andere Bank mit Expansionswunsch finden dürfte. Der Zerschlagungswert wird daher als Buchwert von nicht-spezifischen Investitionsgütern, wie z.B. Computer und Einrichtungsgegenstände, berechnet und ist dementsprechend gering. Es wird der gleiche Verfügbarkeitszeitraum wie bei der Erweiterungsoption angenommen.

In Abbildung 6 wird der Zeitstrahl des Projektes zusammen mit den Handlungsalternativen zusammenfassend dargestellt.

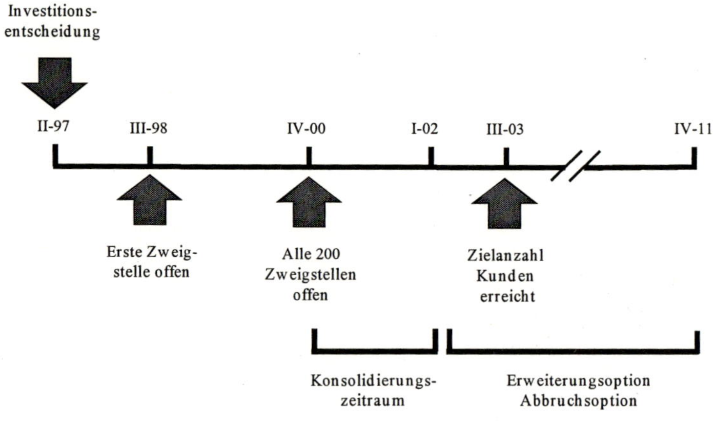

Abbildung 6: Zeitlicher Ablauf Investitionsprojekt und damit verbundene Optionen

---

19 Dresdner Kleinwort Benson (1998), S. 24.

4.3.2 Binomialer Preis- und Optionswertbaum

Nach dem Ausklammern der Investitionskosten erhält man für das Markteintrittsprojekt einen Bruttobarwert von PLN 203,3 Millionen.[20] Der Bruttobarwert ist die Basis für die Modellierung des Preisbaums gemäß Gleichungen (1) bis (5). Alle zur Modellierung benötigten Parameter sind in Tabelle 2 zusammenfassend dargestellt.

Tabelle 2: Parameter für den binomialen Preisbaum

Annualisierte Projektvolatilität	σ	0,60
Risikoloser Zins p.a.	r	0,17
Bruttobarwert zu t=0	V_0	203,263
Annualisiertes Zeitintervall im Binomialbaum	Δt	0,25
Faktor für Aufwärtsbewegung	u	1,350
Faktor für Abwärtsbewegung	d	0,741
Risikoneutrale Wahrscheinlichkeit einer Aufwärtsbewegung	p	0,497
Risikoneutrale Wahrscheinlichkeit einer Abwärtsbewegung	1-p	0,503

Im Preisbaum werden alle Werte aufgezählt, die das Basisnetzwerk (Bank mit 200 Zweigstellen) über Zeit in verschiedenen Umweltzuständen annehmen kann. Der Optionswertbaum entsteht aus dem Preisbaum, indem für die relevanten Knoten die Handlungsalternativen explizit modelliert werden. Zunächst werden die Expansions- und Abbruchoption separat bewertet.

4.3.3 Bewertung der Erweiterungsoption

Der Optionswertbaum für die Erweiterungsoption unterscheidet sich vom Preiswertbaum darin, dass er für die Zeit vom 1.Quartal 2002 bis zum 4.Quartal 2011 in jedem Knoten die Entscheidung offen lässt, die Größe der Bank konstant zu halten oder gegen entsprechende Investition zu verdoppeln. Abhängig von den

20 Investitionskosten sind alle einmaligen Kosten, die zur Etablierung des Basisnetzwerks (Bank mit 200 Zweigstellen) anfallen, z.B. physische und IT Infrastruktur, Kosten des Trainings und der Launch-Kampagne. Ihr Barwert beträgt PLN 282,4 Millionen, so dass sich aus dem negativen Nettobarwert von PLN 79,1 Millionen ein positiver Bruttobarwert von PLN 203,3 Millionen ergibt.

Umweltzuständen wird in rekursiver Iteration die Erweiterungsoption bewertet und der optimale Expansionspfad festgelegt.

Da die Möglichkeit zur Expansion über einen längeren Zeitraum bestehen bleibt, wird der Barwert der Investitionskosten für die Erweiterung (X) mit dem im Bank Simulationsmodell benutzten Kosteninflator angepasst.

Finanztechnisch entspricht die Erweiterungsoption somit einer Call-Option mit einem sich deterministisch ändernden Ausübungspreis.

Die Bewertung folgt dabei folgenden beiden Gleichungen – in den Endknoten:[21]

$$V_{i,j}(E) = \mathrm{Max}\left(S_{i,j};2S_{i,j} - X_i\right) \tag{7}$$

und in den vorhergehenden Knoten:

$$V_{i,j}(E) = \mathrm{Max}\left[\left(\frac{1}{e^{r\Delta t}}\left(pV_{i+1,j+1}(E) + (1-p)V_{i+1,j+1}(E)\right)\right);2S_{i,j} - X_i;S_{i,j}\right] \tag{8}$$

Unter Berücksichtigung der Erweiterungsoption beträgt der erweiterte Bruttobarwert der Investition PLN 386,7 Millionen. Dies bedeutet, dass die Erweiterungsoption allein einen Wert von PLN 183,4 Millionen besitzt (über 90 % des bisherigen Bruttobarwertes) und der erweiterte Nettobarwert nun positive PLN 104,3 Millionen beträgt und einen Markteintritt somit rational erscheinen lässt.

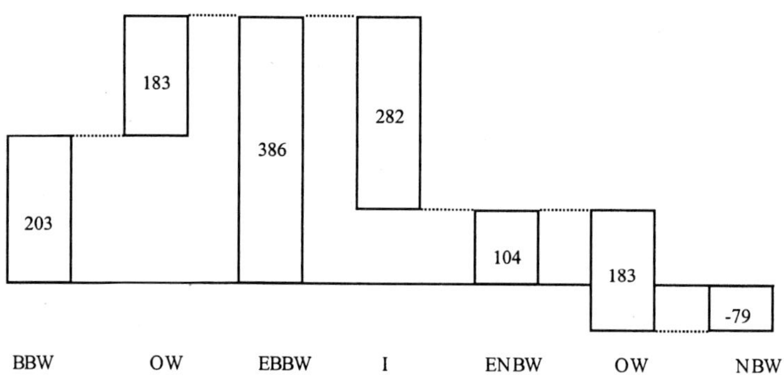

Abbildung 7: Zusammenhang zwischen Barwert und erweitertem Barwert[22]

---

[21] $V_{i,j}(E)$ stellt in dieser Formulierung den erweiterten Bruttobarwert des Projekts (inklusive der Erweiterungsoption) dar und entspricht dem Maximum aus dem Wert des Basisnetzwerks ($S_{i,j}$) oder dem Wert des erweiterten Netzwerks abzüglich der für die Erweiterung nötigen Investitionskosten (X_i).

[22] *BBW* steht dabei für Bruttobarwert, *OW* für Optionswert, *EBBW* für erweiterten Bruttobarwert, *I* für Investitionskosten, sowie *ENBW* für erweiterten Nettobarwert.

4.3.4 Bewertung der Abbruchsoption

Bei der Abbruchsoption wird im Optionswertbaum für die Zeit vom 1. Quartal 2002 bis zum 4. Quartal 2011 in jedem Knoten die Entscheidung modelliert, die Bank in ihrer jetzigen Größe weiter zu betreiben oder gegen den Erhalt des Wiederverkaufswerts zu schließen. Da der Wiederverkaufswert als Buchwert der nicht-spezifischen Investitionsgüter definiert ist, ändert er sich im Zeitablauf gemäss dem Abschreibungsplan.

Die Abbruchsoption entspricht somit einer Put-Option mit einem sich deterministisch ändernden Ausübungspreis.

In den Endknoten lautet das Entscheidungsproblem:[23]

$$V_{i,j}(A) = \text{Max}\left(S_{i,j}; X_i\right) \tag{9}$$

In den davor liegenden Knoten lautet die Formulierung:

$$V_{i,j}(A) = \text{Max}\left[\left(\frac{1}{e^{r\Delta t}}\left(pV_{i+1,j+1}(A) + (1-p)V_{i+1,j+1}(A)\right)\right); X_i; S_{i,j}\right] \tag{10}$$

Der erweiterte Bruttobarwert unter Berücksichtigung der Abbruchsoption beträgt PLN 218,0 Millionen. Der Optionswert isoliert beträgt somit nur PLN 14,7 Millionen.

4.3.5 Bewertung der kombinierten Erweiterungs- und Abbruchsoption

Bislang wurden die beiden projektinhärenten Flexibilitäten separat bewertet. Bei mehreren mit einem Projekt verknüpften Realoptionen werden die Optionswerte in der Regel jedoch interagieren, sofern ihre Ausübungsräume überlappen. Einige interessante Grenzwerte können theoretisch abgeleitet werden:

- Die absolute Wertuntergrenze stellt der höchste der beiden Optionswerte dar (vollständige negative Interaktion).
- Vollständige Additivität wird erreicht, wenn die Ausübungsräume der beiden Optionen nicht überlappen (z.B. eine Call- und einer Put-Option, die zum gleichen Zeitpunkt und zum gleichen Ausübungspreis ausgeübt werden müssen).
- Bei gegenseitiger Verstärkung kann sogar ein kombinierter Optionswert erreicht werden, der die Summe der Einzelwerte übersteigt (z.B. 2 Call-Optionen in zeitlicher Sequenz).

---

23 $V_{i,j}(A)$ entspricht in dieser Formulierung dem erweiterten Bruttobarwert des Projekts (inklusive der Abbruchsoption).

In den Endknoten lautet das Entscheidungsproblem:[24]

$$V_{i,j}(G) = \text{Max}\left(V_{i,j}(E); V_{i,j}(A)\right) \tag{11}$$

In den davor liegenden Knoten lautet die Formulierung:

$$V_{i,j}(G) = \text{Max}\left[\left(\frac{1}{e^{r\Delta t}}\left(pV_{i+1,j+1}(G) + (1-p)V_{i+1,j+1}(G)\right)\right); V_{i,j}(E); V_{i,j}(A)\right] \tag{12}$$

Der Bruttobarwert mit Berücksichtigung der Erweiterungs- und der Abbruchsoption beträgt PLN 396,6 Millionen. Der kombinierte Optionswert liegt mit PLN 193,4 Millionen nur 2,4 % unter der Summe der beiden Einzeloptionswerte – es gibt also nur einen sehr engen Bereich, in dem sich die Erweiterungs- und Abbruchsoption überschneiden. Der erweiterte Nettobarwert beträgt PLN 114,3 Millionen.

Wie in 4.2 ausgeführt, ist die Projektunsicherheit ein wichtiger und gleichzeitig nur ungenau zu ermittelnder Parameter. Eine Analyse der beiden Randpunkte der Schätzung zeigt die Stabilität des Ergebnisses, da bei einer Volatilität von 82 % der erweiterte Nettobarwert auf PLN 136,0 Millionen ansteigen und bei 47.9 % auf PLN 101,9 Millionen absinken würde.

5 Berücksichtigung von Wettbewerb

5.1 Formen von Wettbewerb

Einer der wichtigsten Unterschiede zwischen Finanz- und Realoptionen besteht darin, dass Realoptionen kollektiv sein können, während Finanzoptionen immer exklusiv sind. Bei kollektiven Optionen besitzen mehrere Akteure die Möglichkeit die Realoption auszuüben und wettbewerbliche Interaktion zwischen den Akteuren muss bei der Bewertung berücksichtigt werden.

Dieser Aspekt wurde in der Realoptionsliteratur lange vernachlässigt und Realoptionen werden in der Regel als exklusiv modelliert. Solch ein Szenario ist jedoch nur realistisch, wenn das Investitionsprojekt durch Patente oder vertragliche Eigentumsrechte gesichert ist. In allen anderen Fällen müssen wettbewerbliche Erwägungen berücksichtigt und Modelle der Industrieökonomie in die Bewertung integriert werden.

Am Markteintrittsprojekt lässt sich verdeutlichen, warum die Verbindung von Realoptionsansatz und industrieökonomischen Modellen notwendig ist: während

---

[24] *G* steht dabei für gemeinsame Option, *E* für Erweiterungs- und *A* für Abbruchsoption.

der Realoptionsansatz den Wert des Wartens herausstreicht, wird in der Industrieökonomie der Pioniervorteil betont.

Um die Brücke zwischen den beiden Bereichen zu schlagen, werden im Folgenden die in der Industrieökonomie diskutierten Marktstrukturen mit bestimmten Realoptionsmodellen gleichgesetzt.

- Im *Monopolfall* kann das Unternehmen seine Entscheidungen optimieren, ohne den Wettbewerb berücksichtigen zu müssen. Dies entspricht einer exklusiven Option – der einfachste Fall, da die allgemeinen Bewertungsansätze für Finanzoptionen angewandt werden können.
- Bei *Wettbewerb* können mit perfektem und oligopolistischem Wettbewerb zwei Varianten unterschieden werden.
  - Bei *perfektem Wettbewerb* haben Handlungen eines Unternehmens keine Auswirkung auf die Strategie seiner Wettbewerber. Beim Festlegen der optimalen Strategie muss das Unternehmen also keine reziproke strategische Interaktion berücksichtigen. Zukünftige Handlungen des Wettbewerbs werden als gegeben akzeptiert und das Unternehmen optimiert auf dieser Basis. Dieses Marktmodell kann als kollektive Option unter exogenem Wettbewerb dargestellt werden, wobei der Einfluss des Wettbewerbs in der Regel als deterministische oder stochastische Dividendenzahlung modelliert wird. Dies erlaubt eine direkte Anwendung der entsprechenden Finanzoptionsmodelle.[25]
  - Bei *oligopolistischem Wettbewerb* erkennen die Unternehmen im Markt ihre gegenseitige Abhängigkeit. Ihre eigene optimale Strategie ist somit abhängig von den optimierenden Handlungen der Wettbewerber. Dies entspricht einer kollektiven Option unter endogenem Wettbewerb. Im Bereich der Finanzoptionen gibt es für diesen Fall de facto kein Bewertungsmodell.[26] Es ist jedoch der relevante Fall zur Bewertung der Markteintrittsoption der drei polnischen Retail-Banken, da sich hierbei eine Handvoll ähnlich starker Spieler im Wettbewerb befindet.

In der Literatur wird oligopolistischer Wettbewerb häufig als zweistufiges Spiel modelliert.[27] Zwei Unternehmen im Duopol[28] müssen ihre Investitionsentscheidung unter exogener Unsicherheit (Nachfrage oder Kosten) treffen. Da der Zeitpunkt der Investition die strategische Interaktion zwischen den Unternehmen determiniert, wird der Profit zu einer Funktion des Investitionszeitpunkts und somit

---

25 Trigeorgis (1991), Smit, Trigeorgis (1995), Trigeorgis (1996).

26 Analogien können zur Ausübung von Warrants gezogen werden (Spatt, Sterbenz (1988)).

27 Spencer, Brander (1992).

28 Die Beschränkung auf zwei Unternehmen erfolgt aus Vereinfachungsgründen, bedeutet jedoch keine Einschränkung der Allgemeingültigkeit der Ergebnisse.

endogenisiert. Die Abfolge der Investitionen bestimmt die zukünftige Profitabilität der Unternehmen (z.B. via Pioniervorteile) und die Gleichgewichtsstrategie kann durch rekursive Iteration bestimmt werden.

Bei oligopolistischer Marktstruktur erfolgt die Investition in der Regel früher als im Standard-Realoptionsmodell (exklusive Option), jedoch später als vom traditionellen Kapitalwertkriterium gefordert.[29] Bemerkenswert ist auch, dass erhöhte Unsicherheit in diesem Kontext den Wert der Warteoption senkt und somit zu einer früheren Investition führt, was im klaren Gegensatz zur allgemeinen Realoptionsliteratur steht.[30]

5.2 Bewertung des Markteintritts unter endogenem Wettbewerb

5.2.1 Bewertung der Warteoption

Bislang wurde in der Diskussion der Zeitpunkt der Markteintrittsentscheidung als gegeben angenommen: Mitte 1997 kündigen BH, BSK und BBG an, als Wettbewerber in den polnischen Retail-Banking Markt eintreten zu wollen, und im dritten Quartal 1998 werden auch tatsächlich in kurzer Abfolge die Banken eröffnet. Obwohl diese Entscheidung im Rahmen der Kapitalwertmethode nicht rational erscheint, wird sie durch Berücksichtigung der Erweiterungs- und Abbruchsoption rational nachvollziehbar. Dabei bleibt die Frage offen, ob der Investitionszeitpunkt optimal gewählt wurde, bzw. unter welchen Bedingungen der gleichzeitige Eintritt in den Markt zu erklären ist. Aus diesem Grund wird angenommen, dass Mitte 1997 die Markteintrittsentscheidung noch nicht gefällt war. Die Warteoption kann somit bewertet und die Frage nach dem optimalen Investitionszeitpunkt beantwortet werden.

Zur Bewertung der Warteoption wird im Optionswertbaum für die Zeit vom 2.Quartal 1997 bis zum 2.Quartal 2011 in jedem Knoten die Entscheidung modelliert, in den Markt mit dem Basisnetzwerk (Bank mit 200 Zweigstellen) einzutreten oder überhaupt nicht zu investieren. Der Barwert der Investitionskosten von PLN 282,4 Millionen wird mit dem im Bank- Simulationsmodell benutzten Kosteninflator über die Laufzeit der Option angepasst.

Finanztechnisch entspricht die Warteoption somit einer Call-Option mit einem sich deterministisch ändernden Ausübungspreis.

---

29 Lambrecht (1997) zeigt, dass exklusive Realoptionsbewertung und das Kapitalwertkriterium die beiden Grenzfälle darstellen.

30 Kulatilaka/Perotti (1992), S. 8; Grenadier (1996), S. 1666; Lambrecht (1997), S. 16.

In den Endknoten lautet das Entscheidungsproblem:

$$V_{i,j}(W) = \mathrm{Max}\left(S_{i,j} - X_i;0\right) \tag{13}$$

In den davor liegenden Knoten lautet die Formulierung:

$$V_{i,j}(W) = \mathrm{Max}\left[\left(\frac{1}{e^{r\Delta t}}\left(pV_{i+1,j+1}(W) + (1-p)V_{i+1,j+1}(W)\right)\right);S_{i,j} - X_i\right] \tag{14}$$

Der erweiterte Nettobarwert der Investition beträgt PLN 177,7 Millionen. Anders als bei der Erweiterungs- oder Abbruchsoption wurde in diesem Fall direkt der erweiterte Nettobarwert berechnet, da die Investitionssumme dem Ausübungspreis entspricht. Die Warteoption hat somit einen Wert von PLN 256,6 Millionen.[31] Berücksichtigt man zusätzlich die Erweiterungs- und Abbruchsoption, so ergibt sich ein erweiterter Nettobarwert von PLN 361,1 Millionen, bzw. ein Optionswert von PLN 440,2 Millionen.[32]

Der eindeutig positive Wert der Warteoption zeigt, dass es für jede Bank individuell sinnvoll gewesen wäre, die Investition weiter hinauszuzögern, da eine vorgezogene Investition nur dann sinnvoll ist, wenn die dadurch erhaltenen Vorteile, wie z.B. Prävention des Wettbewerbs, den Wert der Warteoption übersteigen.

5.2.2 Analyse des optimalen Investitionszeitpunkts unter endogenem Wettbewerb

Der Eintritt in den polnischen Retail-Banking Markt wird als zweistufiges Investitonszeitpunktspiel mit zwei identischen Unternehmen dargestellt. Die Entscheidungssituation für die Unternehmen ist, entweder sofort zu investieren um dadurch einen Pioniervorteil zu erzielen oder mit der Investition zu warten, bis die Marktentwicklung klarer wird. In Abbildung 8 wird die Entscheidungssituation auf dem Zeitstrahl verdeutlicht.[33]

---

31 Der Optionswert berechnet sich als Differenz aus dem Nettobarwert von PLN –79,1 Millionen und dem erweitertem Nettobarwert von PLN 177,7 Millionen.

32 Dieser Wert entspricht 96,5 % der Summe der drei Einzeloptionswerte (Erweiterung, Abbruch und Warte) oder exakt dem Wert der Warte- und Erweiterungsoption. Dies bedeutet, dass die Warte- und Erweiterungsoption simultan ausgeübt werden (es werden entweder keine oder gleich 400 Zweigstellen gebaut).

33 Es wird dabei angenommen, dass bis Mitte 2005 die bereits etablierten, staatlichen Retailbanken (PKO BP und PeKaO SA) Wettbewerbsfähigkeit in Bezug auf Produkte und Service erreicht haben werden und somit einen Markteintritt unattraktiv werden lassen. Um die maximale Zeitspanne bis zur Investition zu bestimmen, muss der Ausrollzeitraum berücksichtigt werden. Zwischen Planung und Erreichen des Kundenzielwertes vergehen sechs Jahre.

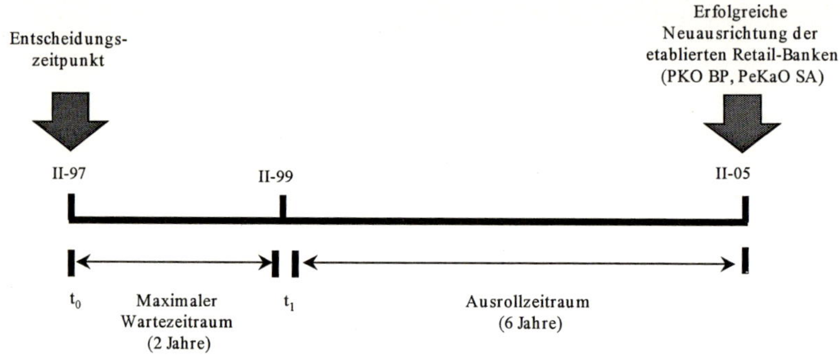

Abbildung 8: Zeitlicher Ablauf Warteoption

Die extensive Form des Spiels ist in Abbildung 10 dargestellt. t_0 entspricht dabei dem 2. Quartal 1997 und t_1 dem 2. Quartal 1999. In t_0 und in t_1 kann jede Bank zwischen Investition vs. Aufschub zur nächsten Periode entscheiden. Falls es in t_0 zum Aufschub kommt, weiß die Bank in t_1 (vor der erneuten Investitionsentscheidung) welcher Umweltzustand eingetreten ist. Wenn in t_1 erneut verschoben wird, ist die Investitionsmöglichkeit verstrichen. Im Spiel gibt es folglich vier mögliche Rollen für jede Bank: Pionier (+), Parallelinvestor (*), Nachfolger (-), keine Investition (0).

Der Pioniervorteil kann nicht empirisch festgelegt werden – zu stark ist die Abhängigkeit von markt- und unternehmensspezifischen Faktoren.[34] Im vorliegenden Fall wird der Pioniervorteil daher über Kundenmix und Akquisitionskosten definiert.[35]

Die Auszahlungen für beide Banken in den Endknoten des Spiels sind die der jeweiligen wettbewerblichen Situation (z.B. Pionier vs. Nachfolger) entsprechenden erweiterten Nettobarwerte. Dieser erweiterte Nettobarwert entspricht dem jeweiligen erweiterten Bruttobarwert abzüglich der um Differenzen bei Marketingkosten bereinigten Investitionskosten. Der erweiterte Bruttobarwert setzt sich zusammen aus dem, der jeweiligen Rolle entsprechenden Bruttobarwert des Projekts plus dem kombinierten Wert aus Erweiterungs- und Abbruchsoption.[36]

---

34 Kerin/Varadarajan/Peterson (1992), S. 46.

35 Der Pionier erhält zu geringeren Akquisitionskosten (45 % der durchschnittlichen Akquisitionskosten pro Kunde) im Schnitt attraktivere Kunden (persönliches Finanzvermögen von PLN 18,100 vs. PLN 11,420 für den Durchschnittskunden); vgl. Müller (2000), S. 208-211 für eine detaillierte Herleitung der Annahmen.

36 Bei der Berechnung muss beachtet werden, dass die Optionswerte, abhängig vom jeweiligen Bruttobarwert des Projekts, jeweils neu berechnet werden müssen: für die Erweiterungsoption steht der Bank nur noch die Residualverteilung der Kunden zur Verfügung (ohne die attraktiveren "Pionierkunden") und der Wert der Abbruchoption ist direkt abhängig vom Barwert der Basisinvestition.

Gemäß dem Realoptionsansatz werden die Auszahlungen in t_1 mit ihrer jeweiligen risikoneutralen Wahrscheinlichkeit gewichtet, bevor sie mit dem risikolosen Zins abdiskontiert werden. Die Parameterwerte entsprechen denen in Tabelle 2 – hier allerdings bezogen auf einen Zweijahreszeitraum. Das Ergebnis des Spiels ist in Abbildung 9 dargestellt.

A \ B	investiert	wartet
wartet	30,248	158,158
investiert	***48,48***	248,30

Abbildung 9: Ergebnis des Markteintrittsspiels in Normalform (PLN Millionen)

Bei (48, 48) besitzt das Eintrittsspiel ein Nash Gleichgewicht, bei dem beide Banken gleichzeitig investieren. Das Spiel stellt eine Sonderform des bekannten Gefangenendilemmas dar. Obwohl es für beide Banken sinnvoll wäre die Investition aufzuschieben, investieren sie doch verfrüht, aus Angst die Markteintrittsgelegenheit zu verpassen.[37] So entsteht, wie in der Realität beobachtet, ein ineffizientes "Panikgleichgewicht".[38]

Dieses Ergebnis hängt natürlich von den Spezifikationen des Modells ab, wie z.B. der Größe des Pioniervorteils oder der Tatsache, dass beide Banken identisch sind. Eine Sensitivitätsanalyse über diese beiden Punkte zeigt jedoch, dass das Ergebnis für realistische Annahmenbereiche hält.[39]

37 Da das Spiel nicht wiederholt wird, kann das Gleichgewicht nicht gebrochen werden.

38 Dieser Begriff wird von Smit/Trigeorgis (1998), S. 11 im Kontext eines Einperiodenspiels verwendet.

39 So müsste z.B. das Finanzvermögen pro Pionierkunde auf PLN 15,070 sinken bevor es zu einer gemischten Strategie der Spieler kommt (der eine investiert mit einer Wahrscheinlichkeit von 34 % während der andere mit 66 % Wahrscheinlichkeit wartet). Die Annahme der Gleichartigkeit der Banken kann durch die Einführung technischer Unsicherheit, z.B. bezüglich der für die Konzeptphase benötigten Zeit aufgehoben werden. Um die Gleichzeitigkeit der Investition zu durchbrechen, müsste eine Bank 25 % mehr Zeit in der Konzeptphase benötigen, als ihr Wettbewerber.

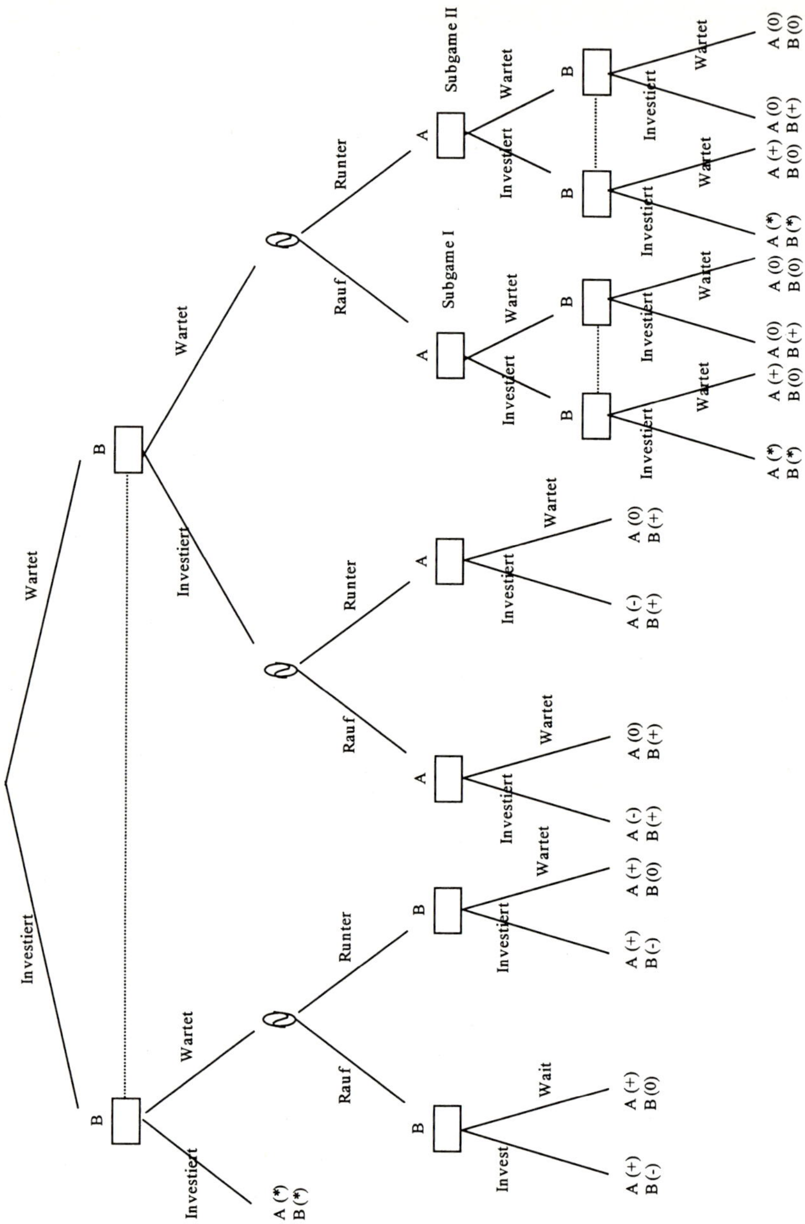

Abbildung 10: Zweiperiodiges Markteintrittsspiel

6 Kritische Zusammenfassung

Ausgangspunkt der Analyse war die Entscheidung dreier Banken Mitte 1997 in den polnischen Retail-Banking Markt zu investieren. Obwohl der Nettobarwert einer solchen Investition klar negativ ist, führten alle Banken den Markteintritt durch. Im Herbst 1998 wurden die ersten Zweigstellen eröffnet.

Eine Analyse der mit dem Projekt verbundenen Flexibilitäten, vor allem der Erweiterungsoption zeigt, dass das Investitionsverhalten, im Rahmen der Kapitalwertmethode noch als irrational gebrandmarkt, tatsächlich rational gerechtfertigt ist. Durch Verbindung von Realoptionsbewertung und spieltheoretischen Ansätzen kann sogar die, durch oligopolistischen Wettbewerb bedingte, zeitliche Parallelität der Investitionen erklärt werden.

Zusammenfassend, lassen sich drei Kernpunkte ableiten:

- Anhand des Eintritts in den polnischen Retail-Banking Markt kann empirisch gezeigt werden, dass der Realoptionsansatz bei Projekten mit Flexibilität und unsicheren Umweltbedingungen eine bessere Beschreibung der Realität darstellt als die Kapitalwertmethode.
- Bei der Modellierung von Wettbewerb ist das Oligopol der schwierigere, aber auch praktisch relevantere Fall. Selbst hier können jedoch schon mit relativ einfachen Modellen wichtige Erkenntnisse gewonnen werden.
- Der Realoptionsansatz ist, wie das Retail-Banking Beispiel zeigt, auf Dienstleistungsindustrien anwendbar. Dies stellt eine Erweiterung des bislang vorherrschenden Schwerpunkts auf rohstoffbasierte Industrien dar. Im Rahmen des sechsstufigen Vorgehens können die benötigten Bewertungsparameter modelliert und die projektinhärenten Optionen bewertet werden.

Literaturverzeichnis

Copeland, T.; Koller, T.; Murrin, J. (1994): Valuation: Measuring and Managing the Value of Companies, 2nd Edition. 1994, Addison Wesley, Reading MA

Davis, G. (1998): Estimating Volatility and Dividend Yield when Valuing Real Options to Invest or Abandon, in: Working Paper Colorado School of Mines

Dresdner Kleinwort Benson (1998): Polish Retail Banking: Growing and Growing, Dresdner Kleinwort Benson Research, London

Grenadier, S. (1996): The Strategic Exercise of Options: Development Cascades and Overbuilding in Real Estate Markets, in: *Journal of Finance*, S. 1653-1679

Hommel, U.; Müller, J. (1999): Realoptionsbasierte Investitionsbewertung, in: *Finanzbetrieb*, S. 177-188

Hull, J. (1993): Options, Futures, and Other Derivative Securities, 2nd Edition, Prentice Hall, Englewood Cliffs, NJ

Kerin, R.; Varadarajan, P.; Peterson, R. (1992): First-mover advantage: A synthesis, conceptual framework and research propositions, in: *Journal of Marketing*, S. 33-52

Kester, W. (1984): Today's options for tomorrow's growth, in: *Harvard Business Review*, S. 153-160

Kulatilaka, N.; Perotti, E. (1992): Strategic investment timing under uncertainty. Working Paper 92-19, Boston University

Lambrecht, B (1997): Strategic sequential investments and sleeping patents, Working Paper University of Cambridge

Merrill Lynch (1998a): Bank Slaski, 1998, Merrill Lynch & Co.. London

Merrill Lynch (1998b): Bank Handlowy, 1998, Merrill Lynch & Co., London

Merrill Lynch (1998c): BIG Bank GDANSKI S.A., 1998, Merrill Lynch & Co., London

Müller, J. (2000): Real Option Valuation in Service Industries, Gabler/DUV, Wiesbaden

Myers, S. (1984): Finance theory and financial strategy, in: *Interfaces*, S. 126-137

Schroders (1998): Bank Handlowy - Company report, Schroders Securities UK LTD, London

Smit, H.; Trigeorgis, L. (1995): Flexibility and commitment in strategic investment, Working Paper TI 95-74, Tinbergen Institute Erasmus University

Smit, H.; Trigeorgis, L. (1998): Flexibility and competitive R&D strategies, Working Paper 92-19, Boston University

Spatt, C.; Sterbenz, F. (1988): Warrant exercise, dividends and reinvestment policy, in: *Journal of Finance*, S. 493-506

Spencer, B.; Brander, J. (1992): Pre-commitment and flexibility: Applications to oligopoly theory, in: *European Economic Review*, S. 1601-1626

Trigeorgis, L (1991): Anticipated competitive entry and early preemptive investment in deferrable projects, in: *Journal of Economics and Business*, S. 143-156

Trigeorgis, L (1996): Real options: managerial flexibility and strategy in resource allocation, MIT Press, Cambridge, MA